第七届结构工程新进展国际论坛论文集

Proceedings of the 7th International Forum on Advances in Structural Engineering

2016 中国 · 西安

史庆轩　苏明周　陶毅　主编

Editors in Chief: Shi Qingxuan
Su Mingzhou & Tao Yi

中国建筑工业出版社

图书在版编目（CIP）数据

第七届结构工程新进展国际论坛论文集/史庆轩，苏明周主编. —北京：中国建筑工业出版社，2016.8

ISBN 978-7-112-19632-6

Ⅰ.①第… Ⅱ.①史… ②苏… Ⅲ.①结构工程-国际学术会议-文集 Ⅳ.①TU3-53

中国版本图书馆CIP数据核字（2016）第175637号

责任编辑：刘婷婷 赵梦梅
责任校对：李美娜 李欣慰

第七届结构工程新进展国际论坛论文集
史庆轩 苏明周 陶毅 主编
*
中国建筑工业出版社出版、发行（北京西郊百万庄）
各地新华书店、建筑书店经销
北京红光制版公司制版
廊坊市海涛印刷有限公司印刷
*
开本：787×1092毫米 1/16 印张：20¾ 字数：503千字
2016年8月第一版 2016年8月第一次印刷
定价：**80.00**元
ISBN 978-7-112-19632-6
（29132）

目　录

Contents

750kV构架半相贯半螺栓连接空间节点的承载力试验研究

雷晓标，张玉明

（西北电力设计院有限公司，陕西　西安　710075）

摘　要： 750kV矩形钢管格构构架柱在等宽度的窄面采用相贯焊连接、变宽度的宽面仍然采用节点板螺栓连接的节点形式；梁前后平面采用相贯焊连接、上下平面仍然采用节点板螺栓连接的节点形式。750kV构架首次采用半相贯半螺栓连接的节点形式，通过足尺真型节点试验分析节点的极限承载力和破坏规律，并提出节点补强优化建议。研究表明节点设计计算安全准确，对750kV乃至1000kV变电构架结构形式的发展都具有重要意义。

关键词： 750kV构架；半相贯半螺栓连接；空间节点

中图分类号： TP391

THE BEARING CAPACITY EXPERIMENTAL STUDY ON SEMI TUBULAR SEMI BOLTED CONNECTION SPACE NODE WITH 750kV GANTRY

X. B. Lei，Y. M. Zhang

（Power Grid Design Branch of Northwest Electric Power Design Institute Co.，Ltd.，Xi' an 710075，China）

Abstract： The joints of 750kV rectangular steel pipe lattice gantry column at the equal width plane use tubular connection，at the variable width plane still use bolt connection；The joint at the front and back plane of the beam use tubular connection，at the top and bottom plane of the beam use bolt connection. It's the first time for 750kV gantry using semi tubular semi bolted connection. Through the experiment of full scale joint model the ultimate joint bearing capacity and joint failure law are investigated and suggestion for strengthening the joint are put forward. The result of research shows that the way to design and calculation the joint is safe and accurate，and it has important significance for the development of the 750kV and 1000kV substation structure form.

Keywords： 750kV gantry，semi tubular semi bolted connection，space node

1　引言

目前，750kV构架形式主要为钢管格构柱、钢管格构矩形梁，格构式梁柱腹材和主材采用节点板螺栓连接。该种构架的缺点是梁柱腹材与主材的连接节点板、加劲板及连接螺栓占构架整体用钢量约30%左右。

为节省钢管格构式构架梁柱节点板用钢量、降低工程造价，同时满足镀锌、运输和安装要求，在750kV钢管格构式构架柱节点中引入一种新型的柱节点形式：即钢管格构柱在等宽度的窄面节点采用相贯焊、变宽度的宽面节点仍然采用节点板螺栓连接；同时引入一种新型的梁节点形式：即梁前后片平面节点采用相贯焊、上下片平面节点仍然采用节点板螺栓连接，以期节省近乎一半数量的节点板、加劲板及连接螺栓。

为确保半螺栓连接半相贯连接空间节点的结构可靠安全，本试验以基本风压为0.35kN/m^2、GIS布置的青海佑宁750kV变电站为依托，开展足尺典型节点真型极限承载力试验，分析其实际受力特点。

2 试验准备

2.1 试件设计

本节点试验以青海佑宁750kV变电站为背景，其截面规格、连接方式、夹角、连接板厚度等参数均取自750kV构架中有代表性的节点。采用1∶1足尺模型，共4个典型节点、每种类型节点数量分别为2个。其中，节点1取自构架梁跨中节点，节点2取自梁两端端部对称加腋处节点，节点3取自构架梁A（C）相导线挂线点处节点，节点4取自柱窄面（等宽度侧）底部节点，节点大样见图1，试件参数见表1。构架中主（弦）杆均采用Q345B，腹杆均采用Q235B，节点板均采用Q345B（除梁1节点板采用Q235B外）。

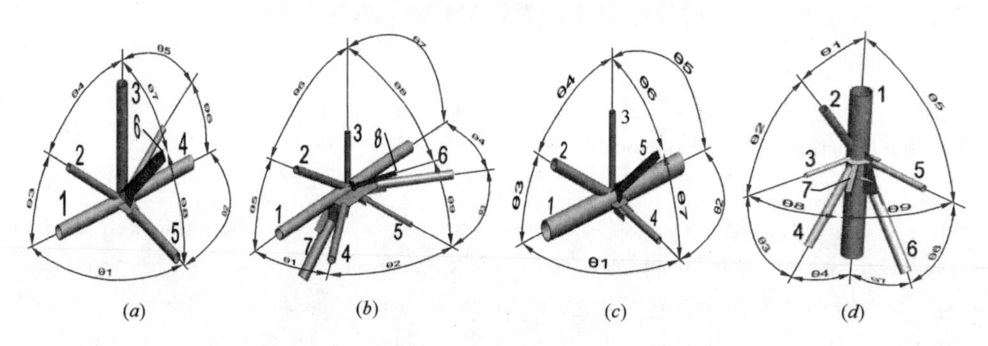

图1 节点大样图

(*a*) 节点1；(*b*) 节点2；(*c*) 节点3；(*d*) 节点4

试件参数表 表1

节点类型	杆件编号	连接方式	截面	与主管夹角	内力一(kN)	连接板厚
节点1	1	主管	ϕ168×6	0		
	2	相贯	ϕ83×5	34.82	−78.17	
	3	相贯	ϕ68×5	90	−19.92	
	4	相贯	ϕ83×5	34.82	−86.67	
	5	插板	ϕ102×5	90	−44	10
	6	直接	L100×8	90	30.13	10

续表

节点类型	杆件编号	连接方式	截面	与主管夹角	内力—(kN)	连接板厚
节点 2	1	主管	$\phi180\times8$	0		—
	2	相贯	$\phi114\times6$	34.82	150.99	—
	3	相贯	$\phi89\times6$	90	75.77	—
	4	插板	$\phi127\times6$	35	168.866	$10H$
	5	插板	$\phi68\times5$	90	−15.955	$10H$
	6	插板	$\phi127\times6$	35	−145.52	$10H$
	7	插板	$\phi114\times5$	46.29	270.989	$12H$
	8	直接	L100×8	90	36.7	8
节点 3	1	主管	$\phi180\times8$	0		—
	2	相贯	$\phi114\times6$	36.03	−264.83	—
	3	相贯	$\phi68\times5$	90	24.334	—
	4	插板	$\phi102\times5$	90	−62.924	10
	5	直接	L100×8	90	14.494	10
节点 4	1	主管	$\phi325\times10$	0		—
	2	相贯	$\phi140\times5$	33.62	234.639	—
	3	相贯	$\phi68\times5$	90	−19.473	—
	4	相贯	$\phi140\times5$	33.62	−192.23	
	5	插板	$\phi133\times5$	85.96	38.727	$12H$
	6	插板	$\phi194\times6$	50.86	−43.827	$12H$
	7	角钢	L80×6	90	−5.282	6

注：负值为拉力。杆件 6 与杆件 3 成 45°夹角。

2.2 材性试验

为准确分析钢管节点受力，实测钢管节点试件原材料（管材和板材）的屈服强度，每一规格的管材和板材的拉伸试样在不同部位的余料中截取并制作，每个规格 3 件拉伸试样。试验在中国电力科学研究院进行。

2.3 试验装置

4 个节点试验所用缸均同步加载，加载装置如图 2 所示。试验所施加荷载小于自平衡反力框架装置的承载力，从而使反力框架能够提供足够的刚度，避免了因反力框架的变形而对试件造成过大的次应力。

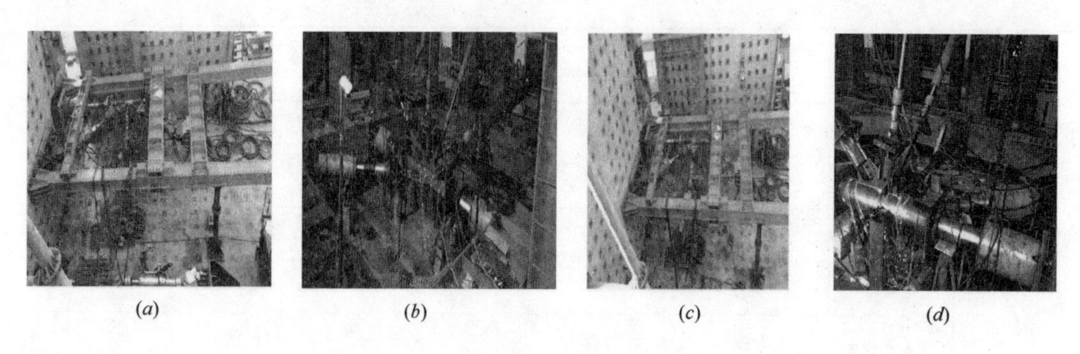

(a) (b) (c) (d)

图 2　试验装置图

(a) 节点 1；(b) 节点 2；(c) 节点 3；(d) 节点 4

2.4　加载方案

试验是单调加载静力试验，先预加载后再分级加载。各节点中主管预加载大小是理论设计荷载的 20%，各节点中支管预加载大小是理论设计荷载的 5%；预加载后开始正式加载，每级加载稳定 1min 后记录相应荷载的应变。节点 1 和 3 之后按照每级加载理论设计荷载的 20%，直至加载到理论设计荷载的 80%，以后按照每级加载理论设计荷载的 10%（图 3）；节点 2 和 4 之后按照每级加载理论设计荷载的 10%，直至加载到理论设计荷载的 100%，以后按照每级加载理论设计荷载的 5%（图 4）；直至加载时出现主管所对应的应变仪数据波动较大，无法稳定自动卸荷的情况时停止加载。

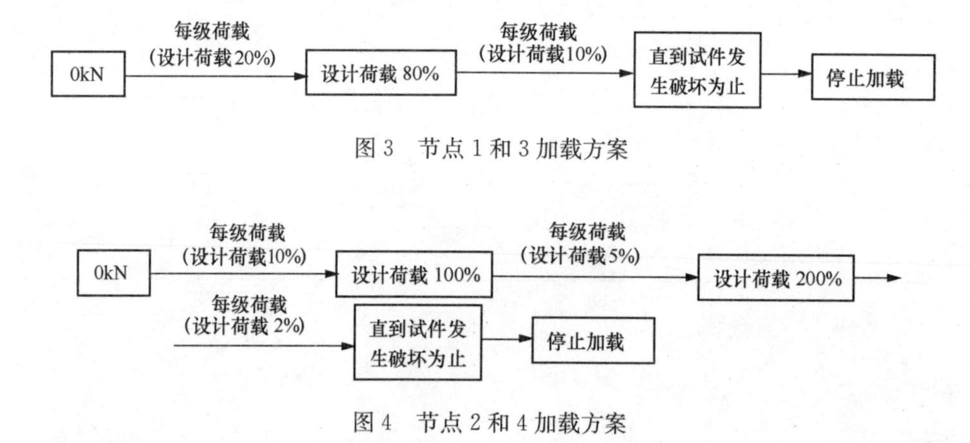

图 3　节点 1 和 3 加载方案

图 4　节点 2 和 4 加载方案

2.5　试验测点布置

加载过程对应变进行实时测量，节点 1 和 3 的杆件沿环向布置 3 片电阻应变片。节点 2 和 4 中，在支管及节点板与主管连接处附近，各管（板）件均布置电阻应变花。电阻应变片及位移计和百分表布置见图 5。图中深色矩形块代表单向应变片，浅色矩形块代表三向应变花，圆圈代表位移计及百分表，圆圈上的短线代表所测位移方向，数字 1、2 和 3 分别表示节点竖向、水平向和轴向位移。

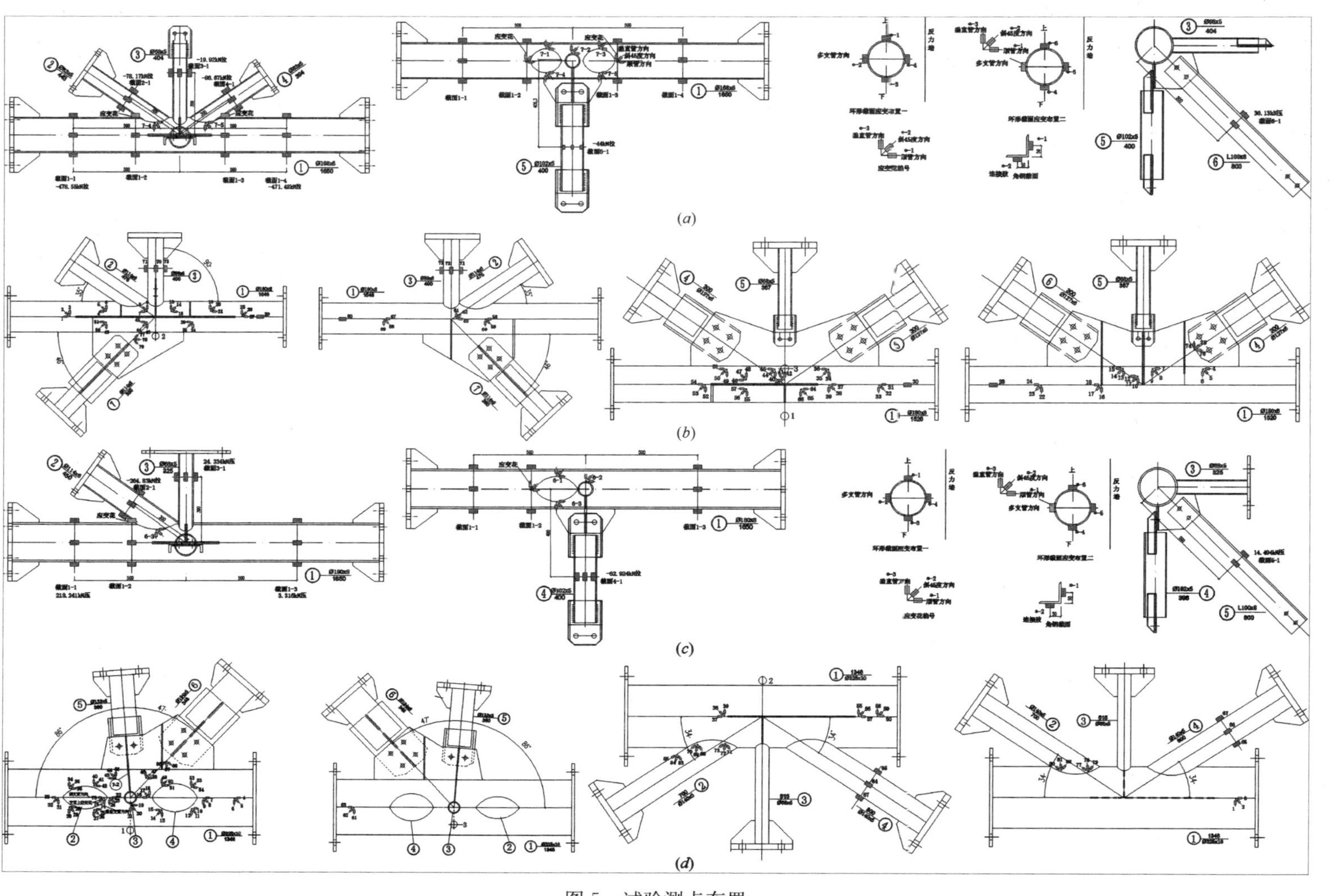

图 5　试验测点布置

(a) 节点 1；(b) 节点 2；(c) 节点 3；(d) 节点 4

3 试验结果

3.1 试验现象及分析

(1) 节点 1。如图 6 所示，节点 1 加载至设计荷载值的 190％时支管 3 和 4 之间的主管被拉裂，实际加载值与目标加载制度荷载值相同。

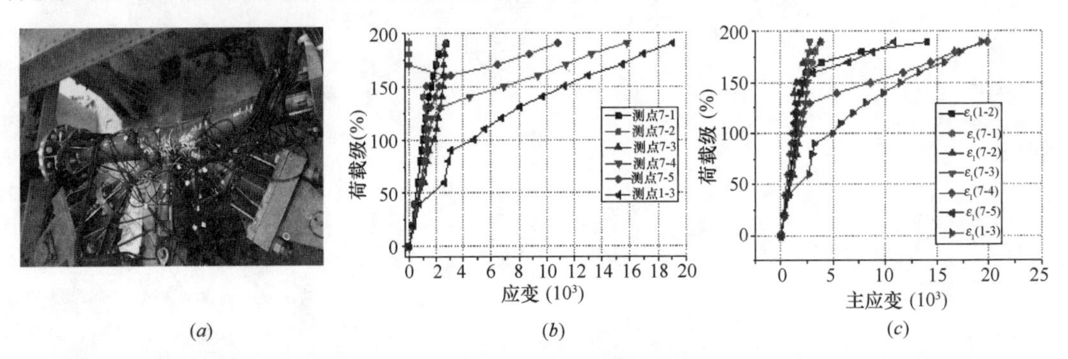

图 6 节点 1 破坏形态及荷载一应变曲线

(*a*) 破坏形态；(*b*) 主管轴向荷载一应变曲线；(*c*) 主管第一主应变一荷载曲线

根据节点 1 主管拉裂附近测点的主应变一荷载曲线，加载至设计荷载的 120％时，所对应测点的主应变基本处于线性范围；当实际加载至承载力设计值 150％时，测点 7-4、7-5 和 1-3 的轴向微应变较大，图中测点 1-3 应变较大，但从破坏位置看，该处内应力不是最大的位置。

除了支管 6 承受压力外，其他 5 根支管（包括主管 1）全部承受拉力，故此主管发生拉裂破坏。该类节点破坏是强度破坏，因此设计该类节点时，应适当调整各管件受力方向，避免局部承受过大的同方向应力。

(2) 节点 2。如图 7 所示，节点 2 最终加载到设计荷载的 190％时主管凹曲，与支管 4 连接的节点板受压失稳，与支管 7 连接的节点板也发生受压失稳，支管 7 端部处主管凹曲深度为 1.3cm。

如图 7（*c*）在主管端部轴力较大一侧，轴向荷载一应变曲线（单向应变片）中显示所加荷载级为 150％时，绝大多数测点进入初始屈服状态。随后支管 4 连接的节点板受压失稳，其千斤顶端部连接发生破坏，导致支管 4 无法继续加载。支管 7 端部节点板处主管凹曲严重，提早进入屈服，不宜继续加载，因此以支管 7 实际加载轴力的极值点作为节点的极限承载力。

由图 7（*f*）节点轴向荷载一位移曲线可见，加载至设计荷载的 190％，即倒数第三个位移点时，所加荷载达到最大，表明此构件最大承载力为设计荷载的 190％。

节点 2 主要发生节点板连接处主管凹曲破坏及插板、节点板受压失稳破坏。由于支管 7 受压力较大，受力过程中，与其相连的端部插板及节点板都发生受压弯曲变形，最终导致该节点处主管凹曲破坏。可以加大主管直径和壁厚，同时加大节点板厚度和插板尺寸，避免此处发生受压失稳破坏。

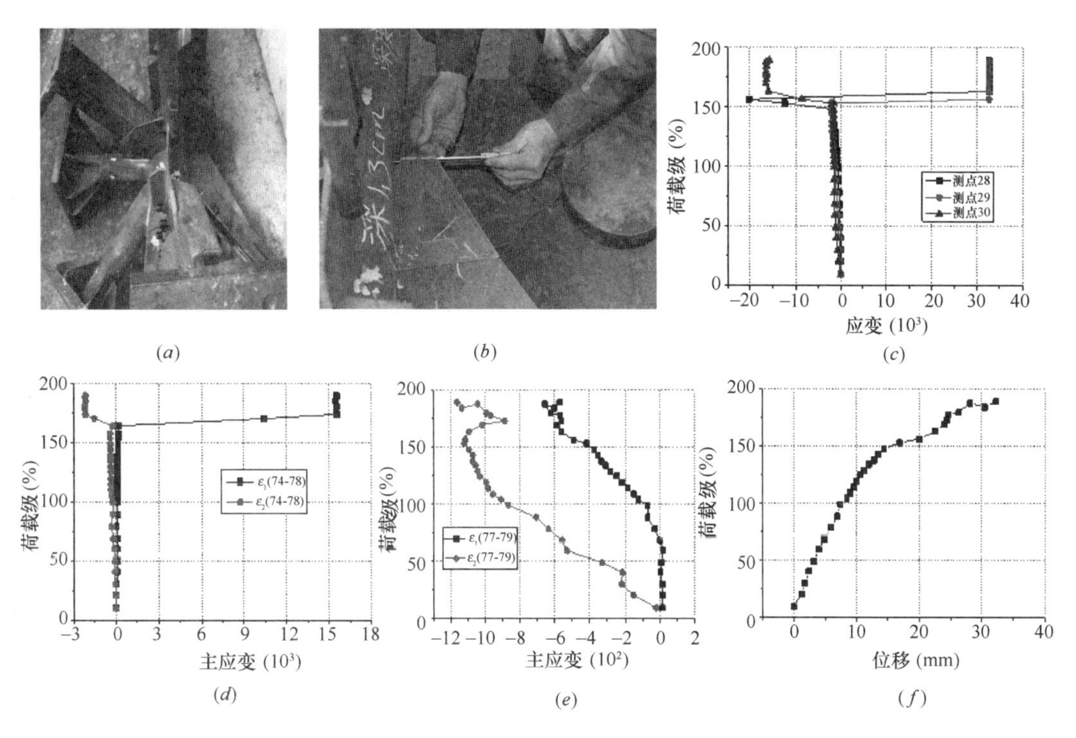

图 7　节点 2 破坏形态及荷载一应变曲线

（a）破坏形态；（b）主管凹度；（c）主管轴向荷载一应变曲线；（d）支管 4 节点板荷载一主应变曲线；（e）支管 7 节点板荷载一主应变曲线；（f）节点轴向荷载一位移曲线

（3）节点 3。如图 8 所示，试件加载至设计荷载值的 299％时停止加载，试件主管被支管侧向拉弯。

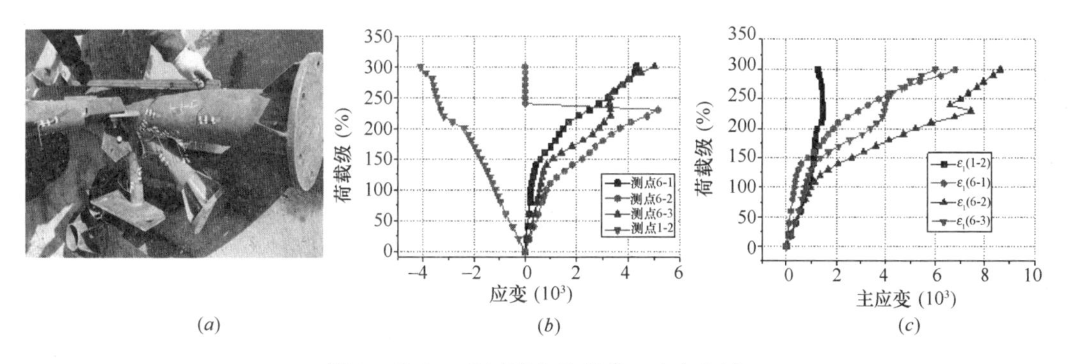

图 8　节点 3 破坏形态及荷载一应变曲线

（a）破坏形态；（b）主管轴向荷载一应变曲线；（c）主管第一主应变一荷载曲线

根据节点 3 主管拉弯附近测点的主应变一荷载曲线，加载级为 150％时，测点范围内应变进入初始屈服阶段。

节点 3 主要发生主管被支管侧向拉弯。支管 2 和支管 4 对主管产生拉力，尽管支管 3 和支管 5 对主管产生压力，但是压力较小，最终导致主管承受较大的侧向拉力产生侧向弯曲破坏。对于该类节点设计中可考虑缩短主管长度，进而起到提高主管抗弯刚度的作用，以降低主管挠度。

（4）节点 4。如图 9 所示，试件最终加载到设计荷载的 212％，支管 2 端部处主管凹曲深度为 2.6cm。

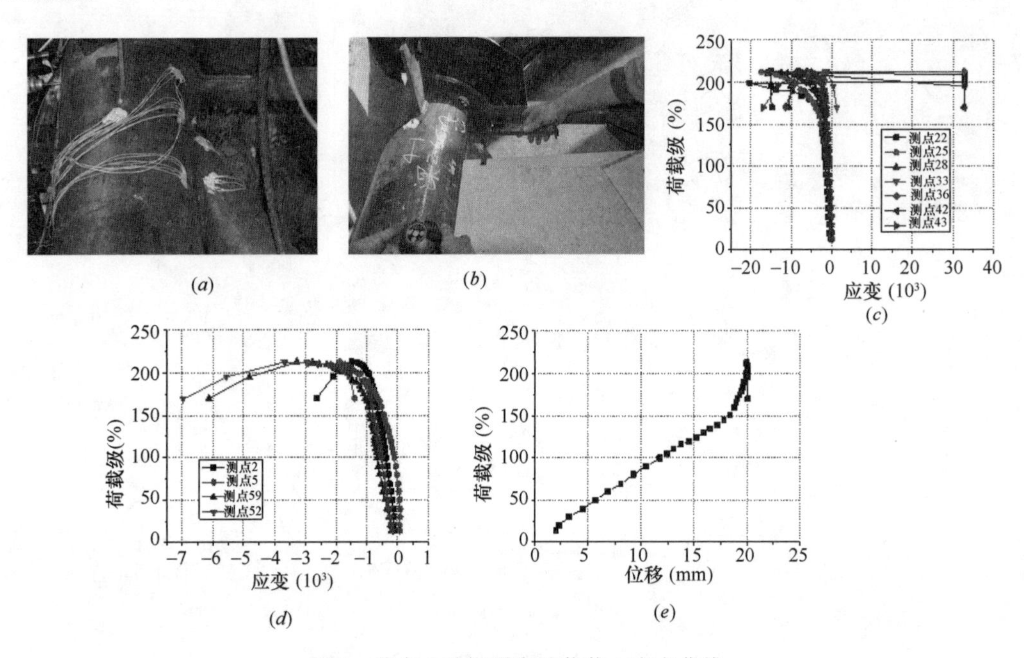

(*a*) (*b*) (*c*) (*d*) (*e*)

图 9　节点 4 破坏形态及荷载一应变曲线

（*a*）试件 4-1 破坏形态；（*b*）测量试件 4-1 主管凹度；（*c*）凹处主管轴向荷载一应变曲线；（*d*）主管 45°荷载一应变曲线；（*e*）节点轴向荷载一位移曲线

如图 9（*c*）所加荷载级为 150％以内时，主管凹曲部位绝大多数测点进入初始屈服状态。但据如图 9（*d*）主管轴力较大的一端 45°方向应变测点，在所加荷载级为 200％以内时，仍处于线性状态。支管 2 端部处主管凹曲严重，提早进入屈服，因此以支管 2 实际加载轴力的极值点作为节点的极限承载力。

由图 9（*e*）节点荷载一位移曲线可见，加载至设计荷载的 212％，即倒数第三个位移点时，所加荷载达到最大，节点位移达到峰值，表明构件最大承载力为设计荷载的 212％。

支管 2 受压力很大，加载至最后，导致支管端部主管凹进破坏，最终不能继续施加荷载，宣告节点破坏，该节点为柱节点，直径较大，可适当加厚局部壁厚以避免主管发生局部变形较大的破坏。

4　结论

按照设计计算的工况试验，节点满足工程要求。通过试验现象及试件实际加载级别可知主管是节点的薄弱部位。即在与支管或节点板连接处的主管，主要发生由拉压力引起的轴向整体稳定或拉裂破坏，由侧向支管作用的管壁局部屈曲破坏，未出现支管和焊缝的破坏，均为主管破坏。可通过增大壁厚或增设加劲板来增强节点的承载能力，增大壁厚可同时提高主管的抗拉压力和局部屈曲能力，增设加劲板可提高主管局部屈曲能力。

参考文献

[1] DL/T 5457—2012 变电站建筑结构设计技术规程[S]. 北京：中国计划出版社，2012.

[2] 中华人民共和国住房和城乡建设部. GB 50017—2003 钢结构设计规范[S]. 北京：中国计划出版社，2003.

[3] 郭宏超，简政，司建辉等. 750kV 格构式构架钢管节点承载力试验研究[J]. 西安理工大学学报，2014，30 (1)：28-33.

[4] 电力规划设计总院. DL/T 5154—2012 架空输电线路杆塔结构设计技术规定[S]. 北京：中国建筑工业出版社，2012.

[5] 中华人民共和国建设部. GB 50135—2006 高耸结构设计规范[S]. 北京：中国计划出版社，2007.

[6] 换流站建筑结构设计技术规程(DL/T 5459—2012). 北京：中国计划出版社，2012.

圆形煤场桩-网复合地基有限元分析

易自砚，林　娜，范春竹，李红星，何邵华，赵　晴
（西北电力设计院有限公司，陕西　西安　710075）

摘　要：通过对圆形煤场桩一网复合地基中堆煤区域 PHC 管桩的布置规律以及挡煤墙结构下灌注桩的受力进行分析，结果表明，加密外侧 PHC 管桩对减小灌注桩受力较为明显；内侧灌注桩对外侧灌注桩具有明显的遮挡效应。

关键词：圆形煤场；地基处理；桩一网复合地基
中图分类号：TP391

FINETE ELEMENT ANALYSIS OF PILE-NET COMPOSITE FOUNDATION OF CIRCULAR COAL YARD

Z. Y. Yi，N. Lin，C. Z. Fan，H. X. Li，S. H. He，Q. Zhao
（Northwest Electric Power Design Institute Co.，Ltd.，Xi’an 710075，China）

Abstract：By analysis of PHC pile layout in coal area and force of grouting pile under the structure of coal yard wall，some conclusions are obtained. Result from model show that the force of grouting pile decrease obviously for increasing the outsider PHC pile of circular coal yard. Furthermore，the inside grouting pile has curtain effect on the outside grouting pile.

Keywords：circular coal yard，foundation treatment，pile-net composite foundation

1　引言

火力发电输煤系统越来越多地采用圆形煤场这一新型的储煤方案，与传统的斗轮机露天煤场储煤方式和干煤棚储煤方式比较，大直径全封闭圆形煤场具有占地面积小、储煤量大、自动化程度高、对环境污染小、景观好等特点[1]。制约这一结构形式推广的主要原因是封闭圆形煤场造价颇高，如何节约造价、降低成本成为设计人员研究的主要方向。

福建漳州后石电厂和浙江宁海电厂先后建成了直径 120m 的大型封闭圆形煤场，其结构形式为沿环向被设置的竖直温度缝分割成相互独立的挡煤墙，为抵抗煤压力产生的水平推力，挡煤墙背后设计了很大的扶壁柱[2]。在此基础上提出了整体式圆形煤场的设计理念[3,4]，即沿挡煤墙环形不设置竖向温度缝，充分利用挡煤墙环向钢筋承担煤压力，从而

第一作者：易自砚（1986—），男，工程师，主要从事结构工程方面设计，E-mail：sunnyan87@163.com.

有效减小挡煤墙截面尺寸，减小桩基及地基处理的工程量。

在大面积堆载作用下，圆形煤场堆煤区域的地基土会产生较大的沉降变形和侧向变形，使环形基础下桩产生较大的水平位移和弯矩，危及桩身破坏，从而危及上部安全。一种有效的地基处理方案是复合地基，它由预应力管桩、托板、一定厚度的碎石垫层与桩间土共同组成[5]。碎石垫层的作用类似于柔性筏板，能够使桩受力比较均匀，可以保证大部分桩的承载力得到充分发挥。合理的管桩布置方案可有效利用由碎石垫层+托板形成的土拱效应，将大部分堆煤竖向压力通过管桩传至基础深处，减小了桩间土体所承担的竖向煤压力，从而减小环基下灌注桩的水平推力和弯矩。

2　工程概况及地质条件

本文依托的工程为某大型火力大电厂，建设有一座直径 120m 的圆形煤场，煤场挡墙高 17m，最大堆煤高度 33.7m，根据勘测报告，圆形煤场区域各层岩土层主要有粉土、粉质黏土、黏土和粉细砂等组成，其物理力学性质指标见表 1。

堆煤区域各层岩土层物理力学指标　　**表 1**

土层编号	土层名称	压缩模量 E_{1-2}（MPa）	泊松比 ν	重度 γ（kN/m³）	黏聚力 C（kPa）	摩擦角 φ（°）
②	粉土	11.5	0.31	19.3	32.7	25.9
②1	粉质黏土	7.69	0.31	18.9	39.6	21
③	粉土	10.9	0.31	20.1	36.5	29.1
③1	黏土	9.6	0.35	19.1	32.1	16.5
③2	粉质黏土	9.1	0.31	19.7	41.1	18.2
④	粉细砂	22（E_0）	0.28	19.7	0	35

3　计算方案

上部挡煤墙结构采用整体侧壁，壁厚为变截面，根部 0.9m，顶部 0.7m。基础为环形基础，截面尺寸 4.8m×1.8m，承台下桩基采用灌注桩，桩径 0.8m，环向每 3°设置一排，每排 2 根，桩径向间距 2.4m（图 1）。堆煤区域地基处理采用 PHC 管桩复合地基，其布桩方案如下：

方案 1：在径向设置十五排 PHC 管桩，桩径为 0.6m，桩环向间距与径向间距均约为 3.4m。

方案 2：在径向设置十五排 PHC 管桩，桩径为 0.6m，桩径向间距 3.4m，靠近灌注桩四排桩桩环向间距 2.8m，其余桩环向间距 3.4m。

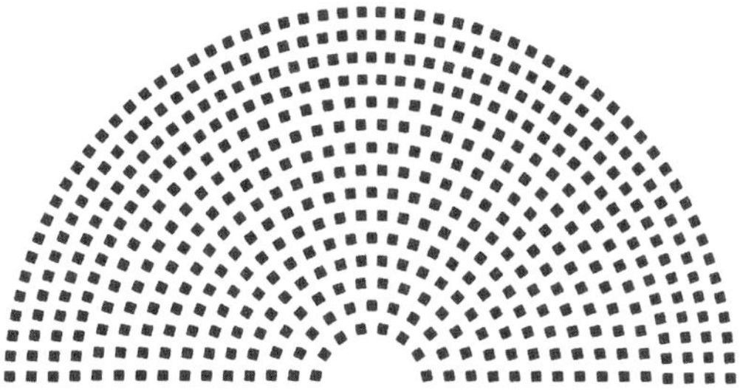

图 1　堆煤区管桩布置示意图

4 数值计算

4.1 材料模型

桩身、承台及挡煤墙为C40混凝土，采用线弹性本构模型，不考虑其开裂和塑性。土体采用理想弹塑性模型，其中弹性部分采用线弹性模型，塑性部分采用修正的D-P屈服准则并结合关联流动法则模拟，不考虑硬化影响，同时考虑几何非线性和大变形影响。桩与土体之间的接触面采用ABAQUS中的库仑摩擦模型。法向抗压刚度无限大，即界面受压后桩与土一起协调变形，而法向抗拉刚度为零，即界面受拉会脱开，当切向应力达到极限摩擦力时，界面可以相对滑动，其中摩擦系数取0.25[2]。

计算中采用的D-P模型与土层原始力学参数的转化公式如下：

$$\tan\beta=\frac{6\sin\varphi}{3-\sin\varphi} \tag{1}$$

$$\sigma_0=2c\,\frac{\cos\varphi}{1-\sin\varphi} \tag{2}$$

$$K=\frac{3-\sin\varphi}{3+\sin\varphi} \tag{3}$$

式中：φ为土的内摩擦角（°）；β为转化后土的内摩擦角（°）；c为土的黏聚力（Pa）；σ_0为转化后土的黏聚力（Pa）；K为流动应力比。

4.2 几何模型

根据模型受力特点，取包括上部挡煤墙结构和基础在内的180°对称模型进行计算。为合理地考虑土体对桩基、承台和挡煤墙的影响，土体的计算范围为：从挡煤墙内侧面向圆内沿径向取60.23m，向圆外沿径向取39.77m，因此土体径向计算半径为100m，沿厚度方向取42m。

煤场180°计算模型如图2所示，挡煤墙、承台及灌注桩模型如图3所示，管桩模型如图4所示。

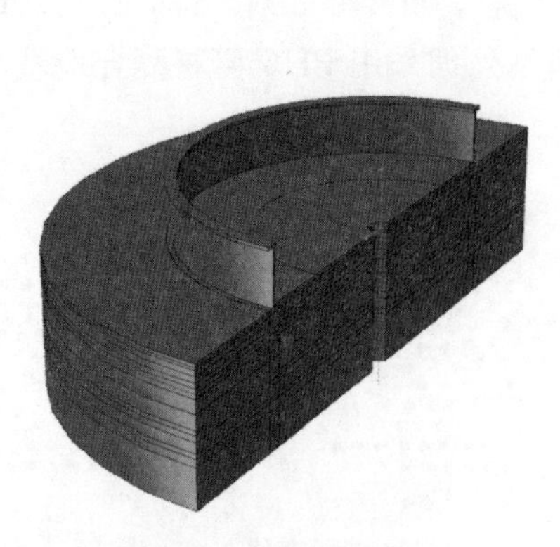

图2 180°计算模型

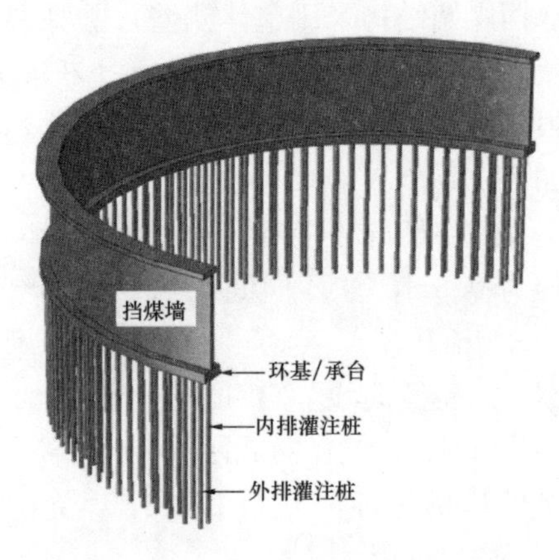

图3 挡煤墙、承台及灌注桩模型

4.3 荷载及边界条件

由于上部网架、取料机、风及温度等荷载对地基处理影响较小，因此此处只考虑材料自重及堆煤荷载。材料自重可由模型自身考虑，堆煤荷载的简化模型如图 5 所示，侧压力系数取 0.46[1]。

边界条件：土体底部视为三向约束，内外侧视为径向约束，挡煤墙及土体对称面视为环向约束。

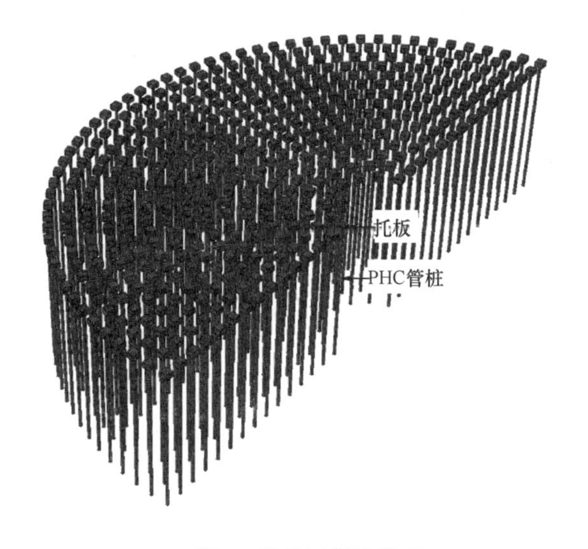

图 4 堆煤区管桩模型

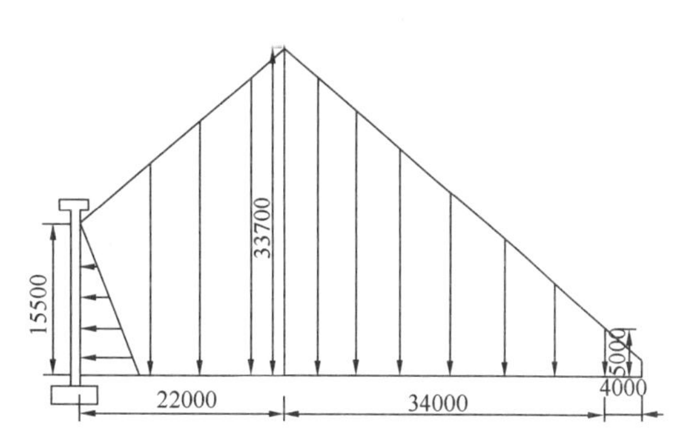

图 5 堆煤荷载简化模型

5 计算结果分析

5.1 土体

两种方案中土体的竖向最大位移均出现在堆煤最高处，且相差不大，约 150mm。这是因为堆煤最高处管桩间距相同，所分担的竖向荷载相同，故沉降相差不大。

方案 1 土体径向位移：自堆煤最高处向两侧移动，其中向灌注桩一侧位移较大约 20mm，而向煤场中心位移较小，约 8mm。

方案 2 土体径向位移：同样自堆煤最高处向两侧移动，且向灌注桩一侧位移较大约 15.2mm，而向煤场中心位移较小，约 9mm。

由于靠近中心柱和挡煤墙外土体受到荷载较小，而中间部分所受堆煤荷载较大，因此中间部分土体在产生较大的沉降的同时向两侧挤压。同时灌注桩一侧土体可压缩范围较煤场中心一侧大，故土体向灌注桩一侧位移较大。

方案 2 中靠近灌注桩附近管桩布置较方案 1 密，使其附近的土体具有更大的侧向刚度，限制了土体的侧向位移，因此方案 1 土体径向位移较方案 2 大。

5.2 灌注桩

图 6 和图 7 分别给出了方案 1 和方案 2 在堆煤荷载作用下，灌注桩桩身弯矩随埋深的变化曲线。由图可知，灌注桩桩身弯矩最大值均出现在桩顶；方案 1 内外侧桩桩身弯矩最大值分别为 850kN・m，420kN・m；方案 2 内外侧桩桩身弯矩最大值分别为 640kN・m，340kN・m；外侧桩桩身弯矩约为内侧桩桩身弯矩的 50%，方案 2 桩身弯矩约为方案 1 的 78%。

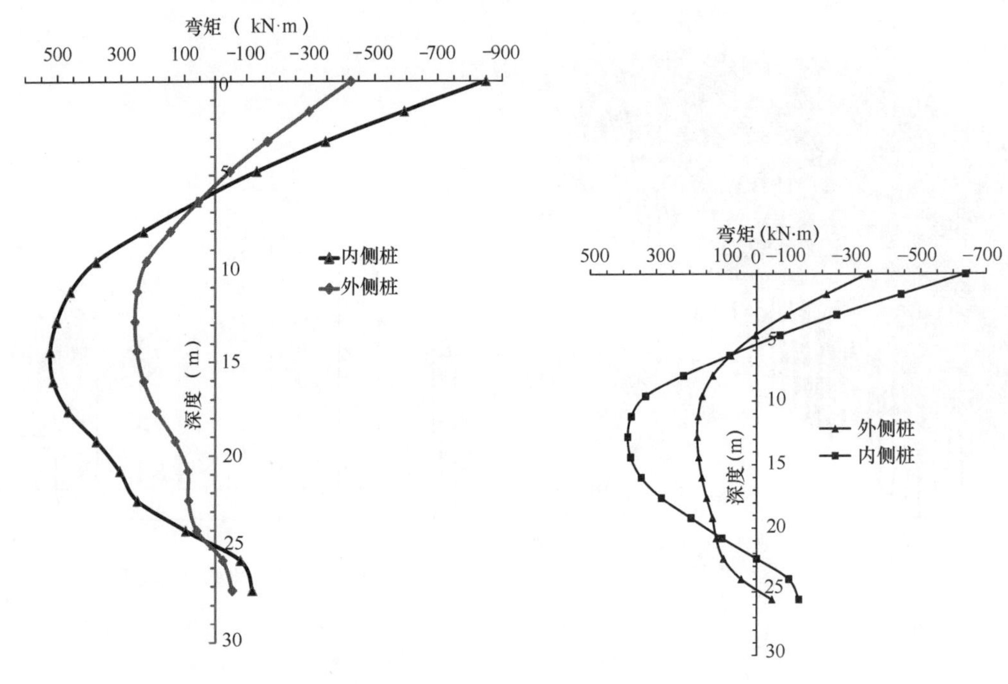

图 6　方案 1 灌注桩桩身弯矩图　　　　图 7　方案 2 灌注桩桩身弯矩图

结果表明：内侧桩的存在使得外侧桩的变形和弯矩明显变小；方案 2 桩侧土侧向刚度较方案 1 大，增加了土的侧向抗力，对减小灌注桩桩身弯矩和变形效果明显。

6　结论

本文采用有限元分析的方法，研究了堆煤区不同布桩条件下，挡煤墙环基下灌注桩及堆煤区土体的受力特点，得出如下结论：

（1）堆煤区域土体径向位移基本呈由堆煤最高处向两侧移动的趋势，且土体向煤场外一侧位移较向煤场中心一侧大；

（2）环基下内侧灌注桩桩身弯矩整体较外侧灌注桩大，说明前桩对后桩具有明显的遮挡效应，因此增加灌注桩径向刚度可有效提高桩的利用率；

（3）增加挡煤墙侧管桩数量对减小环基下灌注桩受力较为明显。

参考文献

[1] 张冬．圆形贮煤场结构内力分析．沈阳建筑大学，2013.

[2] 刘欣良，葛小丰，韦华等．圆形煤场采用管桩复合地基的有限元分析．武汉大学学报(工学版)，2009，S1：348-351.

[3] 彭雪平．巨型贮煤筒仓的有限元分．特种结构，2005，04：41-42.

[4] 陈明祥．大型整体式贮煤筒仓结构设计中的几个问题．武汉大学学报(工学版)，2007，S1：128-132.

[5] 周光炳，黄佑验，陈仁朋，徐正中．圆形煤场堆煤区地基处理方案比较．武汉大学学报(工学版)，2007，S1：297-300.

[6] 汪碧飞，陈明祥，汤正俊，袁子厚．大型整体式贮煤筒仓基础有限元分析．岩土力学，2010，31(6)：1983-1988.

[7] 梁发云，姚国圣，陈海兵，李镜培．土体侧移作用下既有轴向受荷桩性状的室内模型试验研究．岩土工程学报，2010，32(10)：1603-1609.

浅谈特高压换流站钢结构建筑物的防火设计

雷　蕾，雷晓标，陈　乐，张玉明
（西北电力设计院有限公司电网设计分公司，陕西　西安　710075）

摘　要：国家电网公司积极响应国家新型建筑形式的发展，将节地、节能、节水、节材和环境保护等绿色理念融入电网工程建设中，采用装配式结构也是大势所趋，重中之重。钢结构具有自重轻，截面小，强度高、抗震性及抗冲击韧性好，易于标准化，现场施工速度快等特点，在西北高寒等存在冬季施工问题的地区优势显著。但钢结构体系有一个很大的缺点就是防火性能差。本文依托特高压换流站工程中极1/极2高低端阀厅、主（辅）控楼、极1/极2高低端空冷器保温室等采用钢结构的建筑物，对钢结构防火的重要性，以及特高压换流站中钢结构建筑物的防火设计和防火材料应用进行探讨。

关键词：钢结构；防火涂料；薄型防火涂料；厚型防火涂料
论文编号：70-5006

UHV CONVERTER SUBSTATION OPTIMIZATION ANALYSIS AND DESIGN STRATEGIES OF MAIN (AUXILIARY) CONTROL BUILDING

L. Lei, X. B. Lei, L. Chen, Y. M. Zhang
(Power Grid Design Branch of Northwest Electric Power Design Institute Co., Ltd., Xi' an 710075, China)

Abstract: To respond positively to the development of national new architectural forms, the State Grid Corporation put land saving, energy saving, water saving, material saving and environmental protection green idea into power grid construction. To adopt an assembly type structure in projects to conform the trend of the times is the most important thing. Steel structure has the advantages of light weight, small cross-section, high strength, shock resistance and impact toughness of good, easy standardization, fast construction speed, obviously in the high altitude area in northwest China, where exists winter construction. But the steel structural system has a great disadvantage is that the anti corrosion performance is poor. On the basis of buildings in UHV converter station, such as pole1/2 high-end valve and low-end valve hall, the main (auxiliary) control building, pole1/2 heat preservation room of air cooler and etc., the importance of steel structure fireproof, fire protection design method and application of fireproof material of steel structure building is discussed in this paper.

Keywords: steel structure, fire proof coatings, thin fire proof coating, thick fire proof coating

1　引言

目前我国已进入特高压电网大规模建设时期，国家电网积极响应新型建筑形式的发展，换流站中的建（构）筑物采用工厂加工、现场组装的装配式结构，加快施工速度，减少现场湿作业，将节地、节能、节水、节材和环境保护等绿色理念融入到电网工程建设中。但钢结构致命的弱点是防火性能差，一旦发生火灾会产生较大的经济损失甚至人员伤亡，为防止和减小国家电网直流换流站建筑钢结构的火灾危害，保护人身和财产安全，经济、合理地进行建筑钢结构构件防火保护措施是必要的。

2015 年 5 月 1 日起实施的现行国家标准《建筑设计防火规范》GB 50016—2014 取消了钢结构等金属结构构件可以不采取防火保护措施的有关规定。因此现在需对换流站内的钢结构建筑需采取防火措施。

2 换流站建筑物概况

换流站内主要钢结构建筑物包括极 1 高端阀厅、极 2 高端阀厅、极 1/极 2 低端阀厅、主控制楼、极 1 辅控制楼、极 2 辅控制楼、备用平波电抗器室、极 1/极 2 高低端空冷器保温室和备品备件库。

2.1 阀厅

极 1/极 2 高端阀厅均为单层钢结构厂房，轴线尺寸为 35.0m×94.0m，建筑面积均为 3371m^2，屋架底标高 26m。结构形式为钢排架结构，钢柱采用焊接 H 型钢柱，柱间布置柱间支撑。屋架采用梯形钢屋架、檩条、屋盖支撑等组成的有檩屋盖结构体系。

极 1/极 2 低端阀厅为单层厂房，轴线尺寸为 46.2m×84.5m，建筑面积均为 3942m^2，屋架底标高 16.2m。结构形式为钢排架一抗震墙混合结构，极 1/极 2 低端阀厅中间隔墙为混凝土框架结构，两侧防火墙为现浇钢筋混凝土墙体，两端山墙抗风柱采用 H 型钢柱，柱间布置柱间支撑。屋架采用梯形钢屋架、檩条、屋盖支撑等组成的有檩屋盖结构体系。

2.2 主控楼

主控楼为三层钢框架结构，建筑面积 3652m^2，一层层高为 5.4m，二层层高为 6.0m，三层层高为 4.8m。钢框架采用箱形截面钢柱、焊接 H 型钢梁，梁柱双向刚接形成纯钢框架，楼板采用压型钢板作底模的非组合楼板，内外墙体均采用 240 厚砌体砌筑，外墙外侧敷设填充保温棉的单层压型钢板。

2.3 极 1 和极 2 辅控楼

极 1 和极 2 辅控楼为主体两层局部五层钢框架结构，极 1 和极 2 辅控楼建筑面积均为 1216m^2，一层高为 5.4m、二层层高为 6.6m。钢框架均采用箱型截面钢柱、焊接 H 型钢梁，梁柱双向刚接形成纯钢框架，楼板采用压型钢板作底模的非组合楼板，内外墙体均采用 240 厚砌体砌筑，外墙外侧敷设填充保温棉的单层压型钢板。

2.4 备用平波电抗器室

备用平波电抗器室为单层钢结构，平面轴线尺寸为 9m×9m，建筑高度 6.6m，建筑面积为 83m^2，采用双层复合压型钢板做围护结构。

2.5 检修备品库

检修备品库采用全装配式门式刚架结构，平面轴线尺寸为 18m×66m，建筑高度 13m，内配置吊车，建筑面积为 $1200m^2$。

2.6 极 1/极 2 高低端空冷器保温室

极 1/极 2 高低端空冷器保温室为轻型门式刚架，采用焊接 H 型钢柱及钢梁，纵向钢柱间设有柱间支撑。

3 建筑物的耐火极限

根据现行国家标准《建筑设计防火规范》GB 50016—2014、《火力发电厂与变电站设计防火规范》GB 50229—2006（正在修订）和现行电力行业标准《换流站建筑结构设计技术规程》DL/T 5459—2012，换流站内各座钢结构建筑物的火灾危险性分类及耐火等级如表 1 所示，建筑物钢结构构件的燃烧性能和耐火极限如表 2 所示。

建筑物火灾危险性分类及耐火等级　　表 1

序号	建筑物名称	火灾危险性类别	耐火等级
1	阀　厅	丁类	二级
2	主（辅）控楼	戊类	二级
3	备用平波电抗器室	丁类	二级
4	检修备品库	丁类	二级
5	空冷器保温室	戊类	二级

建筑物钢结构构件燃烧性能和耐火极限　　表 2

序号	建筑物名称	钢梁	钢柱	屋架
1	阀　厅	不燃性/1.5h	不燃性/2.0h	不燃性/1.0h
2	主（辅）控楼	不燃性/1.5h	不燃性/2.5h	—
3	备用平波电抗器室	不燃性/1.5h	不燃性/2.0h	不燃性/1.0h
4	检修备品库	不燃性/1.5h	不燃性/2.0h	不燃性/1.0h
5	空冷器保温室	不燃性/1.5h	不燃性/2.0h	—

4 特高压换流站钢结构建筑物防火设计

钢结构防火的原理是使钢构件在规定的时间内温度升高不超过其临界温度，一般有阻热法和水冷却法两类。

阻热法是通过阻热材料阻止热量向钢构件传导，而水冷却法允许热量传到构件上，通过水冷却再把热量导走以达到降温的目的。两种方法比较而言，阻热法经济性和实用性较好，而水冷却法对结构设计有专门要求且成本较高，故在国内实际工程中阻热法应用广泛，本工程采用了阻热法防火。

同时，各自建筑物的特点不同，建筑物内各构件的耐火极限不同，现场的施工工艺和材料的限值，在此基础上遵照相关规范的具体要求，对换流站的不同建筑物采取不同的防火设计。

4.1 防火板的选择

《建筑设计防火规范》GB 50016—2014 第 3.2.11 条的条文说明：钢结构或其他金属结构的防火保护措施，一般考虑无机耐火材料包裹和防火涂料喷涂等方式，考虑到砖石、砂浆、防火板等无机耐火材料包裹的可靠性更好，应优先采用。

主辅控制楼均为多层钢结构，且其柱子的耐火极限时间为 2.5h，基于节省建筑内部使用空间、减轻建筑本体自重以及二次装修方面的考虑，主辅控制楼钢柱外露部位采用防火板包裹。

防火板材质一般选用纤维增强硅酸钙板，选用理由如下：

（1）纤维增强硅酸钙板不含石棉及甲醛，绿色环保。

（2）纤维增强硅酸钙板具备出色的物理及化学稳定性，不受环境温度和湿度的影响，耐久性与普通的水泥制品相当。

（3）纤维增强硅酸钙板板材表面可进行各种装饰，如涂料、墙纸和面砖等。

（4）纤维增强硅酸钙板板材数据见表 3。

纤维增强硅酸钙板板材包裹钢柱数据　　表 3

	板材厚度（mm）	填充材料	填充材料容重（kg/m^3）	耐火极限
有龙骨	12	岩棉	100	3
无龙骨	32	—	—	3

4.2 防火涂料的选择

建筑钢结构防火涂料根据防火机理的不同，一般按涂层的厚度可分为超薄型、薄型和厚涂型三种。超薄型钢结构防火涂料，涂层厚度小于或等于 3mm，薄型钢结构防火涂料，涂层厚度一般为 3～7mm。基料为有机树脂，有一定装饰效果，高温时膨胀增厚，耐火极限可达 0.5～1.5h。薄型钢结构防火涂料涂层薄、重量轻、抗震性好。室内裸露钢结构、轻型屋盖钢结构，当规定其耐火极限在 1.5h 及以下时，宜选用薄型钢结构防火涂料。厚型钢结构防火涂料涂层厚度一般为 7～45mm，主要成分为无机绝热材料，密度较小热导率低，耐火极限可达 0.5～3.0h。厚型钢结构防火涂料一般不燃、耐老化、耐久性较可靠。

《钢结构防火涂料应用技术规范》CECS 24∶90 第 2.0.4 条指出：室内裸露钢结构轻型屋盖钢结构及有装饰要求的钢结构，当规定其耐火极限在 1.5h 及以下时，宜选用薄涂型钢结构防火涂料。本工程除主（辅）控楼的柱子耐火极限为 2.5h 外，其余各构件的耐火极限均在 2.0h 及以下。根据目前防火涂料厂家的耐火试验结果，超薄型能达到耐火极限要求，且施工方便。因此，换流站中钢屋架、钢梁等喷涂的防火涂料选用超薄型钢结构防火涂料。

（1）涂层厚度的选择

防火涂料是依靠涂层的厚度来保证规定的耐火极限的。根据《钢结构防火涂料应用技术规范》CECS 24：90，防火涂料厂家的超薄型防火涂料选用I36b钢梁作为有代表性的型钢进行耐火试验，实测结果为涂层厚度2.15mm的耐火性能试验时间为2.0h，粘结强度达到0.4MPa，其耐火性能合格。其涂层厚度和耐火时间详见表2。换流站各建筑物构件喷涂涂层的厚度参照表4执行。

不同厚度防火涂料对应的耐火时间　　表4

项　目	防火涂料数据				
涂层厚度（mm）	0.4	0.8	1.3	1.8	2.3
耐火时间（h）	0.5	1.0	1.5	2.0	2.5

（2）施工注意事项

根据换流站的建设特点，钢结构在加工厂进行表面除锈和防锈以满足《钢结构工程施工和验收规范》，防锈处理方法一般高压无气喷涂80μm（2×40）水性无机富锌底漆、70μm（2×35）环氧云母中间漆二度和可覆涂聚氨酯面漆RAL901680μm（2×40），前两遍底漆和中间漆在加工厂喷涂，后两遍面漆在现场安装就位，与其相连的吊杆马道、管架及其他相关联的构件安装完毕，并经验收合格后进行喷涂。为防止防火涂料被后继工程所损坏，同时考虑防火涂料的防腐作用，将后两遍面漆取消，直接在安装就位后室内装修之前进行防火涂料的涂刷。

5　总结

选用正确的钢结构构件防火措施对于每一位设计人员来说都是重中之重。通过本文的分析可知，换流站中钢结构建筑物常用的防火措施为外包耐火保护层和喷涂防火涂料，根据不同钢结构构件的耐火极限选择防火板包裹或者喷涂薄型、超薄型或厚型钢结构防火涂料。此种方法符合国标规范，且在多个实际工程实践中证实喷涂法不论从施工周期、施工便捷性、经济性还是可靠性来说，都是切实可行的。

参考文献

[1]　建筑设计防火规范(GB 50016—2014). 北京：中国计划出版社，2014.

[2]　钢结构防火涂料(GB14907—2002). 北京：中国标准出版社，2002.

[3]　建筑钢结构防火技术规范(CECS 200：2006). 北京：中国计划出版社，2006.

[4]　民用建筑钢结构防火构造(建筑标准图集)一结构专业(06 SG 501). 北京：中国计划出版社，2006.

[5]　火力发电厂与变电站设计防火规范(GB 50229—2006). 北京：中国计划出版社，2006.

[6]　换流站建筑结构设计技术规程(DL/T 5459—2012). 北京：中国计划出版社，2012.

双层双排 8 连跨联合 750kV 格构式构架的设计研究

雷晓标，张　咪，张玉明
（西北电力设计院有限公司，陕西　西安　710075）

摘　要：±800kV 灵州换流站交流滤波器母线构架首次采用 750kV 构架，构架采用空间双排双层 8 连跨联合的布置形式。通过对人字柱和格构式构架比较分析最终采用钢管格构式构架形式。计算分析发现导线拉力足够大时，温度作用对构架的影响不是随构架纵向长度加长而成线性增长，从而构架不需再设置温度伸缩缝断开成 4 跨+4 跨的形式。同时对 750kV 构架的杆系布置进行优化，使其更美观简洁。
关键词：8 连跨；联合 750kV 格构式构架；温度作用
中图分类号：TP391

DESIGN OF COMBINED 750kV LATTICE GANTRY OF DOUBIE ROW AND LAYER WITH 8 CONTINUOUS SPAN

X. B. Lei，M. Zhang，Y. M. Zhang
(Power Grid Design Branch of Northwest Electric Power Design Institute Co.，Ltd.，Xi' an 710075，China)

Abstract: In ± 800kV Lingzhou converter station the AC filter bus gantry adopt 750kV gantry for the first time. The gantry is designed of 8 continuous span with double rows and double layers in the space. Through comparation and analysis of herringbone column and lattice gantry，the steel tube lattice form is finally adopted. The result of calculation and analysis shows that the temperature on the gantry does not affect the longitudinal gantry length in a linearly way when the wire tension is large enough，so the gantry is not need to break into 4 +4 cross form to set temperature expansion joint. At the same time，the truss layout of the 750kV gantry is optimized to make it good look and simple.
Keywords: 8 continuous span，combined 750kV lattice gantry，temperature effect

1　引言

随着特高压换流站的大规模建设，±800kV 灵州换流站首次接入 750kV 系统，交流滤波器母线构架采用 750kV 构架。母线构架是参考以往常规 500kV 构架采用钢管人字柱三角形梁结构还是采用 750kV 变电站内一般的矩形钢管格构式梁柱结构；对于联合母线构架连续 8 跨共 328m，是否按照常规布置中间设置温度伸缩缝将 8 连跨断开成 4+4 跨，此需进行计算比较综合分析，为后续本站的设计以及后期类似受端换流站的建设提供指导和参考作用。

2 输入条件

根据电气的布置方式，滤波器场 750kV 构架采用联合布置形式，纵向（长向）有八跨梁连续布置，每跨跨度为 41m，纵向总长为 328m，梁底挂线点高度为 32.5m，地线柱顶标高为 48.0m；横向（短向）的梁与纵向的梁垂直布置，跨度为 41.5m，梁挂线点高度为 44.0m，地线柱顶标高为 60.5m，纵向梁和横向梁空间上双层布置，其高差为 11.5m，柱顶端最长的悬臂长度为 16.5m，详见图 1 透视图。

站址所在地 50 年一遇 10m 高 10min 平均最大风速采用 26.8m/s，相应风压为 0.45kN/m^2。每根梁上单侧或双侧挂三根导线，导线采用四分裂导线，每根导线在覆冰有风工况下最大拉力为 85kN，在梁上的挂线点有“V”串挂线和直接挂线两种方式，构架挂线示意图见图 2。

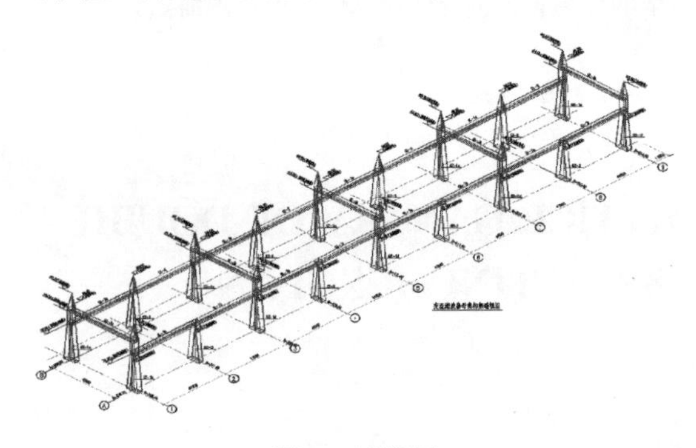

图 1 透视图

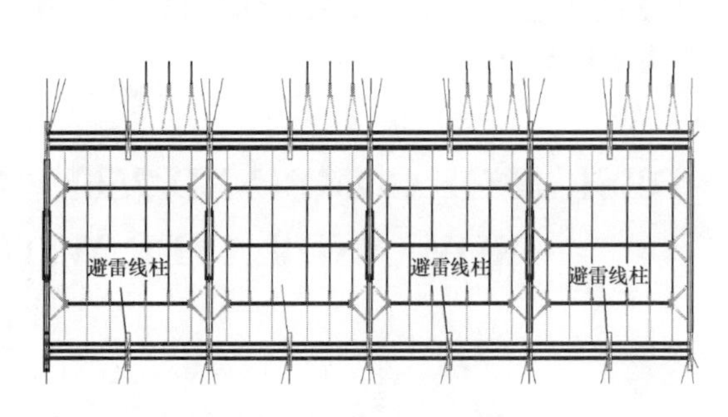

图 2 构架挂线示意图

3 母线构架结构选型

钢管人字柱三角形梁结构是指构架柱采用 A 型普通钢管，钢管采用直缝焊接圆形钢管；构架梁采用三角形变断面、钢管弦杆、角钢腹杆、螺栓连接的格构式钢梁。梁柱采用螺栓连接，柱、梁弦杆拼接接头采用刚性法兰连接。矩形钢管格构式梁柱结构：构架柱采用矩形变断面钢管自立柱，钢管主材、钢管腹杆、螺栓连接的格构式柱；构架梁采用矩形等断面、钢管弦杆、钢管腹杆、螺栓连接的格构式梁。梁柱采用螺栓连接，柱、梁弦杆拼接接头采用柔性法兰连接[1]。其模型分别如图 3 和图 4 所示。

3.1 根开和截面比较

通过采用空间杆系分析软件 STAAD ProV8i 对钢管人字柱三角形梁结构和矩形钢管格构式梁柱结构分别建模计算，按照常规的做法，柱底部根开尺寸、梁截面尺寸和梁柱主材的主要截面大小见表 1。

矩形钢管格构式柱窄面的根开为 2.5m，整个结构纵向长度为 330.85m。采用人字柱结构时，由于人字柱平面外的刚度很小，只能靠钢管自身的惯性矩来抵抗平面外的受力，一般采用在端头加设端撑或在中部断开加设剪刀撑的方式来满足平面外的刚度和位移要求。

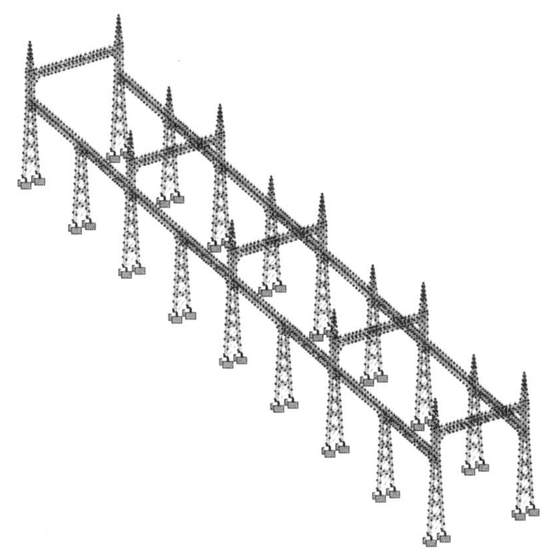

图 3　矩形钢管格构式梁柱结构模型

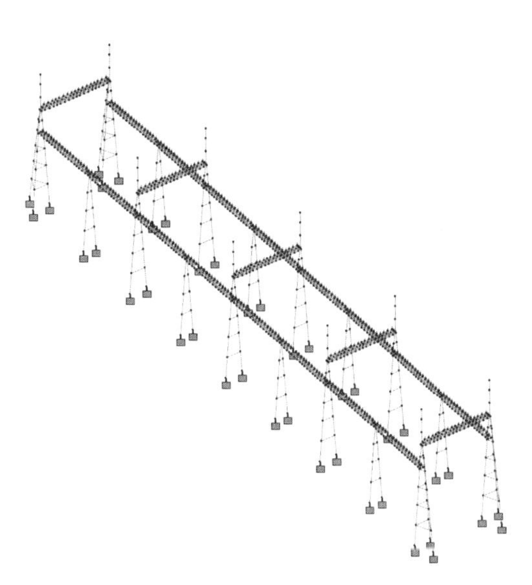

图 4　钢管人字柱三角形梁结构模型

柱根开尺寸和梁柱主要截面　　**表 1**

类　型		截面尺寸	主要截面
矩形钢管格构式梁柱结构	矩形格构柱	7.5m×2.5m	ϕ351×14
	矩形格构梁	2.5m×2.5m (H)	ϕ168×8
钢管人字柱三角形梁结构	人字柱	8.8m (6.8m)	ϕ750×14 (ϕ500×10)
	三角形梁	2.5m×2.1m (H)	下弦端部 ϕ245×10 下弦中部 ϕ180×8

(1) 人字柱加端撑

人字柱端撑根开按照《变电站建筑结构设计技术规定》DL/T 5457—2012 第 6.1.7 条，一般按柱高的 1/5 选用，梁挂线点高度为 44.0m，根开即为 8.8m。根据计算，由于风荷载和导线荷载很大，在八跨连续时结构纵向尺寸过长，只在一侧加设端撑很难满足构架高度 1/200 的位移要求，必须两个端头同时加设两个端撑。此时每根柱子截面均由格构式的 2.85m（考虑钢管外边缘）变成单钢管的 0.75m，根据工艺布置梁的跨度可因此由 41m 减小 2.1m，考虑到两侧端撑及端撑钢管外边缘，则整个结构纵向长度 329.55m，比矩形钢管格构式梁柱结构共减少了 1.3m。针对此种挂线点较高的结构，由于端撑根开太大，其占地较省的优势不太明显。

挂线点在 44.0m 和 32.5m 的两榀人字柱根开分别为 8.8m 和 6.8m，截面分别为 ϕ750×14 和 ϕ500×10，同一排柱子根开和截面不太一致影响美观。

(2) 人字柱中间加剪刀撑

采用在纵向中部加设剪刀撑，如图 5 所示，在纵向中间第四跨边上增加 4m 的距离，将相邻两人字柱通过单斜圆钢管连接起来，横膈采用交叉角钢。此时中间两人字柱形成格构式截面，刚度变大，吸收更多的能量，可以相应减小其余柱截面，同时取消两端头的端撑设置。这种形式在一般人字柱结构中比较常用，此种布置也很好地解决了端撑占地大的

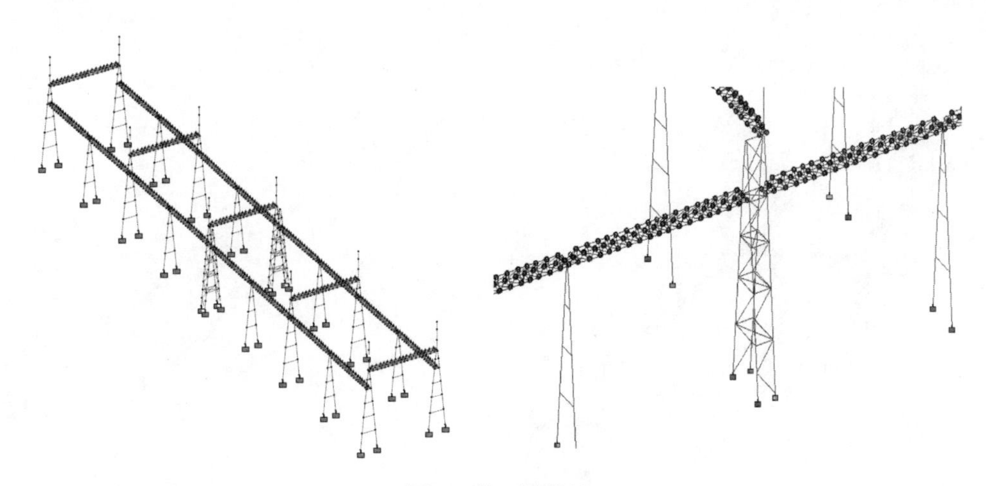

图 5　剪刀撑设置

问题，整个结构纵向长度为 316.15m，减少 14.7m。

剪刀撑放在中部，根据图 2 构架挂线示意图，中间柱子两边均挂有导线，两边的荷载能相互平衡一部分，对于柱子比较有利，但是端部人字柱都是单侧受力，对纵向梁和横向梁高差 11.5m 的悬臂部分极其不利，导致边柱截面需由 $\phi750\times14$ 加大到 $\phi950\times14$，目前人字柱构架还未采用过如此大的截面。可见，剪刀撑放在中部不如两侧加端撑对结构有利。同时，一排柱子出现 $\phi950\times14$、$\phi750\times14$ 和 $\phi500\times10$ 三种截面，对整个构架美观不利。

3.2　用钢量比较

通过采用模型计算用钢量，并参考以往工程统计的节点板、螺栓和法兰等附件的占比，矩形钢管格构式梁柱结构和考虑加端撑、剪刀撑的人字柱三角形梁结构的总用钢量见表 2。

两种结构形式总用钢量　　**表 2**

矩形钢管格构式梁柱		人字柱三角形梁（加剪刀撑）		人字柱三角形梁（加端撑）	
58m 格构柱	40.7t	58m 人字柱 $\phi950\times14$	36t	58m 人字柱 $\phi750\times14$	36t
34m 格构柱	30t	34m 人字柱 $\phi500\times10$	11t	34m 人字柱 $\phi500\times10$	14t
矩形梁	27t	三角形梁	17t	三角形梁	22t
梁柱总和	955t	梁柱总和	1005t	梁柱总和	874t

从表 2 的结果看，矩形钢管格构式梁柱结构的总用钢量要比加端撑人字柱三角形梁结构的多出 81t，主要原因就是格构式梁、柱结构的节点板占比较大。但是要比加剪刀撑人字柱三角形梁结构的用钢量少 50t，主要是由于端部人字柱仅靠钢管自身惯性矩抵抗悬臂部分很大的弯矩导致其截面过大。

3.3　其余比较

挂线点在 44.0m 和 32.5m 的两榀构架柱，采用矩形格构式柱时，根开可以保持 2.5m

不变，通过调整主材和辅材的截面，可以使一排柱子的截面保持一致，也比站内 $\phi950\times14$ 的圆钢管外观轻巧美观。

特高压换流站内构架受力较大，人字柱构架安全富裕度相比格构式构架要小，单钢管更多受制于工厂加工质量和现场施工质量，其初始缺陷在设计中未必能充分考虑，一旦某个杆件出现问题，将无多余的安全储备。

除此之外，人字柱联合布置没有真型实验，仅浙北 1000kV 构架人字柱单列布置进行过真型实验，换流站内人字柱构架的联合布置还更多需要通过真型试验得到验证。

从而，本工程推荐采用格矩形钢管格构式梁柱。

4 温度作用

根据现行行业标准《变电站建筑结构设计技术规定》DL/T 5457—2012 第 4.4.3 条，两端设有刚性支撑、总长超过 150m 的连续排架，或总长超过 100m 连续刚架，应计算温度作用效应的影响，可按在夏季或冬季允许露天作业的气温条件下安装，在最大风环境温度条件下运行，此时的计算温差可取：$\Delta t=\pm35$℃。第 4.2.7 条，变电构架的多跨连续排架或刚架结构，当温度作用与最大风工况的风荷载组合时，荷载组合值系数取 0.85，在其他情况下荷载组合值系数均取 1.0。

4.1 构架用钢量比较

整个结构纵向长度为 330.85m，远超过行业标准设置伸缩缝的长度限制。根据常规布置一般在结构中间断开，将 8 连跨改为 4 跨+4 跨的布置形式。因为改为据插入式基础杯口大小和柱根开尺寸，一般在中间设置 5m 的距离。通过对两种布置形式和两种结构形式分别建模计算分析，其结构总用钢量见表 3。

8 连跨和 4 跨+4 跨布置用钢量比较　　表 3

4 跨+4 跨				8 连跨			
格构式结构		人字柱结构		格构式		人字柱	
58m 格构柱	37t	58m 人字柱	33t	58m 格构柱	40.7t	58m 人字柱	36t
34m 格构柱	28 t	34m 人字柱	12t	34m 格构柱	30t	34m 人字柱	14t
矩形梁	18t	三角形梁	16t	矩形梁	27 t	三角形梁	22t
梁柱总和	927t	梁柱总和	765t	梁柱总和	955t	梁柱总和	874t

通过表 3 可以看出，采用 4 跨+4 跨的布置形式确实能节省 3%的用钢量，但是节省的用钢量相比其纵向长度加大 5m 来说，其指标优势不明显。

4.2 温度作用对构架内力影响

将 4 跨+4 跨和 8 连跨布置的结构分别按照纯温度作用、温度作用+风荷载和温度作用+风荷载+导线拉力三种荷载工况进行计算分析，比较三种工况下两种布置形式的构架梁柱内力的变化情况，详见表 4 和表 5。

温度作用对格构式梁的影响 **表 4**

工　况	4 跨+4 跨格构式梁柱结构	8 连跨格构式、柱结构	杆件内力增幅
	梁端最大内力（kN）	梁端最大内力（kN）	
50℃温度作用	148	282	91%
风+35℃组合	466	538	15%
风−30℃组合	700	763	9%

温度作用对格构式柱的影响 **表 5**

工　况	4 跨+4 跨格构式梁柱结构	8 连跨格构式、柱结构	杆件内力增幅
	柱端最大内力（kN）	柱端最大内力（kN）	
50℃温度作用	432	842	95%
风+35℃组合	1289	1797	40%
风−30℃组合	2025	2216	10%

从表 4 和表 5 来看，当格构式构架只有温度作用时，构架越长，温度应力作用越大，当构架长度增大一倍时，构架梁、柱的端部最大内力基本增大一倍。温度作用的内力跟构架长度基本呈线性增大的关系。

但是当格构式构架同时承受温度作用和风荷载时，构架长度增大一倍时，构架梁、柱的端部最大内力并没有随之增大一倍，梁端最大内力仅增大了 15%，柱端最大内力增大了 40%。说明构架受外荷载后对温度应力有一定的抑制作用，同时也说明温度作用此时对柱子的影响要比对梁的影响大。

当格构式构架同时承受温度作用+风荷载+导线荷载时，构架长度增大一倍时，构架梁、柱的端部最大内力增幅更小，梁、柱端部最大内力均增大 10%左右。

从以上看来，当温度作用、风荷载和导线荷载三者同时存在，导线拉力和风荷载足够大时，温度作用并不再随纵向长度加长而线性增长。在 4 跨+4 跨中的构件截面在 8 连跨中大部分仍然可以应用，即使截面增大也不会太多。构架计算中所有起控制因素的大部分是温度作用和风荷载，在导线拉力和风荷载足够大时，4 连跨纵向长度为 164m，其超过限制 64m 和 8 连跨纵向长度超过限制 224m 的结果差别不是特别明显。同时，采用 8 连跨不用在中间加设伸缩缝，可以节省一根柱子，节省 5m 宽度范围占地。所以，最终推荐采用 8 连跨布置的结构形式。

5　母线构架设计

换流站交流滤波器场母线构架最终首次采用空间双排双层 8 连跨联合的布置形式，构架梁柱均采用矩形断面钢管格构式结构。常规矩形格构式梁柱两个对立平行面的斜腹杆交叉布置，空间上使两根斜腹杆一根受拉一根受压。考虑母线构架双侧对称受导线水平拉力能自平衡和单侧受导线拉力的特点，将矩形格构式梁柱两个对立平行面的斜腹杆平行布置，同时将矩形格构式梁柱单个面的斜腹杆由“之”字形布置改为平行布置，使 750kV 构架的节点种类减少一半，透视感更强，外面立面更美观简洁。

6 结论

换流站内交流滤波器母线构架纵向总长 328m、横向总长 41.5m，采用空间双排双层 8 连跨的矩形钢管格构式联合构架，其结构形式安全合理。优化后的构架外面立面美观简洁。对提高变电构架的设计水平有重要的促进作用。

参考文献

[1] 变电站建筑结构设计技术规程(DL/T 5457—2012). 北京：中国计划出版社，2012.

[2] 常伟，张玉明，雷晓标等. 750kV 格构式构架杆系结构设计优化. 钢结构，2015，6(30)，64-68.

[3] 中华人民共和国住房和城乡建设部. GB 50017—2003 钢结构设计规范[S]. 北京：中国计划出版社，2003.

[4] 电力规划设计总院. DL/T 5154—2012 架空输电线路杆塔结构设计技术规定[S]. 北京：中国建筑工业出版社，2012.

[5] 中华人民共和国建设部. GB 50135—2006 高耸结构设计规范[S]. 北京：中国计划出版社，2007.

[6] 换流站建筑结构设计技术规程(DL/T 5459—2012). 北京：中国计划出版社，2012.

特高压换流站主（辅）控楼结构形式的优化分析及设计对策

雷　蕾，雷晓标，张玉明
（西北电力设计院有限公司电网设计分公司，陕西　西安　710075）

摘　要：为了使特高压换流站中建筑物的结构设计更加合理，更好地适应目前电网的大规模发展，响应两会绿色建筑形式的推广，本文依托新近设计的±800kV 灵州换流站、酒泉±800kV 换流站工程中的主（辅）控楼，对我国已建和在建的换流站中主（辅）控楼经常采用的钢结构体系和钢筋混凝土框架结构两种结构形式进行了选型分析，分别从技术指标、结构形式、经济指标、施工组织四个方面进行对比分析，在此基础上从我国南、北不同地区气候特点及地震烈度等方面出发提出适宜的结构选型建议。
关键词：钢结构；钢筋混凝土框架结构；现场连接；施工周期
论文编号：70-5009

UHV CONVERTER SUBSTATION OPTIMIZATION ANALYSIS AND DESIGN STRATEGIES OF MAIN（AUXILIARY）CONTROL BUILDING

L. Lei，X. B. Lei，Y. M. Zhang
（Power Grid Design Branch of Northwest Electric Power Design Institute Co.，Ltd.，Xi’an 710075，China）

Abstract： In order to make the building structure design of UHV converter station more reasonable and better adapt to the development of large-scale of power grid at present，promotion of green building type at NPC and CPPCC，this article analyze on the different structure style of main（auxiliary）control building of converter stations，based on the newly designed ±800kV Lingzhou and Jiuquan converter station. It analyzed steel structure and reinforced concrete frame structure，often used in main（auxiliary）control building that are existing and under construction in our country，from four aspects of technical indicators，economic indicators，structural type，construction organization. On the basis，it put forward suitable suggestion of structure selection，from climate characteristics of south and north area and seismic intensity the aspects.
Keywords： steel structure，Reinforced concrete frame，site connection，construction period

1　引言

李克强总理在今年政府工作报告中讲到 2016 年八大工作任务时指出：积极推广绿色

建筑和建材，大力发展钢结构和装配式建筑，提高建筑工程标准和质量。目前我国已进入特高压电网大规模建设时期，国家电网积极响应新型建筑形式的发展，换流站中的换流站中的建（构）筑物采用工厂加工、现场组装的装配式结构，加快施工速度，减少现场湿作业，将节地、节能、节水、节材和环境保护等绿色理念融入电网工程建设中。

换流站中的主（辅）控楼大部分采用3～4层布置，且分别与高、低端阀厅毗邻，通常采用钢结构体系和钢筋混凝土框架两种结构形式。国内设计的主（辅）控楼大多数为钢筋混凝土框架结构，现场湿作业工作量大，能源及原材料消耗大。在西北寒冷地区，施工周期有限，特别是在高海拔地区，主（辅）控楼的施工大都在冬季进行，存在冬季施工的问题，或者由于位于高寒地区冬季停工，而采用钢结构体系，工厂制作现场组装，不受冬季施工影响，可缩短建筑物上部结构施工工期；而在南方地区，没有冬季施工的限制，两种结构形式均可采用。

针对特高压换流站的技术条件，结合国内现有的换流站设计、施工和运行经验，按照技术先进、经济合理、安全可靠、美观适用、方便施工和确保质量的原则，对换流区域主（辅）控楼的设计、选型进行多方案的综合技术经济施工分析比较。

2 现状调查分析

本文对我国已建和在建的49座换流站中主（辅）控楼的结构形式进行了调查，其中14座换流站中的主（辅）控楼采用钢结构（12座由外方负责设计）；35座采用钢筋混凝土框架，占71%。通过调查以上换流站中主（辅）控楼的使用情况可知，不管采用哪种结构形式都是安全可靠的，没有发现由结构设计引起的使用和安全问题。

建筑工业化是第二次世界大战以后发展起来的，战争的破坏造成住房极度困难，加之各国经济建设的发展和城市人口剧增，只有走上建筑工业化的道路才能解决住房这个大问题。装配式建筑工业化程度高，施工速度快建设周期短，最重要的是大大节约了现场劳动力，解决了人工费用高的问题；尤其在第三世界国家，当地物资匮乏，钢结构工厂制作现场组装，适合远距离运输且避免现场湿作业。国内资源丰富，钢筋混凝土框架结构的材料可以就地取材，能充分利用当地资源和廉价劳动力，造价低，适合国内绝大多数施工单位的施工能力。于是就形成了国外常用钢结构体系而国内常用钢筋混凝土框架的现状。

3 两种结构形式技术指标对比

本文选取了四个换流站中的主（辅）控楼进行两两对比，分别为西北院新近设计的±800kV灵州换流站工程和酒泉±800kV换流站工程中的主（辅）控楼，以及华东院设计的±800kV绍兴换流站工程和±800kV金华换流站工程中的主（辅）控楼。

灵州换流站和绍兴换流站中的主（辅）控楼采用箱形截面钢柱、焊接工字钢梁、压型钢板作底模的非组合楼板、砌体围护结构；酒泉换流站和金华换流站中的主（辅）控楼采用现浇钢筋混凝土框架填充墙结构。

3.1 建筑参数

灵州站与酒泉站主（辅）控楼建筑参数对比表　　表1

建筑物	工程名称	结构形式	轴线尺寸	建筑总面积	建筑层数	建筑高度
主控楼	灵州站	钢框架	29.3m×46.2m	3656 m^2	3层	16.2m
	酒泉站	钢筋混凝土框架	29.4m×46.2m	3660m^2	3层	16.2m
辅控楼	灵州站	钢框架	27.0m×19.0m	1186 m^2	2层	12.0m
	酒泉站	钢筋混凝土框架	27.3m×19.2m	1198m^2	2层	12.0m

从表1可知，两站主（辅）控楼的建筑面积、建筑层数及建筑高度基本接近。

3.2 计算参数

灵州站与酒泉站主（辅）控楼计算参数对比表　　表2

工程名称	地震基本烈度	抗震等级	基本风压	冻土深度	场地类别	地基承载力特征值
灵州站	8度（提高一度设防）	二级	0.51kN/m^2	1.28m	Ⅱ类	350kPa
酒泉站	7度（提高一度设防）	一级	0.65kN/m^2	2.0m	Ⅱ类	220kPa

从表2可知，由于两站的地震基本烈度不同，且主（辅）控楼采用了不同的结构形式，故框架的抗震等级不同，两座建筑物的地基承载力也有差异。

3.3 结构尺寸

灵州站与酒泉站主（辅）控楼结构尺寸对比表　　表3

建筑物	工程名称	框架柱数量（根）	柱截面（mm×mm）	楼板厚度（mm）
主控楼	灵州站	46	550×550	175（凹槽处）
	酒泉站	58（54/4）	600×600/400×400	120
辅控楼	灵州站	23（7/16）	500×500/400×400	175（凹槽处）
	酒泉站	31（4/22/5）	700×700/600×600/400×400	120

表3主要对比了两站主（辅）控楼一层框架柱的截面和数。从表中可以看出，酒泉站的地震基本烈度低于灵州站，但主（辅）控楼的框架柱截面却较灵州站大，辅控楼更为明显，同样尺寸的前提下，减小了建筑使用面积。

灵州站与酒泉站主（辅）控楼柱距及对应梁截面对比表　　表4

建筑物	工程名称	最大柱距（m）	对应的梁截面（mm）		备注
			边跨	中跨	
主控楼	灵州站	9.5	WH600×300×12×25		
	酒泉站	9.3	350×800		
辅控楼	灵州站	10.5	WH700×250×14×20	WH800×300×14×20	
	酒泉站	6.5	350×1000	350×500	板沉降引起边跨梁高增加

表 4 主要对两站主（辅）控楼对应位置最大柱距及其对应梁高进行了对比，结合图 1 两站主控楼梁板关系的对比可知，两种结构在相近跨度的前提下，钢梁梁高要远小于钢筋混凝土梁梁高，但由于非组合楼板底部的压型钢板与钢梁上翼缘相连，二者的梁底标高相差不多。

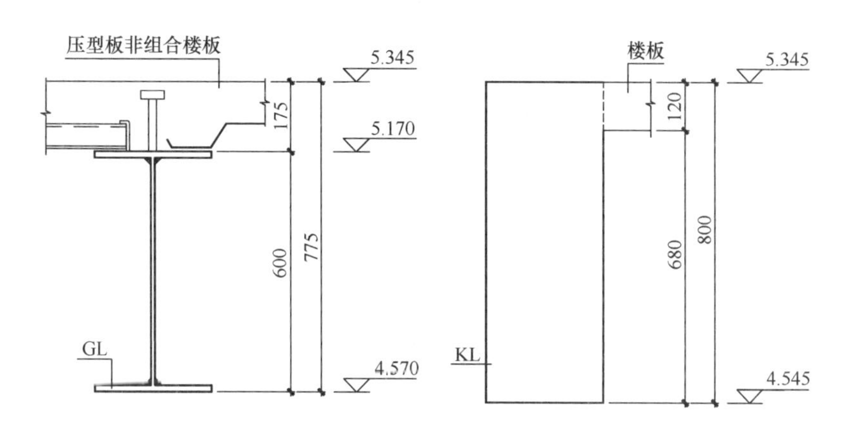

图 1　两站主控楼梁板关系对比

图 2　两站主（辅）控楼两种结构形式

4　结构形式对比

4.1　钢结构体系

目前我国国内换流站主（辅）控楼钢结构体系常见为纯框架结构体系，即纵横两个方向均由框架作为承重和抵抗水平抗侧力的主要构件所组成的结构体系，一般有两种形式：无支撑纯钢框架，框架一支撑体系。对于层数不多的房屋，纯框架结构体系是一种比较经济合理的结构体系。

纯钢框架是无支撑的纯框架体系，由钢柱和钢梁组成，在地震区框架的纵、横梁与柱一般采用刚性连接，形成空间体系具有较强的侧向刚度和延性，承担两个主轴方向的地震作用。灵州站主（辅）控楼采用箱型柱与焊接工字钢梁组成的无支撑纯钢框架结构，楼板为以压型钢板为底模的非组合楼板。

以灵州站主（辅）控楼为依托，对纯框架结构体系的特点进行介绍如下：

（1）从表2和表3可知，纯钢框架可以扩大柱距，减少框架柱的个数且柱断面小，可以形成较大的使用空间，灵活布置平面，更好地满足工艺专业的使用功能要求，结构各部分刚度比较均匀。主（辅）控楼与阀厅毗邻，有各种通道及电缆走廊，无支撑纯钢框架可以开洞灵活布置。

（2）各层钢梁与箱形柱采用刚性连接，有较强的侧向刚度和延性。钢构件自重较轻，钢材各向同性，对地震作用敏感小，抗震性、抗冲击韧性均较钢筋混凝土框架结构好，在高烈度区是一种很好的抗震结构形式。在地下淤泥较深的沿海一带或者南方软土地区，地基处理耗费多的地方，钢结构自重轻优势明显。

（3）钢框架采用的非组合楼板中的压型钢板重量轻，堆放、运输及安装都非常方便，作为浇灌混凝土的永久性模板，节省了大量临时性模板，省去了大量支模拆模的工作。

（4）钢构件易于标准化和定型化，构造简单，易于施工，尤其是压型钢板直接支撑于钢梁上，为各种工种作业提供了宽敞的工作平台，大大加快了施工进度，缩短了工期。

（5）在西北高寒地区施工时，钢结构能较好地解决冬季施工问题，保证工期。

（6）钢材属于生态环保的绿色材料，回收和再利用率高，符合经济循环的要求。

（7）现场焊接工作量较大，对质量要求较高。

（8）钢结构构件易腐蚀，耐火性能差，需采取防腐防火措施并增加相应的费用。主（辅）控楼钢构件采用涂水性无机富锌防腐漆防腐。根据《建筑设计防火规范》GB 50016—2014规定，换流站中主（辅）控楼的火灾危险性为戊类，耐火等级二级，钢柱耐火极限不小于2.5h，钢梁耐火极限不小于1.5h。钢柱采用防火板包裹，钢梁采用薄型或超薄型防火涂料。

4.2 钢筋混凝土框架结构

钢筋混凝土框架结构，梁柱均为刚性连接，在纵横两个方向形成空间体系，有较强的侧向刚度，承担两个主轴方向的地震作用。

钢筋混凝土结构在国内是一种普遍的结构形式，特别是对跨度和荷载不大的建筑。在国内设计的换流站工程中，主（辅）控楼采用钢筋混凝土方案的有灵宝背靠背换流站、贵广二回直流兴仁、深圳换流站、金华换流站、新近设计的酒泉换流站等。钢筋混凝土结构在我国有成熟的经验，其主要特点如下：

（1）结构的材料可以就地取材，故能充分利用当地资源和廉价劳动力，其造价较低、适合国内绝大多数施工单位的施工能力。

（2）混凝土结构一般需现场制作，现场施工工作量相对较大，施工工期相对较长，但随着技术进步，施工机械化程度的提高以及商品混凝土的应用，混凝土结构施工工期较长的缺点大大改善。由于换流站主（辅）控楼层数低，柱距小，现场脚手架安装和混凝土浇灌显得十分便利，有效地缩短了施工工期。

（3）楼板选择钢筋混凝土楼板，和框架梁柱同时整浇，有利于结构的整体刚度和共同工作性能。

（4）钢筋混凝土结构可以不额外采取防火措施就可以满足本工程的防火要求，并且较钢结构经济实用，且易于维护。

（5）钢筋混凝土框架自重较大，在高烈度地区梁柱截面较大，大大减少了建筑面积和竖向尺寸。

（6）在西北高寒地区，存在冬季施工的问题，费用较高，工期难以保证。

5 经济指标对比

不同站址所在场地的地基处理情况不同，造价相差较大，故对比中未考虑地基处理及基础部分，仅从基础台阶以上计算工程量，详见表5。

灵州站主（辅）控楼经济指标　　表5

建筑物	型钢混凝土短柱			0m框架梁			框架梁柱用钢量（t）	含防腐防火涂料费用（万元）
	混凝土	钢筋	造价（万元）	混凝土	钢筋	造价（万元）		
主控楼	112m³	32t	23	155m³	22.5t	21	733	655
辅控楼	45m³	0.61t	3	65m³	9.5t	9	218	195

建筑物	楼板			压型钢板（1.2mm厚）		总造价（万元）	每平方米造价（元/m²）
	面积	钢筋	造价（万元）	面积	造价（万元）		
主控楼	3656m²	90t	92	3599m²	28	819	2276
辅控楼	1186m²	30t	30	1152m²	9	246	2136

酒泉站主（辅）控楼经济指标　　表6

建筑物	框架梁柱			楼板			总造价（万元）	每平方米造价（元/m²）
	混凝土	钢筋	造价（万元）	面积	钢筋	造价（万元）		
主控楼	1046 m³	403t	263	3660m²	112t	104	367	1003
辅控楼	432m³	129t	90	1198m²	45.4t	38	128	1068

注：1. 表格中不含阀厅杯口短柱配筋，不含设备基础及电缆夹层侧壁。
2. 表格中为概算单价，不含价差不取费。

通过以上对比分析可以看出：由于钢结构构件需要涂防腐防火涂料，故钢框架结构的总造价较钢筋混凝土框架结构高。

6 施工对比

6.1 施工难度对比

6.1.1 采用钢结构施工难度分析

（1）优点：施工周期短，周转性材料投入少，节约了混凝土强度达标及拆除脚手架时间；施工受季节、环境影响较小，可以如期进行冬期施工，只需做好焊缝施焊时的保温措施即可，增加费用较小；提前进入装修阶段转入室内，减少冬期施工的投入。

（2）缺点：防火性能差需增加防火施工工序；墙体内有钢构件对管道、线管等路径限制，局部不能暗敷，需装修时另作处理占用空间且影响美观；另外装修施工阶段需增加装修费用，对位于吊顶以下墙体中的钢柱、钢梁以及斜支撑均需进行填充，并采用石膏板做好封堵处理，否则严重影响美观。

6.1.2 采用框架结构施工难度分析

（1）优点：防火性能好；抗震性能满足换流站要求；房间隔墙可以随意拆改可以满足复杂的建筑形式，室内空间规矩利于装修施工，各种收边收口处理方便，不需额外增加费用。

（2）缺点：框架柱尺寸较大影响局部美观；施工周期长；周转性材料投入较大；施工受季节、环境影响较大，如需进行冬期施工，需采用棉被、火炉等保温、防冻措施，增加了火灾风险，且增加费用较大。

6.2 施工工期对比

施工工期对比 **表7**

灵州站			酒泉站		
建筑物名称	主控楼	辅控楼	建筑物名称	主控楼	辅控楼
基础	87d	26d	基础	77d	30d
钢结构安装	24d	37d	结顶	72d	63d
楼板	20d	22d	拆除脚手架	20d	12d
总计	131d	85d	总计	169d	105d

从表7工期对比来看，由于钢结构施工简便、周期短，故施工周期上钢结构明显优于钢筋混凝土框架结构。

7 优化分析

灵州站主（辅）控楼钢柱及钢梁的现场拼接采用栓焊混合的连接方式。为了减少现场焊接工作量，更好地保证焊接质量，真正实现全面装配式，本文结合灵州站已有的设计和在施工过程中存在的问题，对采用钢结构体系进行了优化分析。

7.1 钢框架的柱脚

灵州站抗震基本烈度8度，换流站内主（辅）控楼抗震设防类别为乙类。根据《建筑抗震设计规范》GB 50011—2010（以下简称《抗规》）第8.3.8条“钢结构的刚接柱脚宜采用埋入式，也可采用外包式；6、7度且高度不超过50m时也可采用外露式。”《高层民用建筑钢结构技术规程》JGJ 99—98（以下简称《高钢规》）第8.6.1条“高层钢结构框架柱的柱脚宜采用埋入式或外包式柱脚。仅传递垂直荷载的铰接柱脚可采用外露式柱脚。”故灵州站主（辅）控楼钢柱柱脚采用埋入式柱脚刚接连接。而对于抗震基本烈度为6、7度的主（辅）控楼，可采用外露式柱脚，即用地脚锚栓与基础连接，多用于烈度低的南方，在已建换流站中由外方设计的主辅控楼采用此种柱脚，减少了现场湿作业，缩短了基础施工工期，加快了施工速度。

7.2 柱与柱的工地拼接

灵州站与绍兴站主（辅）控楼采用焊接箱形柱，《高钢规》第8.4.6条“箱形柱在工地的接头应全部采用焊接。”柱的工地拼接采用完全焊透的坡口对接焊缝连接，现场焊接量增大。如在支撑设置满足工艺要求的前提下，钢框架柱可采用H形或焊接工字形钢柱，其翼缘和腹板均可采用高强度摩擦型螺栓进行工地拼接，现场拼接无焊接。

7.3 梁与梁的现场拼接

灵州站主（辅）控楼钢梁与钢梁的刚性拼接中，翼缘采用完全焊透的坡口对接焊缝连接，腹板采用高强度螺栓摩擦性连接。梁与梁的现场拼接亦可通过翼缘和腹板均采用高强度螺栓摩擦性连接，但此种连接方式致使钢梁上翼缘不平整，对压型钢板的铺设造成不便。

7.4 楼梯间为全现浇结构

主控楼通常设置两部楼梯，一部为双跑楼梯，一部为三跑楼梯。灵州站梯梁采用焊接工字形截面，按简支梁进行计算。现场施工后，发现工字形截面观感不好，需包裹，且净空相对紧张，后续工程可将梯梁设计为矩形截面，或将楼梯间设计为钢筋混凝土结构，不仅美观还可以减小截面保证净空，又或者可通过增加层高以保证楼梯间舒适感。

8 结论与建议

根据本文上述各项指标对比分析可知，钢结构体系对于钢筋混凝土框架结构有施工周期短，现场湿作业少，施工不受季节限制，建筑空间大，强度高质量轻抗震性能好等优点，适用于地震烈度高，地处高寒存在冬季施工的北方地区，而对于南方地区，施工不受季节限制，地震烈度相对低，两种结构均可，可根据经济性选择钢筋混凝土结构。

参考文献

[1] 建筑抗震设计规范(GB 50011—2010). 北京：中国建筑工业出版社，2010.
[2] 高层民用建筑钢结构技术规程(JGJ 99—98). 北京：中国建筑工业出版社，1998.
[3] 钢结构设计规范(GB 50017—2003). 北京：中国计划出版社，2003.
[4] ±800kV直流换流站设计规范(GB/T 50789—2012). 北京：中国计划出版社，2012.
[5] 李星荣，魏才昂，秦斌. 钢结构连接节点设计手册. 北京：中国建筑工业出版社，2014.
[6] 多、高层民用建筑钢结构节点构造详图(01(04)SG519). 北京：中国计划出版社，2009.
[7] 手册编委会. 钢结构设计手册. 第3版. 北京：中国建筑工业出版社，2004.

单、双向水平地震作用下火电厂房的地震反应差异

董绿荷[1]，李红星[1]，刘宝泉[1]，王广[1]，胡 莹[2]

（1. 西北电力设计院有限公司，陕西 西安 710075；

2. 重庆大学，重庆 630045）

摘 要：为满足火力发电厂使用功能的需要，主厂房平面布置常不规则，致使质量中心与刚度中心不重合，结构易发生扭转破坏。为讨论在进行结构分析时是否需考虑双向水平地震水平作用的影响，本文使用 ABAQUS 软件对一个典型联合布置厂房进行建模。分别考虑单、双向地震作用并进行弹塑性时程分析，其中重点分析结构位移在单、双向地震作用下的增大效应。结果表明，在多遇地震作用下，可只考虑单向地震作用的影响；在罕遇地震作用下，需考虑双向地震作用的影响。

关键词：火电厂房；地震；地震反应；时程分析；结构设计

中图分类号：TP391

THE DIFFERENCE IN SEISMIC RESPONSE ANALYSIS FOR THERMAL POWER PLANT UNDER THE UNIDIRECTIONAL AND BIDIRECTIONAL SEISMIC ACTION

L. H . Dong[1]，H. X. Li[1]，B. Q. Liu[1]，G. Wang[1]；Y. Hu[2]

（1. Northwest Electric Power Desige Institute，Shaanxi，X' ian 710075，China；

2. Chongqing University，Chongqing 630045，China）

Abstract：In order to meet the need of proper functioning of thermal power plant，the layout of the main building is usually irregular. Therefore，the center of mass does not coincide with center of rigidity，which means torsion failure is likely to happen. To discuss if it is necessary to consider the effects of bidirectional seismic action for structural analysis，ABAQUS is used to simulate the typical Joint arrangement of main plant model. The elastic—plastic time history analysis is carried out under the unidirectional seismic action and bidirectional one，and the increasing of structural displacement is emphatically analyzed. The results show that in the case of frequent earthquakes，the effect of unidirectional seismic action is only what needs to be considered. However，in the case of rare earthquakes，we should also take the effect of bidirectional seismic action into consideration.

Keywords：Thermal Power Plant，Earthquake，Seismic Response，Time History Analysis，Structure Design

---

第一作者：董绿荷（1974—），女，大学本科，高工，主要从事结构工程方面的研究，Email：Donglvhe@nwepdi. com.

通讯作者：同上

1 引言

火力发电厂是一项重要的生命线工程[1]，我国火电主厂房主厂房结构根据材料的不同可分为钢筋混凝土结构厂房、型钢一混凝土组合结构厂房、钢结构厂房[2]。钢筋混凝土结构厂房中采用框架结构形式的厂房占绝大多数，其余少部分采用钢筋混凝土框架—剪力墙形式。出于工艺要求的考虑，火电主厂房通常存在柱网尺寸大、部分楼层楼板不连续、局部集中质量大且分布不均匀以及顶部的楼层层高较高、整体刚度较小等情况。设计中，通过控制扭转位移比、周期比、剪重比以及调整内力等措施对上述不利因素加以考虑。采用这些措施以后，结构在多遇和罕遇地震作用下抗震验算时一般可根据规范要求只考虑单向水平地震作用的影响。然而，罕遇地震作用下，由于部分结构进入弹塑性状态会导致结构整体刚度分布趋于不均匀，特别是对于主厂房结构，刚度分布不均匀的现象可能会更加明显。此时若只考虑单项水平地震作用的影响是否会导致偏不安全的验算结果，这一问题值得探讨。

为此，本文以一个典型的联合布置火电主厂房结构为例，采用有限元软件对其不同地震作用水准下单向和双向地震作用时结构地震反应的差异进行对比分析，并据此提出相应的设计建议。

2 模型简介

本文以一座600MW机组联合布置主厂房为例进行分析，采用直接空冷排汽系统，汽轮发电机组运转层标高通常在13.7～14.7m之间[3]，为达到节约投资、提高机组效率的目的，采用联合布置方案，即将汽轮机组布置于厂房结构上部的高位布置方案，在对汽轮发电机组采用弹性基础的前提下，采用基座立柱与厂房结构柱网联合布置的方案，提高汽机运转层高度，以达到节约管道材料、减少投资和占地面积、提高机组效率的目的。

厂房按7度设防烈度进行设计，Ⅱ类场地，设计地震分组为第一组。厂房平面尺寸为33.5m×80m、分为3跨8个开间，共9层，楼盖标高57.15m，底层标高－3.5m，煤仓间跨度9.5m、煤仓间标高19.95m，汽机房运转层标高37.45m。结构采用钢筋混凝土框架一剪力墙结构形式，一～五混凝土强度等级为C45，六～九混凝土强度等级为C40。厂房结构如图1所示。

本文使用ABAQUS软件对结构进行建模，采用Beam单元模拟梁、柱，Shell单元模拟板、墙，Truss单元模拟斜撑，spring单元模拟弹簧支座，Dashpot单元模拟阻尼器，将配筋等效为箱形截面杆或工字形截面杆。采用spring单元模拟布置在汽机基础下并与主厂房结构相连的弹簧（共12个），厂房和基座的荷载按实际情况模拟（图2）。

根据动力时程分析的结果评估结构的抗震性能，按照《建筑抗震设计规范》的要求，选定了5条地震记录及2条人工波作为输入，分别以结构两个主轴为输入方向，分析了结构在多遇地震（小震）、基本烈度地震（中震）和罕遇地震（大震）下结构的反应。结构分析中使用的天然地震动的信息见表1。

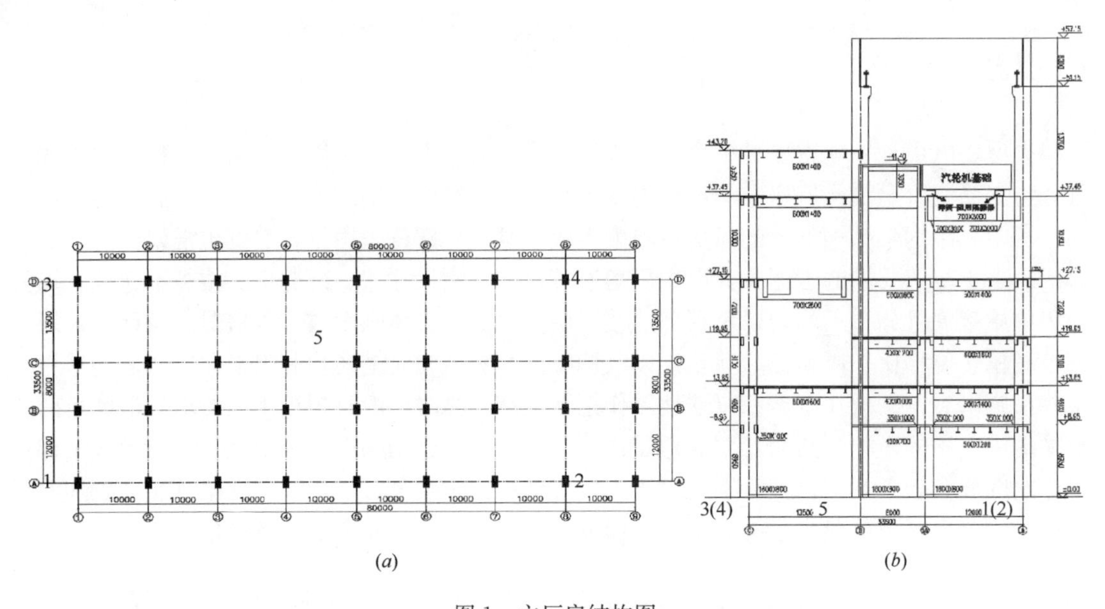

图 1　主厂房结构图

Fig. 1　Structure of the power plant building

(*a*) 柱网布置；(*b*) 剖面示意图

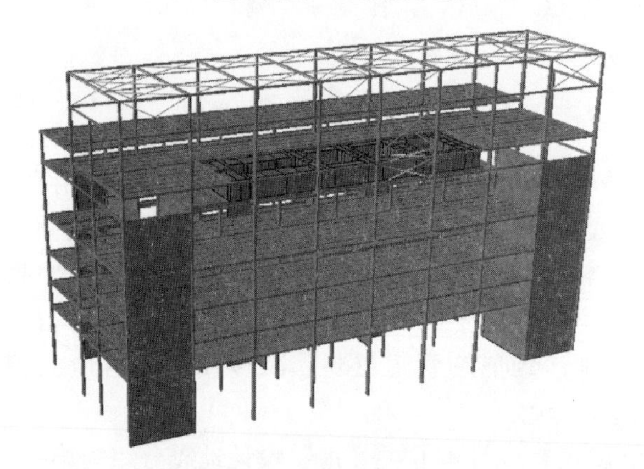

图 2　联合布置主厂房模型

Fig. 2　Joint arrangement of main plant model

结构分析用地震动信息　　**表 1**

Seismic wave information　　**Table 1**

地震波	地震	震级	震中距（km）	来源	台站
CHY057-N	Chi-Chi，Taiwan	7.62	88.48	CWB	CHY057
HWA005-N	Chi-Chi，Taiwan-02	5.9	51.55	CWB	HWA005
KAU001-N	Chi-Chi，Taiwan	7.62	78.86	CWB	KAU001
TCU014-N	Chi-Chi，Taiwan-02	5.9	126.74	CWB	TCU014
TCU075-N. AT2	Chi-Chi，Taiwan-02	5.9	34.11	CWB	TCU075
A-CVK090	Chalfont Valley-02	6.19	35.24	CDMG	Convict Creek
CHY032-E	Chi-Chi，Taiwan-02	5.9	83.47	CWB	CHY032

3 单双向水平地震作用下的结构反应

3.1 单向水平地震作用的情况

主厂房属于复杂高层建筑，平面布置不规则，特别是煤斗层与汽机层，其质量中心与刚度中心不重合，致使结构易发生扭转破坏。在设计时应对扭转问题给予足够重视。为了更好地考察结构在地震作用下的扭转效应，统计结构位移响应时，在结构平面的四角和中部各布置1点（共5点），具体平面位置如图1所示。

提取七条地震波的时程分析结果，取其平均值。正常阻尼情况下结构扭转位移比的计算结果如表2所示，扭转位移比最大值为1.13，满足《高规》关于复杂高层建筑的要求。因此可以认为主厂房结构平面规则，在弹性阶段可以不进行双向地震动的计算。

大中小震作用下扭转位移比　表2

The average ratio of displacement　Table 2

	层高（m）	大震	中震	小震
X方向	8.9	1.01	1.03	1.09
	13.85	1.06	1.10	1.10
	19.95	1.07	1.12	1.12
	27.15	1.07	1.12	1.13
	37.45	1.10	1.13	1.13
Y方向	8.9	1.12	1.03	1.01
	13.85	1.04	1.02	1.01
	19.95	1.04	1.02	1.01
	27.15	1.05	1.03	1.03
	37.45	1.05	1.04	1.10

3.2 双向水平地震作用的情况

主厂房结构一般属于高层结构，刚度及荷载分布不均[3]，根据《建筑抗震设计规范》第5.1.1-3规定：质量和刚度分布明显不对称、不均匀的结构，应计入双向地震作用下的扭转影响[4]。因此，为探索是否有必要进一步进行双向地震动的计算，本文进行了双向地震作用下的动力时程分析，分析中取两个水平方向地震加速度的最大值比值为1∶0.85。

取7对地震波组合，分析时将X、Y分别作为主轴方向，分别考虑大震、小震作用，各点层间位移取其均值，结果见表3和表4。

小震情况双向地震动与单向地震动层间位移比值　　　　表 3

The ratio of story drift under the frequent earthquakes　　　　Table 3

	层高（m）	1点	2点	3点	4点	5点
X方向	8.9	0.94	0.94	0.95	0.95	0.95
	13.85	0.95	0.95	0.96	0.95	0.95
	19.95	0.97	0.96	0.97	0.96	0.96
	27.15	0.98	0.97	0.97	0.97	0.97
	37.45	0.99	0.97	1.01	1.01	1.00
	41.4	0.90	1.00	—	—	0.89
Y方向	8.9	0.87	0.94	0.89	0.89	0.86
	13.85	0.87	0.92	0.89	0.91	0.87
	19.95	0.85	0.92	0.90	0.90	0.85
	27.15	0.89	0.94	0.96	0.94	0.89
	37.45	0.92	0.95	0.90	0.99	0.87
	41.4	0.94	0.95	—	—	1.07
	43.2	—	—	0.91	0.98	1.00

大震情况双向地震动与单向地震动层间位移比值　　　　表 4

The ratio of story drift under the rare earthquakes　　　　Table 4

	层高（m）	1点	2点	3点	4点	5点
X方向	8.9	1.24	1.29	1.23	1.22	1.25
	13.85	1.16	1.11	1.10	1.11	1.10
	19.95	1.09	1.06	1.07	1.07	1.06
	27.15	1.08	1.06	1.05	1.03	1.05
	37.45	1.08	1.06	1.04	1.03	1.03
	41.4	0.91	1.01	—	—	0.87
	43.2	—	—	0.84	0.84	0.83
Y方向	8.9	1.04	1.41	1.06	1.43	1.06
	13.85	1.06	1.14	1.06	1.09	1.04
	19.95	1.03	1.06	1.02	1.07	0.98
	27.15	1.03	1.04	1.08	1.09	0.95
	37.45	1.15	1.00	1.00	1.02	0.85
	41.4	1.11	1.02	—	—	1.15
	43.2	—	—	1.14	1.11	1.11

小震情况下，5个计算点双向地震动/单向地震动增大倍数接近于1，即主厂房结构在弹性阶段，扭转效应的影响比较小，可以忽略，不必进行双向地震作用的计算。

大震情况下，双向地震动与单向地震动的层间位移比值在两个主轴方向上均有明显的增大。X方向最大增大倍数为1.29倍，Y方向最大增大倍数1.43倍。大震作用下，层间位移比值的增大有多个原因，结构进入弹塑性阶段后，部分构件先屈服，导致刚度分布发生不均匀退化，同时延性分布的情况也会影响刚度的重分布，从而引起扭转反应增大。因此，即使对于扭转规则的结构，进行弹塑性地震反应分析时仍需考虑双向地震作用的影响。

4 结论

本文以一个典型的火电主厂房结构进行分析弹塑性时程分析，对比单双向地震作用下的结构反应的差异，得出结论如下：

（1）小震情况下，单、双向地震作用下结构的地震反应差别不大，可只考虑单向地震作用的影响。

（2）大震情况下，结构的扭转增大效应比较明显（双向地震作用下的结构地震反应较单向地震作用下的结构地震反应最大可增大40%左右），应考虑双向地震作用的影响。

（3）厂房结构中应考虑由于结构进入弹塑性状态的先后次序不同导致的流转效应的不利影响，这对于提高结构的防倒塌能力有重要的意义。

参考文献

[1] 刘志钦，赵辉．火电厂RC框排架结构主厂房震害分析与设计建议[J]. 河南城建学院学报，2011(1)：37-41.

[2] 葛增茂．火力发电厂房主厂房结构形式和体系评述[J]. 电力建设，1998(6)：15-17.

[4] 张景瑞．火电厂主厂房框排架结构地震反应与优化设计分析[D]. 西安建筑科技大学，2011.

[5] GB 50011—2010 建筑抗震设计规范[S]. 北京：中国建筑工业出版社，2010.

[6] 许松．时程分析中罕遇地震动的选择[D]. 重庆大学，2013.

[7] 刘小可．汽轮机高位布置发电厂房抗震性能的评估与优化[D]. 重庆大学．2015.

高烈度地区钢结构高位转运站的抗震分析

陈志卫，董绿荷
（西北电力设计院有限公司，陕西　西安　710075）

摘　要：某火力发电厂位于8度抗震设防烈度区，该工程采用锅炉钢架与侧煤仓一体化布置结构形式，导致煤仓间头部转运站高度较高。同时，为了解决现场施工场地有限，该转运站采用钢结构；该转运站在两个方向均是单跨布置．根据荷载规范，转运站的荷载又比较大，地震作用力比较大，同时炉后区域有厂区通道，转运站无法在两个方向同时设垂直支撑，导致结构位移及杆件截面均比较大。本文结合电厂整体布局，分析了该转运站布置的结构形式，论证合理的结构选型。首先通过多遇地震分析，得出结构框架沿高度方向的位移、杆件应力等数据，形成位移曲线，论证结构的合理性；最后通过罕遇地震分析，找出结构的薄弱位置，为后续设计提供建议。

关键词：多遇地震；罕遇地震；位移；应力；层间位移角
中图分类号：TP391

SEISMIC ANALYSIS OF HIGH STEEL TRANSFER IN THE HIGH SEISMIC REGJION

Z. W. Chen，L. H. Dong
（Northwest Electric Power Design Institute，Xi' an 710075，China）

Abstract：A thermal power plant is located in the 8 degree of seismic fortification intensity area，Boiler steel frame and side mill frame integration layout structure is used for this project，so the rear transfer is very high. Considering site construction site is limited，the transfer will made of steel structure，The transfer station are single span in two directions. According to the load codes，the load is very high for the transfer，so the seismic is very high，and considering the main road will pass through this building，the vertical bracing could not set at two directions together which can cause that the displacement and the sections of the beams，braces and columns are large section. This paper according to the layout of the thermal power plant，the structure form of the transfer station is analyzed，demonstrate reasonable structure type selection. By the frequently occurred earthquake analysis firstly，the displacement along the elevation and the member stress ratio are got，and make the displacement curve，discuss the rationality of the structure. At last，by the rarely occurred earthquake analysis，finding the weak position of the structure，providing recommendations for subsequent design.

Keywords：frequently occurred earthquake，rarely occurred earthquake，displacement，stress，Inter layer drift angle

1 引言

目前火力发电厂的占地指标越来越小，建筑布置越来越紧凑，引起现场施工作业面比较小，因此，对于施工困难的区域的建筑物，建议采用钢结构。钢结构设置垂直支撑时，各向刚度较好，而不设置垂直支撑时，需要通过梁柱刚接保证刚度。通过对以往工程地震的震害研究，工程界清楚地认识到这样一个事实：钢结构在强烈地震发生时受到巨大损害，因此如何在设计和建造阶段就使大跨钢结构在受到多遇地震和罕通地震作用时具有足够的抗震能力和合理的安全度，就成值得关心的问题。我国抗规的核心是“三个水准，两个阶段”。三个水准为“小震不坏，中震可修，大震不倒”；两个阶段是指弹性变形阶段和弹塑性变形阶段。小震指的是多遇地震，中震指的是设防烈度地震，大震指的是罕遇地震。第一阶段设计时所采用的就是多遇地震时的地震作用。对大多数的结构，可只进行第一阶段设计，通过概念设计和抗震措施来满足二水准的设计要求。

本文根据某项目高位钢结构转运站的布置，依据我国现行规范，采用三维模型，对空间结构进行了多遇地震及罕遇地震反应的分析，着重探讨了结构的自振频率、振型特点、位移，为高烈度地区钢结构高位转运站的抗震分析和计算积累了经验。

2 现场实际条件及结构选型分析

本项目位于新疆某市郊区，厂址位于8度抗震设防烈度区，属于抗震不利地段；场地土层分布以粉细砂土层为主，50年一遇基本风压为0.50kN/m^2。为节省电厂占地面积及工程造价，本工程采用了锅炉钢架与侧煤仓一体化布置结构形式，煤仓间布置在两台锅炉中间，如图1所示。

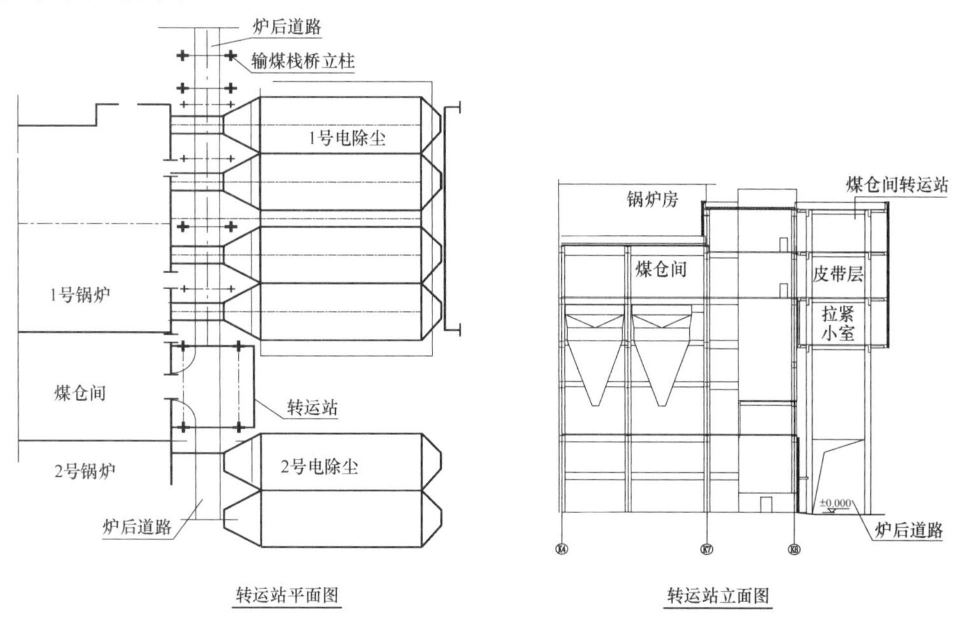

图1 转运站的平面图和立面图

本工程采用煤仓间与锅炉钢架联合布置结构体系，上煤仓间栈桥布置在锅炉和电除尘之间，从炉后上煤，煤仓间与输煤栈桥呈垂直关系，因此，必须在煤仓间头部设转运站，从而使皮带改变方向，上煤顺利。由于煤仓间皮带层比较高 33.0m，因此转运站接栈桥的高度相应抬高，为 42m，另外，本工程位于寒冷地区，转运站需全封闭，屋面标高为 49.4m，高度较高。

根据平面布置图，转运站布置横跨了电厂炉后道路，为保证道路的通畅，在炉前、炉后方向转运站无法设置落地垂直支撑，刚度较弱，因此本转运站首先考虑的是采用刚度较大的混凝土框架结构，同时，根据建筑抗震规范，8 度抗震设防区，建筑物不易采用单框架结构，本工程采用了框架+短肢剪力墙结构，经过设计后，本结构形式能够满足规范的要求。但是，该转运站位于两台电除尘器之间，根据现场实际进度，当 1 号电除尘器安装完毕后，再吊装 2 号电除尘器的结构及设备，而输煤系统的施工也在同时进行，导致 2 号电除尘器吊装时没有足够的场地，如果在 2 号电除尘器吊装完毕后再施工转运站，转运站施工场地不足，同时混凝土结构施工工期较长，无法满足电厂整体施工进度的要求，因此决定把本转运站的结构形式由原混凝土结构调整为钢结构，减小支模板工作量现场和节省施工时间。而钢结构当不设置垂直支撑时，结构的刚度较弱，只有通过柱子的刚度保证结构的刚度，从而保证结构的安全。下面将通过模型分析，对结构进行设计。

3 结构在多遇地震下的抗震分析

本结构，由于在炉前炉后方向无法设置落地垂直支撑，因此柱子强轴方向放置在炉前炉后方向，同时，将此方向的钢梁与柱子的连接节点设置为刚结节点，满足道路净空后的柱子间设置垂直支撑；柱子弱轴方向设垂直支撑，保证结构的刚度，此方向的钢梁与柱子的连接节点设置为铰接节点。

三维模型如图 2 所示。

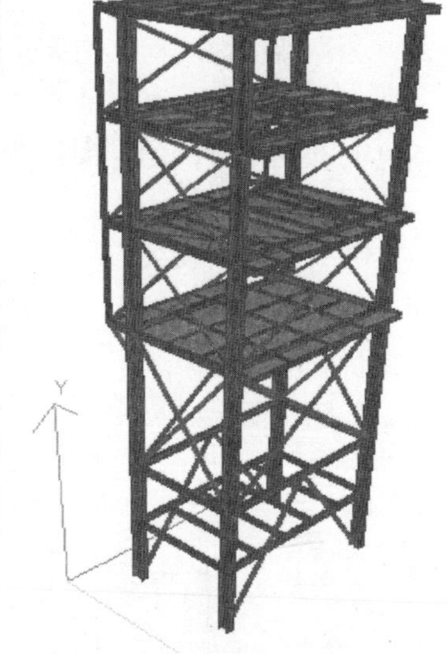

图 2 结构三维模型

3.1 模型的位移统计结果

模型分析后，结构的位移统计结果见表 1。

结构位移统计表（mm） **表 1**

			Horizontal	Vertical	Horizontal
	Node	L/C	X（mm）	Y（mm）	Z（mm）
Max X	326	37 COMB 37	62.86	−25.228	−6.367
Min X	326	38 COMB 38	−60.548	−25.426	−10.043
Max Y	3	37 COMB 37	0	0	0
Min Y	339	40 COMB 40	2.745	−48.781	−50.406

续表

			Horizontal	Vertical	Horizontal
	Node	L/C	X (mm)	Y (mm)	Z (mm)
Max Z	305	39 COMB 39	1.422	−11.371	50.86
Min Z	307	40 COMB 40	−2.341	−12.488	−52.86
Maxr X	346	39 COMB 39	4.101	−40.41	47.074
Minr X	30	40 COMB 40	2.198	−33.924	−50.405
Maxr Y	180	39 COMB 39	1.074	−22.843	22.499
Minr Y	181	40 COMB 40	0.55	−18.69	−22.52
Maxr Z	266	37 COMB 37	22.37	−23.39	1.207
Minr Z	245	38 COMB 38	−11.589	−9.431	−8.295
Max Rst	321	40 COMB 40	−0.778	−42.568	−50.821

此模型在地震工况下最大水平位移为 62.86mm，小于规范允许值 49.4/300＝165mm，位移满足规范的要求。

结构柱应力比较大的地方为底层柱，最大为 0.86，应力比小于 1.0，结构安全。

由于空间钢结构的频谱密集、振型复杂，因此在结构模态分析中计算前 50 阶模态，振型参与质量为 99.9％ 。表 2 列出了结构前 15 阶自振周期，图 3 为结构的部分振型图。结构的振型特点：

(1) 1 区第一振型周期为 1.869s ，第十五周期为 0.139s。第一周期为通常结构周期，表明该钢结构的整体刚度适合。

(2) 周期变化均匀，没有明显的周期跳跃现象，体现了结构刚度的均匀性。

(3) 对于第一周期为 Z 轴方向，振型参与质量占总质量 94％. 表明了第一振型在 Z 轴全部振型中的重要性。第二振型为 X 轴方向，振型参与质量占总质量 77％ 。第三振型为平面扭转形式。

(4) 在前 15 阶振型中，元明显局部振型，表明结构没有明显的薄弱处。

结构的周期（s） **表 2**

MODE	PERIOD	MODE	PERIOD	MODE	PERIOD
1	1.869	6	0.493	11	0.265
2	1.384	7	0.487	12	0.258
3	1.06	8	0.313	13	0.225
4	0.555	9	0.288	14	0.151
5	0.548	10	0.285	15	0.139

3.2 地震时结构的位移

在地震作用下，结构两个方向的地震沿高度方向的位移如图 4 所示。

从图 4 可以看出，结构在 12～25m 高度上，结构层间位移偏大，从结构荷载分布分析，荷载主要分布在上部（25.0m 标高以上），而 12～25m 间层高为 13m，高度较高，结构局部较弱，单是与上下层比较，变化不大。

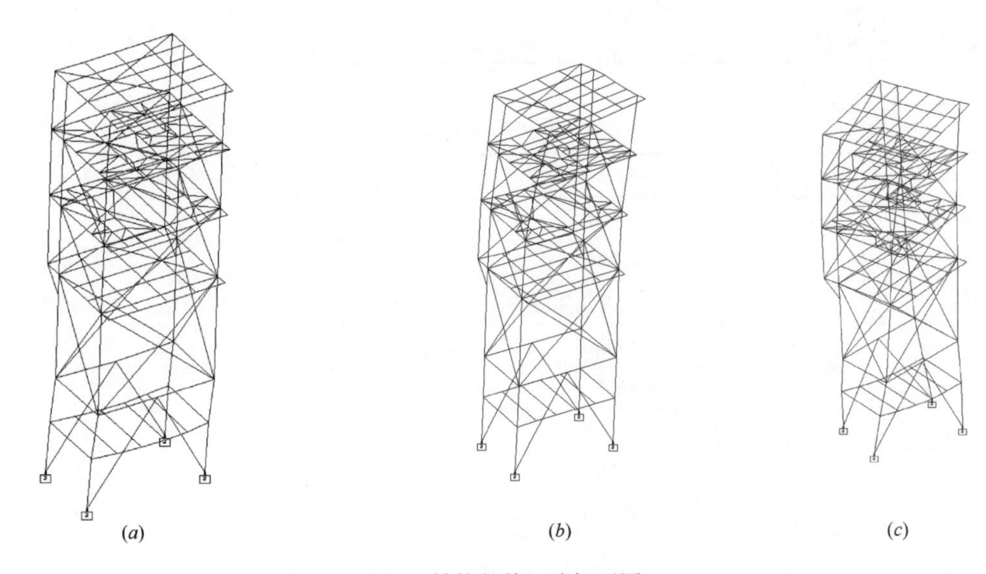

图 3　结构的前三阶振型图

（a）结构第一振型（Z 向平动）；（b）结构第二振型（X 向平动）；（c）结构第三振型（扭动）

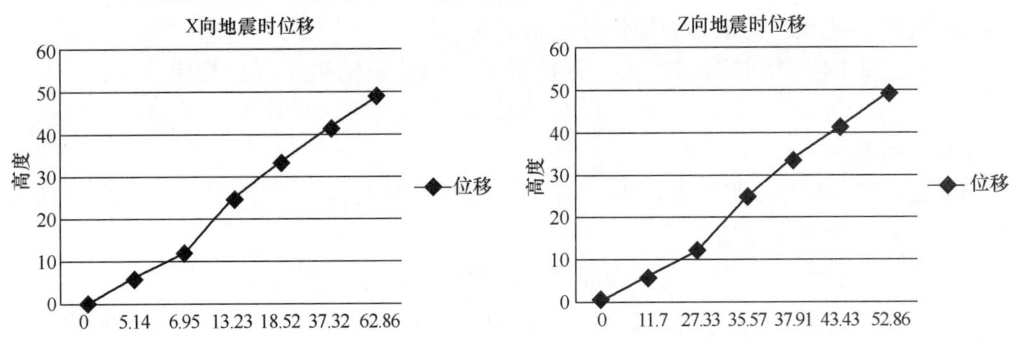

图 4　多遇地震时结构双向沿高度方向的位移

4　结构在罕遇地震下的抗震分析

根据抗震规范的要求，罕遇地震计算时，实际上是验算结构在罕遇地震作用下进入弹塑性状态时的变形，从而满足第三水准“大震不倒”。

在 X 方向地震作用下，结构 X 方向的地震沿高度方向的位移如图 5 所示。

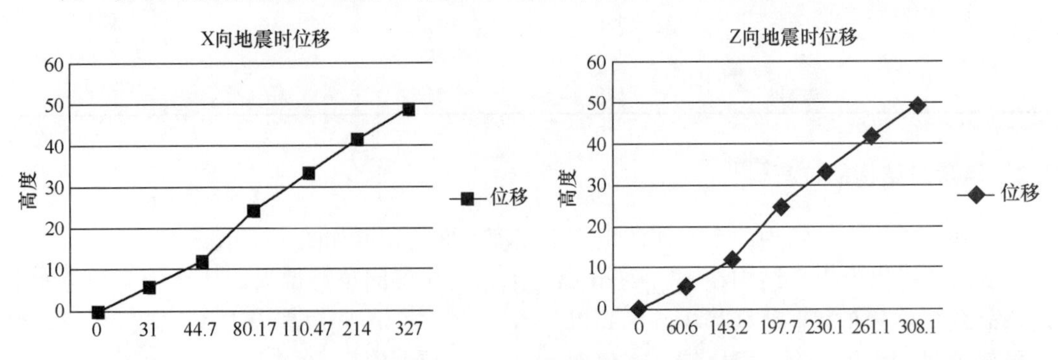

图 5　多遇地震时结构双向沿高度方向的位移

从图 5 可以看出，结构在高度方向上刚度比较均匀，没有产生大的位移突变，表 3 为结构的层间位移角。

结构的层间位移角 表 3

层高（m）	X 方向位移差（m）	X 方向结构层间位移角	Z 方向位移差（m）	Z 方向结构层间位移角（m）
6	0.031	1/193	0.061	1/99
6	0.014	1/437	0.083	1/72
13	0.035	1/366	0.055	1/238
8.6	0.030	1/283	0.032	1/265
8.3	0.104	1/80	0.031	1/267
7.5	0.113	1/66	0.047	1/159

从表 3 可以看出，本结构最大的层间位移角为 1/66，满足《建筑抗震设计规范》GB 50011—20010 第 5.5.5 条层间位移角限值 1/50 的要求。但是，两个方向薄弱层的高度不同。在 X 方向，薄弱层较弱的为顶层及第 5 层，第 5 层由于在 X 方向要穿过输煤栈桥，无法设置垂直支撑，导致结构在这两层上相对较弱；而在 Z 方向，薄弱层较弱的为首层及第 2 层，由于钢柱的强轴方向位于此轴方向，钢柱的刚度起到了主要作用，但是在首层及第 2 层高度范围内无法设垂直支撑，导致底部结构刚度较弱。后续设计过程中建议增加 Z 方向梁的刚度，从而提高结构在 Z 方向的刚度，使结构在两个方向上的刚度匹配。

5 结论

通过以上计算分析，可以得到以下几点主要结论：

（1）该钢结构第一周期比较复合常规钢结的周期，结构整体刚度合适。

（2）对于空间结构，由于抗侧力构件的布置较不均匀，结构地震反应在水平方向具有明显的变异性，而且这一特点对于结构的抗震设计起到控制作用。在 Z 轴方向上结构的整体刚度弱于 X 轴方向上的刚度，Z 方向上的刚度需要加强。

（3）本结构在整体振型上比较均匀，没有出现局部振动，表明在 Z 方向上的上部设置垂直支撑还是有必要的，有效避免了结构的局部振动，调整了局部刚度。

（4）结构地震分析结果表明，本工程项目的空间结构的位移和层间位移角满足抗震规范要求。

参考文献

[1] GB 50011—2010 建筑抗震设计规范[S]. 北京：中国建筑工业出版社，2010.

[2] GB 50017—2003 钢结构设计规范[S]. 北京：中国建筑工业出版社，2010.

[3] 周学军 . 钢结构设计规范 GB 50017 应用指导 . 2004.

[4] 王亚勇 . 关于设计反应谱、时程法和能量方法的探讨 . 建筑结构学报，2000，21-28.

[5] Ohi K，Zhang H. Expert and non-expert judgement about earthquake damage of steel frames. Sensan Kenkyu，1994，46(4)：296-249.

[6] Chen Y. Inelastic behavior of steel frames considering varying combined stress in the members：Ldissertation}. Tokyo：Univ of Tokyo，1994.

高位联合布置火电厂房的抗震优化设计

李红星[1]，董绿荷[1]，刘宝泉[1]，王　广[1]，董银峰[2]
（1. 西北电力设计院有限公司，陕西　西安 710075；
（2. 重庆大学，重庆 630045）

摘　要：传统火电厂房的格局通常采用四列式布置，火电汽轮机基础布置于厂房内部且与主厂房结构独立，两者的设计一般相互独立、互不关联。新提出了一种汽轮机基础和主厂房结构联合布置的新方案，将汽轮机及其基础联合布置在主厂房上部较高的楼层。此类高位联合布置方案将汽轮机组及其基础上的大量荷载作用于结构上部，使得主厂房结构的刚度和质量分布发生较大变化，因此，对此类主厂房结构的抗震性能进行深入分析，研究改善其抗震性能的方法和技术，对于此类布置方案的推广具有重要意义。本文首先采用 ABAQUS 有限元软件建立了将汽轮机基础考虑成实体单元的实际厂房模型，并通过弹性和弹塑性时程分析对主厂房结构的抗震性能进行评估；其次，为使汽机基础满足抗震设防及电力设备的工艺要求，提出了针对汽机基础的增设弹簧和增加梁宽的两种优化方案，分析结果表明：两种方案均可明显减小汽机基础的扭转变形，使其满足汽机基础抗震和设备正常运行的要求；相对而言，增设弹簧的方案效果更好，增加梁宽的方案更经济。

关键词：火电厂房；汽轮机基础；联合布置；抗震性能；结构优化

SEISMIC PERFORMANCE EVALUATION AND OPTIMIZATION OF A POWER PLANT BUILDING WITH TURBINE FOUNDATION JOINTLY CONFIGURED ON HIGHER FLOOR

H. X. Li[1]，L. H. Dong[1]，B. Q. Liu[1]，G. Wang[1]，Y. F. Dong[2]
（1. Northwest Electric Power Desige Institute，Shaanxi，Xian 710075，China
2. Chongqing University，Chongqing 630045，China）

Abstract：The layout scheme of thermal power plants consisting of four rows of columns in a transverse axis line is widely used in China. Usually，the turbine foundation and the main building are independent to each other，and therefore are separately designed. Recently，a new scheme in which the power plant building and the turbine foundation are jointly configured has been proposed. By placing the steam turbine foundation on the upper floor of the main building，the scheme benefits from the technical merits such as saving material，reducing investment and occupation area and improving the efficiency of steam turbine generator. Due to the heavy load from the turbine foundation are applied to superstructure，remarkable change occurs to the stiff-

第一作者：李红星（1976—），男，博士，教授级高工，主要从事结构工程方面的研究，Email：lihongxing@nwepdi.com.
通讯作者：同上

ness and mass distribution of the main building, which is the fundamental difference between the new scheme and the conventional one. Hence, it is very meaningful to deeply research the seismic performance and dynamic characteristics of the structure system to promote the new scheme. The TG foundation is considered as solid element built by using the software ABAQUS, through the dynamic time-history analysis to do the seismic performance evaluation and optimization of a power plant building. The schemes with add spring or increasing the beam width can both obviously reduce the torsional deformation of the turbine foundation which is helpful for meeting the seismic requirements to the turbine foundation and ensuring the proper operation of the power system. By contrast, the schemes of adding spring has a better performance, while the scheme of increasing the beam width is more economical.
Keywords: Thermal Power Plant, Turbine Foundation, Joint arrangement, Seismic performance, Optimization Design

1 火电厂厂房布置方案

传统火电厂的布置方式大多为四列式布置，即按照汽机房、除氧间、煤仓间、锅炉房的顺序布置[1]，汽机房内汽轮机基础采用独立布置方式[2]（图 1），与主厂房基础完全分隔开，两者在设计时分开考虑。对于大多数采用直接空冷排汽系统的传统火电厂，汽轮发电机组运转层标高通常在 13.7～14.7m 之间，汽轮机为下排汽，排汽管道需从地面连接到 50 多米高的空冷凝汽器配汽管，因此管道、管件、补偿器和支吊架材料的用量很大。针对这一不足，近年来新提出了一种汽轮机基础联合布置方案（图 2），即汽轮机基础通过“弹簧—阻尼器隔振系统”直接置于主厂房结构之上的布置方案[4]。

图 1　汽轮机基础独立布置方案[3]

图 2　汽轮机基础联合布置方案[3]

通过取消排汽装置、抬高汽轮发电机高度，汽轮机基础联合布置方案可以达到节约管道材料、减少投资和占地面积、提高机组效率的目的。此方案的汽轮机基础与弹簧—阻尼器隔振支座一起构成了一个 TMD 系统（即调谐质量阻尼器系统），同时将汽轮机组及其基础上的大量荷载作用于结构上部，使得主厂房结构的刚度和质量分布发生较大变化。因此，对此类主厂房结构的抗震性能进行深入分析，研究改善其抗震性能的方法和技术，对于此类布置方案的推广具有重要意义。本文首先采用 ABAQUS 有限元软件建立了将汽轮机基础考虑成实体单元的实际厂房模型，并通过弹性和弹塑性时程分析对主厂房结构的抗震性能进行评估；其次，根据评估结果并考虑抗震及电力设备的工艺要求，提出了抗震优化方案，并对其有效性进行了验证。

2 高位布置火力发电厂模型

主厂房结构采用钢筋混凝土框架—剪力墙结构形式，抗震设防烈度为 7 度(0.1g)，Ⅱ类场地、设计地震分组第一组。第一层～第五层混凝土强度等级为 C45，第六层～第九层混凝土强度等级为 C40。主厂房布置的主要参数为：厂房总长 80m、由 8 个开间组成，跨度 33.5m、分 3 跨，主厂房楼盖标高 57.15m、底层标高－3.5m，煤仓间跨度 9.5m、煤仓间标高 19.95m，汽机房运转层标高 37.45m。主厂房结构柱网布置见图 3，结构剖面见图 4。汽轮机基础采用的混凝土强度等级为 C30，基础总长度 42.1m，总宽 12.3m，总重 45108.2kN。

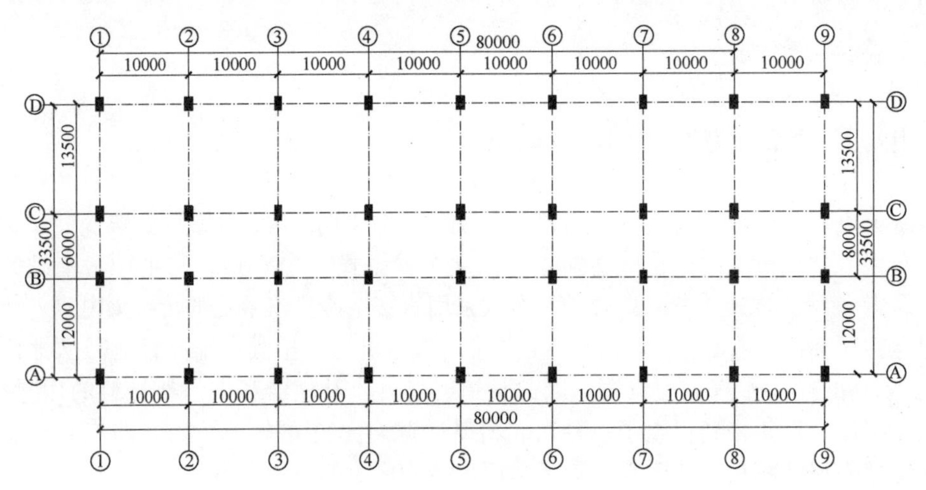

图 3　主厂房柱网布置

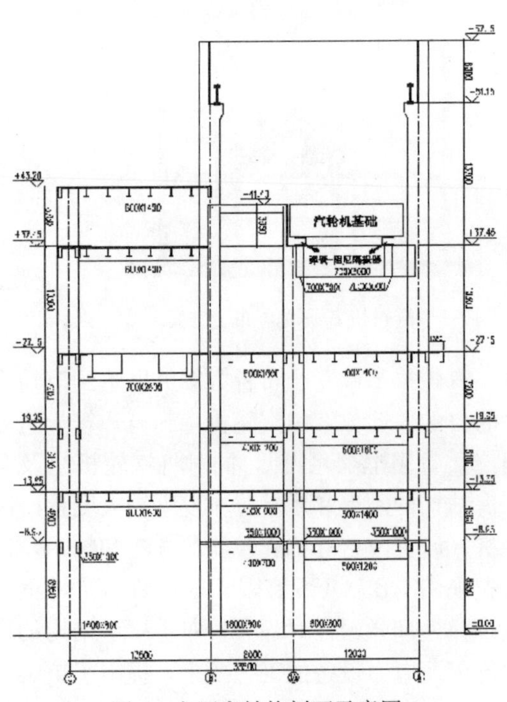

图 4　主厂房结构剖面示意图

图 5　高位布置火电厂房有限元模型

图 5 所示为建立的高位布置火电厂房的有限元计算模型，采用 Beam 单元模拟梁、柱，采用 Shell 单元模拟板、墙，采用 Truss 单元模拟斜撑；对于添加动力基础后的时程分析，采用实体单元模拟汽机基础，用 spring 单元模拟弹簧支座，用 Dashpot 单元模拟阻尼器；将模型杆单元、壳单元、实体单元细分后进行计算，楼面荷载和设备管道荷载按实际情况模拟。汽机基础下部布置了 12 个弹簧支座，弹簧支座的位置和刚度参数分别见图 6 和表 1，弹簧阻尼器系数 C 取 800N · s/mm。

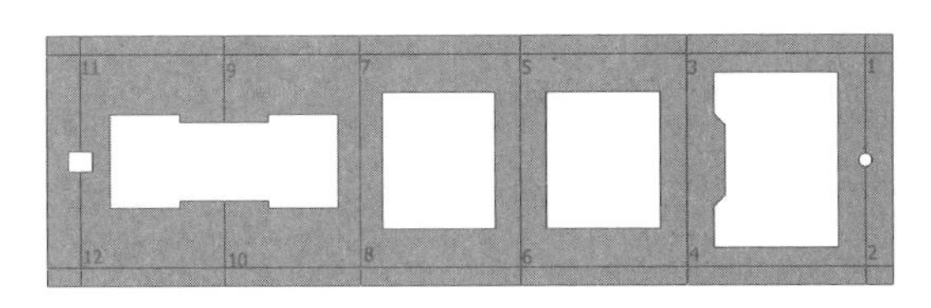

图 6　弹簧支座位置

弹簧支座刚度参数（$\times 10^4$ kN/m）　　**表 1**

The stiffness parameters of spring supports　　**Table1**

弹簧编号	X 向	Y 向	Z 向	弹簧编号	X 向	Y 向	Z 向
1	7.85	7.85	15.7	7	12.1	12.1	24.2
2	7.85	7.85	15.7	8	12.1	12.1	24.2
3	15.3	15.3	30.6	9	10.5	10.5	20.9
4	15.3	15.3	30.6	10	10.5	10.5	20.9
5	11.9	11.9	23.7	11	5.50	5.50	11.0
6	11.9	11.9	23.7	12	5.50	5.50	11.0

3　高位布置火电厂房结构的抗震性能评估

根据动力时程分析的结果评估结构的抗震性能，按照《建筑抗震设计规范》的要求，选定了 5 条地震记录及 2 条人工波作为输入，分别以结构两个主轴为输入方向，分析了结构在多遇地震（小震）、基本烈度地震（中震）和罕遇地震（大震）下结构的反应。

为了更好地考察结构在地震作用下的扭转效应，统计结构位移响应时，在结构平面的四角和中部各布置 1 点（共 5 点），具体平面位置如图 7 所示。计算结构长轴（X 方向）位移响应时，由于 1、2 两点在同一榀框架平面上，计算结构侧移时取其平均值，图表中用 1 号表示；3、4 两点的平均值用 3 号表示；同样，计算结构短轴（Y 方向）位移响应

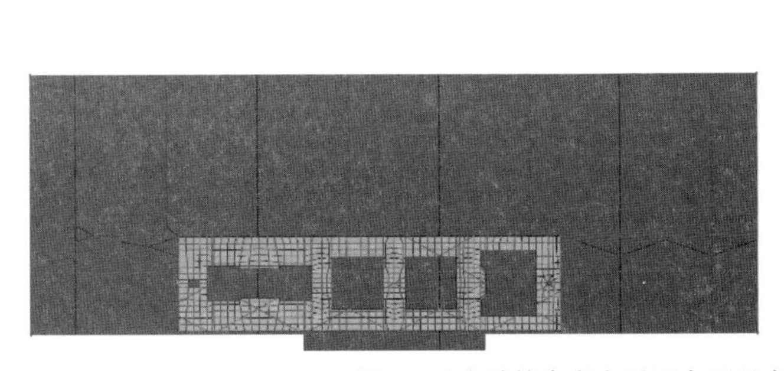

3(4)　5　1(2)

图 7　反应计算参考点平面布置示意图

时，1、3两点的平均值用1号表示；2、4两点的平均值用3号表示。

图8～图10分别列出了1号、3号和5号三处不同地震作用水准下结构的层间位移角。限于篇幅，构件所受内力的结构未予列出。以承载力作为参考指标，三个水准地震作用下，柱达到性能水准1的要求；所有梁构件承载力抗震性能均达到性能1的水准要求；以层间位移作为参考指标，主厂房结构在大震作用下柱构件发生明显塑性变形，层间位移角均小于1/200；中震作用下柱构件轻微损坏，变形小于1/400；小震作用下变形小于弹性位移限值，柱构件完好。因此，可以认为主厂房结构在三个水准地震作用下，柱的变形性能达到性能水准3的要求。

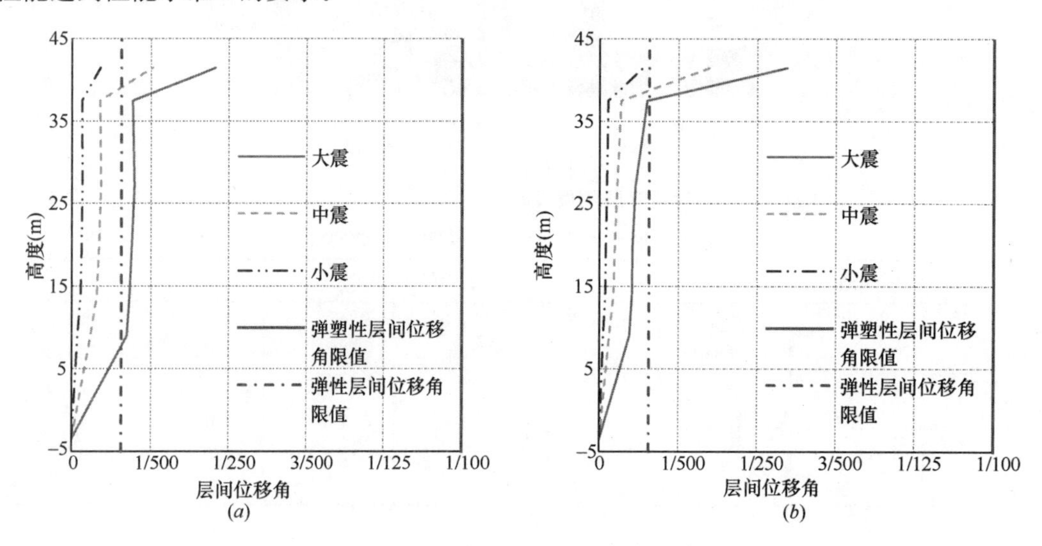

图8　1号处层间位移角

Fig. 8　The inter-story drift at point 1

(a) X方向；(b) Y方向

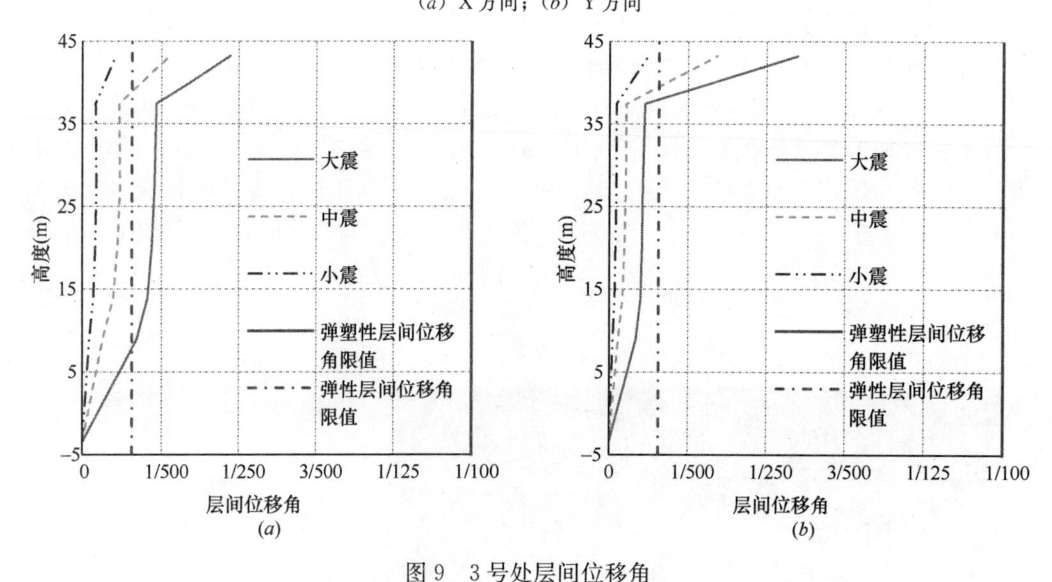

图9　3号处层间位移角

Fig. 9　The inter-story drift at point 3

(a) X方向；(b) Y方向

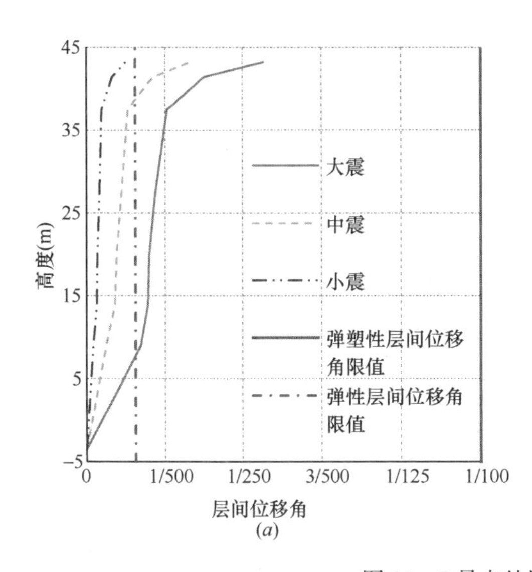

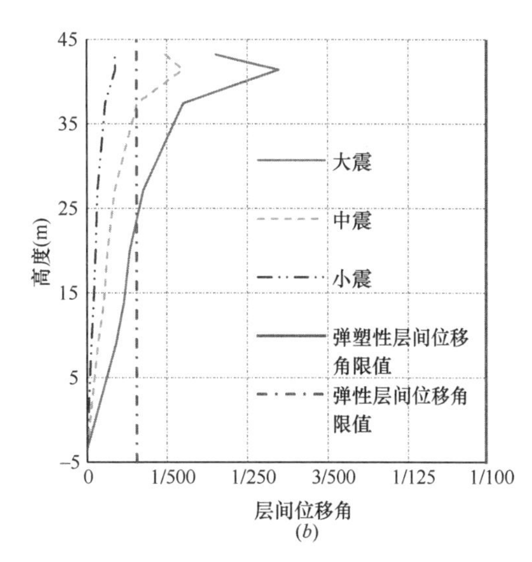

图 10　5 号点处层间位移角平均值

Fig. 10　The inter-story drift at point 5

(*a*) X 方向；(*b*) Y 方向

4　汽机基础优化设计

对主厂房结构进行弹塑性分析的过程中发现在 Y 向地震作用下，汽机基础发生了明显的扭转，会导致汽机基础与周边的梁柱发生碰撞（图 11）。

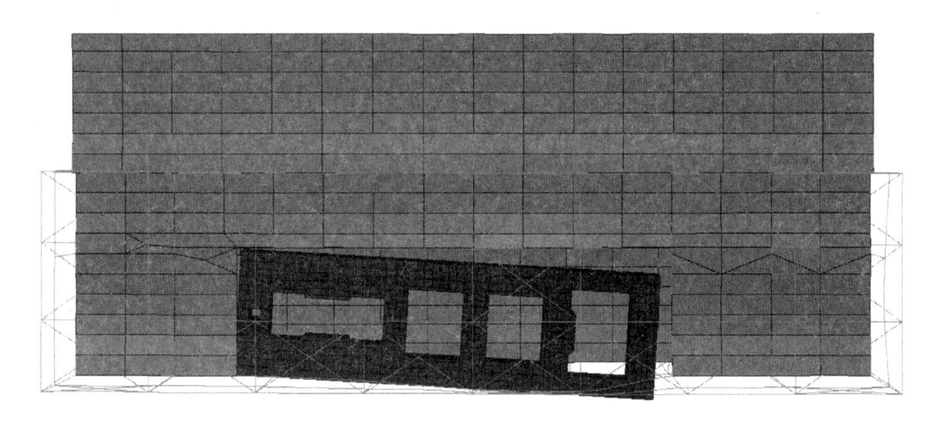

图 11　Y 向大震作用下基座汽机基础水平扭转

针对 Y 向大震作用下汽机基础扭转过大的原因，论文提出两个优化方案：在汽机基础与周边结构之间增加弹簧，将汽机基础与周边结构相连，加强汽机基础与主厂房结构的整体性，提高隔震效率；加宽弹簧隔振器的支撑梁的截面，增大支撑梁的侧向刚度，减小变形，从而达到减小扭转位移的目的。

增加弹簧方案在汽机基础四个角点与周边结构楼板之间增加 4 组水平弹簧，增加的弹簧支座的位置见图 12，四个弹簧支座的刚度均为 5.5×10^{7}N/m。

增加梁宽方案将弹簧支座下的 8 根纵向矩形支撑梁（图 13）的截面宽度由原来 700mm 增加至 2000mm。

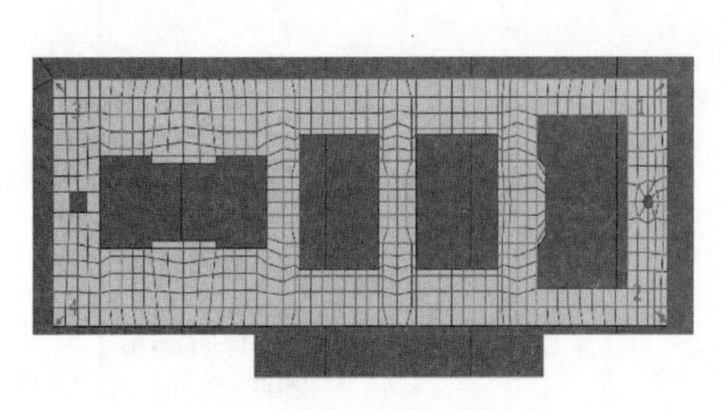

图 12　增加弹簧方案示意图

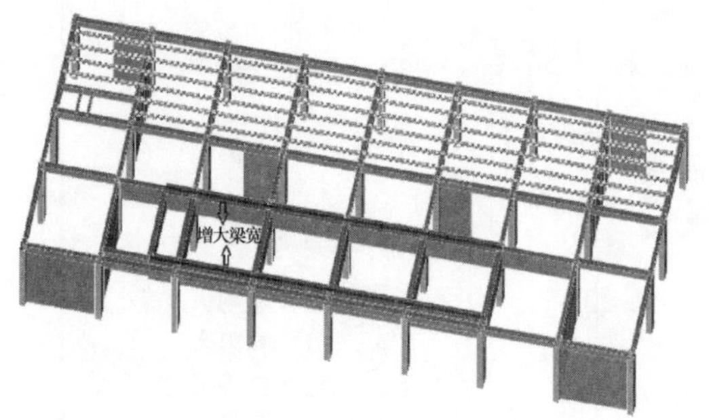

图 13　增大截面梁示意图

表 2 列出了采用两种优化方案后，弹簧支座变形的对比情况。由对比结果可见：增加弹簧方案与未加弹簧方案相比，5、6 组弹簧变形均变小，第 4 组有小幅减小，减小幅度最大的情况出现在汽机基础中部的第 5 组，减小幅度达到 39%；1、2、3 组汽机基础相对于周边框架结构的侧移差值明显减小，减小幅度最大的情况出现在汽机基础中部的第 3 组，减小幅度达到 70%。加梁宽方案与原始方案相比，4、5 组弹簧变形减小程度较小，第 6 组还出现增大的情况，弹簧变形减小幅度最大情况出现在汽机基础中部的第 5 组，达到 35%；第 2、3 组汽机基础相对于周边框架结构的侧移差值减小幅度明显，第 2 组减小最大幅度达到 40%，第 3 组减小最大幅度达到 43%。

总的看来，采用两种优化方案后，扭转变形效应明显减小，满足了汽机基础的抗震、设备正常运行的要求。加梁宽方案相较于加弹簧方案，减小扭转的效果较弱，但经济性较好。在实际应用中，可考虑具体情况采取适当的方案。

加宽梁截面方案与加弹簧方案、原始方案结果对比（mm）　　**表 2**

The comparison of original and adding springs and increasing the beam width　　Table 2

方案	基座与周边结构的侧移差值（mm）			弹簧支座变形（mm）		
	1 组（左下）	2 组（中间）	3 组（右上）	4 组（左下）	5 组（中间）	6 组（右上）
原始	36.46	71.84	109.86	24.96	27.31	15.50
增加梁宽	32.20	51.50	72.50	25.20	20.90	25.00
增加弹簧	14.65	31.75	38.04	21.59	16.70	12.66

5　结论

论文针对汽轮机高位布置钢筋混凝土火电主厂房结构在国内应用有待拓展的现状，采用 ABAQUS 有限元分析软件，开展了钢筋混凝土主厂房结构的弹塑性时程分析，根据分析结果对结构抗震性能进行评估；为使结构满足抗震设防及电力设备的工艺要求，对结构进行了优化设计。

根据抗震规范的性能评估方法对主厂房结构进行性能评估，以承载力作为参考指标，结构构件达到性能 1 的要求；以层间位移作为参考指标，结构构件达到性能 3 的要求。

采取增设弹簧和增加梁宽的方案均可明显减小汽机基础的扭转变形，从而满足对汽机基础的抗震和保证设备正常运行的要求。两种方案相比，增设弹簧的方案效果更好，增加梁宽的方案更经济。

论文采用的结构布置和优化方案是可行的，为今后汽轮机高位布置钢筋混凝土火电主厂房结构的推广应用奠定了基础。

参考文献

[1] 邱世平，张玉柱，李智. 主厂房布置模块化设计优化[J]. 电力勘测设计，2006，(1)：54-59.

[2] 常新宏，孙红玲，范红卫，王宏. 汽轮机基础的防振设计及施工问题探讨[J]. 矿冶，2001，(3)：98-101.

[3] Nawrotzki P，Siepe D. Structural challenges of power plants in high seismic areas [c]. Second european conference on earthquake engineering and seismology，istanbul aug，2014：1-9.

[4] 梁夔荣. 我国 600MW 机组电厂主厂房布置概况[J]. 电力建设，1995(10)：16-19.

[5] 刘小可. 汽轮机高位布置发电厂房抗震性能的评估与优化[D]. 重庆大学，2015.

冷弯薄壁型钢-胶合木组合梁抗弯性能的数值分析

李国东，罗佳钰，郭　楠
（东北林业大学土木工程学院，黑龙江　哈尔滨 150040）

摘　要：为了研究薄壁型钢-胶合木组合梁的受弯性能，采用有限元程序 ANSYS 对 3 个不同规格组合梁构件、1 个普通胶合木梁进行有限元数值分析。分析结果表明：薄壁型钢-胶合木组合梁与普通的胶合木梁相比，受弯极限承载力提高 28％～85％，跨中极限变形提高 76％～146％。冷弯薄壁型钢-胶合木组合梁具有良好的抗弯性能。

关键词：冷弯薄壁型钢；胶合木；组合梁；抗弯性能
中图分类号：TP391

ELEMENT ANALYSIS OF FLEXURAL BEHAVIOR IN COLD-FORMED THIN-WALLED STEEL-LAMINATED TIMBER COMPOSITE BEAM

G. D. Li，J. Y. Luo，N. Guo
（College of Civil Engineering，Northeast Forestry University，Harbin 150040，China）

Abstract：In order to study the flexural behavior of cold-formed thin-walled steel-laminated timber composite beam，analyzed three different specifications composite beams and a common glue-lumber beam with finite-element programs ANSYS. The results of analyses show that compared with the common glue-lumber beam，cold-formed thin-walled steel-laminated timber composite beam's flexural bearing capacity was increased by 28％-85％，and the limiting deformation in span center was increased by 76％-146％。The cold-formed thin-walled steel-laminated timber composite beam shows good flexural performance。

Keywords：cold-formed thin-walled steel，laminated timber，composite beam，flexural behavior

1　引言

在欧美等国家，现代木结构建筑已广泛应用于中低层住宅、低层公共建筑和商业建筑等领域[1]。近年来，我国倡导绿色、安全的建筑结构，木结构又重新走入了人们的视野，然而普通胶合木梁的破坏形式多为脆性受拉破坏，其抗压强度未能充分发挥。难以满足现

项目资助：中央高校基本科研业务费专项资金项目（2572016CB24）
第一作者：李国东（1976—），男，博士，讲师，主要从事木结构方面的研究，E-mail：ldlgd@163.com.

代木结构对房屋的空间和跨度的需求。因此，近年来学者将木梁的研究聚焦到增强木梁上。

目前，国内外对于增强木梁的研究主要集中在两个方向，一种是在普通木梁上增配钢筋或钢丝或配置纤维材料，研究结果表明配置钢筋后，增强后的胶合木梁受弯时刚度和承载力都有所提高，但仍存在短期变形较大等缺点。另一个重要方向是在木梁上引入预应力，研究结果表明施加预应力能使梁的刚度和延性进一步提高。然而增加预应力工艺比较复杂，不利于木梁的装配式建造，而且木梁的装饰性差，梁与梁、梁与柱的节点设计复杂。

为改善上述问题，提出一种取材方便的新型增强胶合木梁。这种梁在截面上采用冷弯薄壁型钢与方木进行组合的技术方案，组合后方木成为全截面受压的构件，能充分发挥木材抗压能强的优势；组合后的薄壁钢由于方木与受压翼缘的复合效果，解决了薄壁钢的局部屈曲和畸变导致的承载能力大幅降低的缺陷。

应用有限元程序 ANSYS 对所提出的冷弯薄壁型钢-胶合木组合梁进行分析，对比在集中荷载作用下冷弯薄壁型钢-胶合木组合梁的刚度和极限载荷的变化规律，分析构件参数设计对冷弯薄壁型钢-胶合木组合梁受弯性能的影响，对该梁的经济性进行评价，为其在实际工程中的应用提供理论依据。

2 模型信息

2.1 冷弯薄壁型钢-胶合木组合梁

工字型薄壁钢胶接方木的组合截面梁是一种新型的增强木构件，将两个“C”冷弯薄壁型钢的腹板相靠，通过螺栓连接，形成增厚腹板的“工”字形截面，由于“工”字形截面具有两个实对称轴，能有效避免因梁大量加载后形心轴的偏移而导致的畸变屈曲，而且加强了腹板的厚度后，梁的抗剪性能显著增强。在冷弯薄壁型钢上翼缘叠合胶合木方木，梁在承载时方木全截面受压，可充分发挥胶合木抗压性能良好的优势，冷弯薄壁型钢下翼缘受拉，无失稳的问题。构件最终的破坏将由材料强度控制，在充分实现经济的情况下增大梁的刚度，改善梁的挠曲变形及跨越能力。截面构造如图 1 所示。

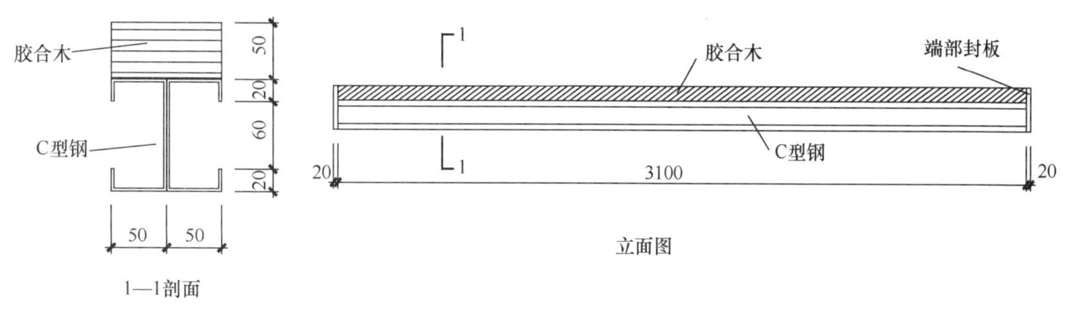

图 1　薄壁型-胶合木组合梁示意图

2.2 模型几何属性和材料属性

参考文献［6］的研究，选取长度为 3150mm，跨度为 3000mm 简支梁作为分析研究对象。冷弯薄壁型钢-胶合木组合梁的模型如图 1 所示。其中薄壁 C 型钢采用 100×50×20×3 的规格材。胶合木梁的材质为东北落叶松，模型 L_1的方木尺寸为 100×50；模型 L_2的方木尺寸为 150×50；模型 L_3的方木尺寸为 200×50。同时建立一个截面尺寸为 100×150 的普通胶合木梁模型 L_0，作为对比。

2.3 有限元模型的建立

采用 ANSYS 中 BEAM185 单元模拟型钢和胶合木，该单元可以模拟材料破坏时的脆性性质，假定薄壁型钢为各向同性的均质材料，弹性模量 $E=2.05\times10^5$MPa，泊松比为 0.3，屈服强度为 235MPa，采用理想的弹塑性二折线模型模拟其材料的本构关系，其屈服应变 1146$\mu\varepsilon$，极限应变取为 9000$\mu\varepsilon$。

木材属于各向异性材料，完全各向异性材料的物理特性需要 21 个独立的常数来描述，但由于木材的横纹强度明显低于顺纹强度，而径向与切向的物理特性相差不大，所以假设研究对象是有两个正交对称面的材料，参考胶合木材质的短期加载实验数据进行简化，得到用于程序分析的三折线型的本构关系曲线。如表 1、图 2 所示。

胶合木材料参数　　　　表 1

E_1（MPa）	$E_2=E_3$（MPa）	$\gamma_{12}=\gamma_{13}$	γ_{23}	$G_{12}=G_{13}$（MPa）	G_{23}（MPa）
10000	497.51	0.337	0.372	675	180

注：E_1，E_2，E_3分别表示顺纹方向、径向和切向的弹性模量；γ_{12}、γ_{13}、γ_{23}分别代表三个泊松比；G_{12}，G_{13}，G_{23}分别代表 3 个平面内的剪切弹性模量。

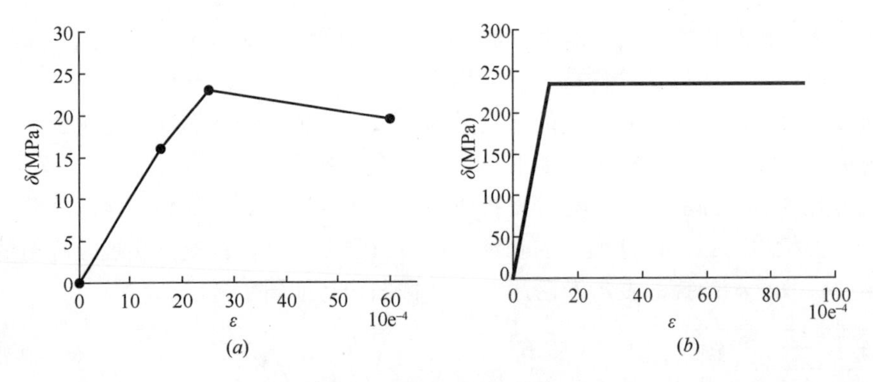

图 2　材料的本构关系

（*a*）胶合木本构曲线；（*b*）薄壁钢本构曲线

钢-木组合截面梁由方木和薄壁钢构件组成，实际中组合构件的连接是依靠自攻螺丝的机械连接实现梁在工作状态下的各构件的整体性能，其连接的可靠度较高，所以在有限元分析时忽略钢构件与木构件间的滑移效果，木方与薄壁钢在接触面上按完全耦合的方式进行设置。

为获得钢-木组合截面梁的纯弯曲状态下的力学性能，对各个模型采用相同的三分点对称加载制度，即在试验梁及试验对比梁的三分点处同时施加大小相同的外部集中力 F，对所有梁施加外部集中力 F 直至试件达到极限状态为止。各个模型的边界条件相同，均为一端为固定铰支座，另一端为可以活动的支座的简支梁。在计算前在计算模型两端的支座连接件底板上按简支梁的受力状态施加约束，在一端约束 X，Y，Z 三个方向的位移，另一端则约束 X 和 Y 两个方向的位移，其中 X 为沿着工字钢翼缘的方向，Y 为沿着工字钢腹板的方向，Z 为沿着试件长度度的方向。

3　结果及分析

进行有限元分析时，以模型中材料达到极限应变作为组合梁达到承载极限状态的标志。通过分析计算获得了所有梁模型加载的过程状态以及极限承载状态。图 3 所示的是模型 L_3经 ANSYS 分析后所得的应力分布状况。

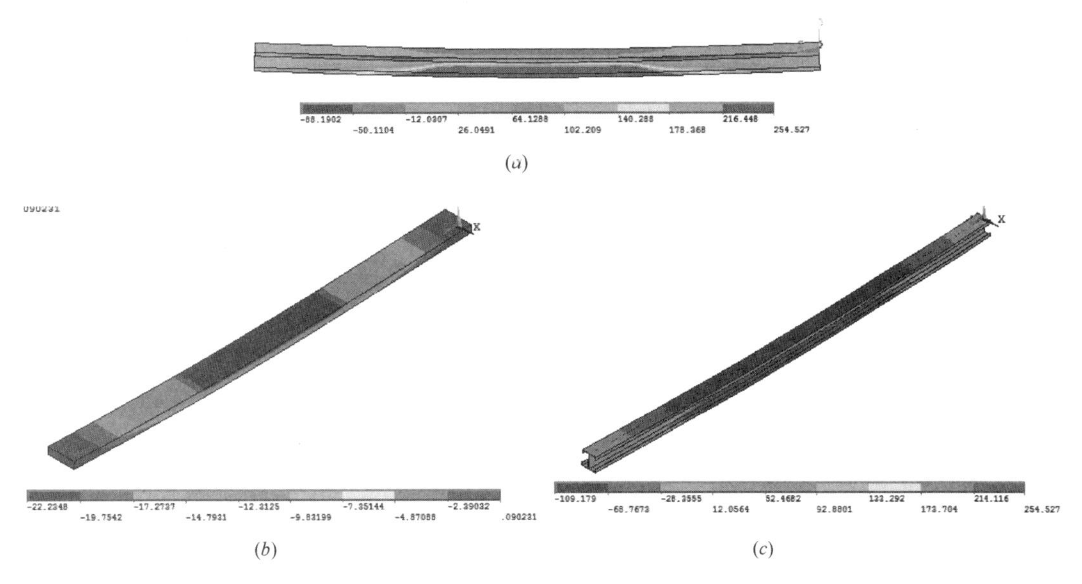

(*a*)

(*b*)　　(*c*)

图 3　模型 L_3 应力分布

(*a*) 梁整体应力分布；(*b*) 方木；(*c*) 组合工型钢

模型 L_1当三分点加载 *F* 达到 23.6 时，钢构件的下翼缘达到屈服应力，*F* 的加载数值为 26.4kN 时，方木的上翼缘达到极限应变，此时构件的最大跨中挠度为 25.3mm。模型 L_2加载力 *F* 达到 31.6kN 时，钢构件下翼缘屈服，加载力 *F* 达到 37.3kN 时，组合梁达到极限状态。此时构件的最大跨中挠度为 28.91mm。模型 L_3 当集中加载力 *F* 达到 28.6kN 时，钢构件下翼缘屈服，*F* 达到 38.1kN 时，方木的上翼缘达到极限应变，此时构件的最大跨中挠度为 35.2mm。当加载力 *F* 达到 20.6kN 时，模型 L_0 达到承载极限状态。此时构件的最大跨中挠度为 14.3mm。表 2 是模型 L_1、L_2、L_3、L_0 的极限承载力对比结果。图 4是组合梁模型 L_1、L_2、L_3与木梁模型 L_0跨中位移计算结果的对比。

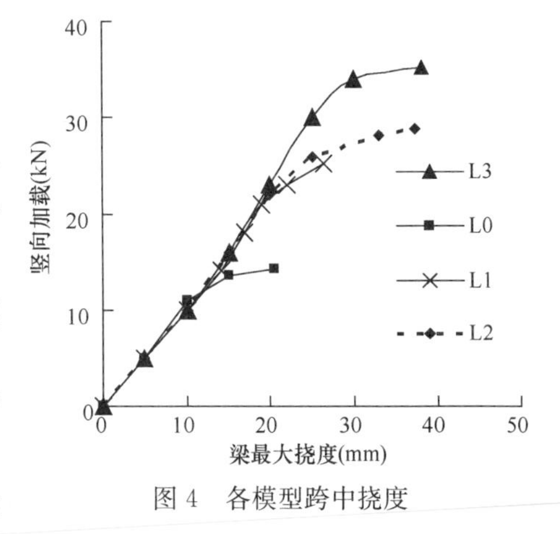

图 4　各模型跨中挠度

表 2 中的计算结果表明，钢-木组合梁的极

限载荷随方木面积的增加而增大，与标准梁相比 L_0，试件 $L_1 \sim L_3$ 的极限承载力提高了28%～85%，跨中极限变形提高76%～146%。从加载过程中的应力变化情况分析，当组合梁进入塑性工作阶段时，冷弯薄壁型的下翼缘首先受拉屈服，钢的上翼缘所受压应力增大显著在一定程度上减少了方木中压应力的增加幅度从而推迟了上部方木在承载中、后期受压应变的发展，从而使梁的承载力和延性均获得极大改善。

梁极限承载力 **表2**

模型编号	承载力	
	极限承载力（kN）	承载力提高幅度（%）
L_0	20.6	—
L_1	26.4	28.2
L_2	37.3	81.1
L_3	38.1	85.0

4 结论及讨论

为了研究薄壁型钢-胶合木组合梁的受弯性能，采用有限元程序ANSYS对3个不同规格组合梁构件、1个普通胶合木梁进行有限元数值分析，与尺寸相当的普通木梁对比，冷弯薄壁型钢-胶合木组合梁的受弯极限承载力提高28%～85%，跨中极限变形提高76%～146%。

冷弯薄壁型钢-胶合木组合梁接近承载力极限状态时，下部的钢构件率先屈服，而后上部的木方受压破坏，梁破坏时具有明显的塑性变形特征，梁破坏时延性较好。

冷弯薄壁型钢-胶合木组合梁的承载力和变形性能与组合梁上部方木的截面宽度相关。关于冷弯薄壁型钢-胶合木组合梁方木高度、钢板厚度等参数改变对梁承载性能影响的研究有待深入。

参考文献

[1] Jochen Kohler，Staffan Svensson. Probabilistic representation of duration of load effects in timber structures[J]. Engineering Structures，2011，33(2)：462-467.

[2] 狄生奎，宋蛟，宋彧．预应力木结构受力特性初步探讨[J]．工程力学．1999，2(S)：454-457.

[3] 狄生奎，韩建平，宋彧．集中荷载作用下预应力木梁的设计与计算[J]．工程力学．2000(5)：248-251.

[4] 宋彧，林厚秦，韩建平等．预应力钢筋-木结构受力性能的试验研究[J]．结构工程师．2003(1)：54-60.

[5] Vincenzo De Luca，Cosimo Marano. Prestressed glulam timbers reinforced with steel bars[J]. Construction and Building Materials，2012，30(5)：206-217.

[6] 左宏亮，孙旭，左煜．预应力配筋胶合木梁受弯性能研究[J]．东北林业大学学报．2016(2)：42-44.

[7] 木结构设计规范[M]．北京：中国建筑工业出版社，2004.

剪切型结构的层损伤、模态损伤及整体损伤

郭 翔[1]，何 政[1,2]

（1. 大连理工大学 土木工程学院，辽宁 大连 116024

2. 大连理工大学 海岸和近海工程国家重点实验室，辽宁 大连 116024）

摘 要：以整体法得到的结构整体损伤指标能够较好的评定结构的整体损伤性能，但对于结构的局部损伤不敏感，局部的损伤破坏又不能直接反应结构的整体损伤状态，二者间的影响较为模糊。文中以剪切型框架为对象，通过模态参数的变化从整体层面刻画结构损伤，通过层间刚度的退化从局部层面刻层损伤，研究了层损伤、模态损伤及整体损伤之间的关系。首先，从剪切型结构的三对角带状刚度矩阵入手，引入层损伤因子，得到结构的模态损伤为关于层损伤的多元函数；并且结构的层损伤可采用曲率模态进行定位，损伤程度可通过损伤后结构的模态参数及原始结构的层间刚度直接求得；结构整体损伤通过各阶模态损伤组合得到，也为关于结构层损伤的多元函数。因此，通过结构损伤前后的模态参数将结构的层损伤、模态损伤和整体损伤有机的联系了起来，并最终得到了一套多层次的结构损伤评估方法。最后，以一 8 层剪切型框架为例，验证了文中所提的损伤定位-层损伤评定-模态损伤-整体损伤的多层次损伤评定方法。并通过改变层损伤的位置和大小，得到了模态损伤对层损伤的敏感性及整体损伤随层损伤的演化规律。结果表明，该多层次的结构损伤评定方法能够快速的定位和评定结构的层损伤及整体损伤，并且避免了采用加权组合法或整体法损伤模型的不足。

关键词：整体损伤；模态损伤；层损伤；刚度退化；剪切型结构；振动特性

中图分类号：TU352.1

CORRELATION BETWEEN LOCAL STIFFNESS DEGRADATION, MODAL DAMAGE AND GLOBAL DAMAGE OF THE SHEAR-TYPE RC FRAMES

X. Guo[1], Z. He[1,2]

(1. School of Civil Engineering, Dalian University of Technology, Dalian 116024, China;

2. State Key Laboratory of Coastal and Offshore Engineering,

Dalian University of Technology, Dalian 116024, China.)

Abstract: Seismic damage predictions obtained from change of vibration properties of reinforced concrete (RC) structures can be able to desirably capture structural global performance degradation. However, these

基金项目：国家自然科学基金（编号：91315301 和 5126920376）

第一作者：郭翔（1989—），男，博士生，主要从事结构损伤方面的研究，E-mail：guoxiang9452@163.com.

通讯作者：何政（1971—），男，博士，教授，博导，院长，主要从事结构抗震方面的研究，E-mail：hezheng@dlut.edu.cn.

predictions are not sensitive to localized damage in general case while localized damage does not reflect change in global seismic performance of structure directly. An attempt is conducted to investigate the correlation between global seismic damage, modal damage and local damage of shear-type RC frames, for analytical simplicity, through the observation on change of vibration parameters and story stiffness degradation. Story damage factor is introduced based on the tridiagonal matrices of shear-type frames, which can be expressed as multi-variate functions of modal damage. The story damage can be positioned through the curvatures of the mode shapes and the damage factors can be obtained through the initial story stiffness and damaged structural modal parameters. With these factors, global seismic damage can be an explicit function of local damage. Thus, the correlation between global damage and local damage can be reasonably established through changing the degree and positions of localized damage. Finally, a multi-level damage assessment method is established. In order to validate such method, a case study is carried out via an 8-story shear-type frame. Different local damage and its distribution along structural height is positioned and determined by the deduced formula. The sensitivity of the modal damage on the local one and the global damage evolution curve with the storey damage is acquired. It can be observed from the case study that the global damage, modal damage and local damage of shear-type RC frames are associated by the multi-level damage assessment method. And the drawback of the weighting-method and macro-method can be avoided.
Keywords: global damage; modal damage; storey damage; stiffness degradation; shear-type frame; vibration property

1 引言

损伤评估主要是合理地选取破坏参数来描述结构或构件的损伤程度，地震作用下的结构损伤主要是低周疲劳下构件塑性损伤累积而导致的结构刚度及强度的退化。结构在地震作用下发生损伤是一个渐进的过程，结构整体的损伤始于构件的破坏，经由构件到层再到结构整体的演化，最终导致结构失效。构件、层及结构整体三个层次上的损伤模型是互为基础密切联系的，建立三者之间的关系，可揭示结构中各层次上损伤的发展演化及低层次损伤向高层次损伤迁移的规律。而已有的损伤模型大多是从构件、层或整体角度直接分析结构损伤，而忽略了它们之间的迁移演化过程以及不同层次损伤之间的相互影响。

一般来说，地震作用下结构的内部各处的损伤指数是各不相同的，但对于工程应用而言，最关心的往往还是对结构整体的损伤评定，在此基础上才是对局部损伤的定位及评定。现有的整体损伤模型大致可分为加权组合法模型和整体法模型两大类。加权组合法整体损伤模型[1-3]是由较低层面的构件（或层）损伤模型按照特定形式加权得到，大多源于对 Park-Ang 构件损伤[4]的拓展。基于低层次损伤的加权型整体损伤模型多受困于加权形式及加权系数的选择。虽然，以大量梁、柱构件的损伤实验数据为基础[4]，由梁、柱等够构件损伤加权得到层损伤的方法可认为是合理的，但由层损伤进一步加权得到整体损伤由于缺乏足够的实验数据以及再次的加权对误差的放大，使得加权法对整体损伤的评定可能存在较大偏差[5]。以加权法得到结构整体损伤指数的方法须慎用。基于宏观振动参数的整体法损伤模型，大多是依据结构震前和震后其总体整体特征值的变化来定义结构损伤的[5-9]。该类模型应用简便，能够更直接地反映结构损伤状态，但往往对于局部损伤不敏感。加权法损伤模型与整体法损伤模型虽然在表现形式上存在着差异，且都有着各自的不足，但若用于描述同一个结构对象，这两类模型之间必然存在一定的内在联系。因为损伤的局部化发展与结构的振动控制模态的迁移相关，通过研究层损伤、模态损伤及整体损伤间的关系，对进一步揭示结构损伤性能的内在规律，合理地计算和评定各层次的损伤状态及演化过程具有重要意义。

本文从整体法损伤模型中的模态参数类损伤模型入手，通过结构损伤前后模态参数的改变得到剪切型框架结构的各阶模态损伤，进而得到结构的整体损伤。研究了不同阶模态损伤对层损伤的敏感性及整体损伤随层损伤的演化规律，基于结构的模态参数，定位并得到结构的局部损伤程度。如此便避免了加权组合法的不足及整体法对局部损伤不敏感的问题。以多模态整体损伤模型为基准，结合多种损伤分析手段，建立了一个简洁、可靠的结构损伤评估方法。

2　层损伤、模态损伤及整体损伤

结构的损伤使得结构的振动参数发生改变，在模态空间表现为刚度下降，柔度增大，振型发生变化。通过这些振动参数的改变，可以定位并计算出结构的局部损伤，也可对结构的整体损伤状态进行评定。推导之前，有如下假定条件：(1) 结构的质量集中在楼板的位置，且忽略损伤后结构质量的改变；(2) 框架梁和楼板构成刚性整体；(3) 结构层与层之间属于串联体系，任意一层的破坏都将导致结构进入倒塌状态。对于第三个假定条件，如图 1 (*c*) 所示，某一层的破坏意味着本层中局部范围内形成了不可恢复的永久失稳机构，整个结构就以破坏层为标志分成两个部分，其中与地面单元保持联系的部分还可按照正常结构处理，而破坏层以上的部分则应作为一种失稳机构加以处理[10]，即当某一层破坏（层损伤为 1.0）时，结构即可认为进入倒塌状态。

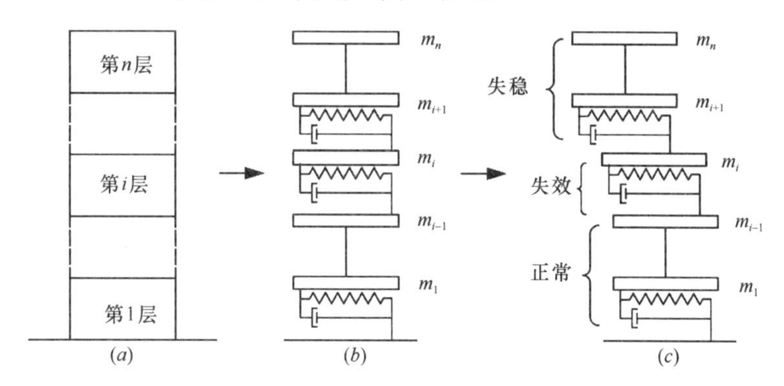

图 1　框架结构简化模型

剪切型框架的简化模型如图 1 所示，结构的固有振动方程为：

$$(K-\lambda_i M)\phi_i = 0 \tag{1}$$

对于剪切型框架，整体刚度矩阵可由各层的刚度矩阵叠加得到：

$$K = \sum_{i=1}^{n} K_i \tag{2}$$

$$
K_1=\begin{bmatrix} k_1 & 0 & \cdots & 0 \\ 0 & 0 & & \vdots \\ \vdots & & \ddots & \vdots \\ 0 & \cdots & \cdots & 0 \end{bmatrix},\ K_i=\begin{bmatrix} 0 & \cdot & \cdot & \cdot & \cdot & \cdot & \cdot & 0 \\ \cdot & 0 & & & & & & \cdot \\ \cdot & & \cdot & & & & & \cdot \\ \cdot & & & k_i & -k_i & & & \cdot \\ \cdot & & & -k_i & k_i & & & \cdot \\ \cdot & & & & & & \cdot & \cdot \\ \cdot & & & & & & 0 & \cdot \\ 0 & \cdot & \cdot & \cdot & \cdot & \cdot & \cdot & 0 \end{bmatrix}\begin{matrix} \\ \\ \\ i-1\text{行} \\ i\text{行} \\ \\ \\ \\ \end{matrix}(2\leqslant i\leqslant n) \tag{3}
$$

$i-1$ 列　　i 列

式中，n 为结构层数，K_i为第 i 层的单元刚度矩阵，k_i为第 i 层层刚度。

此类结构的柔度矩阵可表示为：

$$
\tilde{f}=\begin{bmatrix} \frac{1}{k_1} & \frac{1}{k_1} & \cdot\ \cdot & \cdot & \cdot & \frac{1}{k_1} \\ \frac{1}{k_1} & \frac{1}{k_1}+\frac{1}{k_2} & & & & \frac{1}{k_1}+\frac{1}{k_2} \\ \cdot & \cdot & \cdot & & & \cdot \\ \cdot & \cdot & & \cdot & \cdot & \\ \cdot & \cdot & \cdot & \frac{1}{k_1}+\frac{1}{k_2}\cdots+\frac{1}{k_i} & \cdot & \frac{1}{k_1}+\frac{1}{k_2}\cdots+\frac{1}{k_i} \\ \cdot & \cdot & \cdot & \cdot & & \cdot \\ \cdot & \cdot & \cdot & \cdot & & \cdot \\ \frac{1}{k_1} & \frac{1}{k_1}+\frac{1}{k_2} & \cdot & \frac{1}{k_1}+\frac{1}{k_2}\cdots+\frac{1}{k_i} & \cdot & \frac{1}{k_1}+\frac{1}{k_2}\cdots+\frac{1}{k_n} \end{bmatrix}=\sum_{i=1}^{n}\frac{\phi_i\phi_i^{\mathrm{T}}}{\lambda_i} \tag{4}
$$

提取柔度矩阵的对角线元素得到：

$$
\begin{aligned} \boldsymbol{diag} &= \left[\frac{1}{k_1}\quad \frac{1}{k_1}+\frac{1}{k_2}\quad \cdots\quad \frac{1}{k_1}+\frac{1}{k_2}\cdots+\frac{1}{k_i}\quad \cdots\quad \frac{1}{k_1}+\frac{1}{k_2}\cdots+\frac{1}{k_n}\right] \\ &= \left[\sum_{j=1}^{n}\frac{\varphi_{1,j}^2}{\lambda_j}\quad \sum_{j=1}^{n}\frac{\varphi_{2,j}^2}{\lambda_j}\quad \cdots\quad \sum_{j=1}^{n}\frac{\varphi_{i,j}^2}{\lambda_j}\quad \cdots\quad \sum_{j=1}^{n}\frac{\varphi_{n,j}^2}{\lambda_j}\right] \end{aligned} \tag{5}
$$

结构发生损伤后，其刚度矩阵、频率、振型等都会发生改变（忽略损伤前后结构质量矩阵的变化，这也与大多数实际情况相符），则结构的固有振动方程变为：

$$
(K^{\mathrm{d}}-\lambda_i^{\mathrm{d}}M)\phi_i^{\mathrm{d}}=0 \tag{6}
$$

$$
K^{\mathrm{d}}=K+\Delta K=K+\sum_{i=1}^{n}\alpha_i K_i(-1<\alpha_i<0) \tag{7}
$$

$$
\phi_i^{\mathrm{d}}=\phi_i+\Delta\phi_i=\phi_i+\sum_{r=1}^{n}\beta_{i,r}\phi_r \tag{8}
$$

$$
\lambda_i^{\mathrm{d}}=\lambda_i+\Delta\lambda_i \tag{9}
$$

其中，ΔK、$\Delta\lambda_i$、$\Delta\phi_i$分别为刚度矩阵、特征值、振型的改变量，α_i、β_r为待定系数。因为结构的各阶振型线性无关，所有振型向量组成一个完备的向量空间，所以 $\Delta\phi_i$可以由结构的各阶振型线性组合得到。

若以层刚度的退化表示结构某层的损伤，则第 i 层的层损伤指数（即层损伤因子）为：

$$d_i = -\alpha_i \tag{10}$$

损伤后结构的柔度矩阵对角线便变为：

$$\boldsymbol{diag}^{\mathrm{d}} = \left[\frac{1}{(1-d_1)k_1} \quad \cdots \quad \frac{1}{(1-d_1)k_1}+\cdots+\frac{1}{(1-d_i)k_i} \quad \cdots \quad \frac{1}{(1-d_1)k_1}+\cdots+\frac{1}{(1-d_n)k_n}\right]$$
$$= \left[\sum_{j=1}^{n}\frac{\varphi_{1,j}^{\mathrm{d2}}}{\lambda_j^{\mathrm{d}}} \quad \cdots \quad \sum_{j=1}^{n}\frac{\varphi_{i,j}^{\mathrm{d2}}}{\lambda_j^{\mathrm{d}}} \quad \cdots \quad \sum_{j=1}^{n}\frac{\varphi_{n,j}^{\mathrm{d2}}}{\lambda_j^{\mathrm{d}}}\right] \tag{11}$$

根据公式（11）中向量的对应关系可得到 n 个方程，由损伤后结构的各阶周期、振型及原始结构的层刚度，便可得到结构的各层损伤值：

$$d_i = 1-\frac{1}{k_i}\frac{1}{\sum_{j=1}^{n}\varphi_{i,j}^{\mathrm{d2}}/\lambda_j^{\mathrm{d}} \quad (1/(1-d_1)k_1+\cdots+1/(1-d_{i-1})k_{i-1})} \tag{12}$$

曲率模态能较准确的获得结构的损伤位置[11]，当结构只有少数层发生损伤时，通过曲率模态定位出可能出现损伤的位置，就无需通过公式（12）一层一层地计算各层损伤了，可能大大提高损伤评定的效率。结构某层的曲率可表示为：

$$\kappa_t = \frac{\varphi_{t+1}-2\varphi_t+\varphi_{t-1}}{h^2} \tag{13}$$

其中，φ_t 为某阶振型向量的第 t 个元素，即第 t 层所对应的振型分量，h 为层高。

对于结构的整体损伤，前文已经指出若采用层损伤加权的方式来得到，难免会因为权重系数的选取而使得最终的整体损伤结果产生主观性偏差。文献［9］采用结构模态周期从结构的整体性能参数的改变来刻画结构的整体损伤：

$$D_i = 1-\frac{T_i^2}{T_i^{\mathrm{d2}}} = 1-\frac{\lambda_i^{\mathrm{d}}}{\lambda_i} = -\frac{1}{1+2\beta_{i,i}}\frac{\alpha_1 k_1\phi_{i,1}^2+\sum_{r=2}^{n}\alpha_r k_r(\phi_{i,r}-\phi_{i,r-1})^2}{k_1\phi_{i,1}^2+\sum_{r=2}^{n}k_r(\phi_{i,r}-\phi_{i,r-1})^2} \tag{14}$$

$$D = \sqrt{1-\prod_{i=1}^{n}(1-D_i^2)} \tag{15}$$

其中，D_i 为第 i 阶模态损伤，D 为结构整体损伤。

将损伤前后的振型对质量矩阵进行标准化，则：

$$\phi_r^{\mathrm{T}}M\phi_r = 1 \tag{16}$$

$$(\phi_r+\Delta\phi_r)^{\mathrm{T}}M(\phi_r+\Delta\phi_r) = 1 \tag{17}$$

将式（8）、式（16）代入式（17）并略去高阶项得：

$$\beta_{i,i} = 0 \tag{18}$$

将式（10）、式（18）代入式（14），则模态损伤变为：

$$D_i = 1-\frac{T_i^2}{T_i^{\mathrm{d2}}} = \frac{d_1 k_1\phi_{i,1}^2+\sum_{r=2}^{n}d_r k_r(\phi_{i,r}-\phi_{i,r-1})^2}{k_1\phi_{i,1}^2+\sum_{r=2}^{n}k_r(\phi_{i,r}-\phi_{i,r-1})^2} \tag{19}$$

公式（19）将由结构整体性能参数得到的模态损伤与结构的层损伤建立了联系。从式（19）可以看出结构的模态损伤仅为关于层损伤的函数，且当结构每层的损伤值相同时结构的模态损伤与层损伤相等。通过原始结构的层刚度、振型向量及结构层损伤便可得到结构的模态损伤，再代入公式（15）便可得到结构的整体损伤。如图 2 所示，仅由结构损伤前后的模态参数便可建立一套简洁、可靠的多层次结构损伤评估方法。

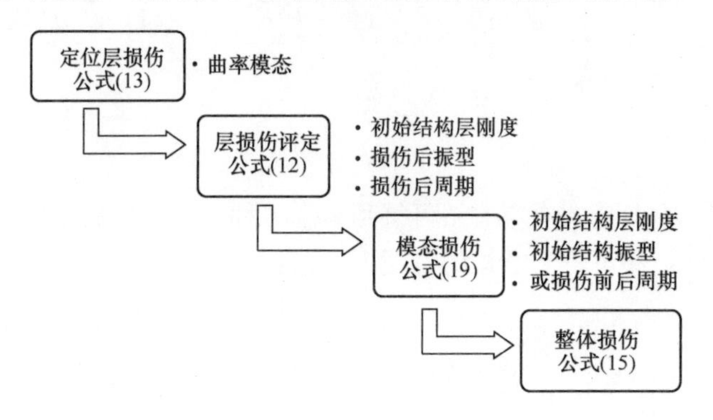

图 2　多层次结构损伤评估方法

3　算例

建立一 8 层剪切型平面框架，首层层高 4.5m，其他层 3.9m，结构各阶周期及层刚度如表 1 中 T_i及 k 所示。当结构的层刚度出现退化时结构出现损伤，层刚度的退化将导致结构周期的延长，以结构第三层刚度退化为例，当第三层层刚度退化 40％时结构的各阶自振周期如表 1 中 T_d所示。

结构周期及层刚度　　**表 1**

	T_i（s）	T_d（s）	k（10^5N/mm）
第一阶/层	0.404	0.422	5.54
第二阶/层	0.156	0.158	8.02
第三阶/层	0.094	0.095	8.02
第四阶/层	0.068	0.072	8.14
第五阶/层	0.058	0.060	3.73
第六阶/层	0.051	0.051	3.73
第七阶/层	0.042	0.042	3.67
第八阶/层	0.034	0.038	3.51

对结构的第三层刚度进行不同层度的削弱，采用公式（13）所示的曲率模态对结构损伤进行定位，得到如图 3 所示的结果（图中“损伤 1～损伤 9”表示第三层刚度相应削弱 10％～90％）。从图 3 中可以看出，9 种损伤工况下都是结构第二层及第三层的曲率在结构损伤后出现波动，而其他层几乎没有发生变化，说明结构的损伤可能仅发生在第二层或者第三层。这与实际结构第三层被削弱出现损伤的情况较为符合，采用曲率模态已经将损伤定位在了很小的范围内。

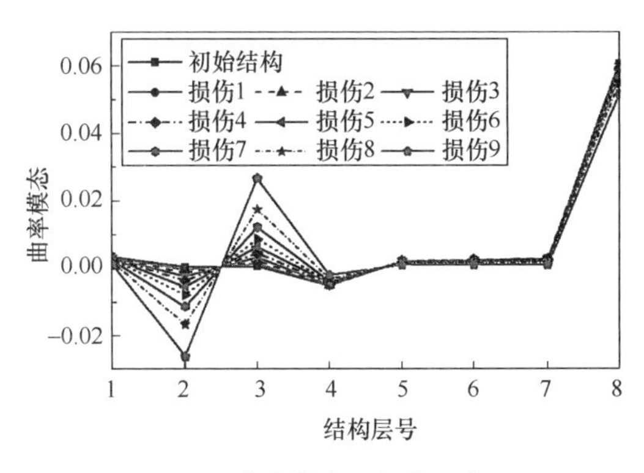

图 3　曲率模态—损伤定位

根据图 3 的判断，可认为除第二、三层外其他层损伤都为零。设第二层损伤为 d_2，第 3 层损伤为 d_3，代入公式（12）可得不同损伤工况下第二层及第三层的损伤计算值如表 2 所示。可以看出计算得到的层损伤与实际结构的削弱情况完全符合。通过损伤后结构的模态信息及原始结构的层刚度便可以得到结构的各层的实际损伤值。

不同损伤工况下的 d_2、d_3 计算值　　表 2

	$d_2=1-\frac{1}{k_2}\frac{1}{\sum_{j=1}^{8}\varphi_{2,j}^{d2}/\lambda_j^d-1/k_1}$	$d_3=1-\frac{1}{k_3}\frac{1}{\sum_{j=1}^{8}\varphi_{3,j}^{d2}/\lambda_j^d-(1/k_1+1/(1-d_2)k_2)}$
损伤 1	$7.99\times10^{-15}\approx0$	0.1
损伤 2	$6.00\times10^{-15}\approx0$	0.2
损伤 3	$3.89\times10^{-15}\approx0$	0.3
损伤 4	$-1.11\times10^{-14}\approx0$	0.4
损伤 5	$2.89\times10^{-15}\approx0$	0.5
损伤 6	$8.88\times10^{-16}\approx0$	0.6
损伤 7	$1.13\times10^{-14}\approx0$	0.7
损伤 8	$9.66\times10^{-15}\approx0$	0.8
损伤 9	$-8.66\times10^{-15}\approx0$	0.9

再由公式（19）计算结构的模态损伤。分析发现，当结构的层损伤出现在结构不同位置时，结构各阶模态损伤的敏感性差别较大。如图 4 所示，当结构第一层出现不同程度的刚度退化时，第一、二阶模态损伤对其最为敏感；而当第三层出现刚度退化时，敏感模态损伤变为第一、四和第八阶；第六层刚度退化的敏感模态为第一、二、四阶；第八层刚度退化的敏感模态损伤为第二、三、四阶。可以看出，随着损伤层所处位置的上升，基本模态损伤的敏感性在下降，而高阶模态损伤的敏感性在增加。故在计算结构整体损伤时，应合理考虑各阶模态的影响，不恰当的舍弃高阶模态将影响对结构整体损伤的准确评定。

最后，对模态损伤进行组合得到最终的结构整体损伤。结构的整体损伤随层损伤的变化规律如图 5 所示，图中“D(一)D(八)”分别表示结构第一到八层出现刚度退化。从图中可以看出，结构整体损伤的初始值及终值都符合损伤指数的定义，当结构各层损伤都为 0 时结构整体损伤指数也为 0；当某一层的结构损伤达到 1.0 该层失效，结构进入倒塌阶段时，结构的整体损伤也相应地为 1.0。此外，从图 5 中还可以看出，当结构仅单层出现

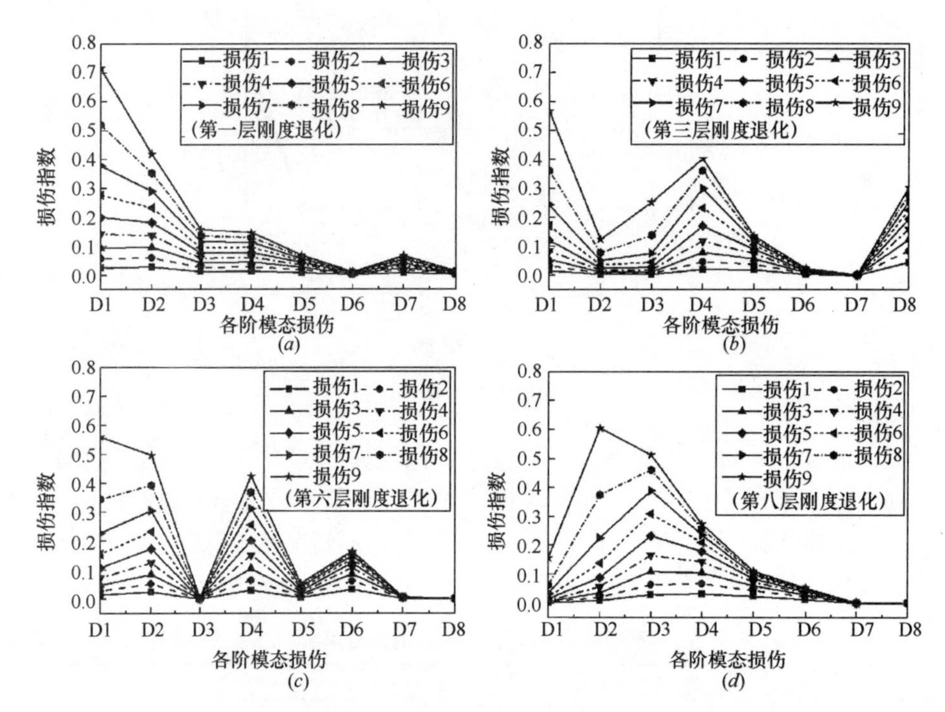

图 4　不同层出现刚度退化时对应的各阶模态损伤

（a）第一层刚度退化；（b）第三层刚度退化；（c）第六层刚度退化；

（d）第八层刚度退化

刚度退化时，结构的整体损伤随层损伤的演化规律基本一致，而与层损伤发生的位置几乎无关。即整体损伤仅对层刚度退化的程度敏感，而对其所发生的位置不敏感。如此，通过图 2 所示的四步，便对结构的局部损伤位置、局部损伤程度、模态损伤及结构整体损伤有了全面的了解，建立了多层次的结构损伤评估方法。

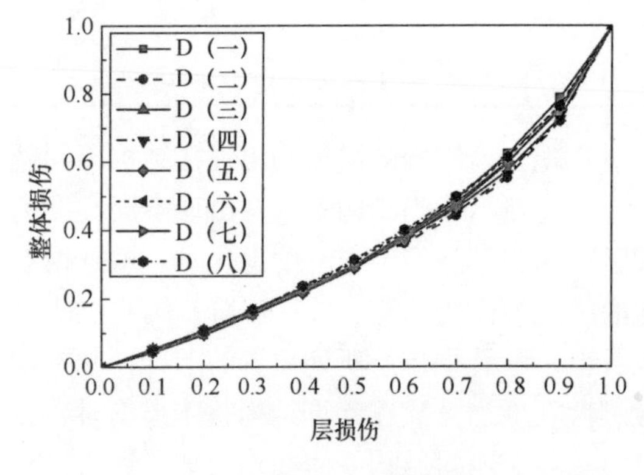

图 5　层损伤与整体损伤

4　结论

文中从剪切型结构的三对角带状刚度矩阵入手，引入层损伤因子，通过结构损伤前后的模态参数，将层损伤、模态损伤及整体损伤建立起了联系，得到了一套简洁、可靠的多层次结构损伤评估方法，并通过对一剪切型框架结构的分析得到了如下结论：

（1）结构的模态损伤仅为关于层损伤的函数，且不同阶的模态损伤指数对不同层的损伤敏感程度不同；随着损伤层所处位置的上升基本模态损伤的敏感性在下降，而高阶模态损伤的敏感性在增加。

（2）当结构不同层分别出现相同程度的损伤时，结构的整体损伤曲线基本一致，整体损伤的演化与层损伤发生的位置几乎无关。

（3）曲率模态可用于定位结构的损伤，通过结构的初始刚度、损伤后振型及周期的改变可计算得到结构的层损伤程度。

文中以多模态整体损伤模型为基准，结合多种损伤分析手段，不仅避免了加权组合法的不足，也解决了整体法对局部损伤不敏感的问题。但是，文中仅考虑了结构的刚度退化及侧移型的失效模式，忽略了强度的退化和其他类型的失效模式，且对于多层损伤同时发生的工况也未详细考虑，这些都需进一步的研究。

参考文献

[1] Heo Y A, Kunnath S K. Damage-based seismic performance evaluation of reinforced concrete frames. International Journal of Concrete Structures and Materials, 2013, 7(3): 175-182.

[2] 张亮泉，谢贤鑫，张昊宇，毛晨曦．基于损伤指数的钢筋混凝土框架结构震后安全性鉴定新方法——试验研究．地震工程与工程振动，2015，35(3)：44-58.

[3] 张耀庭，陈杰，杜晓菊，等．多层钢筋混凝土框架结构基于材料的损伤模型研究．建筑结构，2015，45(6)：7-13.

[4] Park Y J, Ang H S. Mechanistic Seismic Damage Model for Reinforced Concrete. Journal of Structural Engineering, 1985, 111(4): 722-739.

[5] Zheng H, Ou X, Ou J. A macro-level global seismic damage model considering higher modes. Earthquake Engineering & Engineering Vibration, 2014, 13(3): 425-436.

[6] 施卫星，汪洋，刘成清．基于频率测量的高层建筑地震作用损伤分析．西南交通大学学报，2007，42(4)：389-394.

[7] VLu X, Huang Z, Zhou Y. Global seismic damage assessment of high-rise hybrid structures. Computers & Concrete, 2011, 8(8): 311-325.

[8] Carrillo J. Damage index based on stiffness degradation of low-rise RC walls. Earthquake Engineering & Structural Dynamics, 2015, 44(6): 831-848.

[9] 何政，胡意涛，朱振宇，等．强震下网壳结构性能的多模态整体损伤演化．工程力学，2016，33(4)：104-113.

[10] 宣纲，顾祥林，吕西林．强震作用下混凝土框架结构倒塌过程的数值分析．地震工程与工程振动，2003，23(6)：24-30.

[11] Yoon M K, Heider D, Gillespie J W, et al. Local Damage Detection with the Global Fitting Method Using Mode Shape Data in Notched Beams. Journal of Nondestructive Evaluation, 2009, 28(2): 63-74.

考虑余震增量损伤的钢筋混凝土结构损伤模型

徐菁菁，何　政
（大连理工大学 土木工程学院，辽宁　大连 116023）

摘　要：主余震地震动序列对结构性能的影响在于主震对结构造成严重损伤之后，较为强烈的余震在此基础上将会引起更为不利的损伤累积叠加效应。本文基于 Kunnath 等人修正的 Park-Ang 损伤模型，提出了考虑截面在主震中受损程度的余震增量损伤模型，修正了 Park-Ang 等人提出的整体损伤加权组合方式，并通过算例分析对该余震增量损伤模型的合理性进行了验证。结果表明：本文提出的截面增量损伤模型能够较为合理的描述钢筋混凝土构件端部截面在地震作用下的破坏过程，使用本文修正的整体损伤加权组合方式，能够更加合理描述结构的损伤演化情况。

关键词：主余震序列型地震；损伤累积；增量损伤模型；损伤演化

DAMAGE MODEL OF RC STRUCTURES CONSIDERING INCREMENTAL DAMAGE SUBJECTED TO AFTERSHOCKS

J. J. Xu，Z. He
（School of Civil Engineering，Dalian University of Technology，Dalian 116023，China.）

Abstract：Strong aftershocks may worsen the damage state of structures and even lead to collapse，by reason of damage accumulation. A method for the calculation of incremental damage due to aftershocks，with the structural damage imposed by mainshock considered，is proposed based on the Park-Ang damage model modified by Kunnath，et al. Then the method for obtaining the global damage index by the weighted combination of damage indices of all components is modified based on the method proposed by Park. A case study is performed with a 4-story to prove the incremental damage model subjected to aftershocks. The results indicate that the section-level incremental damage model could provide a reasonable depiction for the failure process of reinforced concrete sections under aftershocks and the proposed modified weighted combination of global damage indices is able to describe the damage evolution of structures subjected to aftershocks reasonably.

Keywords：mainshock-aftershock sequences，damage accumulation，incremental damage of aftershocks，damage evolution

---

基金项目：国家自然科学基金（编号：91315301 和 51261120376）及教育部高校博士点专项科研基金（编号：20120041110001）

第一作者：徐菁菁（1989—），女，硕士生，从事结构抗震方面的研究，E-mail：xujingjing1116@126.com.
通讯作者：何　政（1971—），男，博士，教授，博导，院长，主要从事结构抗震性能研究，E-mail：hezheng@dlut.edu.cn.

1 引言

地震历史资料表明，地震往往是以地震动序列形式存在的。主余震地震动序列对结构性能有一定影响，尤其是主震对结构造成严重损伤之后，较为强烈的余震在此基础上将会引起更为不利的损伤累积叠加效应，从而使结构的损伤加剧甚至导致倒塌[1]。

目前，学者主要从余震作用下结构的位移响应最大值（使用最为普遍的为最大层间位移角）[1]、失效截面数量及分布[2]以及结构损伤指数[3]等方面研究余震引起的累积损伤。然而，当余震强度相对主震强度较小时，结构的位移响应远小于主震，故使用结构最大层间位移角来描述余震引起的附加损伤并不合理；而失效截面的数量虽然随着余震强度的增大略有增加，但是这种变化并不明显[2]；使用 Park-Ang 损伤指数作为指标[4]来刻画余震引起的增量损伤时，同时考虑了结构的首次超越破坏和低周疲劳破坏，当余震强度较小时仍能体现其损伤累积效应。故使用损伤指数来描述结构在余震作用下的附加损伤更为合理。

文献［3］中，以主震作用后理想弹塑性单自由度体系的残余位移作为结构在余震作用下的起始平衡位置来考虑主震对余震的影响，以余震作用下的修正 Park-Ang 损伤指数来描述其引起的附加损伤。这种做法忽略了受损结构动力特性的改变，导致结构在余震强度非常小时，其增量损伤计算值却较大，高估了余震对结构损伤的影响。

本文提出了钢筋混凝土框架构件在余震作用下的增量损伤的计算方法，并修正了结构整体损伤加权组合方式，最后在算例中验证了两者的合理性。

2 余震增量损伤模型

2.1 Kunnath 等人修正的 Park-Ang 损伤模型

由 Kunnath 等人[5]修正的 Park-Ang 损伤模型[4]通过位移项来考虑构件的首次超越破坏，通过能量项来考虑构件的低周疲劳破坏，以构件的在地震作用下的最大不可恢复位移代替构件的历史最大位移，对位移项进行了修正。以截面损伤为例，单次地震作用下截面的修正的 Park-Ang 损伤指数计算方法如式（1）：

$$D=\frac{\varphi_{\mathrm{m}}-\varphi_{\mathrm{r}}}{\varphi_{\mathrm{u}}-\varphi_{\mathrm{r}}}+\beta\frac{E_{\mathrm{H}}}{M_{\mathrm{y}}\varphi_{\mathrm{u}}} \tag{1}$$

其中，φ_{m} 为地震作用下的截面最大曲率，φ_{r} 为截面达到最大变形时的可恢复曲率，($\varphi_{\mathrm{m}}-\varphi_{\mathrm{r}}$) 代表截面在地震作用下的最大不可恢复曲率，$\varphi_{\mathrm{u}}$ 为截面极限曲率，M_{y} 为截面屈服弯矩，E_{H} 为在地震作用下截面的滞回耗能，β 为耗能因子。

2.2 余震的截面增量损伤模型及验证

钢筋混凝土截面在经历主震之后，可能已经进入塑性状态，当余震强度非常小时，其位移响应可能较大，则按照式（1）计算得到的损伤指数也较大。然而，此时计算得到的损伤指数主要是由于截面在主震作用下已经进入明显的塑性状态，并不全是由余震引起的。故受损截面在余震作用下产生的新的损伤不能直接按照式（1）计算。

2.2.1 余震的截面增量损伤模型

图1为某钢筋混凝土截面的骨架曲线，屈服曲率和极限曲率分别为 φ_y 和 φ_u，截面初始抗弯刚度为 EI，并假设构件在进入塑性阶段之后仍然按照初始刚度卸载。骨架曲线上两点分别为截面在主震和余震作用下的最大响应点，其最大曲率分别为 φ_{m_M} 和 φ_{m_A}，最大弯矩分别为 M_{m_M} 和 M_{m_A}，则主震和余震作用下截面的最大不可恢复曲率 φ_{p_M} 和 φ_{p_A} 可表示为[6]：

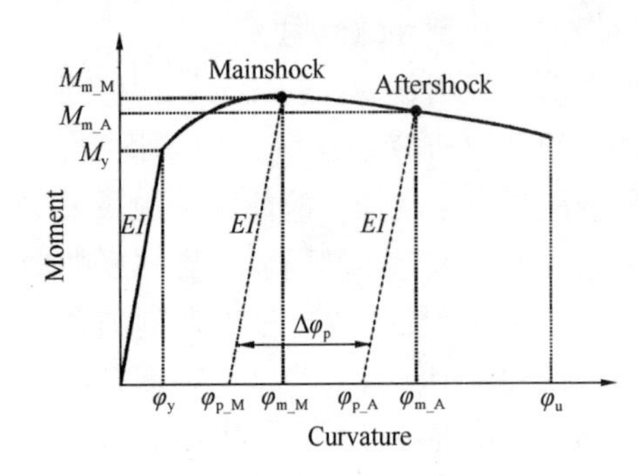

图1 余震引起的不可恢复曲率 $\Delta\varphi_p$

$$\varphi_{p\_M}=\varphi_{m\_M}-\frac{M_{m\_M}}{EI} \tag{2}$$

$$\varphi_{p\_A}=\varphi_{m\_A}-\frac{M_{m\_A}}{EI} \tag{3}$$

当余震作用下的最大不可恢复曲率 φ_{p_A} 小于主震作用下的最大不可恢复曲率 φ_{p_M} 时，即余震只引起了构件的低周疲劳破坏，故计算余震作用下的增量损伤指数时只需要考虑耗能项；当 φ_{p_A} 大于 φ_{p_M} 时，同时考虑余震引起的截面的最大不可恢复曲率增量 $\Delta\varphi_p$ 和截面在余震作用下的滞回耗能[6]。综上，余震引起的增量损伤指数 ΔD_a 计算如式（4）：

$$\Delta D_a=\frac{\varphi_{p\_A}-\varphi_{p\_M}}{\varphi_u-\varphi_r'}+\beta\frac{E_{H\_A}}{M_y\varphi_u}\quad(\varphi_{p\_A}>\varphi_{p\_M}) \tag{4-1}$$

$$\Delta D_a=\beta\frac{E_{H\_A}}{M_y\varphi_u}\quad(\varphi_{p\_A}\leqslant\varphi_{p\_M}) \tag{4-2}$$

截面在主余震地震动序列作用下的损伤指数 D_{seq} 计算如式（5）：

$$D_{seq}=D_m+\Delta D_a \tag{5}$$

其中，D_m 为截面在主震作用下的损伤指数，ΔD_a 为截面在余震作用下的增量损伤指数。

2.2.2 余震的截面增量损伤模型的验证方法

文献［7］中Park等人给出了构件损伤的可修复界限值 $D=0.4$，即当构件损伤值小于0.4时，构件损伤不严重，可以被修复后继续使用；当构件损伤值大于0.4时，构件不可修复再次投入使用。并在大量构件试验的基础上给出如表1所示的不同损伤程度的构件对应的损伤指数及破坏状态。

本文对余震的截面增量损伤的验证主要分为两步：首先是按照式（1）计算单次地震作用下，截面在各个破坏特征点处（混凝土开裂点、受拉钢筋屈服点、保护层混凝土压碎点以及核心混凝土边缘压碎点等）的损伤指数；接下来按照式（2）～式（5）计算出截面在主余震作用下主震损伤指数和余震增量损伤指数之和 D_{seq}。如果本文提出的增量损伤模型是合理的，那么截面在单次地震及主余震作用下各个损伤特征点处的损伤指数应该均在表1界定的合理范围内，并且两者应在数值上相近。

不同损伤程度的构件对应的损伤指数及破坏状态　　**表 1**

损伤状态	损伤指数区间[7]	破坏状态
完好 DS_1	—	—
轻微 DS_2	0.0～0.2	构件有中等裂缝
中度 DS_3	0.2～0.5	构件表面出现大裂缝，混凝土接近剥落
重度 DS_4	0.5～1.0	混凝土压碎、剥落，钢筋外露，直至破坏

然而，由于余震的增量损伤模型是同时考虑位移和能量的双参数损伤模型，所以截面破坏过程中各个破坏特征点处的损伤指数由截面的历史最大曲率有关，也与截面的滞回耗能情况有关，而截面在某次地震动作用下的滞回耗能与该截面的耗能能力以及地震动对该截面的能量输入有关，故截面尺寸、配筋情况以及所在位置不同的截面在各个特征点处对应的损伤指数具有一定离散性。主震强度越大，截面在主震作用后的塑性程度越高，其损伤发展（位移和耗能）离散性也越大，各个破坏特征点处的损伤值离散性应该越大。

2.3　结构层次的损伤模型修正

以上介绍的损伤指数计算方法主要是针对截面的局部损伤，但结构在地震作用下的局部损伤程度并不能反映结构的整体损伤程度。结构的整体损伤可以从构件和整个结构两个水平来考虑，但是从构件水平上考虑的整体损伤能够更加详细地给出结构的损伤状态，另外，如果损伤分布不均匀，从整个结构水平上得出的损伤可能不符合实际[8]。

从构件水平上考虑的整体损伤模型中，最常用的是 Park 等人[9]提出的加权组合法，其计算方法如式（6）：

$$D=\sum\lambda_i D_i \tag{6}$$

其中，i 为第 i 构件或者第 i 楼层，λ_i 为构件或层损伤权系数，D_i 为构件或层损伤指数，层损伤的权系数为 $\lambda_i=E_i/\sum E_i$，E_i 为 i 构件或者 i 楼层的耗能。

这种组合方法着重考虑了结构受损时薄弱层的损伤程度且计算简便，然而，在结构中个别截面完全破坏后，其截面曲率持续大幅增大，导致截面损伤指数远大于截面的损伤破坏界限值（通常取该损伤破坏值为 1[4]）。文献［4］中认为当截面的损伤指数大于其损伤破坏界限值时，该截面完全破坏，即无论截面的损伤指数等于或大于其损伤破坏界限值，该截面对结构的抗震能力贡献均为 0，但是，当截面的损伤指数远大于其损伤破坏界限值时，会导致采用 Park 组合方式计算得到的整体损伤指数大幅增大，甚至接近于结构损伤破坏界限值。而实际上，此时结构的所有柱以及大部分梁仍处于轻微损伤状态，仅有部分梁截面发生破坏，故此时计算得到的整体损伤指数与结构实际损伤状况不符。所以，在构件损伤指数进行加权得到结构整体损伤指数的过程中，当构件损伤指数大于以及等于破坏界限值时，按损伤指数等于破坏界限值处理[6]，如式（7）：

$$D=\sum\lambda_i D_i,\ (D_i\leqslant 1) \tag{7}$$

其中，i 为第 i 构件或者第 i 楼层，λ_i 为构件或层损伤权系数，D_i 为构件或层损伤指数，层损伤的权系数为 $\lambda_i=E_i/\sum E_i$，E_i 为 i 构件或者 i 楼层的耗能。

3 算例分析

3.1 结构基本信息

按照我国现行抗震规范设计了 4 层平面钢筋混凝土框架结构，设防烈度为 8 度，地震分组为第一组，场地类别为Ⅱ类。混凝土保护层厚度为 30mm，梁柱混凝土强度等级为 C30，梁、柱纵筋均采用 HRB335 级钢筋，箍筋均采用 HPB300 级钢筋。结构前三阶周期分别为 0.98s，0.31s，0.17s。结构立面图如图 2，该 4 层结构共 56 个分析截面，根据配筋情况可分为 16 类，图 3 为部分截面的配筋图。

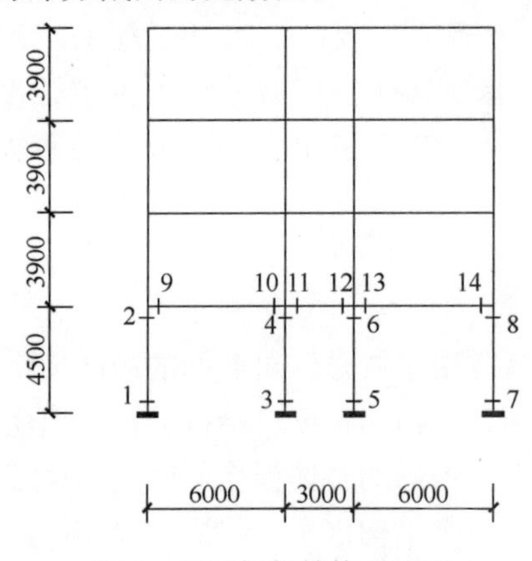

图 2 四层框架结构立面图

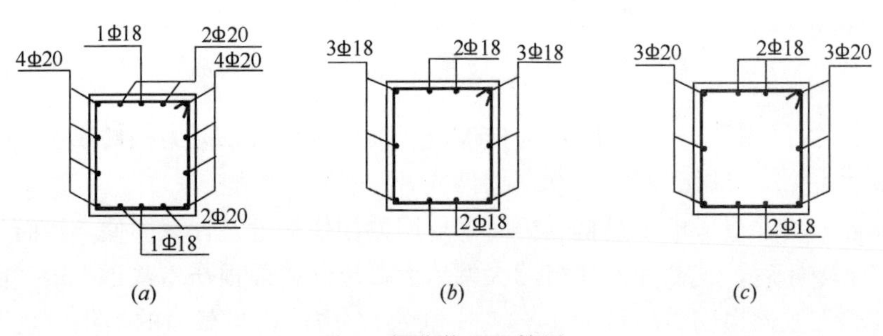

图 3 部分截面配筋图

（*a*）截面 1；（*b*）截面 3；（*c*）截面 5

3.2 余震的截面增量模型合理性验证

基于 OpenSees 平台对结构进行地震作用的 IDA 分析，使用 recorder element 命令记录钢筋混凝土截面各个纤维的应力应变时程，当受拉钢筋应力达到屈服应力时认为钢筋屈服，混凝土极限压应变取为 0.004。计算各个强度的地震动作用下，所有构件的两端截面损伤指数的较大值作为该构件的损伤指数并绘制其损伤演化曲线，得到截面破坏过程中特征点对应的损伤指数。

3.2.1 Kunnath 等人修正的 Park-Ang 损伤模型合理性验证

图 4 为截面 1 在单次地震作用下损伤演化曲线以及特征点示意图。图 4 中，混凝土开裂以及钢筋屈服时对应的损伤值均处于轻微损伤阶段，损伤值小于 0.4，属于可修复损伤，且构件损伤演化速度在钢筋屈服之后开始明显加快。保护层混凝土压碎以及核心混凝土边缘压碎对应的损伤值均处于严重损伤阶段，且损伤值大于 0.4，属于不可修复损伤。故使用修正的 Park-Ang 模型基本可以反映出构件的真实损伤演化规律。

图 4　截面 1 在单次地震作用下损伤演化曲线及特征点

3.2.2　截面增量损伤模型合理性验证

截面在主余震作用下的损伤值 D_{seq} 等于主震引起的损伤值 D_m 加上余震引起的损伤值 ΔD_a。3.2.1 中已经验证了修正的 Park-Ang 损伤模型在单次地震的情况下的合理性，若本文提出的增量损伤模型是合理的，那么受损截面在余震作用过程中的破坏特征点处对应的损伤值应该与单次地震作用下特征点处对应的损伤值相近。

图 5 为截面 1 在不同强度的主震（不同 D_m）作用下，对余震进行 IDA 分析得到的构

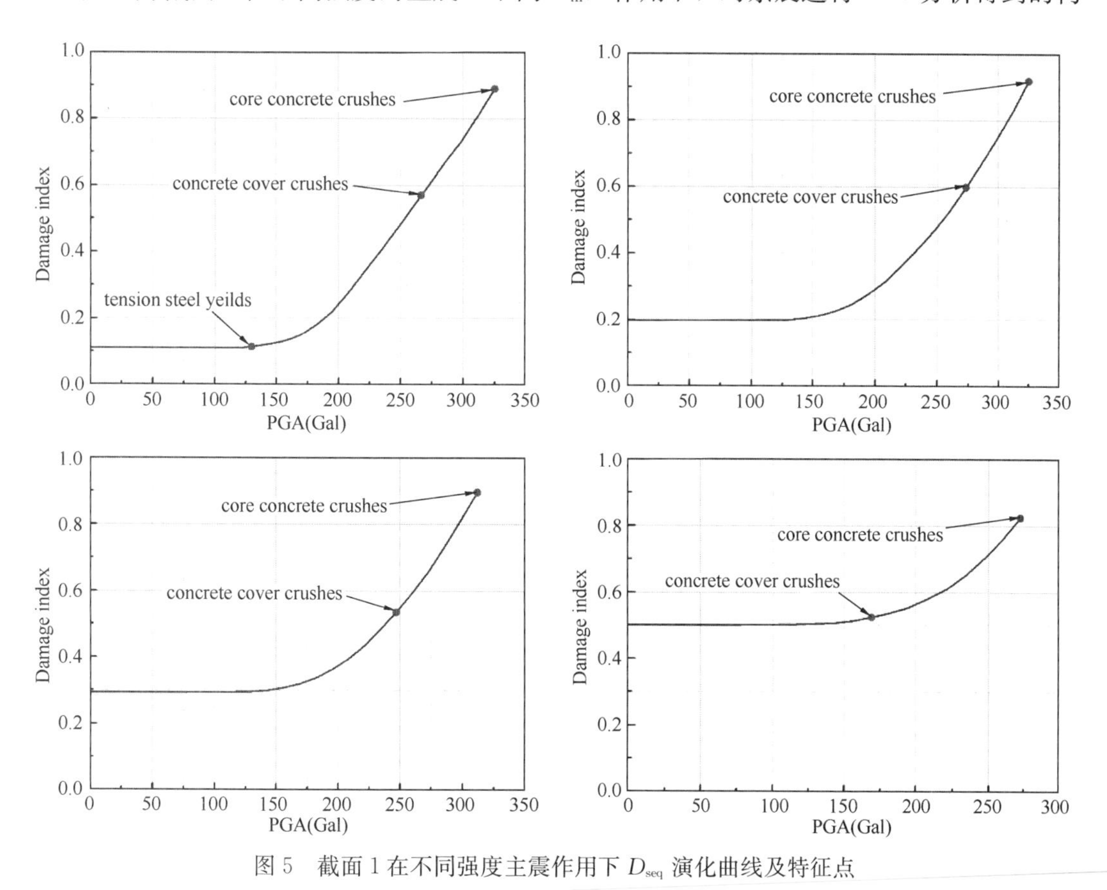

图 5　截面 1 在不同强度主震作用下 D_{seq} 演化曲线及特征点

件总损伤值 D_{seq} 的演化曲线，截面 1 的主震损伤值分别为 0.109、0.197、0.293 和 0.500。综合图 5 中各个特征点处损伤值，截面 1 在主余震作用下，钢筋的屈服点对应的损伤值在 0.1～0.2 之间，保护层混凝土压碎点在 0.5～0.6 之间，核心混凝土边缘压碎点对应的损伤值在 0.9 左右，与 2.1 中的三个特征点处的损伤值基本一致。

按照此方法，对 4 层结构的所有截面进行分析。并绘制出在单次地震以及主余震序列作用下所有截面的破坏特征点所对应的损伤指数分布情况，如图 6 和图 7。

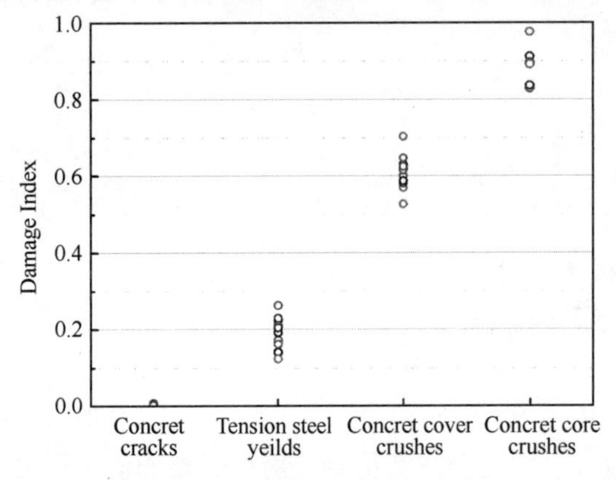

图 6 单次地震作用下作用下所有截面的破坏特征点对应损伤值

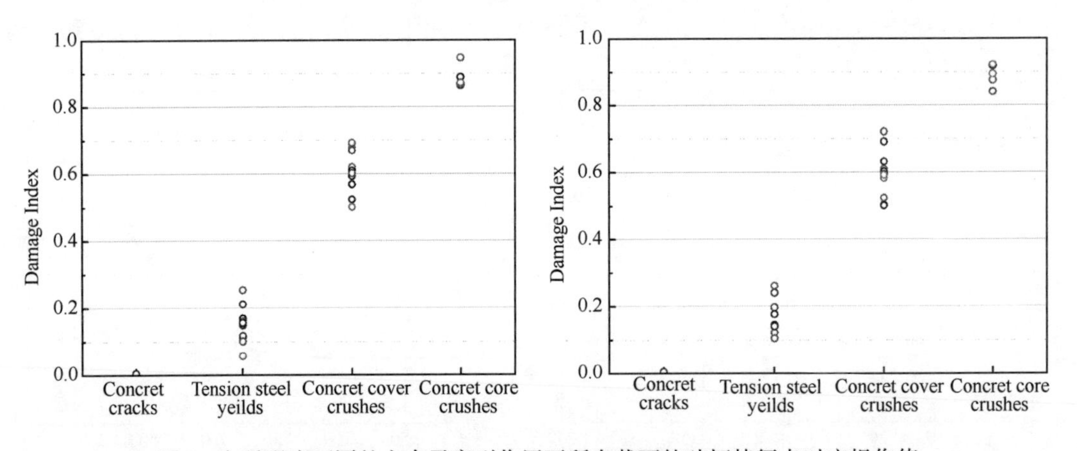

图 7 主震强度不同的主余震序列作用下所有截面的破坏特征点对应损伤值

表 2 是所有截面在单次地震及主余震作用下各个特征点处损伤指数的均值及变异系数，可以看出使用增量损伤模型计算出的构件在主余震作用下的总损伤值，在各个特征点处的值与单次地震情况下的各个特征点处的损伤值相近，且总体变异系数较低，说明本文提出的构件在余震作用下的增量损伤模型能够反映受损构件在余震作用下的损伤累积情况。各个特征点处损伤值的变异主要原因有两点：一是构件截面尺寸、配筋情况及截面所在位置的不同，导致其损伤发展有所差异；二是截面进入塑性之后，其位移和耗能的增加速度明显加快，导致损伤指数的变异性增大。表 2 中可以看出，构件在主震作用下受损越严重，其在余震作用下特征点处的变异系数越大，这与 2.2.2 中的推测是相符的。另外，核心混凝土边缘压碎即构件破坏点处的损伤值变异系数最小，说明该增量损伤模型在判断构件是否破坏时较为准确。

所有截面在主余震作用下各个特征点处损伤值的均值及变异系数 **表 2**

构件破坏的特征点	单次地震		主震 294Gal		主震 354Gal	
	均值	COV	均值	COV	均值	COV
混凝土开裂	0.005	28.31%	0.004	20.3%	0.004	27.6%
钢筋屈服	0.148	20.93%	0.152	32.4%	0.156	32.9%
混凝土保护层压碎	0.602	6.85%	0.614	12.1%	0.596	17.2%
核心混凝土边缘压碎	0.901	4.07%	0.894	3.6%	0.891	3.3%

3.3 结构层次的损伤模型验证

在余震的 IDA 分析过程中，分别计算结构中每根构件两端截面的损伤值，并选取较大者作为该构件的损伤指数。分别按照文献［4］中的整体损伤加权方式和本文修正的整体损伤加权方式计算 4 层框架在某地震动作用下的损伤演化曲线，如图 8。从图中可以看出，原始的 Park 组合方式得到的整体损伤指数大于 1 时（图 8 中黑色线），仅有 3 处梁截面失效，这显然是不合理的，并且结构接近“倒塌”时，其整体损伤指数增长明显加快，这也与结构的一般倒塌规律不符；而使用本文改进的整体损伤加权方式时（图 8 中红色线），结构整体损伤指数演化曲线呈“S”形，即在轻微损伤阶段（0～0.2）[6]，损伤指数发展较慢；在中度损伤阶段（0.2～0.5）[7]，损伤发展速度较快；而在重度损伤阶段（>0.5）[7]，损伤发展速度减缓。图 9 为结构在此地震动作用下最大层间位移角曲线，认为框架结构最大层间位移角达到 4%时，结构倒塌[10]。当结构倒塌时，使用本文改进的整体损伤加权方式计算得到的结构整体损伤接近于 1。

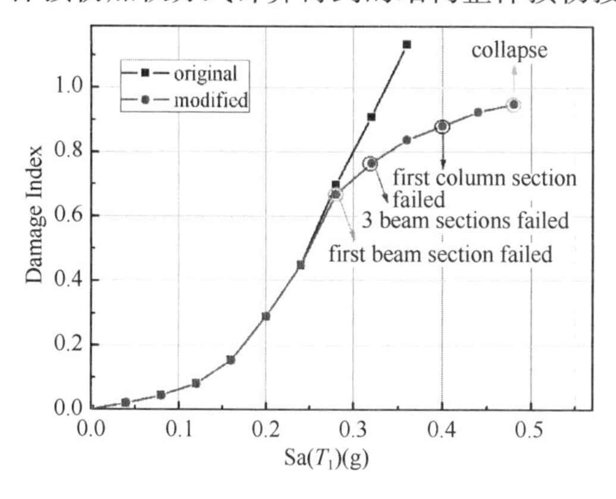

图 8　框架结构整体损伤演化曲线

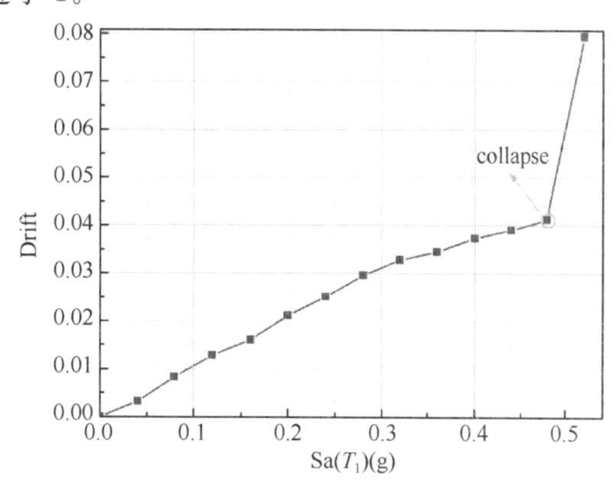

图 9　框架结构最大层间位移角曲线

4 结论

本文基于 Kunnath 等人修正的 Park-Ang 损伤模型提出了计算余震增量损伤的计算模型，修正了构件损伤加权成为整体损伤的加权方式，并通过算例分析对余震增量损伤模型进行验证，结果表明：

（1）余震的截面增量损伤模型基本可以反映主震受损截面在余震作用下的破坏过程，且各个破坏特征点处增量损伤值离散性较小。

（2）本文修正的 Park-Ang 整体损伤加权方式，使结构的损伤演化曲线呈“S”形，即在结构轻微损伤以及接近倒塌时，其损伤演化速度缓慢，而在结构中度受损阶段，损伤演化速度较快。使用本文修正的 Park-Ang 整体损伤加权方式得到的结构损伤演化曲线更加接近结构真实损伤演化情况。

参考文献

[1] Li Y，Song R，Van De Lindt J W. Collapse fragility of steel structures subjected to earthquake mainshock-aftershock sequences. Journal of Structural Engineering，2014，140(12)：04014095.

[2] 何政，刘耀龙．考虑 NGA 地震动衰减关系的主余震概率损伤分析．哈尔滨工业大学学报，2014，46(6)：86-92.

[3] Zhai C H，Wen W P，Chen Z Q，et al. Damage spectra for the mainshock-aftershock sequence-type ground motions. Soil Dynamics and Earthquake Engineering，2013，45：1-12.

[4] Park Y J，Ang A H S. Mechanistic seismic damage model for reinforced concrete. Journal of structural engineering，1985，111(4)：722-739.

[5] Kunnath S K，Reinhorn A M，Abel J F. A computational tool for evaluation of seismic performance of reinforced concrete buildings. Computers & structures，1991，41(1)：157-173.

[6] Xu J J，He Z. Influencing factors of incremental damage evolution of reinforced concrete structures subjected to aftershocks. 2nd international conference on civil，structural and transportation engineering，Ottawa，Canada，May，2016.（Accepted）

[7] Park Y J，Ang A H S，Wen Y K. Damage-limiting aseismic design of buildings. Earthquake spectra，1987，3(1)：1-26.

[8] Powell G H，Allahabadi R. Seismic damage prediction by deterministic methods：concepts and procedures. Earthquake engineering & structural dynamics，1988，16(5)：719-734.

[9] Park Y J，Ang A H S. Mechanistic seismic damage model for reinforced concrete. Journal of structural engineering，1985，111(4)：722-739.

[10] Council B S S. Prestandard and commentary for the seismic rehabilitation of buildings. Report FEMA-356，Washington，DC，2000.

STUDY ON THE RETROFIT EFFECT OF A TRANSMISSION TOWER-LINE SYSTEM SUBJECTED TO ICING AND WIND

J. P. Gao, L. Tang, Z. Q. Zhu, H. P. Zuo
(School of the Civil Engineering, East China Jiaotong University, China.)

ABSTRACT: The transmission tower-line system, as an important component of lifeline engineering, suffer serious damage in snow and ice related hazards. Extensive icing disaster investigation shows that tower failure is the most serious accident. Once tower failure occurred, reconstruction is a common practice. However, the normal operation of power system was affected by reconstruction seriously. Global warming render some more likely to suffer snow and ice related hazards, it is advisable to take precautionary strengthening measures to promote the collapse resistant capacity of existing transmission tower. In this paper, research object was based on a damaged circuit subjected to snow and ice related hazards in Hunan province, and the FEA model of the transmission tower-line coupling system retrofitted by parallel component method was established using the ANSYS software, considering strength failure and yield failure. The exact retrofitting position was detected by increasing monotonically ice loading, and nonlinear buckling analysis was carried out to check the stability. The wind-induced vibration analysis results verified that the ultimate bearing capacity and stability of retrofitted tower-line system was improved greatly.

KEYWORDS: transmission tower-line coupling system, parallel component method, wind-induced vibration analysis, retrofit, ultimate bearing capacity, stability.

1 INTRODUCTION

Dating back to January and February 2008, central and east China suffered severe snow and ice related hazards, which resulted in direct economic loss of 30 hundred million and reconstruction cost of 85 hundred billion only in Jiangxi province, for tower failure or line breaking led to mass blackouts (X. L. Jiang, 2001). The damage of transmission line affects the normal production and life, even endangers national security (X. Qiang, 2006, 2011). Therefore, it is feasible to strengthen those existing transmission tower-line coupling system to promote the collapse resistant capacity.

The icing mechanisms, deicing technology, collapse mechanisms, wind and earthquake resistant behavior of transmission tower-line coupling system had been studied extensively at home and abroad, but studies on the retrofitting of tower structures are relatively rare. Strengthening methods of steel structure may be classified into three types, enlarging member section, changing calculation diagram and external prestressing technology. However, it is difficult to adopt these methods to retrofit transmission tower, because of its uniqueness and complexity in structure form. F. Albermani *et al* (2004) proposed promoting tower strength through adding different types of diaphragm bracings. Q. Xie (2011) conducted experimental and numerical analysis on the failure mode and ultimate load of anti-icing of angle steel tower retrofitted by adding diaphragm bracings. J. K. Han (2009, 2010) proposed connecting main load-bearing members with an accessory members of the same size and material bolted by straight connection plate. X. H. Liu *et al* (2009) proposed the parallel component method based on the above research and discussed several kinds of composite section for retrofitted components.

The bearing capacity can be improved through the strengthening methods mentioned above. However, the influencing of tower and line interaction have not been studied, and strengthening position should be confirmed further. In this contribution, the ultimate icing load of transmission tower-line coupling system retrofitted by the parallel component method was studied to identify strengthening position, and the time history analysis of wind-induced vibration was conducted for retrofitted tower-line system to check structural strength and stability.

2 FEA MODLE OF THE TRANSMISSION TOWER-LINE COUPLING SYSTEM

A three-dimensional FEA model, as shown in Figure 1, was established according to a prototype circuit, which was a part of strain section of Yi-Ru Line (P32~P37) and suffering ice and snow related hazards in Hunan province in 2008. The prototype circuit are composed of cathead towers (height 53m) and cup towers (height 48m), and the geometry of tower-line system was listed in Table 1. The steel angle with equal section were used for all tower members. Main members and cross arm of the tower are made of Q345 (16Mn), and secondary members are made of Q235 (A3F). Rigid connections that can transfer moment were assumed between the tower members, for tower members were connected with multi-bolts, and the tower members were modeled using 188 element. The conductor and ground line were modeled using Link10 element, and the side spans of lines were hinged at the transmission tower. Insulator string composed of insulators were simulated using Link8 element, and the chain of insulators and the linkage of tower to conductors were modeled to create a hinge, allowing for rotating between each other. In addition, base points of tower were fixed on the ground.

Measured vertical and horizontal spacing between adjacent towers **Table 1**

tower number	32		33		34		35		36		37
tower type	cathead		cup		cup		cathead		cathead		cup
vertical spacing/m		52.6		52.1		74.9		−16.6		31.8	
horizontal spacing/m		348		223		693		681		614	

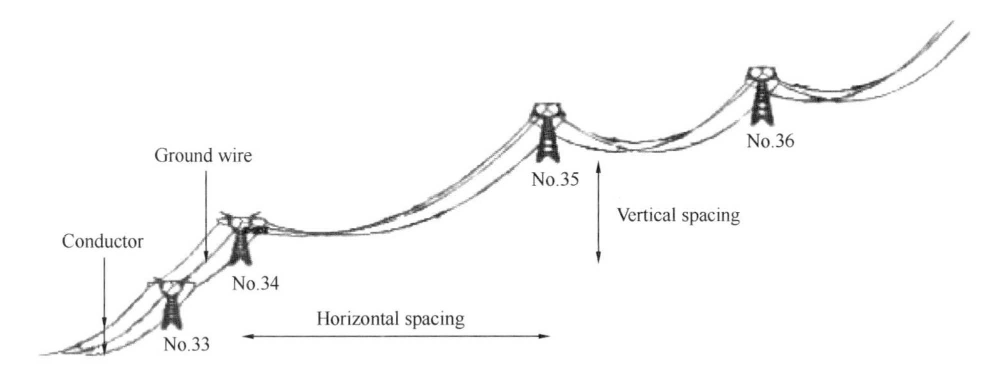

Figure 1 FEA model of the transmission tower-line coupling system

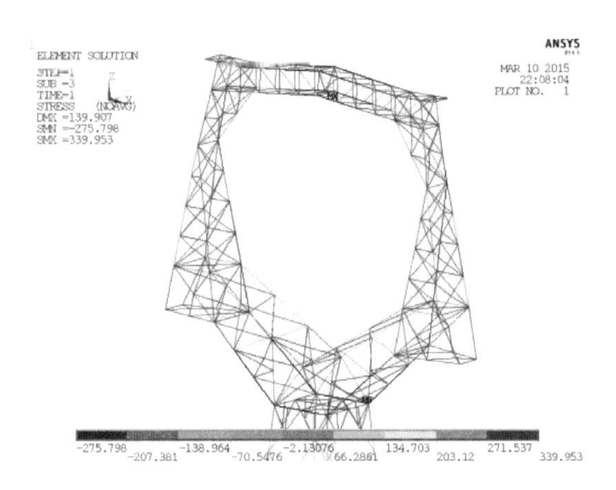

Figure 2 Stress diagram of $35^{\#}$ tower

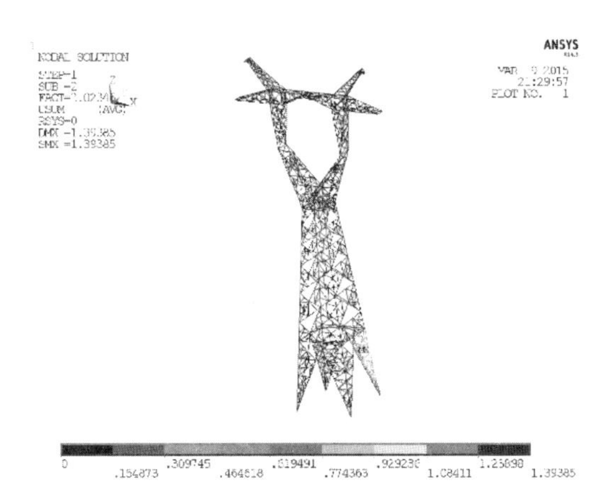

Figure 3 Buckling load factor diagram of $35^{\#}$ tower

3 ANALYSIS OF ULTIMATE BEARING CAPACITY OF THE EXISTING TRANSSMISSION TOWER-LINE COUPLING SYSTEM AND ITS RETROFIT EFFECT

3.1 Ultimate Bearing Capacity Analysis of the Existing Transmission Tower-line Coupling System

Nonlinear static analysis of the prototype transmission tower-line coupling system subjected to monotonically increasing icing load was conducted usingANSYS. When the ice thickness reached to 23mm, strength failure attacked cross arm of 35# tower, and the maximum stress was 339.953MPa, as shown in Figure 2, which closed to the critical stress (345MPa) . Those simulation results agreed well with the actual fracture positions of the prototype circuit that suffered ice and snow related hazards in Hunan province in 2008 (H. B. He, 2009) . At the same time, bucking analysis was performed for tower-line coupling system to determine the critical load. The minimum buckling load appeared in 34# tower, and its buckling load factor, the ratio of critical load to design load, was equal to 2.0235, as shown in Figure 3. The result was above the critical buckling load factor 1.0 (L. Chun, 2007), which means the structure stability meet code requirements.

3.2 Retrofit Research

Transmission tower was retrofitted by adding parallel reinforcing members at weak parts identified through stress distribution of tower-line coupling system subjected to ultimate icing load (23mm ice thickness). The strengthening positions were illustrated in Figure 4a. With the ice thickness reaching to 29mm, main materials of 34# tower cross arm, tower body and leg were damaged. Based on bucking analysis, the minimum bucking load factor was calculated, which appeared in 34# tower. It satisfied the requirement of system stability.

According to the above research, the weak positions were verified and retrofitted by parallel component method, as shown in Figure 4 (b and c) . Nonlinear static analysis was performed for retrofitted tower-line coupling system. With ice thickness limit increasing from 29mm to 34mm, strength failure happened in cross arm of 35# tower and bent arm of 36# tower. System stability was confirmed through bucking analysis, and the minimum buckling load factor was calculated. However, ice thicnkness limit still can't reach the object.

Figure 4 (d and e) illustrated retrofitting positions at the third time. The result of nonlinear static analysis indicated that ice thickness limit of prototype circuit increased to 38mm. At the same time, the minimum bucking load factor was calculated through bucking analysis. It satisfied the requirement of system stability. Hence, the normal opera-

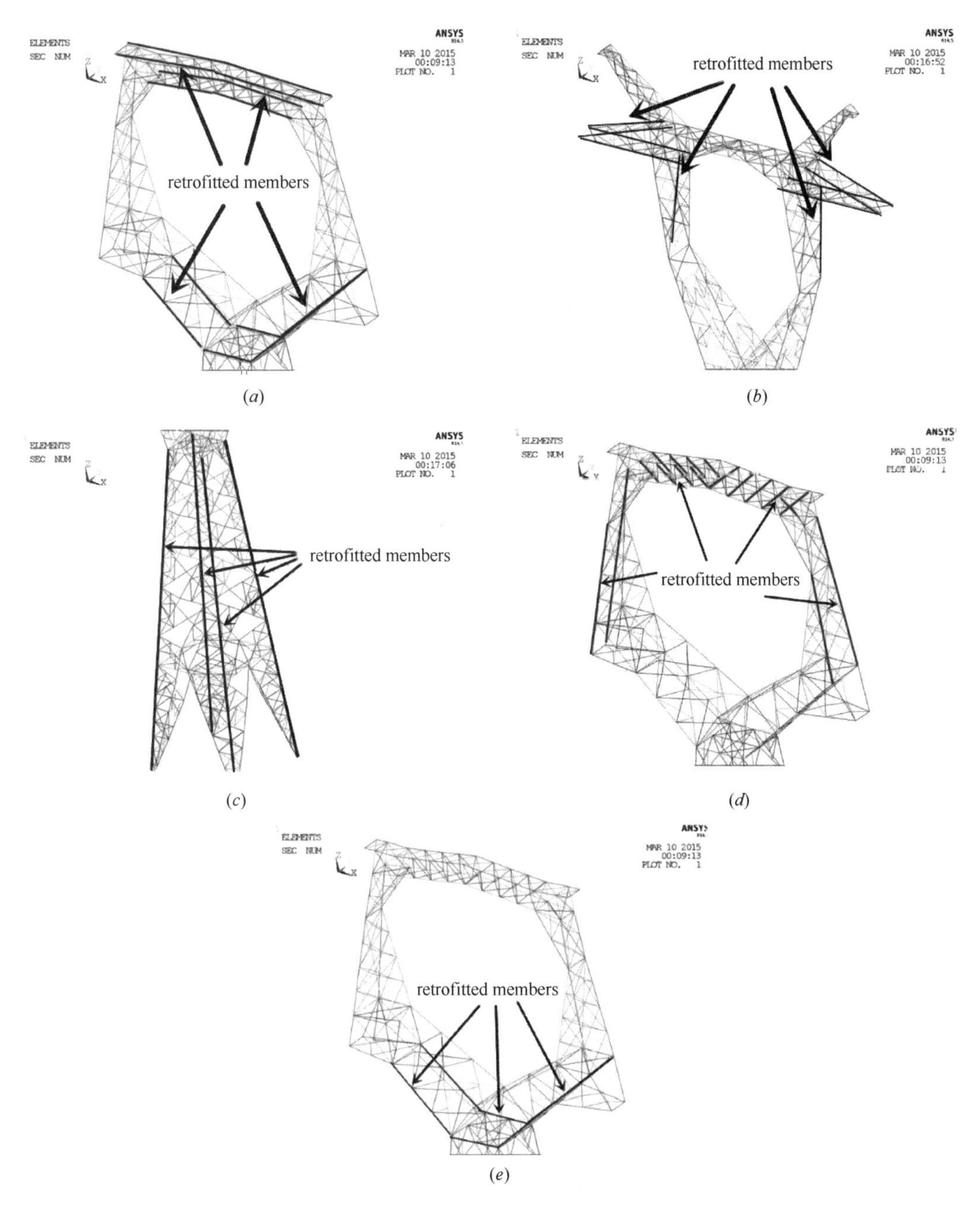

Figure 4 FEA model of retrofitted transmission tower-line coupling system

(*a*) Retrofitted cross arm and bent arm of 35# tower; (*b*) Retrofitted cross arm of 34# tower;
(*c*) Retrofitted body and leg of 34# tower; (*d*) Retrofitted cross arm of 35# tower;
(*e*) Retrofitted bent arm of 36# tower

tion of transmission tower was guaranteed in extremely weather. On the whole, ice thickness limit of the prototype circuit was increased from 23mm to 38mm after three retrofittings.

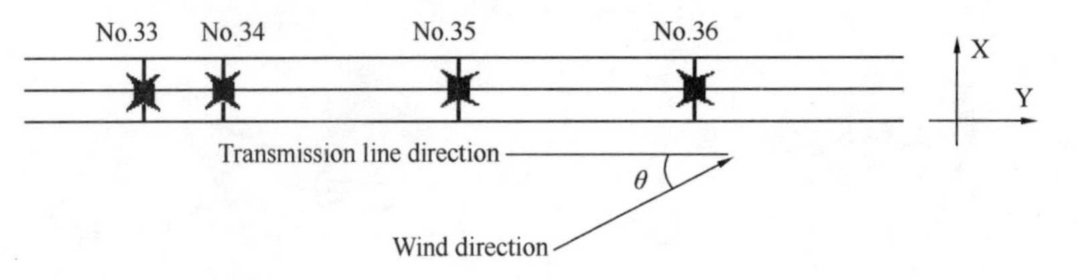

Figure 5 Coordinate system and wind direction

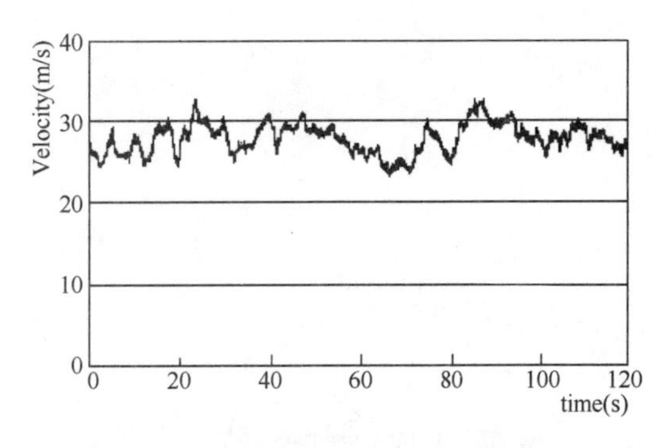

Figure 6 The simulated time history curve of fluctuating wind velocity

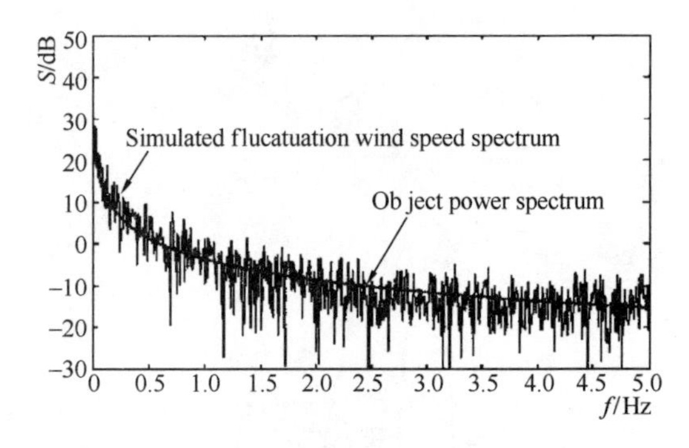

Figure 7 The simulated fluctuation wind velocity power spectrum

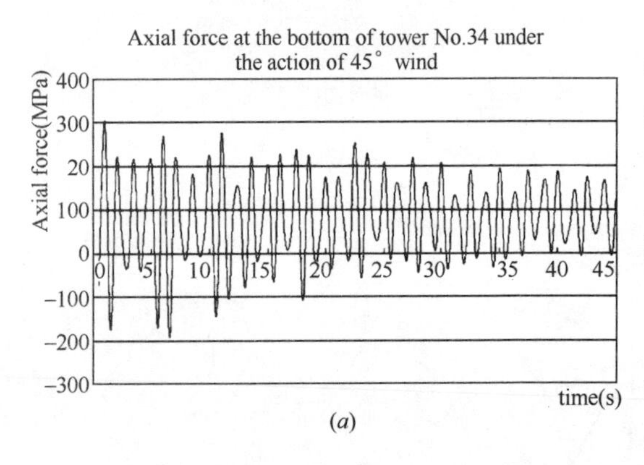

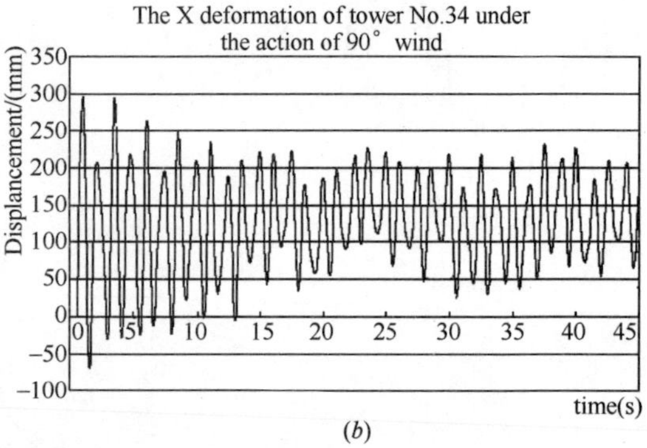

Figure 8 Transmission tower-line coupling system response of 34# tower subjected to wind

(*a*) The displacement history of transmission tower; (*b*) Axial force history of transmission tower

4 WIND-INDUCED VIBRATION ANALYSIS OF RETROFITTED TRANSMISSION TOWER-LINE SYSTEM

4.1 Simulation of Fluctuating Wind Load

Time history curve of fluctuating wind velocity was performed using Matlab with linear filtering method based on auto-regressive model (J. N. Chen, 2010) . The wind characteristic parameters were defined as follows: (1) Terrain roughness class B was adopted for the prototype circuit located in town; (2) Mean velocity profile was derived by exponential law; (3) Fluctuating wind velocity was simulated through Davenport spectrum. Mean wind speed at 10m height was assumed to be 15m/s. The fluctuating wind speed simulation was conducted for 2 minutes with time intervals of 0.1s. Under such conditions, the simulated fluctuating wind velocity curve at tower tip was illustrated in Figure 6. Power spectrum density was simulated through periodogram algorithm based on Bartlett method that was realized by PDS function to verify the accuracy of simulated fluctuating wind velocity curve, as shown in Figure 7. Furthermore, wind velocity time history curve was converted to wind load time history curve based on Chinese Standard No. DL/T 5154-2002.

4.2 Wind-induced Vibration Analysis

The wind load were imposed on the nodes of tower tip to calculate the response of the retrofitted tower-line coupling system, considering the effect of different wind directions (0°, 45°, 90°) (see Figure 5). Simulated results indicated that the maximum displacement and axial force appeared in X direction of 34# tower in 90°direction and bottom of 34# in 45°direction, respectively. The maximum displacement reached 295.4mm, as illustrated in Figure 8 (a), which was below the horizontal critical displacement 480mm. The maximum axial force (303.0MPa) was less than the strength failure critical value 345MPa (see Figure 8 (b)), which meant that both horizontal displacement and strength of transmission tower can be satisfied under strong wind.

5 CONCLUSIONS

The parallel component method was applied to retrofit the prototype circuit in Hunnan province, and weaken parts were detected through nonlinear static analysis. Furthermore, the performance behavior of retrofitted system was examined under wind action in different directions. The conclusions were as follow: (1) The icing-thickness limit were improved from 23mm to 38mm after three retrofittings; (2) Both strength and stability of retrofitted transmission tower-line coupling system can be satisfied properly under strong wind.

ACKNOWLEDGMENTS

The project herein reported was funded by the Postgraduate Innovation Funds of East China Jiaotong University through Grant YC2014-S265. The author extend sincere appreciate to instructor and senior fellow for their selfless help.

REFERENCES

X. L. Jiang, H. Yi. (2001). Transmission Line Icing and Its Protection[M]. BeiJing: China Electric

Power Press.

Q. Xie, J. Li. (2006). Current Situation of Natural Disaster in Electric Power System and Countermeasures[J]. Journal of Natural Disasters, 15(4): 1-6.

Q. Xie, Zhu Ruiyuan. (2011). Damage to Electric Power Grid Infrastructure caused by Natural Disasters [J]. IEEE Power and Energy Magazine. 9(2): 28-36.

Albermani F, Marhendran M, Kitipornchai S. (2004). Upgrading of transmission towers using a diaphragm brace system[J]. Engineering Structures, 753-754.

Q. Xie, L. Sun, Y. Zhang. (2011). Experimental Study on Retrofitting of 500kV Transmission Tower Against Ice Load[J]. Proceedings of the CSEE, 31(16): 108-114.

J. K. Han, J. B. Yang, F. L. Yang, et al. (2010). Study on Bearing Capacity of Reinforced and Strengthened Transmission Tower[J]. Industrial Construction, 40(7): 114-118.

W. T. Zhou, J. K. Han, J. B. Yang, et al. (2009). Experimental Research on Strengthening Method of Transmission Tower Leg[J]. Power System and Clean Energy, 25-29.

X. W. Liu, K. Q. Xia, Y. Gao, et al. (2012). Study on Strengthening the Structure and its Design for the transmission tower[J]. J. Xi'an Univ. of Arch. &Tech. (Natural Science Edition), 43(6): 838-844, In Chinese.

H. B. He, W. H. Zhou , H. Chen, Q. F. LIU. (2009). Discussion on Alteration Measures to Prevent Icing-Caused Tower Collapses in Existing Lines[J]. Electric Power Construction, Vol. 30, No. 4.

C. Liu, Y. Jiang, et al. (2007). Buckling analysis of guyed portal steel tower for 500kV Fusha line Ⅱ [J]. Electric Power, Vol. 40, No. 6.

J. N. Chen, X. L. Lu. (2010). Simulation of flucturating wind load of Shanghai center tower[J]. Chin Quart Mechan, 31 (1): 92-100.

2002, DL/T 5154. Technical Code for the Design of Tower and Pole Structures of Overhead Transmission Line[S]. Diss. 2002.

格构式钢-混凝土组合梁的试验研究

蔡晓光[1]，徐　凌[1]，赵　畅[1]
（1. 辽宁科技大学土木工程学院，辽宁　鞍山 114051）

摘　要：为揭示角钢不同放置方式对格构式型钢-混凝土组合梁力学性能的影响，本文试验通过制作六根型钢-混凝土组合梁进行抗弯极限破坏试验，分析角钢在不同放置方式下钢-混凝土组合梁正截面承载力的变化情况。试验表明相背放置的角钢梁先于相对放置的角钢梁出现裂纹，且承载力比相对放置的角钢梁有不同程度降低，但二者的正截面承载力均比按照等强设计的钢筋混凝土梁有所提高；希望为今后实际工程中组合梁的推广和应用提供依据。
关键词：格构式；组合梁；角钢；承载力

THE EXPERIMENTAL STUDY ON STEEL-CONCRETE COMPOSITE LATTICE BEAMS

X. G. Cai[1]，L. Xu[1]，C. Zhao[1]
（1. Liaoning University of Science and Technology，School of civil engineering，
Anshan 114051，China.）

Abstract：To reveal the influence by different Angle's placement on the mechanical properties of steel-concrete composite beams，in the experiment of this paper，we did the bending ultimate strength test by making six for steel-concrete composite beams and Analyzed the change of the normal section bearing capacity of steel-concrete composite beams under different placement of angles，Tests showed that the beam by opposite angle placed firstly appeared the crack，and has stronger normal section bearing capacity than the one by relative angle placed，but both of their normal section bearing capacity are stronger than the reinforced concrete beams which were designed by the same strength of the two ones. We hope to provide a basis for future promotion and application in practical engineering about composite beams.
Keywords：lattice，composite beams，angle，the bearing capacity

1　引言

组合结构作为一种新的公认的结构体系，由于其独特的自身优势，已经越来越多地被

基金项目：国家自然科学基金资助项目（6047289516）.
第一作者：蔡晓光（1992—），男，硕士，主要从事结构工程方面的研究，E-mail：15998052847@163. com.
通讯作者：徐凌（1963—），女，教授，主要从事钢筋混凝土等方面的研究，E-mail：yszhang@163. com.

应用于桥梁，大跨度工业与民用建筑以及超高层建筑当中[1]。其中，型钢混凝土组合结构以其轻自重，高承载力，良好的综合效益等优势越发引起土木工程领域的重视。2001 年，我国建设部颁布《型钢混凝土组合结构技术规程》JGJ 138—2001，其中对“型钢混凝土组合结构（简称 SRC）”做出了官方定义，并将其中的型钢分类为实腹式、空腹式两种。

查阅大量文献及工程实例，不难发现，如今土木领域内对于空腹式型钢混凝土组合梁（以下简称“空腹式组合梁”）的研究，尤其力学特性及计算理论上还未成熟，并且在《型钢混凝土组合结构技术规程》《钢骨混凝土结构技术规程》《钢结构设计规范》等规程、规范中，也是以实腹式组合梁的相关承载力计算为重点进行叙述，空腹式组合梁的计算内容及其力学特征，并没有过多介绍。鉴于此，本文所述试验以空腹式型钢混凝土组合梁作为主要研究对象，欲拓展现如今对空腹式组合梁研究的空白；进一步增强公众对于钢混组合结构的认知，拓宽该种新型结构的应用范围，为我国国民经济建设贡献一份薄力。

2 试验概况

本实验共设计三组梁，每组两根，组组为 SRCB-1，SRCB-2，RCB-3，其中前两组为空腹式型钢-混凝土组合梁，第三组则为依据同等用钢量所设计的普通钢筋混凝土梁，以便作为对比。

梁跨度均为 2800mm，截面尺寸为（200×300）mm（宽×高），混凝土为普通硅酸盐混凝土，其强度等级均选择 C30；空腹式组合梁中所选角钢为 L30×4，材质为 Q235，箍筋和架立筋为 HPB300 型，在第三组对照梁中所用纵筋则为 HRB335 型，箍筋及架立筋同样是 HPB300 型，试件概况见表 1。

试件概况 **表 1**

组编号	混凝土等级	截面尺寸（mm）	型钢材质	纵筋分布	箍筋分布	架立筋
SRCB-1	C30	200×300	Q235		8@150	2Φ8
SRCB-2	C30	200×300			8@150	2Φ8
RCB-3	C30	200×300		3Φ12	8@150	2Φ8

在 SRCB-1 中，受拉区角钢相对放置，而 SRCB-2 中则将角钢改为相背放置，经抗剪计算，为保证梁的剪切承载力足够，在该两组梁中，箍筋间距均为 150mm，剪弯段每侧均设置 8 个箍筋套，纯弯段距离皆为 700mm；抗剪连接件在剪弯段每隔一组箍筋套设置一组，每组 8 个抗剪栓钉，在纯弯段靠近箍筋的位置再各增设一组抗剪栓钉，每组 12 个，抗剪连接件间距为 50mm 左右；普通钢筋混凝土梁中，箍筋间距也为 150mm，剪弯段每侧设置 8 个箍筋套；纯弯段距离也为 700mm，架立筋配置 2Φ8，纵筋则为 3Φ12；值得注意的一点是，为了保证梁受拉区钢材贡献的拉力作用位置相对统一，将 RCB-3 梁的保护层 C 设置为 25mm，此时 RCB-3 中拉筋作用点距受拉区外边距离 $d=25+8+12/2=39$mm，而两组型钢梁中混凝土保护层厚度为 25mm，即型钢梁拉力作用点距梁拉区外边距离 $D=25+4+8.9=38$mm（8.9mm 为 L30×4 的重心距），这样基本可以保证三组梁中钢材拉力作用位置的统一；梁截面角钢布置形式见图 1。

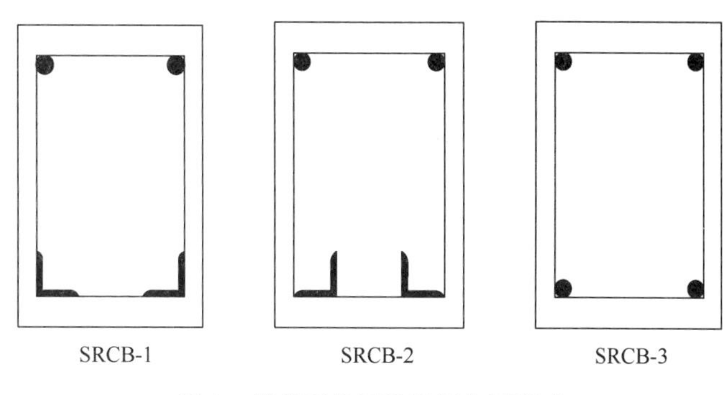

图 1　梁截面角钢及钢筋布置形式

3　试验过程与现象

实验过程中，利用一台 10t 的吊车将梁就位于预定位置后，利用撬棍挪动，使梁端与支座间距控制在 50mm 左右，同时利用一根跨度为 700mm 的分配梁分别在距离梁端 1050mm 的位置对称施加竖向集中力。实验中所用加载系统为 50t 电液伺服加载系统，加载速度设置为 5N/s；由于该加载设备在设计之初，考虑试验安全因素，当钢筋受力达到极限状态后加载力会反向回升，此时我们也认为梁达到极限受力，电液伺服系统将自动停止加载，以免意外出现；加载过程中，液压千斤顶加载达 2N/s 时，将自动停止，我们认为此时，梁达到其极限承载能力；由于试验前期，梁浇筑过程中，组内两根梁是同期时间和材料制作，其数据及现象变化波动不大，因此，本文记入每组内数据的平均值，实验现象见表 2～表 4。

SRCB-1 梁加载试验现象　　表 2

荷载（kN）	现　象
17.08	梁背侧出现竖向细小裂纹，数量很少
34.70	跨中出现细小裂纹，纯弯段裂纹增多
42.00	跨中出现有数条裂纹发展为竖向细小裂缝，
73.80	裂缝发展延伸，加宽至 0.5mm 左右，且数量开始增多
89.00	梁正反两侧有裂缝由受拉区底部通长，其他裂缝发展频繁，变长变宽
100.42	最宽裂缝达 2mm 左右，液压机停止加载，梁达到极限承载能力

RCB-2 梁加载试验现象　　表 3

荷载（kN）	现象
40.90	跨中开始有细小裂缝出现，宽度在很小，
60.40	正面跨中出现数条竖向裂缝，宽度在 0.2～0.4mm 左右
70.00	跨中裂缝开始明显，变长，变宽，数量开始明显增多
82.30	受拉区裂缝开始增多，且延伸较快，加宽较深，最宽达 1mm 左右
87.54	和 SRCB-1 类似，受拉区底部出现通长裂缝，且其他裂缝发展迅速
95.27	最宽裂缝达 3mm 左右，梁达到极限承载能力

RCB-3 梁加载试验现象　　表 4

荷载（kN）	现象
14.85	梁正反侧出现竖向细小裂纹
36.90	跨中有数条裂纹发展为细小裂缝，纯弯段裂纹开始增多
56.00	裂缝长度延伸，最大宽度约 1mm，且在受拉区底部出现通长细小裂缝
63.00	梁纯弯段裂缝发展不均匀，但发展较快，且宽度变化明显，数量变多
77.00	最宽裂缝达 3mm 左右，液压机停止加载，梁达到极限承载能力

4　试验结果分析

4.1　梁正截面承载力分析

SRCB-1、SRCB-2、RCB-3（以下简称 1 组、2 组、3 组）三组梁的极限承载力均值分别为 100.42kN、95.27kN、77.00kN，1 组和 2 组梁在极限承载力方面分别较第 3 组梁提高约 30.4%和 23.7%，而 1 组梁则比 2 组梁提高约 5.4%；此外，从裂缝的发展情况看，1 组和 2 组梁均在加载至 40kN 之后混凝土开始出现有细裂纹向细裂缝的转化，而 3 组梁则在加载到 36kN 时，已经出现了细裂缝，此后，裂缝的发展情况概括起来，1 组和 2 组梁均要明显晚于 3 组梁，所以单纯就承载力方面和裂缝的发展情况看来，格构式型钢组合梁要远远优于普通钢混梁，而正放角钢优于背放角钢格构式型钢组合梁。

4.2　梁跨中挠度分析

从图 2 不难看出，在加力前期三根梁的跨中挠度变化差异并不明显，但在加载至 55kN 左右时，3 组普通钢混梁跨中挠度骤增，此时，受拉区钢筋已经进入强化阶段，而相较于 1、2 组梁，刚才依旧未进入强化阶段；在加载至 80kN 左右时，我们发现，1 组和 2 组梁中钢材前后几乎同时进入强化阶段，但 2 组梁跨中挠度增长要快于 1 组梁，从以上分析我们可以得出正放角钢组合梁在挠度变形方面要略优于背放角钢组合梁，此外，格构式型钢组合梁远优于普通钢筋混凝土梁。

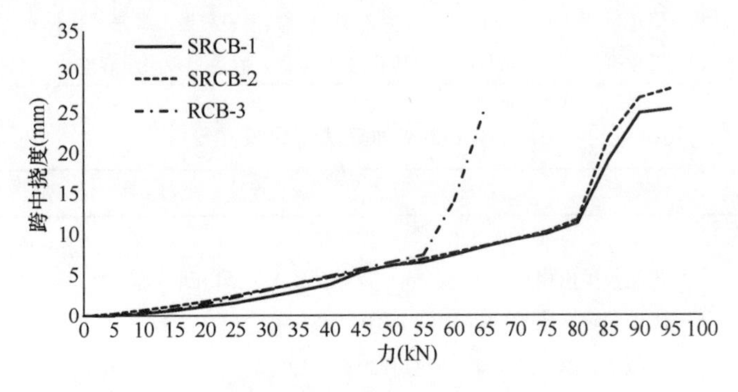

图 2　梁跨中挠度—力曲线

5 结论

（1）相对放置的角钢会对核心区域混凝土产生更强的约束作用，相当于对内部核心区域混凝土进行了外包钢加固的作用，故使其在力学特征等方面要强于角钢相背放置的格构式组合梁。

（2）根据梁跨中挠度—力曲线，我们发现组合梁中钢材进入强化阶段所需要的时间要明显晚于普通钢筋，这使得该种结构在实际应用中，可以更加从容地面对一些自然灾害，为建筑使用者预留更多的安全储备时间及逃生空间。

（3）实验前期，格构式组合梁制作过程中，我们发现格构式钢骨架安装及制作上，存在一定难度，尤其对于抗剪连接件的安装，以及如何保证角钢弯折处混凝土可以浇筑密实，这些难处都对实际应用下构件的制作工艺提出了新的要求，这也将成为我们将来所值得进一步研究的课题。

参考文献

[1] 王立衡．组合结构的发展现状及前景．山西建筑，2008（1）：118-120.

[2] 张建文．钢骨混凝土梁正截面抗弯承载力计算的实用叠加法．特种结构，2004，21（4）：24-25.

[3] 范进，沈银亮，张斌．型钢混凝土梁受力性能试验研究．南京理工大学学报，2006，30（6）：709-713.

[4] 刘付波．空腹钢骨高性能混凝土组合梁抗弯性能试验研究．辽宁工业大学硕士学位论文．2014.

[5] 郭仁杰．钢-混凝土组合桁架的试验研究．浙江大学硕士学位论文．2007.

[6] 中冶集团建筑研究总院．钢骨混凝土结构技术规程，YB 9082—2006．北京：冶金工业出版社．

[7] D. J. Oehlers，M. A. Bradford. Composite steel and concrete structural members. Fundamental behavior. Pergamum 1995.

[8] Jacqus Brozzetti. Desi，development of steel-concrete composite bridges in France. Journal of constructional steel research 55，2000：229-243.

水平成层场地输电塔线耦联体系多维地震响应分析

吴秀峰，申晓广，丁　乐
（辽宁工程技术大学　建筑工程学院，辽宁　阜新 123000）

摘　要：考虑地震波在场地中传播时随机地震动不仅存在时间和空间上的变化特性，还存在强度和周期上的变化特性，针对输电塔线耦联体系高柔、平面投影尺度大及变形非线性明显等特点，对近震场地中的酒杯型输电塔线耦联体系进行多维的场地激励，发现塔线耦联体系地震响应深受场地特性的影响，具有一定规律性，其各部分内力位移峰值与塔架结构特征有密切关系。

关键词：地震波传播特性；输电塔线耦联体系；结构地震响应；多维激励
中图分类号：TU352.1

MULTI-DIMENSIONAL SEISMIC RESPONSE ANALYSIS OF TRANSMISSION TOWER-WIRE COUPLED SYSTEM ON HORIZONTAL LAYERED SITE

X. F. Wu，X. G. Shen，L. Ding
（Institute of Architecture and Civil Engineering，Liaoning Technical University，Fuxin 123000，China.）

Abstract：Considering random ground motion has change features not only in time and space but also in strength and period when seismic wave propagates in the field，and in view of tower-wire coupled system has the characteristics of flexible strong，big planar projection scale and obvious nonlinearity of deformation，cup type tower-wire coupled system suffered multi-dimensional site incentive in near-field was analyzed，the results show site features have great influence on seismic response of transimission tower-wire coupled system that has certain regularity，the internal force peak and displacement peak of parts of the transmission are bound up with the characteristics of the transmission structure.

Keywords：seismic wave propagation characteristics，tower-wire coupled system，seismic response of structure，multi-dimensional incentive

1　引言

输电线路同交通工程、通信工程一起被称为生命线工程，对于国家和人民的安全具有

基金项目：辽宁省教育厅科学技术研究一般项目（L2015222）.
通讯作者：吴秀峰（1976—），男，博士，副教授，硕士生导师，主要从事钢结构、组合结构和大跨度空间结构等领域的科研工作 E-mail：wxf19760825@163.com，联系电话：13841855775.

十分重要的意义[1]。输电塔架是电力系统输电线路部分重要组成设施，输电塔线耦联体系有明显的大跨度特性，我国抗震规范要求对这类结构进行多点激励地震响应分析。地震波在场地中传播时随机地震动不仅存在时间和空间上的变化特性，还存在强度和周期上的变化特性，日本相关规范中在极限承载力计算时引入场地扩大系数 G_s 来考虑场地特性对加速度反应谱的影响。本文在水平成层场地条件下，利用非线性有限元分析方法，采用直接在近震场地边界输入地震波进行激励的方式，针对酒杯型输电塔线耦联体系进行地震响应分析，这比点激励模拟的情况更接近实际，分析结果更为精确[2]。

2 工程背景

以阜东线（阜新发电厂-东梁变电所）220kV 高压输电线路为工程背景。此段输电线路中直线段输电塔架均为酒杯型输电塔，输电线路所覆盖的场地较平坦，以平原地形为主，没有跨越大山、河流和较大断层带，场地土层的水平成层特征比较明显。选取具有代表性的土层参数，建立三类水平成层场地模型，模型分为三层，总深度为 33m，参数见表 1 所示。据《建筑抗震设计规范》GB 50011—2010，判定选定的三个场地均属于Ⅱ类场地。

场地土体参数　　表 1

Site soil parameter　　Tab. 1

场地类型［等效剪切波速/(m/s)］	层号	厚度(m)	剪切波速(m/s)	密度(kg/m³)	弹性模量(MPa)	黏聚力(kPa)	内摩擦角(°)
软弱场地(149.26)	1	21	118	2050	8.0	25.05	10
	2	8	229	2150	20.0	—	20
	3	4	488	2250	50.0	—	25
中软场地(201.47)	1	11	118	2050	8.0	25.05	10
	2	11	229	2150	20.0	—	20
	3	11	488	2250	50.0	—	25
中硬场地(278.97)	1	5	118	2050	8.0	25.05	10
	2	8	229	2150	20.0	—	20
	3	20	488	2250	50.0	—	25

3 场地-输电塔线耦联体系有限元建模

3.1 场地有限元建模

在实际工程计算中，基于文献［3-4］的研究成果，一般单侧扩展区的长度取为土层深度的 5 倍以上，即：$L/H \geqslant 5$。其总长度为 1200m（顺导线方向），场地宽度为 400m（垂直导线方向）。场地动力本构关系模型选用等效线性粘-弹性模型，场地的边界条件为黏-弹性人工边界，Combin165 单元进行设定。

3.2 输电塔线耦联体系有限元建模

酒杯型输电塔的塔高为 39m，塔头宽度为 0.8m，根开宽度为 7.48m[5]。导线型号为 LGJ150 /35，横截面积为 181.62 $\times 10^{-6}$ m^2，弹性模量为 7.84 $\times 10^{10}$ N/m^2，密度为 3723kg/m^3，单位长度质量为 0.676kg/m，自重比载为 32.7 $\times 10^{-3}$ MPa/m，档距 350m，基础尺寸为 9.8m×9.8m×2m。

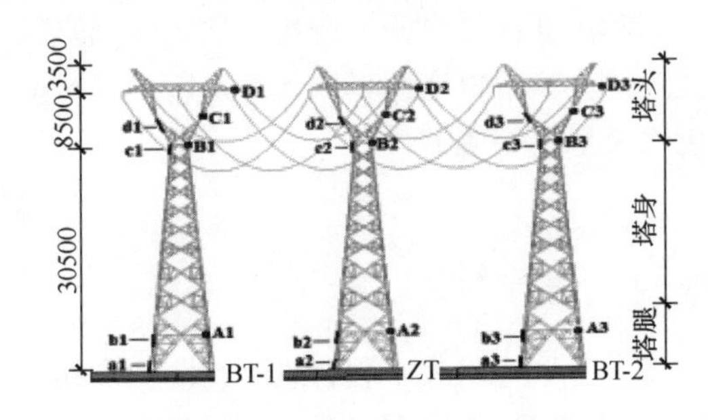

图 1　塔线耦联体系有限元模型

Fig. 1　FEM of tower-wire coupled system

考虑到塔体主要受力构件截面远大于再分腹杆的截面，故将塔体设为梁-杆组合结构[6]，主要受力杆件采用 Beam188 单元，再分腹杆采用 Link8 单元；导线为等高悬点索结构，全部采用 Link10 单元，导线与塔体通过绝缘子两端分别固接。基础采用 Solid65 单元，基础和塔体结构之间，采用 Contact175 单元和 Targe170 单元做连接对。塔线耦联体系有限元模型如图 1 所示。

4　多维地震激励下场地-输电塔线耦联体系时程分析

4.1　地震波激励

选取两个天然地震波和一个人工合成地震波。采用 SIMQKE（人工地震生成程序）生成人工波。依据抗震设计规范[7]确定三向地震动输入比例，见表 2；地震波输入方式，见图 2。

三向地震动输入比例　　表 2

The input proportion of seismic motion in three dimension　　Tab. 2

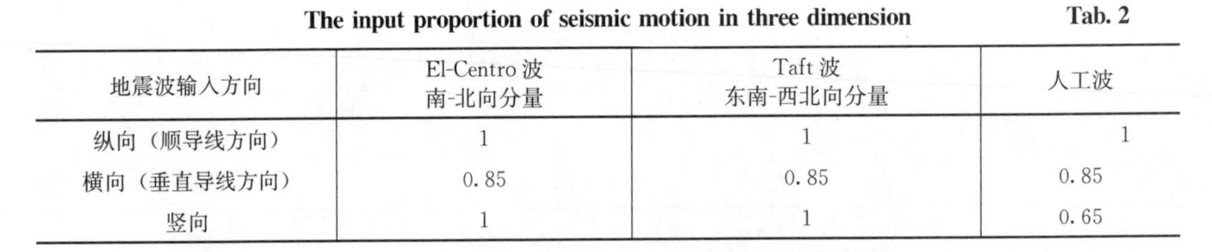

地震波输入方向	El-Centro 波 南-北向分量	Taft 波 东南-西北向分量	人工波
纵向（顺导线方向）	1	1	1
横向（垂直导线方向）	0.85	0.85	0.85
竖向	1	1	0.65

图 2　地震波输入方式

Fig. 2　Way of input seismic wave

4.2 观测点位移时程分析

分析图 3～图 5 可知，在不同类型场地中，各塔塔顶位移峰值出现时间和大小均有不同，其峰值大小明显和场地性质有关，其中软弱场地中结构体系反应较小，中硬场地中结构体系反应较大。在不同类型场地中，中间位置输电塔位移响应峰值的大小随着场地软硬程度变化而变化：中硬场地中位移峰值相比软弱场地与中软场地的位移峰值偏大。不同类型场地对地震波传播时间的影响也很明显。场地越密实，输电塔线耦联体系位移响应越大。

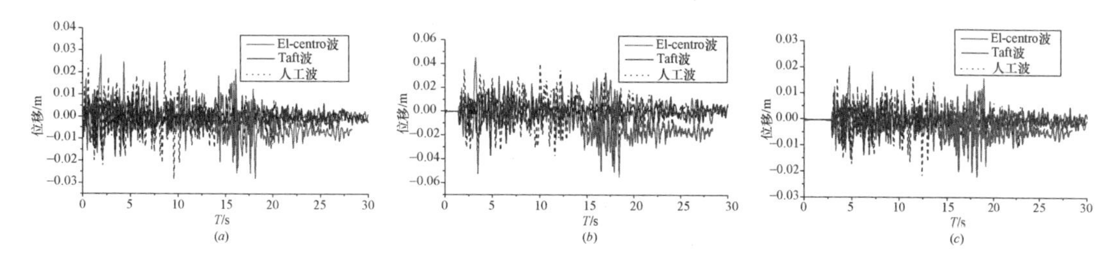

图 3　软弱场地中 ZB39-L 塔顶纵向位移时程曲线

Fig. 3　The displacement time history curve in longitudinal of tower top of ZB39-L in soft site

(*a*) BT-1 中 D1 节点；(*b*) ZT 中 D2 节点；(*c*) BT-2 中 D3 节点

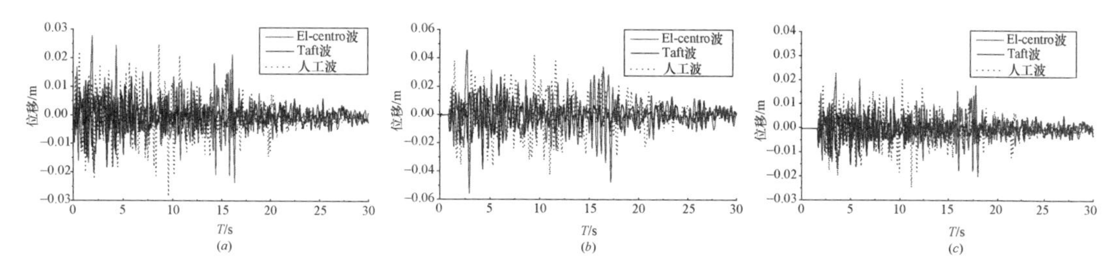

图 4　中软场地中 ZB39-L 塔顶纵向位移时程曲线

Fig. 4　The displacement time history curve in longitudinal of tower top of ZB39-L in medium-soft site

(*a*) BT-1 中 D1 节点；(*b*) ZT 中 D2 节点；(*c*) BT-2 中 D3 节点

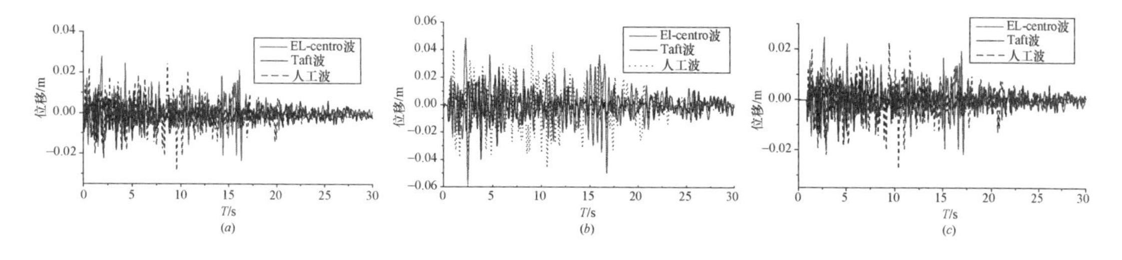

图 5　中硬场地中 ZB39-L 塔顶纵向位移时程曲线

Fig. 5　The displacement time history curve in longitudinal of tower top of ZB39-L in hard site

(*a*) BT-1 中 D1 节点；(*b*) ZT 中 D2 节点；(*c*) BT-2 中 D3 节点

4.3 观测点加速度时程分析

分析图 6～图 8 可知，在多维地震作用时，所有结构模型加速度时程在受震 15s 左右达到最大。在不同类型场地中，各塔塔顶加速度峰值出现时间和大小均有不同，其峰值大小明显和场地性质有关，其中软弱场地中结构体系反应较小，中硬场地中结构体系反应较大。在各类场地结构塔顶加速度反应时程中，软弱场地衰减效应体现明显；纵向上不同位置塔架塔顶加速度响应不一致，塔顶加速度峰值有明显延迟；受到场地特性的影响，地震波在三类场地中传播速度各有差异，在中硬场地传播速度最快，地震动延迟时间最短。

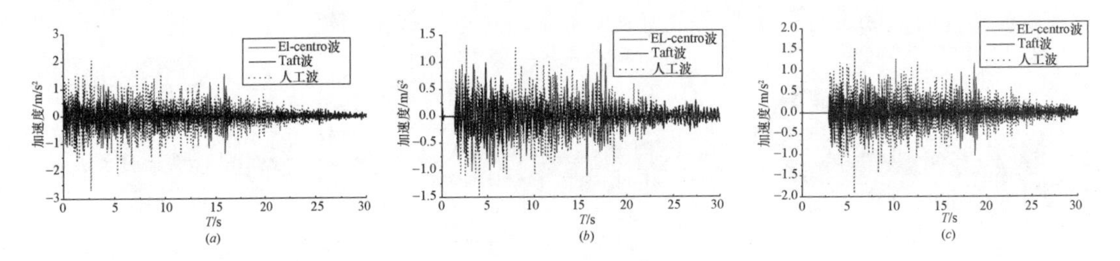

图 6　软弱场地中 ZB39-L 塔顶纵向加速度时程曲线

Fig. 6　The acceleration time history curve in longitudinal of tower top of ZB39-L in soft site

(*a*) BT-1 中 D1 节点；(*b*) ZT 中 D2 节点；(*c*) BT-2 中 D3 节点

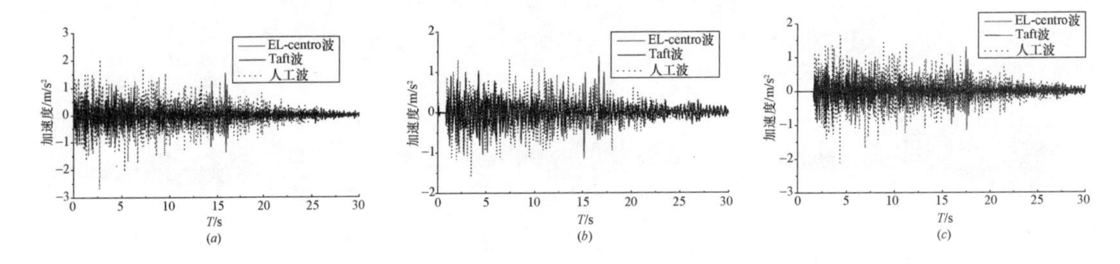

图 7　中软场地中 ZB39-L 塔顶纵向加速度时程曲线

Fig. 7　The acceleration time history curve in longitudinal of tower top of ZB39-L in medium-soft site

(*a*) BT-1 中 D1 节点；(*b*) ZT 中 D2 节点；(*c*) BT-2 中 D3 节点

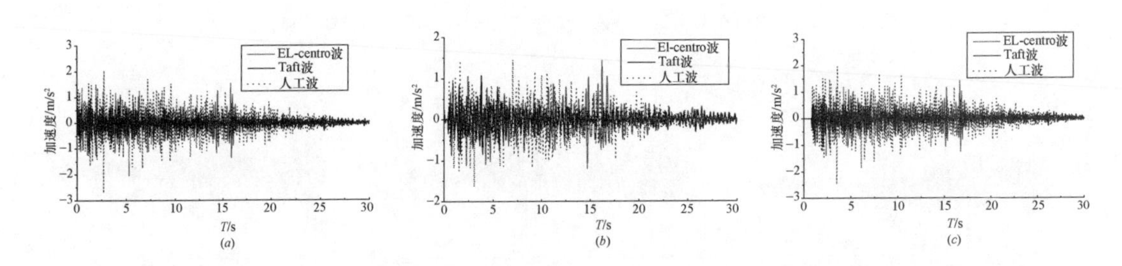

图 8　中硬场地中 ZB39-L 塔顶纵向加速度时程曲线

Fig. 8　The acceleration time history curve in longitudinal of tower top of ZB39-L in hard site

(*a*) BT-1 中 D1 节点；(*b*) ZT 中 D2 节点；(*c*) BT-2 中 D3 节点

4.4　多维地震激励的体系响应对比分析

由图 9、图 10 可知，同一高度，同一地震波激励下，场地越密实，结构体系位移越大，场地效应对结构影响较为显著；在不同地震波激励下，中硬场地中平均塔顶位移峰值是软弱场地的 1.11 倍；不同场地，同一地震波激励下，测点越高，结构内力峰值相差越小，这是由于导（地）线的振动消耗了部分能量；同类场地，不同地震波激励下，塔线耦联体系地震响应差别较大，其中 El-Centro 波激励时结构响应最大，人工波激励时结构响应次之，Taft 波激励时结构响应最小。

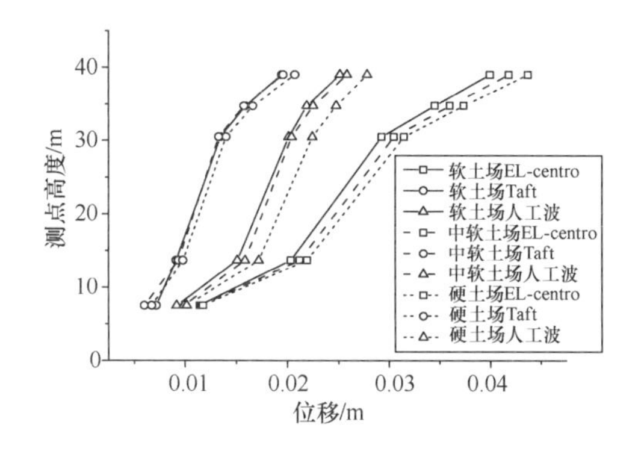

图 9 多维激励下结构纵向位移峰值

Fig. 9 The displacement peak in longitudina under multidimensional incentive

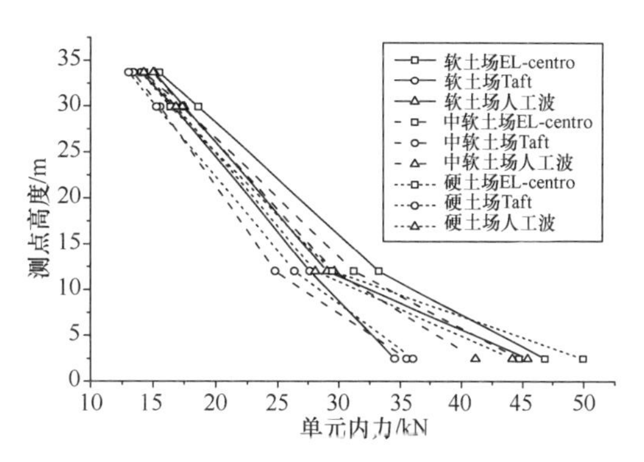

图 10 多维激励下结构内力峰值

Fig. 10 The internal force peak under multidimensional incentive

5 结语

对输电塔线耦联体系进行多维的场地激励后分析发现，随着场地特性的变化，地震响应也在变化：场地越密实，位移与加速度响应越大；在不同地震波激励下，中硬场地中平均塔顶位移峰值是软弱场地的 1.11 倍；场地越松软，行波效应越明显，地震动延迟时间越长。由于塔头部位存在刚度突变，随着测点高度的增加，塔头部位位移峰值增加幅度比塔身部位大。所以在分析输电塔线耦联体系抗震性能时，只有充分考虑地震波在场地中的传播特性以及塔线耦联等因素才能更为精确地描述地震对结构的影响。

参考文献

[1] 曾惠娟．特高压输电[J]．科学世界，2014，2：14-49.

[2] 吕红山，赵凤新．适用于中国场地分类的地震动反应谱放大系数[J]．地震学报，2007，29(1)：67-76.

[3] 楼梦麟，潘旦光，范立础．土层地震反应分析中侧向人工边界的影响[J]．同济大学学报(自然科学版)，2003，31(7)：757-761.

[4] 潘旦光，楼梦麟，董聪．土层地震行波反应分析中侧向人工边界的影响[J]．岩土工程学报，2005，27(3)：308-312.

[5] 张忠亭．架空输电线路设计原理[M]．北京：中国电力出版社，2010. 64-69

[6] 吴秀峰，庞继磊，邓金鑫．考虑行波效应的输电塔线耦联体系地震响应分析[J]．建筑结构，2014，44(9)：57-59.

[7] GB 50011—2010 建筑抗震设计规范[S]．北京：中国建筑工业出版社，2010. 31-41.

EXPERIMENT AND FINITE ELEMENT ANALYSIS OF HIGH-STRENGTH CONCRETE COLUMNS CONFINED BY CFRP UNDER SUSTAINED LOAD

J. Z. Wang [1], M. L. Sun [2], M. X. Zhao [3]

(1. State Key Laboratory of Coastal and Offshore Engineering,
Dalian University of Technology, China. Email: wangjz@dlut. edu. cn;
2. State Key Laboratory of Coastal and Offshore Engineering,
Dalian University of Technology, China;
3. Faculty of Infrastructure Engineering, Dalian University of Technology, China.)

ABSTRACT: Based on the high-strength concrete column confined by CFRP under sustained load tests, the whole process was non-linearly simulated with ANSYS. Various design parameters such as the number of CFRP layers and different sustained load are considered. Based on the analysis of finite element, the distribution of axial stress of concrete、stress distribution of CFRP and strain distribution of CFRP along longitude are given. The calculated ultimate bearing capacity and strain were corresponding well with experimental results. It indicated that the ultimate bearing capacity and ductility of high-strength concrete columns confined by CFRP under sustained load raise at different levels. Comparing with the non-sustained load specimen, the ultimate stress of the specimen under sustained load still has a little increment as the sustained load goes up when the number of CFRP layers is the same, but the ultimate strain declines with worse ductility at the same time.

KEYWORDS: CFRP, sustained load, high-strength concrete, finite element, ductility

1 INTRODUCTION

The application offiber-reinforced polymer (FRP) in repair and rehabilitation of concrete structure is currently widely used because of the excellent performance, evident strengthening effect and convenient construction of PRF (e. g. Mirmiran *et al*. 1997; Teng *et al*. 2004). It has been demonstrated in a large number of experimental studies that the strength and ductility of concrete can be improved by wrapping the concrete columns in the lateral direction with FRP (e. g. Lau *et al*. 2001; Mirmiran *et al*. 1998; Xiao *et al*. 2000). However, the mainstream experimental researches of structures strengthened and repaired with FRP are mostly carried out when the columns are confined by FRP directly without any load or strengthening the columns after unloading of the prestress injury procedure. In the construction site of concrete structure repair project, the repaired structure is often under the work load, so the researches of structures strengthened and repaired with FRP under sustained load are more valuable in scientific research and engineering application (e. g. Tanwongsval 2003).

With thedevelopment of finite element analysis, many scholars use the finite element method to analyze compression performance of concrete column confined by FRP and have made some achievement (e. g. Li *et al.* 2003; Lu *et al.* 2003; Saadatmanesh *et al.* 1994; Xiao *et al.* 1998). Based on the experimental results, ANSYS is used in the numerical simulation to analyze the high-strength concrete columns confined by CFRP under sustained load. The numerical analysis results agree well with the experimental data. It shows that the finite element method can be used to predict the performance of concrete columns confined by CFRP under sustained load, which can be a reference for the experimental and numerical simulation in the future.

2 METHOD OF SOLUTION

Geometry and Loading

Test specimensin this paper are square columns with a cross-sectional of 100mm × 100mm, and the column height is 300mm. Concrete strength grade is C75. The test parameters are: (1) the value of the sustained load; (2) the number of CFRP layers. The nomenclature of the specimens and parameters of this test are shown in Table 1. The main mechanical indexes of CFRP and the binder used in the test are shown in Table 2.

The nomenclature and parameters of the specimens **Table 1**

specimens	the value of the sustained load (kN)	the number of CFRP layers
S0	—	0
S20	—	2
S11	100	
S12	200	1
S13	300	
S21	100	
S22	200	2
S23	300	
S31	100	3

Mechanical properties of the material **Table 2**

Material	Elastic modulus /GPa	Tensile strength /MPa	Shear strength /MPa	Thickness /mm
CFRP	237	4330	—	0. 167
Binder	3. 07	40. 10	21. 05	—

Due to the long test cycle of sustained loading, it is inconvenient to use hydraulic test machine for long-term loading tests, therefore a set of loading system is designed for sustained loading, shown in Figure 1. Three beams are arranged from bottom to top. The specimen and the load sensor are placed between the upper two beams. The specimen is loaded by a 2000kN hydraulic jacks placed between the lower two beams.

Figure 1 Test setup

The loading process can be divided into three phases. The first phase is to set up the specimen and then load it to the sustained loading value and remain constant. The second phase is the strengthening process. In this phase, CFRP layers are bound to the specimen, and wait until the binder is fully cured while the load remains constant. The third phase is to load again until the failure of the specimen.

3 RESULTS AND DISCUSSIONS

3.1 Experimental Results

The experimental results of the high-strength concrete column confined by CFRP under sustained load tests are shown in Table 3. It can be seen from the table that this approach of strengthening does improve the ultimate bearing capacity of the specimen. When the number of CFRP layers is the same, the higher the value of the sustained load is, the bigger the ultimate strength of the specimen becomes. Regardless of the value of the sustained load, the more the layers of CFRP is, the higher the strength of the specimen grows.

The experimental results of ultimate stress and ultimate strain **Table 3**

specimens	the number of CFRP layers	the value of the sustained load /kN	ultimate stress /MPa	improvement of the ultimate stress	ultimate strain/10^{-6}	
					vertical	horizontal
S0	0	—	65	—	1928	623
S20	2	—	90	38.5%	3944	3531
S11	1	100	76	16.9%	3684	3673
S12		200	73	12.3%	3806	3446
S13		300	79	21.5%	3140	2629
S21	2	100	92	41.5%	4435	3636
S22		200	88	35.4%	4183	4015
S23		300	93	43.1%	3793	4032
S31	3	100	94	44.6%	6690	5748

When the number of CFRP layers was the same, with the increase of sustained load, the ultimate bearing capacity of the specimen increased, but the ultimate strain decreased and the ductility deteriorated which led to a more sudden failure of the specimen. Compared with the specimens without sustained load, the ductility improved when the sustained load was low but decreased when the sustained load was high. As can be seen from Table 3, the horizontal ultimate strains of the specimens with the same CFRP layers and different sustained load are basically the same, which means that the confinement effect of CFRP to concrete columns is substantially the same. Regardless of the impact of sustained loading, with the increase of CFRP layers, the ultimate strain will also increase accordingly.

3.2 Finite Element Analysis

3.2.1 FEA modeling

Concrete elements use SOLID65. This kind of elements can take many material properties of concrete into consideration, such as material non-linearity caused by plasticity and creep, geometric non-linearity caused by large displacement, and the non-linearity caused by concrete cracking and crushing. As for the constitutive relation, stress-strain relation for high-strength concrete proposed by Guo (Guo *et al.* 2003) is applied, without consideration of the descent stage.

CFRP elements use shell41. Elastic model is applied to CFRP stress-strain relation. CFRP material is dealt as orthotropic material. The effects of different layers of CFRP on the mechanical properties of the specimen are simulated by changing the thickness of the shell elements. Taking CFRP material as linear elastic material, if the stress of the fiber exceeds its tensile strength, fiber breaks, and calculation is terminated.

Although there are no longitudinal steel bars and stirrups, in order to ensure the stability of numerical calculation, micro steel bars are decorated in SOLID65 elements. To avoid stress concentration during loading, two rigid pads are attached to the ends of the column, and the rigid pads use SOLID45 elements. The loading procedure is controlled by displacements because it is easier to converge in calculation.

Bond and slip between FRP and concrete are not taken into consideration. In order to use large deformation option in non-linear calculations, the CFRP layer is divided into triangular elements in the local coordinate system, so that each side of the CFRP is in its own local coordinate system, and the stress state of CFRP is more realistic. Fixed constraint is applied to the bottom of model. First, exert axial pressure at the top of the column to the value of the sustained load, then activate the CFRP unit, finally exert vertical load as planned until the failure of the specimen.

3.2.2 Ultimate strain and strength analysis

The comparison between experimental results and calculation results is shown in Table 4 and 5, which can be seen that the experimental results are in good agreement with the calculation value. According to the results of finite element calculations, stress contours figures of the columns in the axial direction when reaching the ultimate load are plotted, shown in figure 2.

Comparison between experimental ultimate strength and calculated ultimate strength by ANSYS **Table 4**

specimen	experimental ultimate strength /kN	calculated ultimate strength /kN	Calculation value /experiment value	improvement of the ultimate stress by calculation/%
S0	650	657	1.01	—
S20	900	841	0.93	28.0
S11	760	734	0.97	11.7
S12	730	773	1.06	17.7
S13	790	776	0.98	18.1
S21	920	864	0.94	31.5
S22	880	872	0.99	32.7
S23	930	914	0.98	39.1
S31	940	904	0.96	37.6

Comparison between experimental ultimate strain and calculated ultimate strain by ANSYS **Table 5**

specimen	experimental ultimate horizontal strain $/10^{-6}$	calculated ultimate horizontal strain $/10^{-6}$	experimental ultimate vertical strain $/10^{-6}$	calculated ultimate vertical strain $/10^{-6}$
S0	623	609	−1928	−2044
S20	3531	3750	−3944	−4323
S11	3435	3638	−3684	−3369
S12	3446	3889	−3806	−3758
S13	2629	3164	−3140	−3503
S21	3636	3955	−4436	−4812
S22	4015	4224	−4183	−4349
S23	4032	4118	−3793	−4032
S31	5748	6358	−6690	−7407

From S0, S20 in Figure 2, by confining the column with CFRP, the load-bearing area of the column increases, and the axial stress distribution becomes more uniform, which makes the bearing capacity of the column confined by CFRP improved. And the calculation results also show that the ultimate bearing capacity of S20 improves 28.0% compared with that of S0, while vertical, and horizontal ultimate strain increase 111.5% and 515.8% as well. It proves that CFRP significantly improves the ultimate strength and ductility of

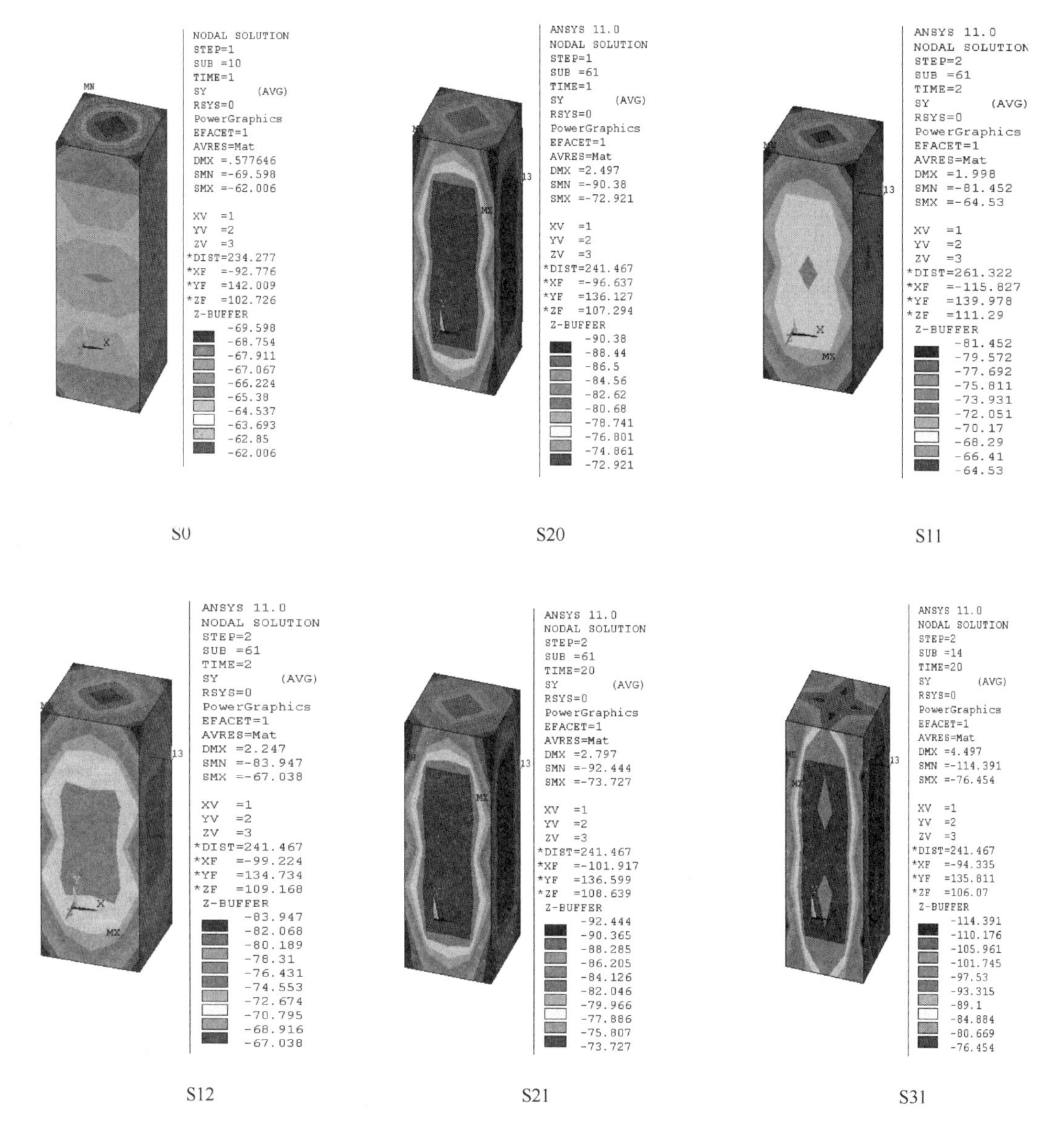

Figure 2 Axial stress contours figures

high-strength concrete columns. However, due to the corner effect of square columns, there is significant stress concentration in some region of the column, resulting in CFRP failure due to stress concentration, and the tensile strength of fibers is not fully utilized.

3.2.3 The influence of the sustained load and the number of CFRP layers

The value of the sustained load and the number of CFRP layers have a great influence on the load bearing capacity and ductility of the specimens. Finite element analysis took the impact of different sustained load (100kN, 200kN, 300kN) and different layers (1, 2, 3) into account. The results show that with the improvement of sustained load, the ultimate bearing capacity of specimens have been increased, but the ultimate strain is gradually decreased, and the ductility deteriorates.

It can be seen from Figure 3 and Figure 4 that when the number of CFRP layers is the same (S11, S12, S13), the greater the value of the sustained load is, the greater the improvement of the load bearing capacity of the column becomes. Compared with S0, S11, S12, S13 improved 11.7%, 17.7% and 18.1%, respectively. But the ductility decreases, which means that for specimens under high sustained load, although the strength increases, the failure is much more abrupt.

From S11, S21 and S31 in Figure 2, when the sustained load values are the same, when the number of CFRP layers increased, the axial stress distribution of the column becomes more uniform, the load-bearing area becomes bigger, and the compressive strength of high-strength concrete is used more efficient. In addition, it can also be seen from Tables 4 and 5 that no matter what the value of sustained load is, the more the number of CFRP layers is, the more obvious the improvement of bearing capacity and ductility is.

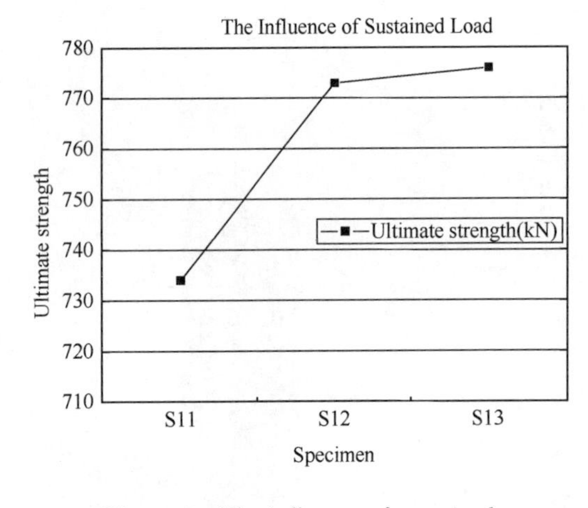

Figure 3 The influence of sustained load on ultimate strength

Figure 4 The influence of sustained load on ultimate strain

3.2.4 Stress distribution of CFRP

Since the CFRP strengthening concrete column is a passive restraint, the development of fiber stress has a great influence on strengthening effect of concrete columns. Figure 5 shows the transverse stress distribution of CFRP when the specimen was under ultimate load. As can be seen from figure 5, similar to one-time loading, CFRP stress is more fully developed in the middle part of the column. This is because the restraint on the concrete in the middle part of the column is small, concrete expansion is large, so the strain of CFRP is more fully developed. In the case of the same sustained load, CFRP stress of S21 is more fully developed than that of S11, so the bearing capacity of S21 is also higher.

3.2.5 Comparison of the specimens with and without sustained load

When the number of CFRP layers is the same, compared with specimens without sustained load, the ultimate bearing capacity of the specimens with sustained load tended to increase with the improvement of the value of sustained load, which is proved by both the experimental curves and calculation curves.

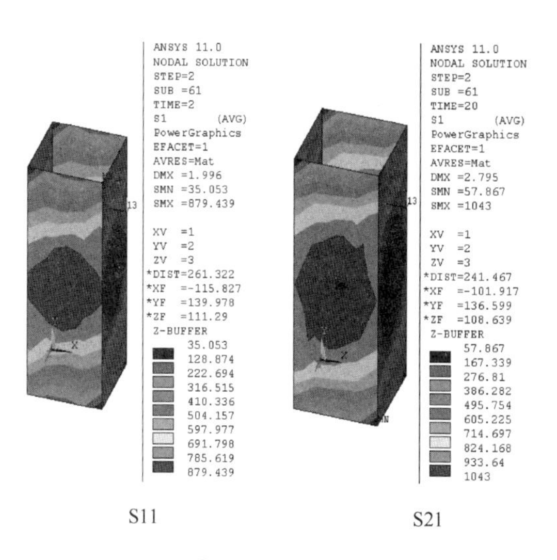

Figure 5 Stress distribution of CFRP

Comparing to specimens without sustained load, the ductility of the specimens with low sustained load increases while the ductility of the specimens with high sustained load decreases. It can be seen from S20 and S23 in Figure 7, that when the sustained load reaches 300kN, the ultimate strain decreased 6.7% compared with that of the specimens without sustained load. It means that the ductility deteriorates, and the failure is much more abrupt. The increase of the sustained load leads to the improvement of the load-bearing capacity and decrease of the ductility, so how to determine the limit of sustained load needs to be further studied.

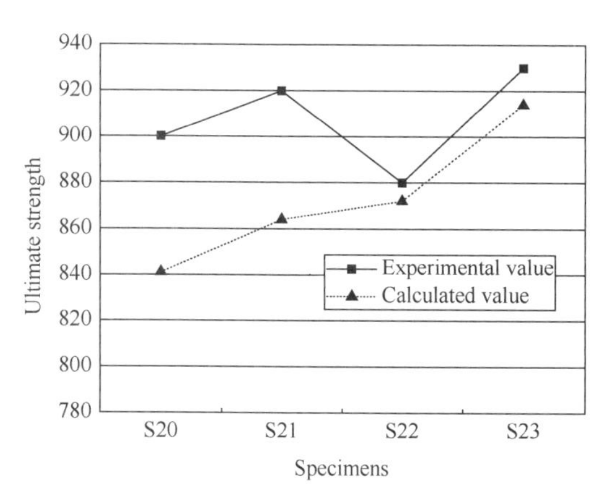

Figure 6 The comparison of experimental ultimate strength and calculated ultimate strength

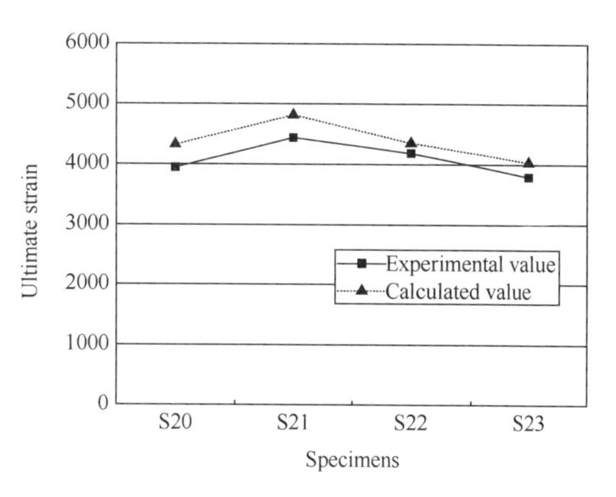

Figure7 The comparison of experimental ultimate strain and calculated ultimate strain

4 CONCLUSIONS

(1) Through confining the column with CFRP to strengthen high-strength concrete column, the load-bearing capacity and ductility can be improved to varying degrees.

(2) Regardless of thevalue of the sustained load, the more the number of CFRP layers is, the more significantly the ultimate bearing capacity and ductility of the specimen increase.

(3) Comparing to specimens without sustained load, the ductility of the specimens

with low sustained load increases while the ductility of the specimens with high sustained load decreases. When the number of CFRP layers is the same, the strength of the specimen with higher sustained load is higher, but the ultimate strain becomes smaller and the failure is much more abrupt.

(4) The assumption of deformation compatibility is made in calculation, which is valid before the concrete crushing. But when the concrete is crushed, there will be slipping between concrete and CFRP, so the slip needs to be taken into account to obtain a better descending stage of the load-displacement curve.

ACKNOWLEDGMENTS

The authors gratefully acknowledge the financial support provided by the Natural Science Foundation of China (National Key Project No. 51178078).

REFERENCES

Guo, Z. H., and Shi, X. D. (2003). *Reinforced Concrete Theory and Analyse*, Tsinghua University Press, Beijing, China.

Lau, K. and Zhou, L. M. (2001). "Mechanical performance of composite-strengthened concrete structures", Composites: Part B, 32, 21-31.

Li, J. and Hadi, M. N. S. (2003). "Behavior of externally confined high-strength concrete columns under eccentric loading", *Journal of Composites Structures*, 62(2), 145-153.

Lu, X. Z., Feng, P. and Ye, L. P. (2003). "Behavior of FRP -confined concrete square columns under unixial loading", *China Civil Engineering Journal*, 36(2), 46-51.

Mirmiran, A. and Shahawy, M. (1997). "Behavior of concrete columns confined by fiber conposites", Journal of Structural Engineering, ASCE, 123(5), 583-590.

Mirmiran, A., Shahawy, M. and Samaan, M. (1998). "Effect of column parameters on FRP-confined concrete", Journal of Composite for Construction, ASCE, 2(4), 175-185.

Saadatmanesh, H. (1994). "Fiber composites for new and existing structures", *ACI Structural Journal*, 91(3), 346-354.

Tanwongsval, S., Maalej, M. and Paramasivam, P. (2003). "Strengthening of RC wall-like column with FRP under sustained lading", *Materials and Structures*, 36, 282-290.

Teng, J. G. and Lam, L. (2004). "Behavior and modeling of fiber reinforced polymer-confined concrete", *Journal of Structural Engineering*, ASCE, 130(11), 1713-1723.

Teng, J. G. and Lam, L. (2002). "Compressive behavior of carbon fiber reinforced polymer-confined concrete in elliptical columns", *Journal of Structural Engineering*, ASCE, 128(12), 1535-1543.

Xiao, Y. and Wu, H. (2000). "Compressive behavior of concrete confined by carbon fiber composite jackets", *Journal of Material in Civil Engineering*, 12(2):139-146.

Xiao, Y. (1998). "Seismic performance of high-strength concrete columns", *Journal of Structural Engineering*, ASCE, 111(3), 241-251.

带有蝴蝶形钢板剪力墙的多层自复位钢框架结构体系的抗震性能

田　伟，李启才
（苏州科技大学土木工程学院，江苏　苏州 215011）

摘　要：考虑到耗能性能和减少对主体结构的影响，将普通的钢板剪力墙改造为带有蝴蝶形板带的钢板剪力墙，放入自复位框架结构中，形成蝴蝶形钢板剪力墙自复位结构体系。本文对这种新型结构体系的多层结构在单调加载和循环加载下的抗震性能进行研究。研究模型为上下各带半层的两层结构体系。研究参数为钢绞线的预拉力和钢板剪力墙的厚度。主要考察它们对结构刚度、承载能力、耗能能力和复位能力的影响。模拟结果表明：随着钢绞线预拉力的增加，结构体系的刚度不发生变化，但结构体系的脱开弯矩、极限承载能力、耗能能力和复位能力都在增加；随着钢板剪力墙的厚度的增加，结构体系的刚度、脱开弯矩、极限承载能力和耗能能力都在好转，但是复位能力变差；合理设计这些参数，可以使结构的整体抗震性能达到最优。

关键词：自复位结构体系；蝴蝶形钢板剪力墙；预应力钢绞线；抗震性能
中国分类号：TU391

Seismic performance of multi-layer self-centering frame structure system with steel plate shear wall with butterfly-shaped links

T. Wei，Q. C. Li
（School of Civil Engineering，SUST，Suzhou 215011，China）

Abstract：Considering the capability of energy dissipation and for reducing the influence of steel plate shear wall (SPSW) on the main structure，use SPSW with butterfly-shaped links (SPSWBL) to replace the ordinary SPSW，and do not connect the wall with columns. Attach it to self-centering frame structure，to form the self-centering system with steel plate shear wall with. Under monotonic loading and cyclic loading，the seismic behavior of multi-layer structure of this new type of structural system is studied. The model is a two layer structure with half upper and half lower layers. The research parameters are the initial value of pretension and the thickness of the butterfly-shaped steel plate shear wall. The influence of the structural stiffness，bearing capacity，energy dissipation capacity and the reduction capacity of the structure are studied. Simulation results show that with the increase of the initial value of pretension，the structural stiffness does not change，but decompression bending moment，ultimate bearing capacity，energy dissipation capacity and self-centering capacity are increasing；with the increase of the thickness of the steel plate shear wall，the stiffness，free bending moment，ultimate bearing capacity and energy dissipation capacity of the structure are improved，but the self-centering capacity of structure are getting worse. Rational design of these parameters may get better overall structural capabilities.

Keywords: self-centering system, steel plate shear wall with butterfly-shaped links, post-tensioned strands, seismic behavior

地震是一种严重的自然灾害，特别是一些震级比较大的地震，不仅会造成大量的人员伤亡和巨大的经济损失，而且会对建筑物产生非常大的破坏作用。而震后大量受力构件的塑性变形，使建筑物的修复在经济上成为不可能的事情。我国现行的《建筑抗震设计规范》GB 50011—2010[1]明确提出了三个水准的抗震设防要求和两阶段的设计方法。严格按照规范进行结构设计，基本能做到“小震不坏，大震不倒”，但“中震可修”还缺少具体的做法。

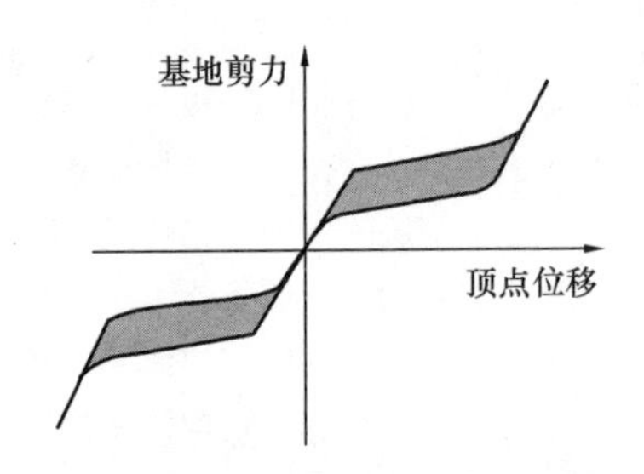

图1　自复位结构体系滞回曲线

为了解决此问题，近年来有些学者[2-4]提出了自复位结构体系的概念。在低周往复循环荷载作用下，理想自复位结构体系的滞回曲线如图1所示，曲线形状呈现“双旗帜型”。其与一般弹塑性体系最大的区别是在每次荷载卸载到零时，结构会回到初始状态，残余位移为零，梁柱等主要受力构件保持弹性，在震后只需替换耗能构件，建筑物就能继续正常使用。所以说，自复位结构体系是实现建筑物“中震可修”的一种新型结构体系。钢板剪力墙结构[5-7]是最近几十年发展起来的一种新型的抗侧力结构体系。与传统的抗侧力体系相比，具有显著的优势，包括较大的弹性初始刚度和耗能能力、良好的塑性性能和变形能力、稳定的滞回性能，以及拆卸替换容易等。钢板剪力墙耗能的自复位结构体系，即 self-centering system with steel plate shear wall（SC-SPSW），结合了自复位结构体系和钢板剪力墙的优点，由预应力钢绞线来提供结构所需的抗侧力，通过钢板剪力墙的屈服来耗散地震能量，从而使梁柱和钢绞线等主要受力构件始终处于弹性状态，震后仅需对破坏的钢板进行修复或替换就可使整个结构重新获得全部的使用功能。

为了较好地控制钢板剪力墙的承载能力和耗能能力，提高其延性，Kobori[8]设计了一种带有蝴蝶形开缝的钢板耗能器（图2）。Stanford大学进行了蝴蝶形钢板耗能器的试验（图3），并与带有矩形板缝的钢板耗能器进行对比[9]，试验证明只要设计参数合理，钢板条可以完全防止屈曲，而且结构的延性和变形能力都较好。

图2　试验试件

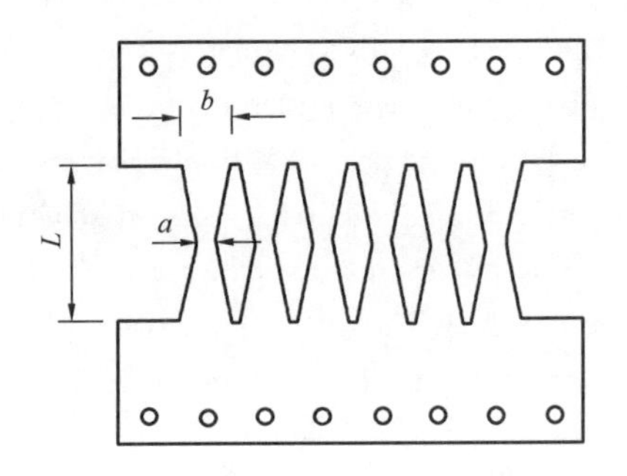

图3　蝴蝶型钢板耗能器简图

本文拟建立两层钢板剪力墙-自复位结构体系模型，进行两组参数的模拟分析。模型上下各带半层柱，且钢板剪力墙开有蝴蝶形孔。采用拟静力位移加载方式对模型进行抗震分析。

1 模拟试件的设计和模拟验证

1.1 Base 试件设计

有限元模型中梁柱和内填钢板采用 shell181 建模，钢绞线采用 Link10 单元。框架梁柱采用 Q345B 钢材，内填钢板采用 Q235B 钢材，弹性模量取 $E=2.06\times10^5$MPa，泊松比取 0.3。预应力束采用七丝拔模型，弹性模量 $E=1.95\times10^5$MPa，屈服强度 F_y 为 1586 MPa。Base 试件每层层高为 3.6m，跨度为 6m，框架梁选用 HN700×300×14×24，框架柱用 HW428×407×20×36，钢板墙高 2900mm，宽 2100mm，厚度为 10mm，在梁跨中居中布置，在钢板墙上开 2 排孔，形成蝴蝶形钢板墙，蝴蝶形短柱高度为 780mm，根部宽度为 130mm，蝴蝶形短柱个数每排为 13 个，Base 试件的具体形式如图 4 和图 5 所示。

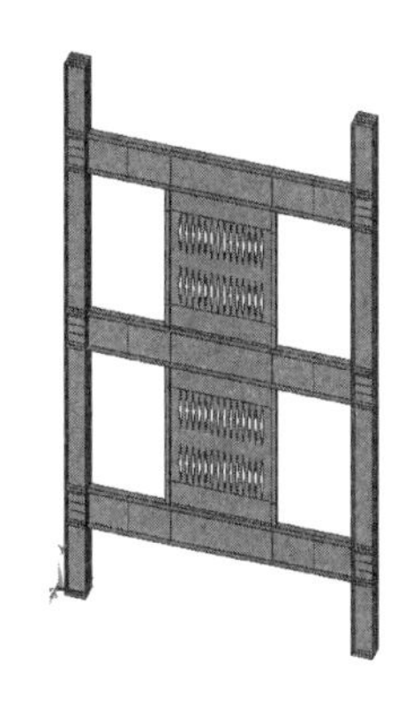
图 4　Base 试件截面形式图

图 5　Base 试件有限元模型示意图

为了模拟柱脚铰接，选取左右两柱底板中心线上 Z 方向（框架的平面外方向）所有节点，约束其 UX、UY、UZ 三个方向的自由度。。为了避免加载点的应力集中，选取框架右柱顶端盖板的所有节点，对其进行 X 方向（框架的跨度方向）耦合，把耦合的主节点作为模型的加载点。选取钢绞线中间一个节点作为施加初始预拉力的节点，预拉力施加采用 PRETS179 预紧单元，此单元可以自动迭代到设定的初始预拉力值。Base 模型每根预应力钢绞线的初始预拉力值为 200kN。

试件加载分两次，第一次为单调加载，用来确定构件的承载能力和位移特性，第二次加载为循环加载，共 34 个荷载步。循环加载的第一步是对钢绞线施加初始预拉力，第二步到三十四步是施加相对应的侧向荷载，按试件整体层间位移角的 0.125％、0.25％、0.5％、1％、1.5％、2.0％、2.5％、3.0％和 4.0％进行加载，每级位移循环两次。

1.2 模拟试件设计

在 Base 试件的基础上，设计 PT 和 BT 两组试件，分别研究钢绞线初始预拉力和钢板墙厚度对结构性能的影响。每组试件只改变一个参数，具体设计参数见表 1 和表 2。

PT 系列设计 **表 1**

试件	L_B（mm）	b（mm）	m（排）	t（mm）	A_T（mm^2）	T_0（kN）
PT1	780	130	2	10	530	120
Base	780	130	2	10	530	200
PT2	780	130	2	10	530	280

注：各个系列试件字母参数如下：t 为钢板的厚度；L_B 为蝴蝶形短柱的高度；b 为蝴蝶形短柱根部的宽度；n 为每排蝴蝶形短柱个数；m 为蝴蝶形短柱的排数；N_s 为预应力钢绞线的根数；A_r 为单根钢绞线的面积；T_0 为单根钢绞线的初始预拉力值。下同。

BT 系列设计 **表 2**

试件	L_B（mm）	b（mm）	m（排）	t（mm）
BT1	780	130	2	6
Base	780	130	2	10
BT2	780	130	2	14

1.3 模拟验证

对李峰[6]所做的非加劲钢板剪力墙低周反复荷载试验进行有限元模拟。该试验采用 1：3缩尺的单层单跨钢板墙试件，钢板墙采用 Q235 钢，跨度为 1.2m，层高为 1.5m。框架梁截面为 HN300×150×6.5×9，框架柱为 HW150×150×7×10，内填钢板墙为 1350×1050×3.5（高×宽×厚），梁柱节点和柱脚节点均为刚接。图 6 为试验滞回曲线，图 7 为 ANSYS 模拟所得的滞回曲线。由两图对比可知滞回曲线有较好的吻合。有限元模拟的屈服荷载为 545.2kN，试验为 545.3kN，两者相差 0.2%。模拟的峰值荷载为 650.7kN，试验为 678.85kN，两者相差 4.1%。模拟与试验存在差异主要因为模拟没有考虑加载偏心、材料缺陷，模拟与试验的边界条件也不尽相同等。

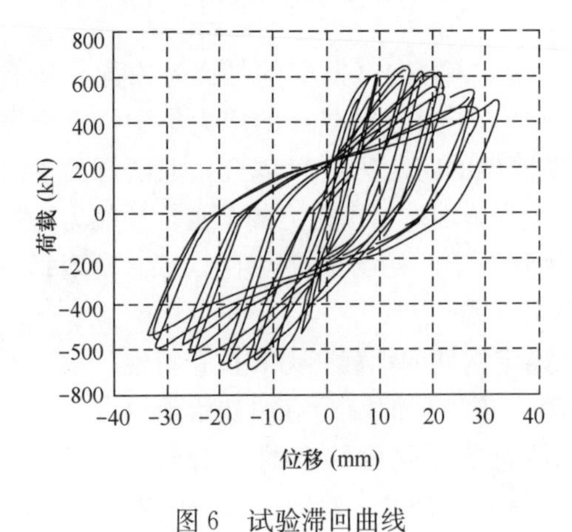

图 6　试验滞回曲线

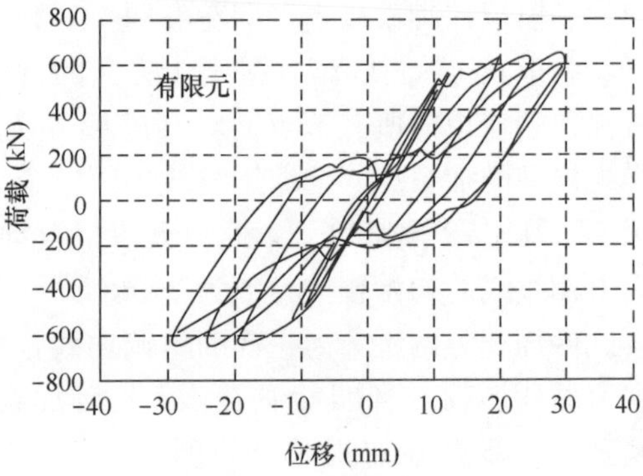

图 7　模拟所得滞回曲线

对 Hyung-Joon Kim 的摩擦耗能型梁柱自复位构件进行有限元模拟。试件几何参数及材料见文献［10］，采用与试验完全相同的加载方式，试验和模拟的荷载—位移曲线见图

8 和图 9，二者吻合较好。少许误差产生的主要原因是在试验过程中，高强螺栓滑移将造成板件摩擦面摩擦系数变小，造成滞回环面积比模拟的小些。

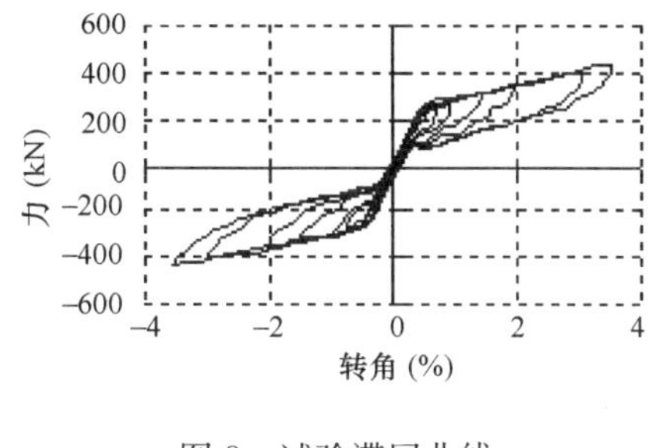

图 8 试验滞回曲线

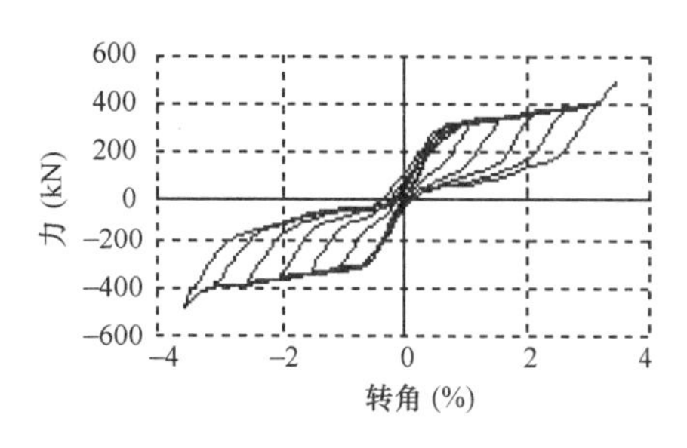

图 9 模拟滞回曲线

2 模拟试件的性能分析

2.1 PT 系列试件

PT 系列试件在单调侧向荷载作用下的荷载—位移曲线如图 10 所示。从图中曲线可以看到，PT1、Base 和 PT2 试件荷载—位移曲线在加载初期为三条重合的直线，表明三个试件的初始刚度相同，这是因为在侧向荷载较小时，梁柱节点像焊接节点一样工作，三条直线重合表明钢绞线初始预拉力的不同对结构的初始刚度几乎没有影响。PT1 试件在达到 0.2%的层间位移角时，滞回曲线出现转折点，试件这时对应的荷载为 219.1kN，此时框架梁柱节点处柱内翼缘与梁的受拉翼缘接触处脱开，可以认为此时的荷载为结构体系的屈服强度，相较于 Base 试件的屈服强度下降了 44.7%。这是因为钢绞线初始预拉力变小，梁柱接触面所受压力变小，导致 PT1 试件自复位节点先于 Base 试件脱开，承载力下降。随着结构体系承受荷载继续增大，钢板墙屈服进入弹塑性阶段，结构体系刚度降低，之后 PT1 试件的承载力随着层间位移角的变大而缓慢上升，当达到 4%的层间位移角时，荷载为 949.83kN，和 Base 模型基本相同。PT2 试件当结构层间位移角达到 0.5 %时，其滞回曲线出现转折，其相应的荷载为 496.12kN，其屈服强度比 Base 试件增加了 25%，之后曲线变得平缓，结构承载力随着层间位移角的增加而缓慢增大，当此结构体系的层间位移角达到 4%时，荷载为 979.98kN，其比 Base 试件的荷载增加了稍许。

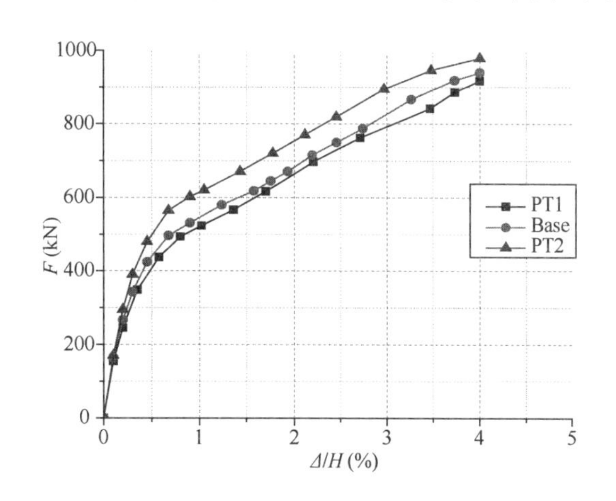

图 10 PT 系列试件在单调加载下的荷载

PT1 试件的加载点的滞回曲线如图 11 所示，曲线有一定的捏缩效应，在 2%层间位移角卸载为零时残余层间位移角为［－0.002132，0.001862］，不能满足自复位结构体系的性能目标，复位效果不好，这是因为钢绞线初始预拉力过小，在自复位节点脱开后钢绞线总拉力会变小，造成整体结构的回复力变小；在达到3％的层间位移角时，此时承受的荷载为733.82kN，较Base试件荷载降低了11.5％（图12）。PT2试件在循环往复荷载作用下的滞回曲线如图13所示，相较于PT1试件，从图中可以看到，结构的复位性能变好，承载力会有提高，卸载后结构残余层间位移角为［－0.001132，0.000981］，复位效果较Base试件的［－0.001458，0.001267］要好些。在3％的层间位移角时，所承受的荷载为865.72kN，较Base试件的荷载增大了4.4％。

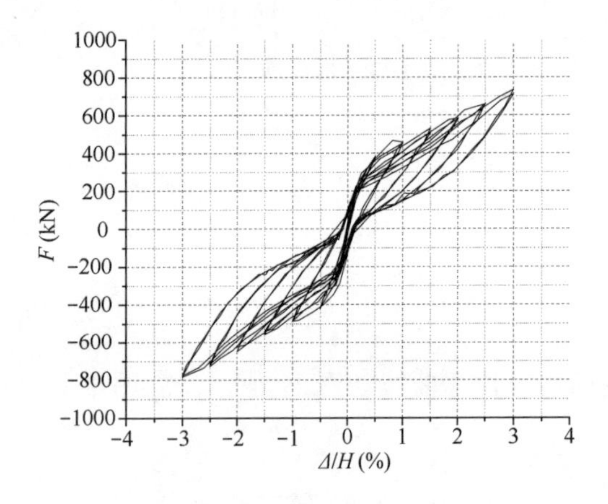

图11　PT1试件循环加载下的荷载位移曲线

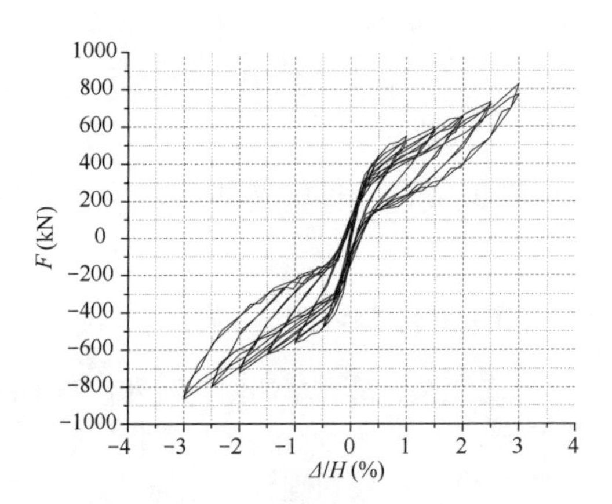

图12　Base试件循环加载下的荷载位移曲线耗能能力

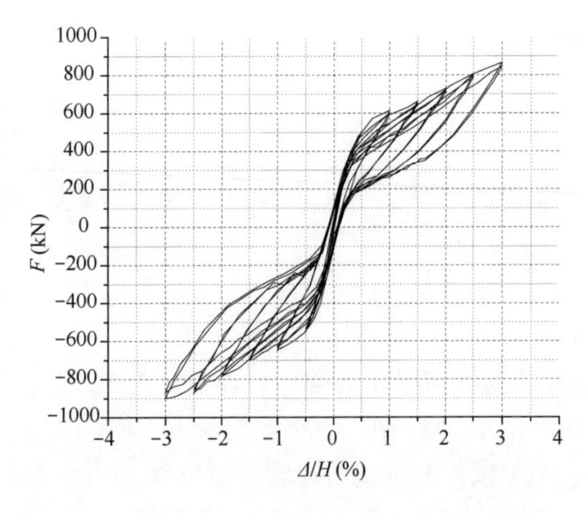

图13　PT2试件循环加载下的荷载位移曲线

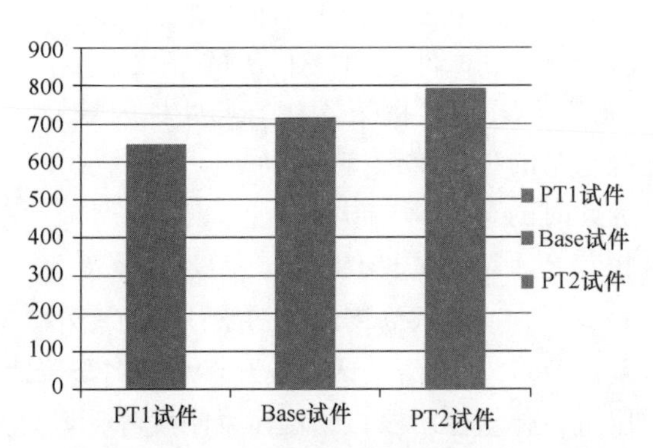

图14　PT系列试件的耗能能力

PT系列试件在侧向循环往复荷载作用下的耗能能力如图14所示。从图中可以看出，PT1、Base和PT2三个试件耗散的能量分别为646.41kJ、714.6kJ和792.6kJ。可见，钢绞线初始预拉力对结构初始刚度和钢板墙屈服后刚度影响几乎可以忽略不计，但随着初始预拉力增大，自复位结构的耗能会有一定增加，结构的复位性能会变好，承载力会更高。

2.2 BT 系列试件

BT 系列试件在单调荷载作用下的荷载—位移曲线如图 15 所示。可以看出，各试件的初始刚度不同，BT2 试件的初始刚度最大，Base 试件次之，BT1 最小，这是因为钢板墙厚度变大，其弹性抗侧刚度变大，造成整体结构的初始刚度也变大。结构的承载能力随着钢板墙的厚度变大也显著增大。在 4% 的层间位移角时，Base 试件的承载力为 940.22kN，BT1 试件为 784.8kN，较 Base 试件下降了 16.5%，BT2 试件为 1204.43kN，较 Base 试件增加了 28.1%。BT1 试件在达到 0.22%的层间位移角时，荷载-位移曲线由之前的直线变为曲线，发生转折，此时屈服强度为 252.35kN，较 Base 试件的屈服强度降低了 26.37%；BT2 试件在达到 0.7% 层间位移角的结构屈服，此时屈服强度为 622.38kN，较 Base 试件提高了 81.6%。

BT 系列试件的滞回曲线如图 16～图 18 所示。可以看出，随着内填钢板厚度的增加，结构的极限承载力提高、复位能力降低。BT1 试件卸载后的残余层间位移角为 [−0.000328,

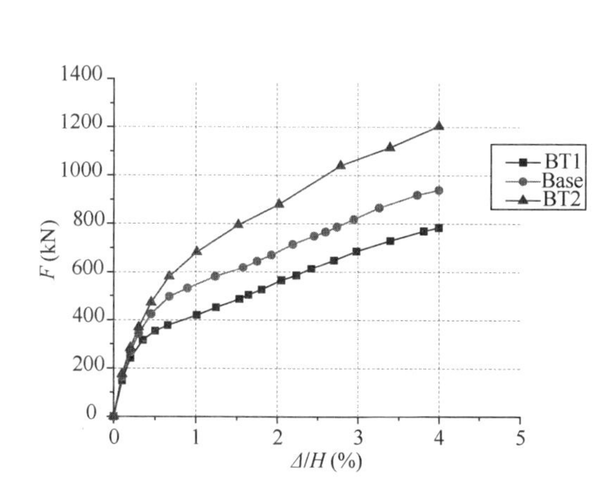

图 15　BT 系列试件在单调加载下的荷载—位移曲线

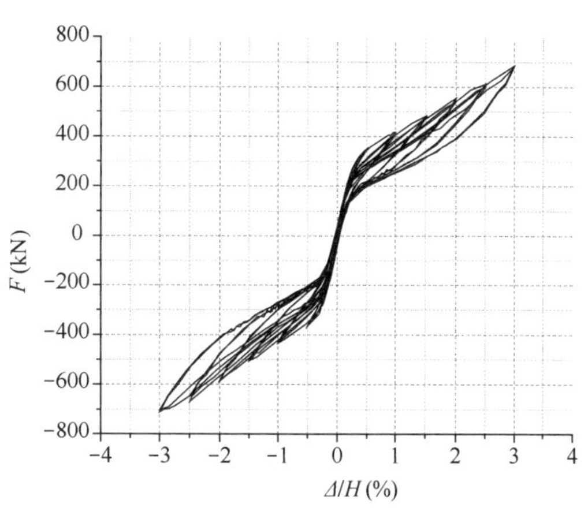

图 16　BT1 试件循环加载的滞回曲线

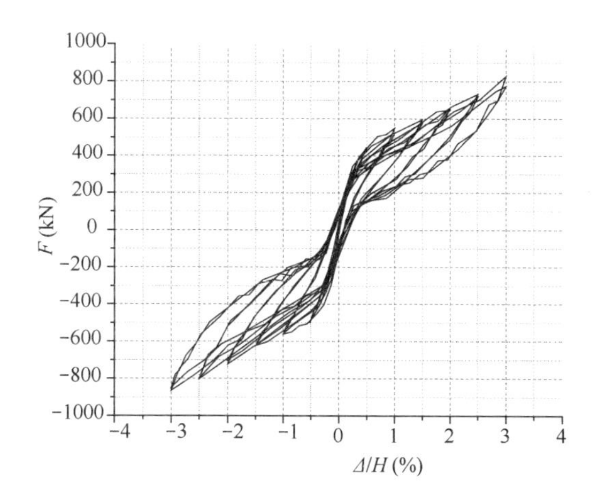

图 17　Base 试件循环加载的滞回曲线

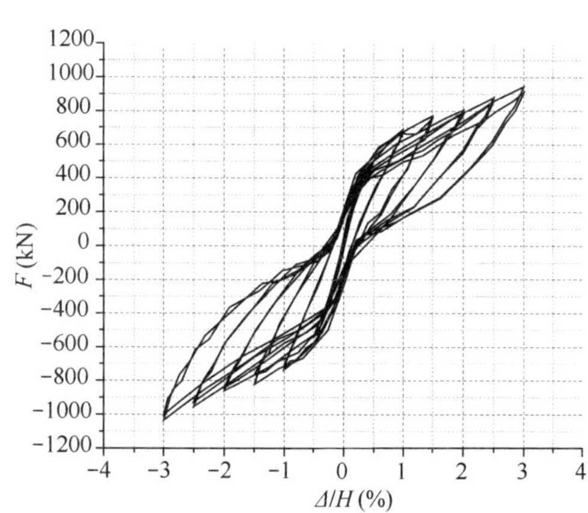

图 18　BT2 试件循环加载的滞回曲线

0.000373]，远远小于复位设计性能要求的 0.2%，计算得到的 BT1 试件初始刚度 K_c = 21336.8N/mm，钢板墙的塑性刚度 K'_c 为 426.74N/mm，较 Base 试件钢板墙的塑性刚度下降了 34.28%，又因为框架梁柱参数和钢绞线参数不变，结构的回复刚度不变，即 BT1 试件相较于 Base 试件的回复刚度变大，在滞回曲线上表现为捏缩更严重，残余层间位移角更小。BT1 试件由于钢板厚度较薄，其高厚比大，蝴蝶形短柱在较小的侧向荷载作用下会发生较大的面外弯扭变形，使其塑性刚度不能充分发挥，造成 BT1 试件的耗能能力较差，其耗能能力较 Base 试件下降 27.8%，最大承载力为 682.68kN，比 Base 试件下降 16.22%，从图 18 可以看到，BT2 试件滞回曲线较饱满，承载力更高，但残余层间位移角更大，卸载后的残余层间位移角为 [−0.004275，0.004615]，正反两个方向都远远超出了自复位结构性能设计要求的 0.2%，不能满足自复位的要求。PT2 试件耗散的能量为 972.4kJ，较 Base 试件增加了 36.1%，而其最大承载力为 928.53kN，较 Base 试件增加了 13.96%。表 3 为 BT 系列试件在侧向循环往复荷载作用下的残余层间位移角、极限承载力、和耗能面积的具体值。

BT 系列试件在循环往复加载下的主要性能指标 **表 3**

试件	残余层间位移角（%）	最大承载力（kN）	耗能面积（kJ）
BT1	[−0.032，0.0373]	682.68	516.2
Base	[−0.1458，0.1267]	814.85	714.6
BT2	[−0.4275，0.4615]	928.53	972.4

3 结论

（1）蝴蝶形钢板墙—自复位结构体系在单调荷载作用下的荷载—位移曲线可以简化为双折线模型。在侧向较小时，结构性能等同于普通钢结构框架，自复位节点不会脱开，结构处于弹性状态，刚度很大；随着侧向荷载的增加，自复位节点脱开，蝴蝶形钢板墙逐渐屈服进入塑性，结构刚度减小，此时为结构的弹塑性阶段。蝴蝶形钢板墙—自复位结构体系在循环往复荷载作用下的滞回曲线呈现“双旗帜型”，残余层间位移角较小，且具有较好的延性。

（2）钢绞线的初始预拉力对结构的初始刚度几乎没有影响，对耗能能力的影响也不显著，但会影响梁柱节点的脱开时的位移和承载力。同时，随着初始预拉力的增加，结构的复位能力变强。但是初始预拉力不能太大，容易造成梁柱节点不能够适时张开，钢板墙耗能能力不能充分利用。

（3）蝴蝶形钢板墙的厚度对自复位结构体系的性能有很大的影响。如果钢板墙的厚度变大，结构的初始刚度、承载力和耗能能力会增加，但结构的复位效果会变差。如果钢板剪力墙厚度太小，墙体的蝴蝶形短柱和整体变形会过大，影响其耗能能力。所以要选择合适的钢板墙厚度，以兼顾承载、耗能和复位等方面的能力。

参考文献

[1] 中华人民共和国行业标准. 建筑抗震设计规范(GB 50011—2010)[S]. 北京：中国建筑工业

版，2010.

［2］ Priestley M J N，Tao J R. Seismic Response of PrecastConcrete Frames With PartiallDebondedTendons[J]. PCI Journal 1993，Vol. 38，No. 1：58-67.

［3］ MacRae G，Priestley M J N. Precast Post-tensioned Unground Concrete Beam-Column Subassemblage Tests[R]. Report，University of California at San Diego，La Jolla，CA. 1994，No. SSRP-94/10.

［4］ Cheok G S，Stone W C，Kunnath S K. Seismic Response of Precast Concrete Frames with Hybrid Connections[J]，ACI Structural Journal. 1998，Vol. 95，No. 5，527-539.

［5］ TokoHitaka. Experimental Study on Steel Wall with Slits. Journal of Structural Engineering，ASCE2003；129(5)，586-595.

［6］ 李峰，李慎，郭宏超，王栋，刘建毅．钢板剪力墙抗震性能的试验研究[J]. 西安建筑科技大学学报，2011，43(5)：623-630.

［7］ 孙国华，顾强，何若全，方有珍．钢板剪力墙的耗能能力[J]. 计算力学学报，2012，30(3)：422-428.

［8］ Kobori T，Miura Y，Fukusawa E，Yamada T，Arita T，Takenake Y. Development and application of hysteresis steel dampers. Proc. 11th World Conference on Earthquake Engineering，pp. 2341-2346.

［9］ Xiang Ma，Eric Borchers，Alex Pena，Helmut Krawinker，Sarah Billington，Gregory Deierlein. Design and Behavior of Steel Shear Plates with Openings as Energy Dissipating Fuses. Civil and Environmental Engineering School，Stanford University.

［10］ Hyuug-Joon Kim. Self-centering steel moment-resisting frames with energy dissipating systems[D]. Toronto：University of Toronto，2002.

预应力胶合木张弦梁受弯性能试验研究

郭　楠，李国东，左宏亮
（东北林业大学　土木工程学院，黑龙江　哈尔滨 150040）

摘　要：胶合木结构作为现代木结构的主要形式，以其绿色节能、劣材优用等优点，在全世界的建筑领域得到广泛应用．但胶合木结构抗拉强度较弱，导致胶合木梁中木材的抗压强度不能充分发挥，发生脆性的受拉破坏，且使用过程中的变形较大。为此，本文提出一种全新的钢木组合构件——可调控预应力胶合木张弦梁，具体开展的研究工作如下：通过对棱柱体胶合木试件的试验研究，总结了试件顺纹受压的破坏模式，得到了几种主要木材的胶合木试件的弹性模量和顺纹抗压强度，分析了试件的延性和强度退化，进而研究了树种类别、树种组合、层板厚度和组坯方式对胶合木顺纹受压性能的影响，为胶合木张弦梁的选材提供依据．研发出丝扣拧张横向张拉的预应力施加系统，并以此制作了可调控预应力胶合木张弦梁，研究了预应力筋数量和预应力值对胶合木张弦梁受弯性能的影响，结果表明：和配置两根预应力筋的梁相比，配置 4 根预应力筋时，承载力增大 3.62%～12.08%，配置 6 根预应力筋时，承载力增大 6.1%～46.09%，外荷载相同时，配置预应力筋数量多的梁变形更小，随预应力筋数量增加，梁在破坏前，跨中截面受压区高度也越大，随预应力值增加，梁的承载力、刚度均增大。对梁进行为期 45 天的长期加载试验，分析总预加力数值、预应力钢丝数量对梁破坏形态、钢丝应力、长期挠度和蠕变系数等参数的影响，一般情况下蠕变系数在 2～3 范围内；长期加载后的破坏试验表明，蠕变使梁的延性下降，调控后梁的承载力和刚度均增大，但延性略有降低。最后，提出了基于蠕变影响的预应力胶和竹木梁的长期刚度计算公式。

关键词：预应力胶合木张弦梁；受弯性能；试验研究；丝扣拧张横向张拉
中图分类号：TU366.3

THE STUDY ON FLEXURAL PERFORMANCE OF PRESTRESSED GLULAM BEAMS STRING STRUCTURE

N. Guo，G. D. Li，H. L. Zuo
（Northeast Forestry University School of Civil Engineering，Heilongjiang Harbin 150040）

Abstract: The glue-lumber structureas the main form of modern wood structures，with its green and energy saving，substandard materials with advantages，has been widely used in the field of architecture around the world. However，it was of lower tensile strength. as a result，the compressive strength was not fully exer-

* 基金项目：中央高校基本科研业务费专项基金项目（2572015CB29）；国家林业局林业项目科学技术研究项目（2014-04）
第一作者：郭楠（1978—），男，博士，副教授，主要从事现代木结构研究，E-mail：snowguonan@163.com
通讯作者：郭楠

ted and the brittle tensile failure was more usually happened. Besides, the deformation was obviously in the process of using. For this reason, the paper puts forward a new kind of steel-wood composite components——regulated and prestressed glue-lumber beam string structure. The specific research work are as follows: Through the prism specimens of glulam experimental research, we have summarized the specimen along the lines of compression failure mode, got several major timber glulam specimens of compressive strength, elastic modulus and grain analysis, analyzed the ductility and strength degradation of the specimens, and have studied the effect of the tree category, species composition, the thickness of the layer board and group billet way on performance of the glulam arrange grain compression. Finally, we have provided the basis for the glulam material selection. The prestressing system by screwing the web member in the middle of beams has been developed, and thus regulated and prestressed glue-lumber beam string structure has been made. The influence of prestressing bars' number and the prestressing value to prestressed glulam string beams have been studied. The results showed that: Compared with prestressed beams with 2 root prestressed reinforcement, the ultimate bearing capacity of prestressed beams with 4 root prestressed reinforcement increases 3.62%~12.08%, and the ultimate bearing capacity of prestressed beams with 6 root prestressed reinforcement increases 6.1%~46.09%. The more prestressing bars, the smaller beam deformation. With the growth of prestressing bars' number, the cross section in the compression zone height gets larger. With the increase of prestressing value, the ultimate bearing capacity and the bending stiffness gets larger. Through continual load test of 45 days on beams, The influence of prestressing bars' number and the prestressing value to beam failure pattern, stress and long-term deflection and creep coefficient have been studied. Generally, creep coefficient within 2~3. After a long time load destruction for test shows that creep decreased the ductility of the beam, and bearing capacity and stiffness are increased after regulating, but the ductility is slightly reduced. Finally, prestressed glue and wood beam stiffness calculation formula based on the creep effect for a long time has been proposed.

Keywords: prestressed glue-lumber beam string structure, flexural behavior, experimental research, screwing the web member in the middle of beams

1 引言

木结构是绿色、安全并将大有发展的结构体系。木结构房屋由于节能、环保、安全、宜居等特点，受到了全世界人民的青睐。在欧美等发达国家，绝大多数的住宅和一半以上的低层商业建筑和公共建筑采用木结构[1-3]。近年来，随着国内实施退耕还林、大力种植速生林和适当进口木材的政策，木结构也逐渐得以发展，由于木材的可再生性，木结构房屋节能减排的特点以及它本身所具有的亲和力和在抗震、防灾方面的突出表现以及抗火性能的不断提高[4,5]，这种结构体系必将大有发展[6-8]。

目前，文献［9］提出了几种新型的木梁截面形式，分析了影响工程木梁结构性能的各种因素，包括层板组合方式、荷载方向、单板厚度等。国外方面，胶合木梁的研究主要体现在用新型材料加强胶合木上，例如文献［10］提出了两种加强胶合木的方法，一种是通过玻璃纤维与胶合木形成组合层板，另一种是将玻璃纤维板粘贴在胶合木下面，与传统胶合木梁进行对比试验；文献［11］用纤维材料和木材层板形成组合夹层，制成胶合夹心梁，对比了组合夹层数量，放置方式对强度、抗弯刚度和破坏形态的影响；在胶合木梁的长期工作性能方面，文献［12-14］研究了不同纤维材料加固后胶合木梁蠕变特性，并从这个角度评价了加固效果。同时，针对木梁的受力特点，国内外学者提出了对普通木梁施加预应力的想法，其中主要包括通过张拉钢丝施加预应力和张拉纤维材料施加预应力两方面，比如在张拉钢丝施加预应力方面，文献［15］提出了一种对木梁进行张弦的施加预应力的方法，并通过1∶2比例的模型试验，证实了此种构件比普通木梁在刚度上有较大的提高，给出了张弦木梁的挠度计算方法并分析了影响刚度的因素。

本文通过棱柱体胶合木试件的试验研究，研究了树种类别、树种组合、层板厚度和组坯方式对胶合木顺纹受压性能的影响；通过丝扣拧张横向张拉的预应力施加方式，给胶合木张弦梁施加预应力，研究了预应力筋数量和预应力值对胶合木张弦梁受弯性能的影响；通过梁的长期加载试验，分析总预加力数值、预应力钢丝数量对梁破坏形态、钢丝应力、长期挠度和蠕变系数等参数的影响，并提出了基于蠕变影响的预应力胶和竹木梁的长期刚度计算公式。

2　预应力胶合木张弦梁选材试验

2.1　棱柱体试验

胶合木选材试验主要选取SPF（Spruce-Pine-Fir）、杨木、东北落叶松和桉木四种木材进行顺纹受压试验。在避免端部局压和横向约束对顺纹受压试验结果影响的基础上，提出一种棱柱体胶合木试件，尺寸为100×100×300（mm），试件沿高度方向为300mm，主要研究试件沿高度方向中间100mm范围的顺纹受压性能。将棱柱体胶合木试件分为4批进行试验。

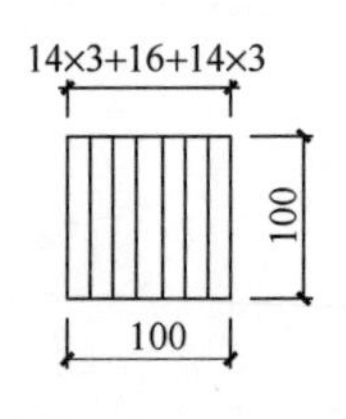

图1　第1批试件截面尺寸

第1批试验研究不同树种类别对层板胶合木受压性能的影响，选取SPF1级、SPF2级、杨木、东北落叶松和桉木，分五组进行试验，胶合木层数为七层，试件截面尺寸如图1所示；第2批试验研究树种组合的影响，选取杨木、东北落叶松和桉木两两组合，制成三组试件，胶合木层数为七层，其中：第一组为东北落叶松＋杨木，第二组为桉木＋杨木，第三组为桉木＋东北落叶松；第3批试验研究层板厚度的影响，选取SPF1级和杨木，分别制作层板厚度为20mm、14mm和11mm的三组试件；第4批试验研究组坯方式的影响，根据《胶合木结构技术规程》（GB/T 50708—2012）给出的定义，在胶合木构件的制作过程中，根据层板的材质等级，按规定的叠加方式和配置要求将层板组合在一起的过程，称为组坯。选取SPF1级和SPF2级，制作3组组坯方式不同的试件。胶合木层数为七层，其中，木材1为SPF1级，木材2为SPF2级，第一组为两种木材间隔排列；第二组为木材1置于两侧，木材2置于中间；第三组为三层木材1置于一边，四层木材2置于另一边。

2.2　试验设备及加载制度

胶合木顺纹受压试验全部在东北林业大学建材试验室完成，试验设备操作和试验流程严格按照相关文献资料进行，加载设备为WAW-2000A微机控制电液伺服万能试验机，试验机最大试验力为 2000kN，试验台球形支座截面面积大于棱柱体胶合木试件截面面积。弹性试验采用荷载控制加载，破坏试验采用位移控制加载。试验装置包括 100t 拉压力传感器、电阻应变片式引伸计、20mm 电阻应变计、磁性表座和 DH3816N 静态应变采集系统，作用在试件上的压力和破坏试验中试件的变形量采用 DH3816N 静态应变采集系统进行数据采集。

2.3 棱柱体抗压试验结果分析

2.3.1 破坏模式

四批胶合木试件在弹性试验中均表现出良好的弹性性能，加载阶段和卸载阶段荷载与变形呈线性关系，试件表面没有明显破坏现象发生。顺纹受压试验中，荷载在弹性阶段和屈服阶段均保持上升趋势，直到作用力达到极限荷载后，试件表面出现破坏点，并逐渐出现褶皱，伴随着木材发出“噼、啪”的劈裂声，荷载开始缓慢下降，这是由于胶合木试件破坏后，木材纤维在断裂处重新组合，仍能保持一定的承载力。经观察，试件主要破坏模式分为斜剪破坏、端部局压破坏、层板劈裂破坏、胶合面开裂破坏、内部纤维挤压破坏，如图 2 所示。

(*a*)

(*b*)

(*c*)

(*d*)

(*e*)

图 2　层板胶合木试件破坏模式

(*a*) 斜剪破坏；(*b*) 端部局压破坏；(*c*) 层板劈裂破坏；(*d*) 胶合面开裂；(*e*) 纤维挤压破坏

2.3.2 弹性模量与顺纹抗压强度

经计算，试验中所采用木材的顺纹抗压强度和弹性模量见表 1。

木材顺纹抗压强度及弹性模量　　**表 1**

树种类别	强度等级	弹性模量（MPa）	弹性模量提高率	顺纹抗压强度设计值（MPa）	顺纹抗压强度特征值（MPa）	顺纹抗压强度提高率
SPF1 级	TC11	9000	−1.24%	10	14.5	57.86%
SPF2 级	TC12	9000	−2.14%	10	14.5	53.79%
杨木		6300	66.91%	9	13.05	156.25%
东北落叶松	TC17	10000	27.25%	15	21.75	47.72%
桉木	TB13	8000	25.63%	12	17.4	55.52%

注：杨木的顺纹抗压强度设计值可按 TB11 级数值乘以 0.9 采用。

可以看出，试验中测得的顺纹抗压强度和弹性模量准确可靠，由于胶合木结构可以将木材自身缺陷均匀分布在结构的各个部位，从而显著提高木材的弹性模量和顺纹抗压强度。杨木和东北落叶松的弹性模量及顺纹抗压强度明显高于 SPF 和桉木，树种组合对于胶合木的弹性模量和顺纹抗压强度的影响不大，相同截面尺寸的胶合木层板厚度越小，弹性模量和顺纹抗压强度越高；合理的组坯方式可以有效提高胶合木的弹性模量和顺纹抗压强度。

2.3.3 试件延性和强度退化分析

第1批试件中SPF木材的延性好于杨木和东北落叶松，桉木的延性是4种木材中最差的，杨木的强度退化得最少，杨木试件破坏后的稳定性最高，东北落叶松次之，桉木强度退化最为明显；第2批试件中3组试件的延性和强度退化比较接近，桉木+杨木组合试件的延性最高，强度退化最小，材料性能优于东北落叶松+杨木组合与桉木+东北落叶松组合；第3批试件中当层板厚度为11mm时，试件的延性最好，三组试件延性均较好，强度退化较小，随着层板厚度的减小，试件的延性有一定的提高，强度退化作用呈减缓趋势；第4批试件中SPF间隔排列时试件的延性最高，强度退化最小，SPF1级置于一边时试件的延性最差，强度退化最明显。

3 预应力胶合木张弦梁短期试验研究

3.1 丝扣拧张横向张拉装置

试验中通过丝扣拧张横向张拉的方法来建立预应力，其整个装置由中部开孔的双导槽钢质转向块、螺帽和螺杆、自锁木条及设有凹槽的钢垫板组成。

3.2 预应力筋数量影响研究

试验过程中，梁的破坏形式主要有两种：纯木梁、配置预应力筋较少的梁一般是层板开胶破坏，破坏到来的较为突然，而配置预应力筋较多的梁一般是先在三分点处木梁顶部起褶，随着加载，木梁的木节和胶层等薄弱处多处出现裂纹和褶皱，最后三分点处木梁底纤维拉断破坏，破坏显示出明显的先兆，具有良好的延性。试验结果表明，随着配置预应力筋数量的增加，预应力木梁可承担的极限荷载有所增加，梁的刚度也有一定的提高，在施加外荷载相同的情况下，配置预应力筋数量多的梁变形更小。试验梁的截面应变曲线如图3所示。

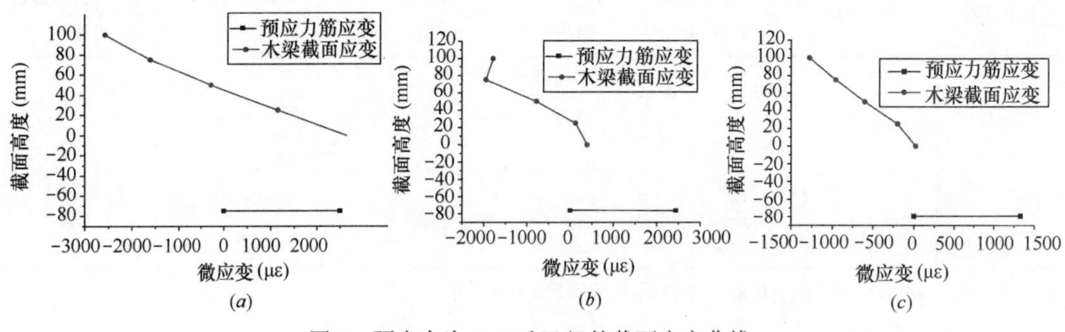

图3 预应力为61.54kN组的截面应变曲线

(a) $L_{2,1}$截面应变曲线；(b) $L_{2,2}$截面应变曲线；(c) $L_{2,3}$截面应变曲线

由图3可知，随着预应力筋数量在增加，实现了预应力木梁中，使木材受压、预应力筋受拉在理想受力状态。虽然整个试验过程中钢筋的强度并没有得到充分的发挥，但是多

配置预应力钢筋可以对梁的承载力、刚度和延性等方面进行一定的改善。

3.3 预应力值影响研究

试验结果表明，施加预应力值较小的梁一般是层板开胶破坏，而施加预应力值较大的梁一般是先在三分点处木梁顶部起褶，接着多处出现裂纹和褶皱，最后三分点处木梁底纤维拉断破坏。试验结果表明，随着施加预应力值的增大，预应力木梁可承担的极限荷载也随之增加。试验梁的截面应变曲线如图 4 所示。

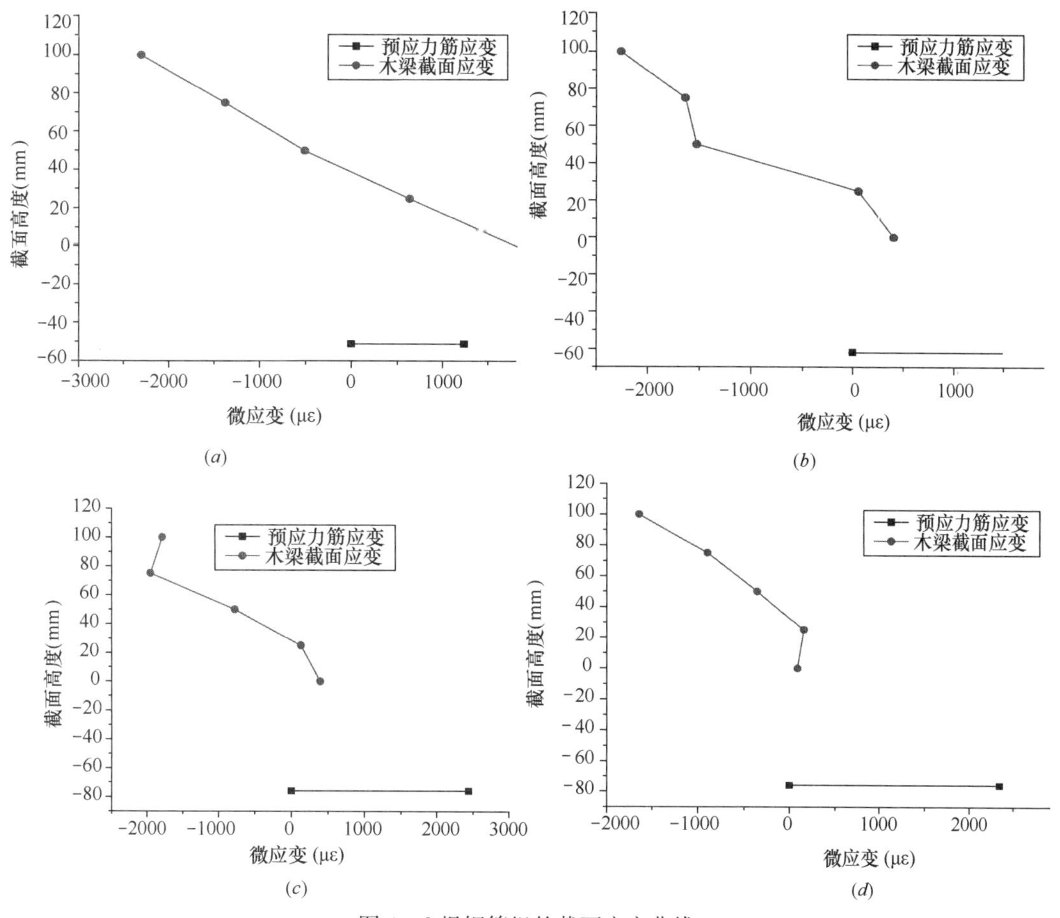

图 4　2 根钢筋组的截面应变曲线

(a) $L_{0,2}$截面应变曲线；(b) $L_{1,2}$截面应变曲线；(c) $L_{2,2}$截面应变曲线；(d) $L_{3,2}$截面应变曲线

由图 4 可知，随着施加预应力值的增加，梁在破坏前截面受压区域就越大，对于预加力为 92.32kN 的梁，破坏时基本达到了全截面受压在状态。

4 预应力胶合木张弦梁长期试验研究

4.1 试件设计及分组

按照相关标准，预应力胶合木梁尺寸设计为 3150×100×100（mm），梁的胶合木部分采用东北落叶松进行制作，预应力筋选择直径为7mm的低松弛1570级预应力钢丝。试验构件分为A、B组，A组保持总预加力3.079kN不变，包括L_{A1}～L_{A3}三种梁，下角标1、2、3分别代表预应力钢丝根数为2、4、6根，B组保持总钢丝根数4根不变，包括L_{B1}～L_{B3}三种梁，下角标1、2、3分别代表总预加力为0、3.079、6.158kN。

4.2 预应力钢丝应力及跨中挠度变化规律

对A、B两组梁经过45天的长期加载试验，明确钢丝数量和预加力值对钢丝应力变化的影响规律以及钢丝数量和预加力值对跨中长期挠度变化的影响规律。A、B两组试验梁中，预应力钢丝总应力随时间变化的关系曲线如图5所示，跨中总挠度随时间的变化曲线如图6所示。

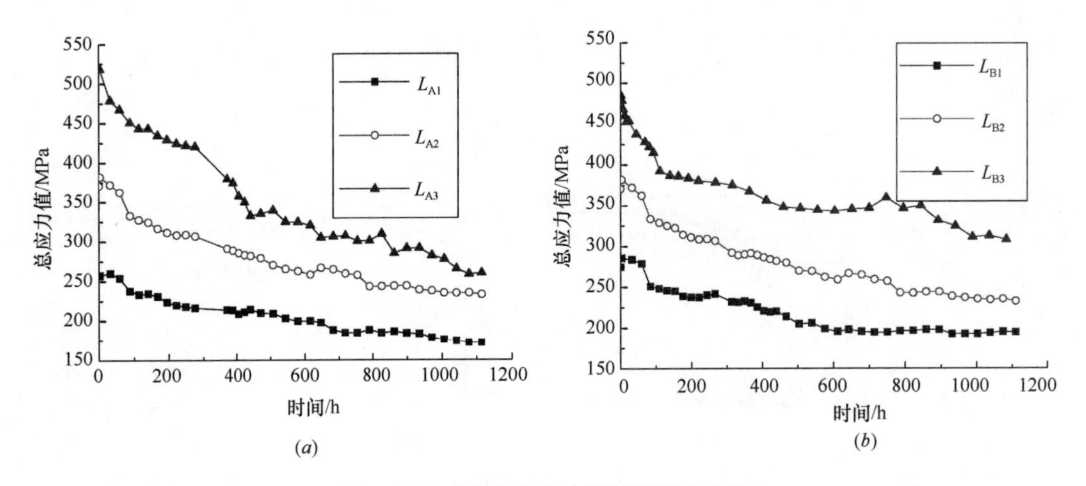

图5 预应力钢丝总应力随时间变化曲线

(a) A组；(b) B组

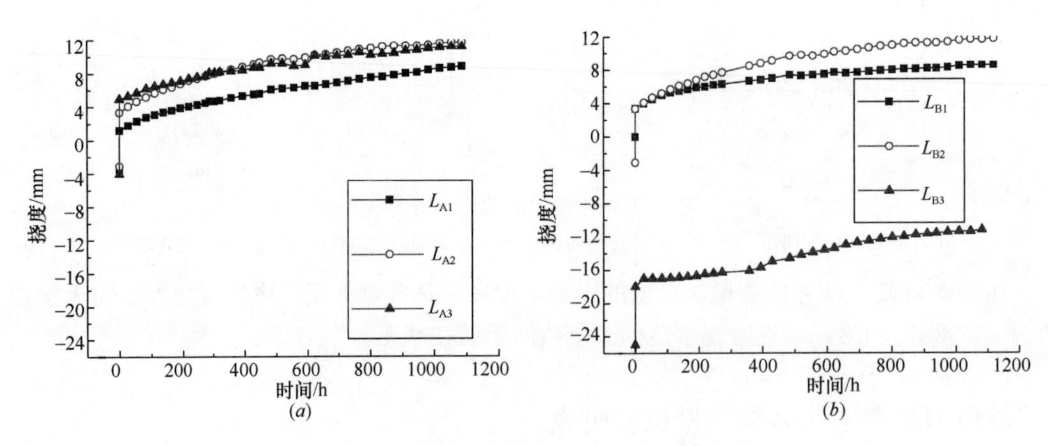

图6 梁跨中总挠度随时间变化曲线

(a) A组；(b) B组

4.3 蠕变系数 θ 及长期刚度 B 计算公式

引入木梁长期加载时的总挠度与瞬时挠度的比值即蠕变系数 θ，来考虑蠕变对挠度的影响。

通过对试验数据的分析拟合，可得各组梁蠕变系数 θ 的取值。建议根据预应力钢丝数量和预加力大小，蠕变系数 θ 在 2～3 范围内取值。预应力钢丝数量越多，预加力值越大，θ 取值越小；反之，θ 取值越大。借鉴《混凝土结构设计规范》（GB 50010—2010）中根据试验结果确定挠度增大影响系数 θ，进而计算构件长期刚度 B 的方法。提出预应力胶合木梁的长期刚度 B 的计算建议公式，计算简图如图 7 所示。

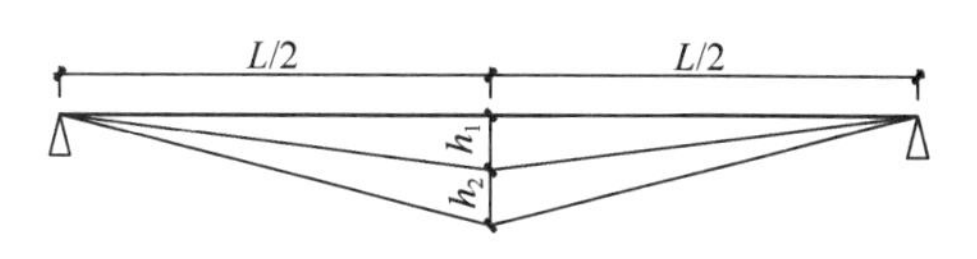

图 7　预应力胶合木梁整体计算简图

$$B=M_k/[M_q\times(\theta-1)+M_k]\times B_s=M_k/[M_q\times(\theta-1)+M_k]\times M/(w_{1/2}-f_2)$$

式中：B——受弯构件考虑荷载长期作用影响的刚度；

B_s——按标准组合计算的预应力受弯构件短期刚度；

θ——蠕变系数；

M_k，M_q——按荷载的标准组合和准永久组合计算的弯矩，取计算区段内的最大弯值；

M——三分点加载时，梁跨中弯矩，且 $M=Fl/(2\times3)=Fl/6$；

$w_{1/2}$——跨中挠度，且 $w_{1/2}=23Fl^3/(1296EI)$；

f_2——施加预应力后跨中起拱值，且

$$f_2=\frac{E_pA_p(h_1+h_2)L^3}{24E_mI_m}\times\left[\frac{1}{\sqrt{\left(\frac{L}{2}\right)^2+h_1^2}}-\frac{1}{\sqrt{\left(\frac{L}{2}\right)^2+(h_1+h_2)^2}}\right]$$

5 结论

(1)通过胶合木棱柱体试件抗压试验，研究了树种类别、树种组合、层板厚度和组坯方式对胶合木顺纹受压性能的影响，并得到了相关结论。

(2)通过预应力胶合木张弦梁短期试验研究预加力大小和预应力筋数量对预应力胶合木张弦梁短期受弯性能的影响。研究表明：当施加外荷载相同的情况下，梁构件的变形随着预应力筋数量的增加而减小，在预应力筋根数相同的情况下，梁构件在破坏前的截面受压区域随着施加预应力值的增加而增大。

(3)通过长期加载试验研究了预加力大小和预应力筋数量对预应力胶合木张弦梁长期受弯性能的影响。研究表明：当总预加力数值相同时，预应力钢丝数量越多，梁跨中挠度随时间增长的速度越慢；当预应力钢丝数量相同时，随总预加力数值增大，梁跨中挠度随时间增长的速度略有加快；最后给出了蠕变系数 θ 的取值建议，并提出了木梁长期刚度 B 的计算公式。

参考文献

[1] Josef Kolb. Multi-storey timber structure[M]. Switzerland: Birkhäuser Basel, 2008, 188-200

[2] Yunkang Sui, Jingya Chang, Hongling Ye. Numerical Simulation of Semi-Rigid Element in Timber Structure Based on Finite Element Method[M]. Computational Structural Engineering. 2009, 6: 643-652

[3] Jochen Kohler, Staffan Svensson. Probabilistic representation of duration of load effects in timber structures. Engineering Structures. 2011, 33(2): 462-467

[4] Jacques Michel Njankouo, Jean-Claude Dotreppe, Jean-Marc Franssen. Fire resistance of timbers from tropical countries and comparison of experimental charring rates with various models[J]. Construction and Building Materials. 2005, 19(5): 376-386

[5] P. Racher, K. Laplanche, D. Dhima and A. Bouchaïr. Thermo-mechanical analysis of the fire performance of dowelled timber connection[M]. Engineering Structures. 2010, 32(4): 1148-1157

[6] 樊承谋．木结构在我国的发展前景[J]. 建筑技术．2003, 34(4): 297-299

[7] 郭伟，费本华，陈恩灵，任海青，周海宾．我国木结构建筑行业发展现状分析[J]. 木材工业．2009, 23(2): 19-22

[8] 刘杰，赵冬梅，田振昆．现代木结构建筑在上海[J]. New Architecture. 2005, 5: 8-9

[9] 刘伟庆，杨会峰．工程木梁的受弯性能试验研究[J]. 建筑结构学报．2008, 29(1): 90-95

[10] Alfredo S. Ribeiro, Abílio M. P. de Jesus, António M. Lima, José L. C. Lousada. Taheri. Study of strengthening solutions for glued-laminated wood beams of maritime pine wood[J]. Construction and Building Materials. 2009, 23(8): 2738-2745

[11] A. C. Manalo, T. Aravinthan, W. Karunasena. Flexural behaviour of glue-laminated fibre composite sandwich beams[J]. Composite Structures. 2010, 92(11): 2703-2711

[12] Xueliang Wang, Weilian Qu. Long-term cumulative damage model of historical timber member under varying hygrothermal environment[J]. Wuhan University Journal of Natural Sciences. 2009, 14(5): 430-436

[13] M. Yahyaei-Moayyed, F. Taheri. Creep response of glued-laminated beam reinforced with prestressed sub-laminated composite. Construction and Building Materials. 2011, 25(5): 2495-2506

[14] M. Yahyaei-Moayyed, F. Taheri. Experimental and computational investigations into creep response of AFRP reinforced timber beams[J]. Composite Structures. 2011, 93(2): 616-628

[15] 张济梅，潘景龙，董宏波．张弦木梁变形特性的试验研究[J]. 低温建筑技术．2006, 2: 49-51

钢管束组合剪力墙结构体系及实际工程问题探讨

杨作续[1]，郝润霞[1]，刘亮俊[2]，苏丽丽[2]，张安康[1]
（1. 内蒙古科技大学 建筑与土木工程学院，包头 014000；
2. 万郡房地产（包头）有限公司，包头 014000）

摘　要：钢管束柱体系是一种可工厂化制作，可装配化施工的适用于中高层钢结构住宅的新型抗侧力体系。将钢管束柱体系应用于钢结构住宅的剪力墙中，形成了一种新型住宅结构体系——钢管束组合剪力墙结构体系，钢管束组合剪力墙结构以钢管束组合结构构件（钢管束柱）作为抗侧力构件，主要承受竖向和水平荷载。钢管束组合剪力墙结构体系巧妙地将钢管束混凝土组合结构与剪力墙结构有机联系在一起，既能满足布置灵活的建筑功能要求，又能充分发挥工厂化制作、装配化施工的优势，符合建筑产业现代化和新型建筑工厂化的发展要求。通过钢管束组合剪力墙结构体系与传统剪力墙结构体系对比发现，该结构体系具有工业化程度高，施工速度快，建造周期短，抗震性能好，对环境污染小，经济成本低的优势，是一种极具市场发展前景的绿色住宅结构体系。但是由于该体系为新型的结构体系，在实际应用中难免会出现了一些技术问题，如H型钢梁翼缘宽度小于150mm如何开孔补强；钢管束柱构件的防火性能的研究；钢管束墙体装修系列问题的研究等，结合已有工程实例，对于解决途径得以参考，但具体解决方案的确定还亟需进一步的研究分析、解决。

关键词：钢管束柱体系；抗侧力体系；组合剪力墙；绿色住宅结构体系
中文分类号：TU391

STEEL PIPE BOUND-COLUMN COMPOSITE SHEAR WALL STRUCTURE SYSTEM AND DISCUSSION ON PRACTICAL ENGINEERING PROBLEMS

Z. X. Yang[1]，R. X. Hao[1]，L. J. Liu[2]，L. L. Su[2]，
A. K. Zhang[1]
（1. The College of Architecture and Civil Engineering，Inner Mongolia
University of Science&Technology，Baotou　014000，China；
2. Wan County Real Estate (Baotou) Co.，Ltd.，Baotou　014000，China）

Abstract：Steel pipe bound-column system is a new type of anti lateral force system which can be used in the production of the factory，which can be applied to the middle and high rise steel structures. The steel beam

第一作者及通讯作者：杨作续（1991—），男，硕士生 主要从事钢管束组合结构实际问题的研究，E-mail：yangzuoxu_imust@sina.com.

第二作者：郝润霞（1972—），女，硕士，副教授，硕导，主要从事结构工程方面的研究，E-mail：haorx5300630@163.com.

column system applied to steel structure residential shear walls, forming a new residential structure system of steel tube beam combined shear wall structure system of steel tube beam composite shear wall structure with steel tube beam combiner (steel tube beam columns) as anti lateral force component, mainly under vertical and horizontal load. Steel beam composite shear wall structure system of the steel beam concrete composite structure and shear wall structure organically linked together, not only can meet the flexible arrangement of building function, but also give full play to the Factory production, the advantages of assembly of the construction, in line with the requirements of the development of the modernization of the construction industry and construction of new factory. Found in many aspects compared through steel beam composite shear wall structure system and the traditional shear wall structure system. This new type of structural system with a high degree of industrialization, fast construction speed, short construction period, good seismic performance, little pollution to the environment, economic cost low, is a very market prospects for the development of green residential structure system. However, because the system is a new type of structure system, some technical problems will inevitably arise in the practical application, Such as H type steel beam flange width less than 150mm to opening reinforcement; fire resistance of steel tube beam columns; steel beam wall decoration series of problems. The research, combined with the existing project, solutions can refer to, but specific solutions determine also need in further research and analysis to solve.

Keywords: Steel Pipe Bound-Column System, Resist Lateral System, Composite Shear Wall, Green Residence Structure System

1 引言

我国城镇化建设的快速推进，使得建筑工业化展现出良好的发展前景。按照《国家新型城镇化规划（2014—2020 年）》，2020 年中国常住人口城镇化率将由 2012 年的 52.6%提高至约 60%，城镇绿色建筑占新建建筑比重则由 2012 年的 2%提高至 50%[1]。“十三五”规划中也特别指出要牢固树立创新、协调、绿色、开放、共享的发展理念。钢结构住宅体系正是符合这种发展理念的“绿色建筑”结构形式。与传统的钢筋混凝土结构住宅相比，钢结构住宅是一种环保型绿色住宅，具有轻质、高强、抗震性能好、基础造价低等优点，其作为新型建筑工业化集成的产品，搭载了住宅产业化发展的动力车：标准化设计、工业化制造、量产化生产、装配式施工、一体式装修、信息工程化管理和集成一体化服务[2]。钢结构住宅符合国家住宅产业化的目标，符合可持续性发展战略，对保护农用用地、提高城市建设水平有较大的影响。因此大力发展绿色、节能的钢结构体系住宅必将大大促进住宅产业化的快速发展。

钢管束组合剪力墙结构体系是由我国建筑产业现代化和新型建筑工业化钢结构绿色建筑领军企业——杭萧钢构自主研发的一种新型绿色节能的钢结构住宅体系。2015 年 2 月 16 日由杭萧钢构承建的钱江世纪城人才专项用房 11 号楼首吊仪式顺利启动，首根钢柱的顺利吊装，标志着钢管束组合结构成功应用于高层住宅中[3]。

2 项目概况

“绿色节能型建筑”——万郡·大都城住宅小区是由万郡房地产（包头）有限公司在

包头开发建设的全国钢结构住宅产业化示范小区，2014 年被住建部批准为“省地节能环保型住宅”“国家康居示范工程”，荣获“建筑设计金奖”“规划设计金奖”“施工组织管理金奖”“住宅产业化成套技术推广金奖”四项金奖。

该小区总占地面积约 $28\times10^4m^2$，总建筑面积约 $100\times10^4m^2$，总建筑高度 96.8m。其中：地上 26～33 层，地下 2 层，层高 2.95m。住宅建筑面积：$81.5\times10^4m^2$，以高层钢结构住宅产业化为主，地下建筑面积 $16.5\times10^4m^2$，主要是地下停车场，配套设施包括居委会、幼儿园、会所、物业用房、垃圾站、休闲活动场地等，建筑密度 23%，绿化率达 35%，空地硬化率 100%。采用 CFG 筏板基础（钻孔灌注桩复合地基），一、二期项目结构体系采用钢框架及钢支撑组合的双重抗侧力结构体系，矩形钢管混凝土柱（内灌自密实混凝土）、H 型钢组合梁和钢支撑、梁柱连接节点采用横隔板贯通式刚接连接，围护结构采用钢筋桁架楼承板，轻钢龙骨及 CCA 灌浆墙体（外墙墙体内使用防火型保温材料）、断桥铝合金双层加芯玻璃门窗，是国内首个取得二星级绿色建筑设计标识的高层钢结构住宅小区。三、四期项目结构体系采用钢管束柱组合剪力墙结构体系这一新技术，实现集约化生产与建造，推进国家绿色建筑行动，符合住宅产业化的发展。

3 钢管束组合剪力墙结构体系概述

3.1 钢管束组合剪力墙结构体系简介

钢管束组合结构剪力墙是一种新型的剪力墙结构形式，构成详见图 1，它巧妙地将钢管束混凝土组合结构与剪力墙结构有机联系在一起，既能满足布置灵活的建筑功能要求，又能充分发挥工厂化制作、装配化施工的优势。个性化要求的结构构件转化为标准化的部件，钢管束体系部件工业化大规模生产，产品高精度，质量超稳定，易于实现标准化，而且隐蔽工程少，质量易控制。钢管束体系由钢管柱、钢管束组合结构构件与 H 型钢梁或箱形梁连接而成。其中钢管柱和 H 型钢梁或箱形梁组成框架；钢管束组合结构构件由钢

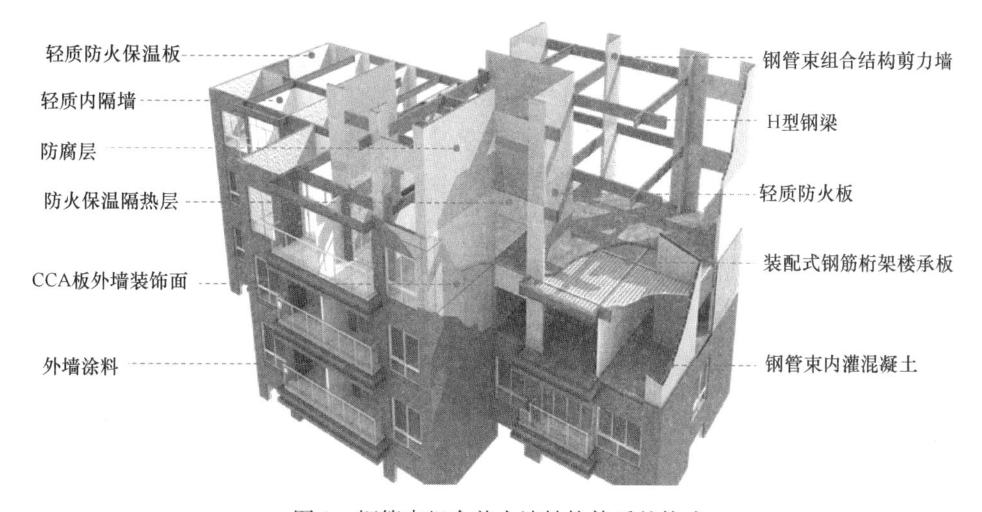

图 1　钢管束组合剪力墙结构体系的构成

Fig. 1　The structure of steel pipe combined shear wall structure

管束总成构成，而钢管束总成则由多个钢管单元依次连接构成，钢管单元具有空腔，空腔内浇注无收缩自密实混凝土[4]。梁主要采用高频焊接轻型 H 型钢；梁柱连接节点采用直通横隔板式的刚接连接；楼板采用钢筋桁架楼承板现浇混凝土组合楼板；内外墙体装饰面板采用具有优异抗渗、保温、防火、节能和环保性能的汉德邦 CCA 板灌浆墙面。

钢管束组合剪力墙结构体系与国内现有的钢结构建筑体系如钢支撑-框架体系、钢框架—混凝土核心筒体系、钢框架—钢板剪力墙体系相比，具有节省钢材，节约成本，施工周期短的优势。这种新型住宅结构体系紧抓住宅产业化发展的新机遇，集模数化设计、标准化制造、装配化施工、BIM 技术信息化管理和定制化开发为一体，用以满足减少建筑耗能、降低劳动强度、缩短建造周期、增加使用面积、节能减排、抗震减灾，真正实现农民工转变为产业工人，推进新型城镇化发展，消化钢铁产能，实现“藏钢于建筑，藏富于民”等建筑产业现代化和新型建筑工业化的新要求[5]。

3.2 钢管束组合剪力墙结构形式及平面布置

钢管束组合剪力墙结构体系相比传统的钢筋混凝土剪力墙结构体系，克服了传统剪力墙结构自重大、使用空间受限和平面布置不灵活的缺点。该体系平面构造布置灵活，使用空间大，结构自重轻。钢管束组合剪力墙中的矩形钢管混凝土柱采用冷弯成型高频焊接方形钢管混凝土组合结构；钢管束组合剪力墙采用钢管束组合结构构件，由钢管束总成构成；钢管束总成则由多个钢管单元依次连接构成，钢管单元由横截面为 U 字形的钢管拼接而成，每个钢管单元的 U 字形开口位置处拼接另一个钢管的 U 字形的折弯底部。采用钢管封闭焊接，使之组合为剪力墙[4]。钢结构构件防火处理采用厚涂型防火涂料外包 CCA 板。钢管柱内填充无收缩自密实混凝土（C35-C50），钢管束组合剪力墙内填充无收缩自密实混凝土（C35-C50）。

钢管束组合剪力墙的结构形式及平面布置见图 2 和图 3。

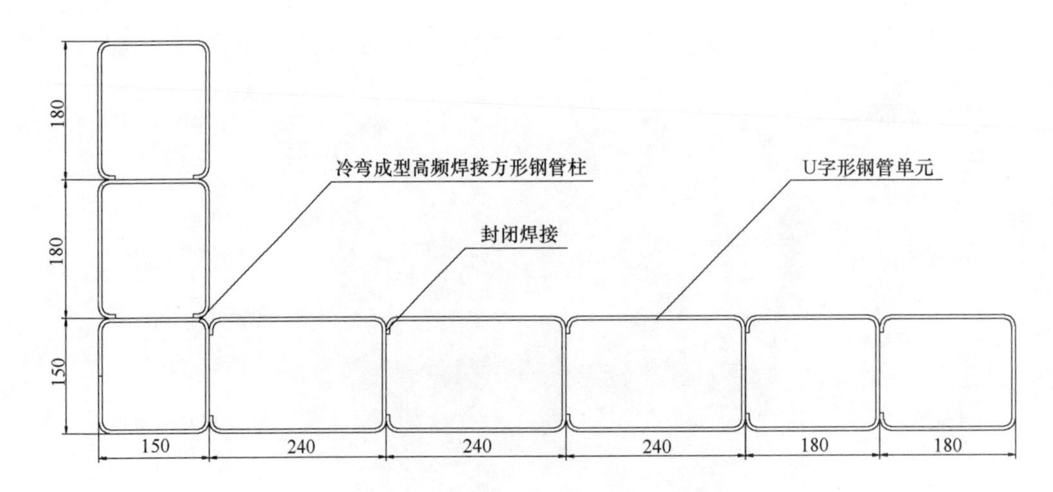

图 2 钢管束组合剪力墙的结构详图

Fig. 2 The structural details of steel tube beam composite shear walls

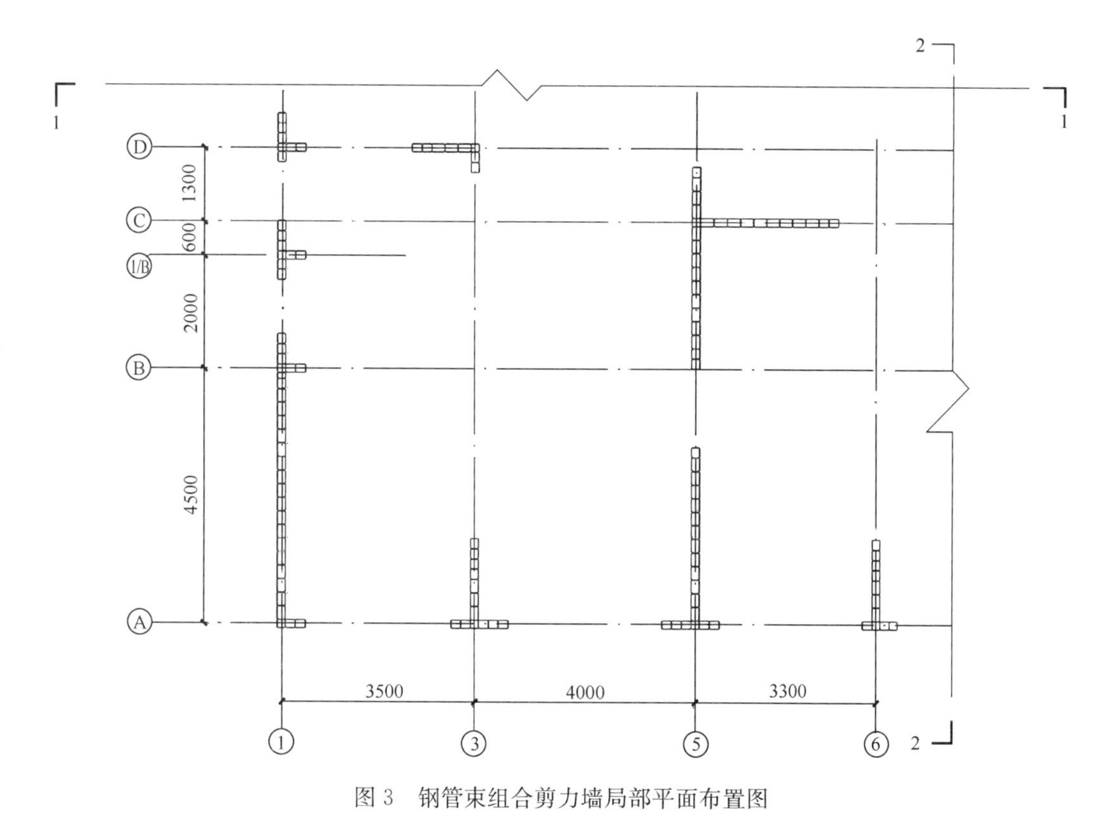

图 3　钢管束组合剪力墙局部平面布置图

Fig. 3　The combined shear wall of steel pipe combination of local layout

4　钢管束组合剪力墙结构住宅体系特点

4.1　模数化，标准化，工业化的特点

为了实现建筑设计和结构设计的协调，钢管束柱剪结构力墙住宅体系采用模数化，标准化，工业化的工艺流程。冷弯成型高频焊接方矩钢管，高频焊接轻型 H 型钢，以及各个节点连接构件均可按照构造的需求设置几种不同尺寸，实现量产化生产，装配化施工。而传统的剪力墙住宅体系模数化，标准化，工业化程度较低，不能有效的利用工厂预制装配。

4.2　抗震性能的特点

该体系以钢管束组合结构构件（钢管束柱）作为抗侧力构件，主要承受竖向和水平荷载，可有效地减少其他部件的受力。与传统的剪力墙相比，其抗震性能明显具有优势。传统的剪力墙一旦遭受破坏，混凝土破碎，即失去承载能力。该体系中钢管柱和 H 型钢梁或箱形梁组成框架，钢管束组合剪力墙由多个钢管单元依次焊接构成，外部钢管环箍混凝土不仅能够直接承受和传递竖向荷载还能有效的承担弯矩、剪力以及抗侧向撞击，使之形成新型框架钢束剪力墙体系；该体系各构件协同作用可大幅度提高结构的整体耗能能力和结构延性，从而提高建筑结构的抗震性能。

4.3 施工工期的特点

该体系采用装配化施工工艺，一节柱可起三层，三层可同时施工，梁柱框架、楼承板及墙体等工序可采用立体交叉作业进行，楼承板可直接连接在墙体上，不需要构造钢梁予以承接。钢管束内部采用无收缩自密实混凝土直接灌注，钢管束代替原有模板，可减少原有支模拆模时间，施工作业无需混凝土初凝与硬化等工序等候，钢结构主体工程工期能达到 3d/层，可缩短工期 1/3 以上。

4.4 绿色环保的特点

该体系采用“模数化设计、标准化制造、装配化施工”住宅产业现代化技术，结构采用钢管混凝土组合剪力墙结构新技术，实现集约化生产与建造，减少现场建材用地；现场作业量降低约 60%，可大幅度减少用工量，缓解“用工荒”。同时也可大幅度降低扬尘、噪声及污水排放等污染，减少施工垃圾，节省木材资源。主体结构采用钢结构，可回收冶炼，循环利用，利用率达 70%～80%；龙骨采用冷弯薄壁型钢，可回收冶炼，灌浆料也可经粉碎处理循环利用；装配式楼承板底模可重复使用，降低成本，施工速度快，质量易于保证。

4.5 基础造价的特点

该体系投资收益快，可回收、住宅利用率相对较高；钢管束组合应用于剪力墙中，使得墙长延长，墙厚渐薄，此举可增加 5%～8%室内得房率，还能进一步提升住宅的居住舒适感和美感；其整体的用钢量也要低于传统剪力墙结构的 30%左右；其综合成本可以逼平或者略低于传统建筑工艺，可成为当下高质量低成本的钢结构住宅的技术标杆。

5 钢管束组合剪力墙结构体系施工中的主要问题

万郡·大都城钢结构住宅三四期项目对钢管束柱组合剪力墙结构的应用，在实际施工使用中存在的主要技术问题：

(1) 针对 H 型钢梁翼缘开孔技术的应用与研究亟需试验研究解决。解决途径需通过实验和计算使 H 型钢梁翼缘实现现场开孔，从而顺利穿越电管，用以降低墙体抹灰厚度，减少室内包梁阴阳角，提升墙面整体平整度，降低建设成本。贾鹏刚，郝际平等[6]验证钢梁翼缘开孔后按照等强设计方法进行的补强措施的合理性，试验表明开孔补强试件的极限承载力大于完整试件 2.46%，屈服荷载前者小于后者 2.1%，两试件荷载一位移曲线贴合比较好，充分说明补强措施的合理性，可以为工程应用提供参考，但钢梁翼缘宽度小于 150mm 时是否仍适用，有待进一步试验论证。

(2) 针对钢结构构件防火性能的研究。钢结构构件的防火性能主要由材料的防火性能决定，但也会受构造作法的影响。解决途径主要应通过实验、计算、材料选择，合理降低防火涂料厚度，或选用新型防火材料，规避粗放型施工方式等。万郡·大都城已建项目中钢构件采用厚涂型防火涂料外包 CCA 板防火处理，将建筑装修与防火合二为一。该方法是在纤维水泥板与钢构件之间的空腔内泵入厚涂型防火涂料，以纤维水泥板和防火填充浆的耐火隔热作用来提高钢构件耐火极限。该方法不仅耐火性能可靠，而且气密性好，有利于钢构件防腐。针对此类处理方法可作为研究对象作进一步深入分析，以便更好地应用于钢管束组合剪力墙体系中。

（3）针对钢管束组合剪力墙住宅中保温装饰一体化外墙板技术的应用与探讨。主要考虑如何更好地解决墙体保温材料及外墙渗漏、开裂等问题的处理。现有国内一些钢结构住宅工程实例中通过在材料选用、构造技术及施工技术三个方面的控制，可有效地解决墙体的渗漏、开裂技术问题[7]。针对墙体保温材料及外墙的开裂问题，材料的选用方面一是要优化材料配比，降低材料的收缩率；二是做好半成品的养护工作，使物料水化反应充分，降低墙板含水率。[8]。构造技术方面，墙板连接处设置“诱导缝”，可以大大减少和有效控制裂缝。施工技术方面，选用玻纤网布、柔性填缝材料（弹性腻子、橡塑海绵）、防裂胶带以及聚苯颗粒保温材料等。可有效防止裂缝的出现以及裂缝出现后有效消除裂缝或抑制裂缝的发展。针对墙体保温材料及外墙的渗漏问题，材料的选用方面，可选用JS防水涂料、防水砂浆等对墙体板缝进行处理。构造技术方面，严格把握墙板之间的连接。施工技术方面，在墙体抹灰处理时或粘贴墙体饰面材料（面砖等）时严格控制施工工艺。针对已有渗漏现象及时采取补救措施。结合上述解决方案，如何应用到钢管束组合剪力墙结构体系中，还需进一步的研究验证。

（4）针对钢管束墙体装修系列问题的探讨与研究。主要就如何实现钢管束墙体挂重问题处理；如何解决厨房卫生间钢管束墙体防腐、防水问题处理等。目前钢管束墙体由于自身构造形式的原因，挂重必定要进行钢管壁钻孔开槽处理或者焊接预制件处理，但继而引发一系列问题如墙体开槽后防腐防火处理以及墙体装修施工时预留件影响施工进度等问题，使之不能有效的解决。厨房卫生间，水是不可避免的，如何实现更好的防水防腐蚀处理而不影响室内造型美观，亟需进一步的探讨和研究。住宅产业一体化的发展，需要装修一体化配套设施的健全。而国内装修一体化配套设施研发设计应用还处于发展阶段，这就亟需各大科研院校和企业展开深入探讨，研究与之相关的技术要题。

6 结论与展望

通过对钢管束组合剪力墙结构住宅体系的阐述和分析，从钢管束组合剪力墙结构住宅体系设计理念、钢管束组合剪力墙结构住宅体系的结构特点可以看出，与传统剪力墙结构体系进行对比分析，钢管束组合剪力墙结构住宅体系具有抗震性能好、产业化率高、施工周期短、得房面积多、建筑垃圾及粉尘排放少的优点，达到节能环保和可持续发展的目标，给人营造更舒适、更安全的生活空间。而如何选择和开发装修配套设施，如何解决墙体存在的构造技术问题，改善墙体的使用功能，提高墙体的节能效果，仍是目前钢管束组合剪力墙结构体系推广中的关键问题之一。针对钢管束组合剪力墙结构体系在应用中存在的技术问题，故亟需进一步的试验与研究论证解决。相信随着各大科研院校、企业的进一步的探讨与研究，钢管束组合剪力墙结构住宅体系会慢慢地趋于成熟完善继而被广泛推广应用，真正实现可持续发展和住宅产业化发展的宏伟目标。

参考文献

[1] 国家新型城镇化规划(2014－2020 年)[Z]. 2014.

[2] GB 50755—2012 钢结构工程施工规范[S]. 北京：中国建筑工业出版社，2012.

[3] 浙江杭萧钢构股份有限公司. 杭萧钢构推广钢管束柱组合钢结构住宅体系[N].

[4] 浙江杭萧钢构股份有限公司. 一种用于工业化居住建筑的框架——钢管束组合结构体系：中国，201420023561[P]. 2014-01-15.

[5] 陈芳，方鸿强. “绿色节能型建筑”——万郡·大都城钢结构住宅[C]. 钢结构与金属屋面新技术应用，2015：280-283.

[6] 贾鹏刚，郝际平，郑江等. 钢梁翼缘开孔补强技术试验研究[J]. 建筑科学，2013，29(5)：39-39

[7] 纪伟东. 钢结构住宅中围护墙板体系技术研究[D]. 天津：天津大学，2008：22-31

[8] 刘淑宏，武崇福. 轻质墙板墙体开裂原因的分析及对策[C]. 新型墙体材料与施工，2004，(5)：4-6

单层、单跨厂房的非线性动力时程分析

高华国，杨恒杰

（辽宁科技大学　土木工程学院，辽宁　鞍山 114051）

摘　要：时程分析法是对结构物的运动微分方程直接进行逐步积分求解的一种动力分析方法。由时程分析可得到各个质点随时间变化的位移、速度和加速度动力反应，进而计算构件内力和变形的时程变化。本文通过 SAP2000 结构设计软件，主要控制了材料非线性属性，进行单层、单跨钢筋混凝土柱排架厂房简化模型的有限元模拟。梁、柱、杆系单元模型采用空间多质点系。对工业厂房实际采用的钢屋架、支撑系统、系杆进行了改进模拟。选用 Takeda 二折线滞变曲线模型来定义钢筋混凝土材料的非线性属性。经过非线性动力时程分析试算，模拟找出模型中塑性铰出现位置、出现次序及震害分布情况。根据模拟结果对关键位置提出合理加固方案。

关键词：非线性；时程分析；地震波；塑性铰；空间有限元模型

中图分类号：TP375

DYNAMIC ELAS-TO-PLASTIC TIME-HISTORY ANALYSIS OF SINGLE-STORY SINGLE-SPAN INDUSTRIAL BUILDING

H. G. Gao，H. J. Yang

（School of Civil Engineering，University Of Science And Technology Liaoning，Anshan 114051，China.）

Abstract: Time history analysis is a dynamic analysis method. The differential equation of structure is solved by step-by-step integration directly. The displacement velocity and acceleration dynamic response of each particle can be obtained by time-procedure analysis. After that ，by using these data it is easier to calculate the changes of time-course about components internal force or transformation. In this article，software SAP2000 is used to structure design. The analysis mainly controls the material nonlinear property to simulate the damage on simplified model about reinforced concrete bent workshop building. Beams，columns and truss are used multi-particles system. In order to simulate the steel roof truss，support system，tie bar of industrial building all real components has been improved. Choose Takeda trilinear hysteretic curve model to define the nonlinear property of reinforced concrete materials. According to non-linear time history analysis find the output sequence and position of the plastic reams and earthquake distribution. According to the simulation results of key positions reasonable reinforcement scheme will be put forward.

Keywords: non-linear，time history analysis，wave of ground motion，plastic hinge，spatial finite element model

1 引言

时程分析是结构在地震波作用下更加符合实际情况的动力分析，早已成为结构设计领域主要的发展研究方向。根据我国在结构抗震设计中提出的“小震不坏，中震可修，大震不倒”三水准设防要求以及结构弹性阶段的承载力设计和弹塑性阶段整体变形验算的两阶段设计理论，结构主体受到大震影响是允许部分构件出现塑性发展的。SAP2000 作为有限元模拟工具可以在进行非线性时程分析中考虑结构构件的塑性发展情况（形成塑性铰）。非线性时程分析是目前模拟建筑结构抗震表现最准确、最完善的方法之一。本文根据我国厂房标准图集建立模型，对实际工程应用有一定参考意义。

2 厂房模型

2.1 模型选取

本文根据 SAP2000 中空间多质点梁、柱、杆系单元建立单层、单跨钢筋混凝土厂房有限元模型。建模主要参考了文献[3]中的模型建立与基本假设，并结合图集《06SG515-2 轻型屋面梯形钢屋架》采用了厂房用轻型钢屋架 GWJ18-1 作为本文屋架的模拟对象。此外对上下弦杆、支撑系统、吊车荷载的模拟做了相应改进。主体框架如图 1、图 2 所示。

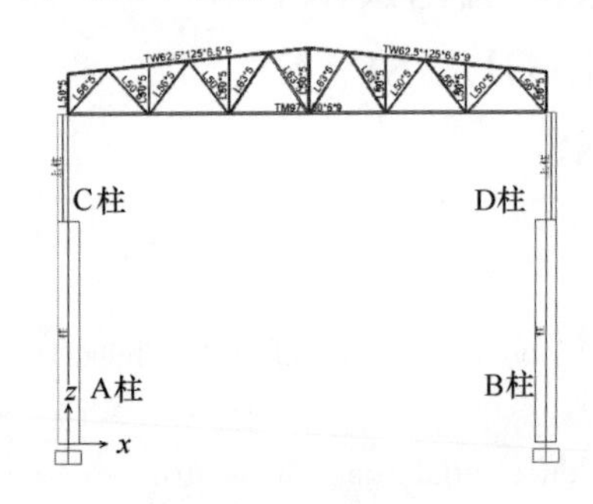

图 1 平面模型

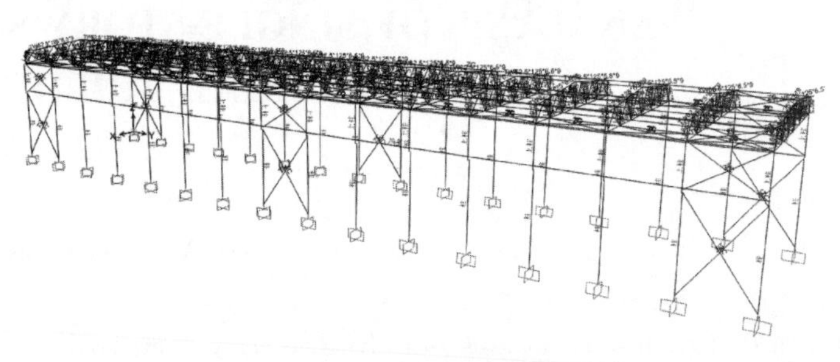

图 2 主体框架部分模型

2.2 详细参数

7 度抗震设防时，上柱柱高：3.9m，矩形截面：400×400 mm^2，拉压区对称配筋：2ϕ20；下柱高 8.1m，采用“工”字形截面，高 h 为 800mm，翼缘宽度 b 为 400mm，腹板厚度 t_w 为 100mm，翼缘厚度 t 为 100mm，翼缘每侧为 2ϕ16 和 2ϕ25，对称布置；箍筋：ϕ10。

2.3 具体建模情况

（1）采用 GWJ18-1 轻型屋面梯形钢屋架，屋架中的桁架部分均为铰接，通过杆端弯矩释放模拟成理想铰结点。

(2) 软件通过端部弯矩释放功能将屋架焊接的支座底板与上柱柱顶进行锚栓连接模拟成平面内的铰接体系。

(3) 为考虑屋面板的双向变形，利用 SAP2000 中的刚度系数修正功能忽略了屋面板平面内传递的轴力，选用 shell 单元。

(4) 为模拟支撑杆件的拉压情况将杆件端部弯矩释放形成支撑系统的铰接。

(5) 屋架两端系杆、横向支撑系杆均采用刚性系杆，赋予截面足够刚度使系杆受力时不发生形变。

(6) 根据国家建筑标准设计图集《03SG520-1 钢吊车梁（中轻级工作制 Q235 钢）》选用截面型号为 GDL6-3 的吊车梁。

2.4 本构及铰属性介绍

本文的模拟仅考虑了材料的非线性。在地震反应分析时，构件的滞变曲线选用图 3 所示的 Takeda 三折线模型，该模型能考虑卸载过程中构件的刚度退化特征因此被广泛使用，模拟效果较好。

卸载刚度由卸载点在骨架曲线上的位置和反向是否发生了第一屈服决定。对正向和负向可定义不同的屈服后的刚度折减系数，适用于钢筋混凝土梁、柱及支撑构件。

进行整个单层厂房的时程分析，需要定义合理的塑性铰参数才能准确反映结构各构件的变形能力及结构总体响应效果。SAP2000 中塑性铰属性的设置实现框架单元的材料非线性，即当单元截面内的内力超过单元面内的极限承载力时，截面将自动卸载并表现为铰接的形式，每个塑性铰用离散的铰点来模拟，所有塑性变形都发生在铰点内部，并定义了相应的长度。

本文选用的塑性铰有轴力铰和轴力—弯矩耦合铰，塑性铰模型如图 4 所示。塑性铰的出现顺序为：B-C-D-E，表示从刚开始出现塑性铰到构件完全失效。B 点为屈服点，只有截面内力超过 B 点对应值才会出现塑性变形，形成塑性铰，是最初始破坏极限状态；BC 点之间，塑性发展，是轻微破坏极限状态，此时结构能抵抗变形维持自生稳定；C 点为极限承载力，截面内力达到最大，介于轻微破坏和中等破坏极限状态之间；D 点表示塑性铰

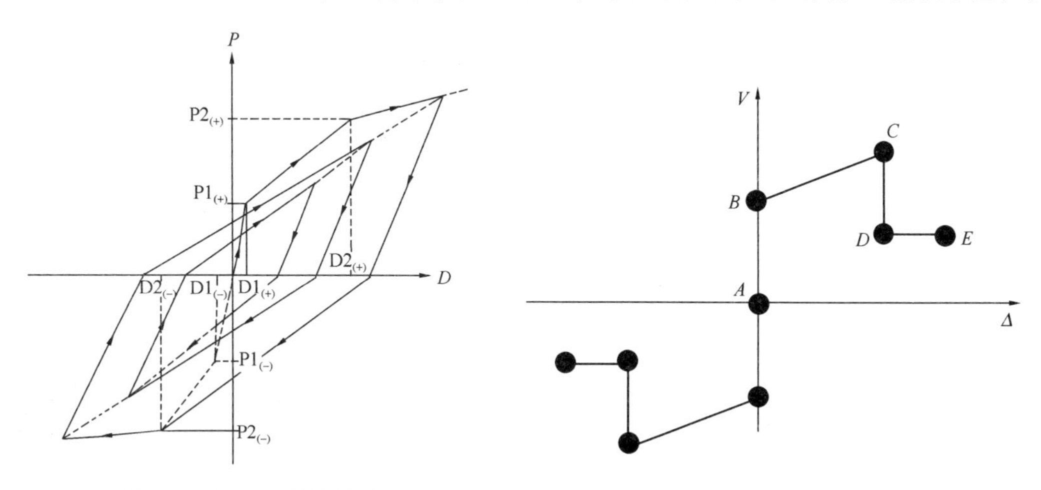

图 3 Takeda 三折线模型

图 4 SAP2000 非线性塑性铰属性

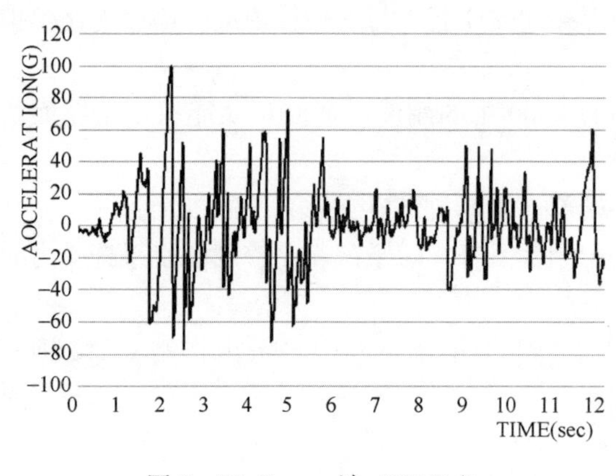

图 5 El Centro 波（100Gal）

的残余强度，构件还没有发生较大变形但已经开始失效并往严重破坏极限状态发展；E 点发生较大形变，构件丧失使用价值完全失效，相当于毁坏极限破坏状态。结合工业厂房实际震害情况，提高模型的非线性分析计算效率，在结构受损机率较高的部位加设额外塑性铰。例如，上下柱节点区设有轴力—弯矩耦合铰及在上下柱柱间支撑和竖向屋架支撑位置加设轴力铰，使结构在地震作用下的震害分布更加合理。

2.5 时程函数、地震动的载入

为了分析厂房在 7 度设防的情况下，地震作用下的抗震效果和破坏机理，时程函数选用了前 12s 的 El Centro 波（1940，NS），调整加速度幅值为 100Gal，见图 5。

3 数值计算结果与分析

3.1 塑性铰的发展

在模型分析后 SAP2000 能通过多步动画视频的方式显示模型动态变形视图，能直观查看结构在荷载作用下的情况。塑性铰的出现过程如图 6 所示。

图 6 是厂房的塑性铰分布情况，上柱根部牛腿附近位置首先进入塑性，随着结构塑性的发展，下柱根部也开始出现塑性铰，中间柱变形比较大且最先卸载退化为塑性铰与震害中厂房排架中部柱子和角柱震害较重实际情况相符，验证了本模型分析的可行性。动力时程分析的位移与结构的动态响应是相关的，且在位移响应回落时，铰的发展不可发生逆转。

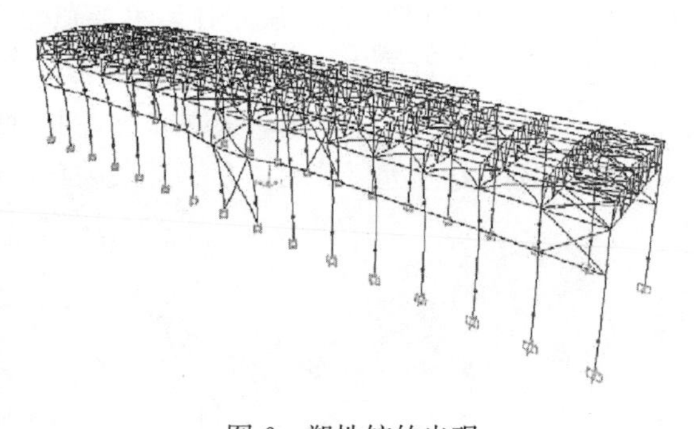
图 6 塑性铰的出现

3.2 厂房模型的验证

SAP2000 计算空间模型得到的一阶自振周期 $T=0.8139$（横向）。为验证所建模型的合理性，视单层、单跨厂房为单质点体系，计算集中到柱顶的总重力荷载：

$$W=1.0\times(W_{屋盖}+0.5W_{雪})+0.5W_{积灰})+0.5W_{吊车梁}+0.25\times(W_{柱}+W_{墙}) \quad (1)$$

横向基本周期为：

$$T_1=2\pi\sqrt{\frac{G_1\cdot\delta_{11}}{g}} \quad (2)$$

将公式（1）计算的总重力荷载 W 视为公式（2）中的等效重力荷载 G_1，计算结构横向基本周期。由平面单质点公式计算的横向基本周期 T_1 为 0.892（横向），两者较吻合。厂房结构基频 1.228Hz，载入特征频率 1.82Hz，频率比为 1.48。

3.3 变形验算及位移时程曲线

根据抗震规范 GB 50011—2010 规定的单层钢筋混凝土柱排架的弹塑性层间位移角限值为 1/30 的要求，对上下柱进行图 7 所示的验算，均满足要求。为了能够反映结构整个动力分析过程中的结构位移响应，分别输出了柱 A 和 AB 跨屋顶的位移值，绘制柱及屋架顶点位移曲线如图 8：

地震波	A柱		C柱	
	ΔU_p(cm)	θ_p	ΔU_p(cm)	θ_p
El Centro α_{max}–100GAL	4.57	1/177	3.76	1/104

图 7 牛腿变截面处的弹塑性变形验算

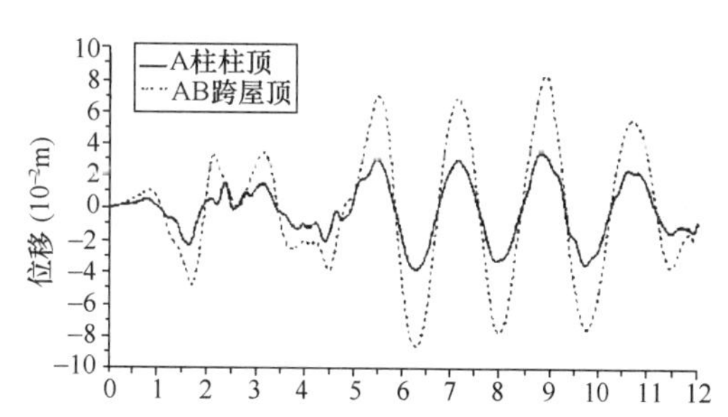

图 8 选用 El Centro 波为时程函数时的位移时程曲线

在动力分析过程中，屋盖系统与柱相互制约，能量在彼此互相传递中散失，削弱结构的地震反应，但是模型中 A 柱一端为固结，支座变形较少，耗能需通过增加屋盖系统位移的为代价，因此屋顶位移值远大于 A 柱柱顶（图 8），几乎为 A 柱柱顶位移的两倍。

4 结论

本文以单跨单层钢筋混凝土柱厂房为例模拟了结构弹塑性地震反应，从中得出以下几点结论：

（1）时程分析法能有效地反映结构的塑性变形和弹塑性地震反应情况，虽然其分析结果会因载入的地震波的差异而有所不同，但是它按《建筑抗震设计规范》GB 50011—2010 要求对重要的建筑物进行弹塑性变形验算时，时程分析法是有效验算方法。

（2）本文时程分析表明，根据单层钢筋混凝土厂房结构时程响应特点及位移时程曲线，屋盖系统的位移较大，结合文献[6]研究的 TMD 减震内容，建议在重要的工业厂房的中跨屋盖支座处安装含铅芯夹层橡胶隔震垫，利用质量调谐减震控制技术进行减震控制，保证生产安全。

（3）为确保满足塑性限值要求，在结构薄弱部位，如上、下柱截面差异较大时处应进行加固处理，防止因局部刚度突变过大使过渡截面提前失效。

（4）SAP2000 对于材料非线性的考虑和实现存在局限性，仅能利用框架单元（梁、柱及支撑）塑性铰属性的定义模拟材料非线性，缺乏面单元及实体单元的塑性破坏模型。

参考文献

[1] 王平．单层工业厂房弹性及弹塑性地震反应计算［J］. 工程建设与设计，2005，(11)：23-25.

[2] 石巍．单层钢结构工业厂房抗震性能分析［D］. 西安：西安建筑科技大学，2013.

[3] 张号浩．单层钢筋混凝土柱厂房地震易损性分析［D］. 哈尔滨：中国地震局工程力学研究所，2011.

[4] 吴茜．单层钢筋混凝土柱厂房地震易损性分析［D］. 西安：西安建筑科技大学，2008.

[5] 李琳．单层钢筋混凝土柱厂房震害及地震反应分析［D］. 哈尔滨：中国地震局工程力学研究所，2010.

[6] 田洁，姚谦峰，王克成．单层工业厂房 _ TMD 减震控制系统研究［J］. 地震工程与工程振动，2005，25(1)：138-144.

[7] 国家建筑标准设计图集(03SG520-1)［M］. 北京：北方交通大学勘察设计研究院．

[8] 中华人民共和国建设部．建筑抗震设计规范(CB 50011—2010)［S］. 北京：中国建筑工业出版社．

[9] 国家建筑标准设计图集(06SG515-2 轻型屋面梯形钢屋架)［M］. 北京：中国建筑标准设计研究院．

钢管混凝土斜交网筒斜柱轴向往复荷载下的受力分析

赵锐锐，史庆轩
（西安建筑科技大学 土木工程学院，陕西　西安 710055）

摘　要：采用有限元分析软件 ABAQUS 建立圆钢管混凝土柱模型，分析其在轴向拉压往复荷载作用下的力学性能及其影响因素，分析研究了荷载加载过程中钢管和核心混凝土的应力分布情况和破坏发展进程。并研究不同材料强度、长细比、径厚比对构件轴向往复荷载下的力学性能的影响。由研究可得，圆钢管混凝土柱的耗能能力和抗震性能较好；材料强度主要影响承载力，但对刚度影响较小；长细比和径厚比影响滞回曲线的形状和破坏形态，同时对承载力和刚度有较大影响。

关键词：钢管混凝土柱；轴向往复荷载；滞回性能；刚度退化
中图分类号：TU317＋.1；

RESEARCH ON THE INCLINED COLUMN OF CONCRETE FILLED STEEL TUBULAR DIAGRID STRUCTURES UNDER AXIAL RECIPROCATING LOAD

R. R. Zhao，Q. X. Shi
（School of Civil Engineering，Xi′an University of Architecture and Technology，Xi′an，710055）

Abstract：The numerical model of concrete filled steel tubular column was established via the finite element analysis software ABAQUS to study its mechanical behavior and influencing factors under axial tension and compression reciprocating load. The stress distribution and failure process of both steel tube and core concrete were analyzed，while the influence of different material strength，length-diameter ratio，and diameter－thick ratio on them was also investigated. The results reveal that the energy dissipation and seismic performance of concrete filled steel tubular column are good. Moreover，material strength mainly affects the bearing capacity but it has less impact on the stiffness；length-diameter ratio and diameter－thick ratio affect the shape of the hysteretic curve and the failure mode，meanwhile exhibiting a great influence on bearing capacity and stiffness.

Keywords：concrete filled steel tubular column，axial reciprocating load，hysteretic behavior，Stiffness deg-

---

基金项目：国家自然科学基金（51478382）.

通讯作者：赵锐锐（1991—），女，河南灵宝人，硕士研究生，从事混凝土结构研究（E－mail：zhaorr911014@163.com）.

作者简介：史庆轩（1963—），男，山东鄄城人，教授，博士，博士生导师，主要从事混凝土结构及抗震研究（E-mail：qingxuanshi@sina.com）.

radation curves

1 引言

斜交网筒结构打破传统的传力途径，取消竖向传力构件，采用交叉分布的斜柱环绕整个建筑立面，通过斜柱传递轴力来抵抗结构的竖向荷载和水平荷载，具有较大的抗侧刚度[1]。这种特殊结构体系，一般采用钢管混凝土构件作为主要传力构件，在大震情况下，斜柱会出现轴向往复拉压受力状况。而国内外对于圆钢管混凝土构件的受力性能主要集中在轴心受压性能的实验研究[2-4]，对其动力性能方面的研究主要集中在压弯构件在水平荷载下，水平力和位移（P-Δ）间的滞回性能实验研究[5-6]，但对其轴向往复荷载下的力学性能研究较少。本文采用有限元分析软件 ABAQUS 建立圆钢管混凝土柱模型，分析其在轴向往复荷载下的滞回性能，并以核心混凝土及钢管的强度等级、径厚比（D/t）为控制参数，分析不同参数对其轴向往复荷载下的滞回性能的影响。

2 有限元模型建立

2.1 材料本构模型

本文参考韩林海[6]对钢管混凝土轴心受压构件的计算分析，由于钢管混凝土核心混凝土在轴向往复荷载下的应力一应变关系与单向受力情况下差别不大，因此采用核心混凝土单向受力状况下的应力一应变关系，受压应力一应变关系如式（1），受拉应力一应变关系如式（2）：

$$y=\begin{cases}2x-x^2 & (x\leqslant 1)\\ \dfrac{x}{\beta_0\,(x-1)^2+x} & (x>1)\end{cases}\tag{1}$$

其中 $x=\dfrac{\varepsilon}{\varepsilon_0}$, $y=\dfrac{\sigma}{\sigma_0}$, $\xi=\dfrac{f_y A_S}{f_c A_c}$, $\sigma_0=f'_c$, $\varepsilon_0=(1300+12.5f'_c+800\xi^{0.2})\times10^{-6}$

$$\beta_0=(2.36\times10^{-5})^{[0.25+(\xi-0.5)^7]}\times(f'_c)^{0.5}\times0.5\geqslant0.12$$

$$y=\begin{cases}1.2x-0.2x^6 & (x\leqslant 1)\\ \dfrac{x}{0.31\sigma_p^2\,(x-1)^{1.7}+x} & (x>1)\end{cases}\tag{2}$$

其中 $x=\dfrac{\varepsilon}{\varepsilon_p}$; $y=\dfrac{\sigma}{\sigma_p}$; $\sigma_p=0.26\times(1.25f'_c)^{2/3}$; $\varepsilon_p=43.1\sigma_p(\mu\varepsilon)$

σ、ε 分别为混凝土应力、应变值，ξ 为约束效应系数；f_c、f_y 依次为混凝土凝土圆柱体抗压强度及钢管的屈服应力，A_c、A_s 分别为混凝土和钢管的截面面积。σ_p、ε_p 分别为混凝土峰值拉应力和拉应变，μ 为混凝土的泊松比。

由于建筑工程中常用的低碳软钢，其应力-应变关系一般可以分为弹性段、弹塑性段、塑形段、强化段和二次塑流段等五个阶段[7]，本文钢材采用二次塑流模型，ABAQUS 中采用满足 Von-Mises 屈服准则和同向弹塑性模型。

2.2 有限元模型

运用 ABAQUS 建立有限元模型，钢管采用四节点完全积分格式的壳单元（S4），核心混凝土采用 C3D8R，柱两端添加厚度为 20mm 刚度无限大的加载板，构件采用结构化网格划分技术。内外钢管和混凝土之间法向采用硬接触，切向采用库仑摩擦模型，摩擦系数取 0.25。钢管与加载板之间采用壳-实体耦合，核心混凝土与加载板之间采用 tie 连接。分析计算时采用位移加载控制，一端固定另一端施加位移荷载，通过设置多个分析步，每一个分析步中都定义了相应的轴向位移荷载，来实现构件的轴向荷载往复加载。

3 轴向往复荷载作用下构件的受力分析

对文献［8］中圆钢管混凝土单向轴压构件 A-1 进行轴向低周往复加载模拟，试件参数如下：截面外径 D＝289mm，构件长度 L＝820mm，钢管厚度 t＝8mm，核心混凝土 f_y＝379MPa，钢管 f_u＝61.3MPa，分析加载过程中，试件 A-1 的滞回性能、刚度退化等。分别提取钢管和混凝土在加载位移分别为 12mm、－6mm、24mm、－12mm 时的应力云图，分析其应力分布变化。

3.1 滞回性能分析

图 1 为试件 A-1 在低周轴向拉压作用下的荷载—位移滞回曲线，曲线形状饱满，无捏缩现象，说明试件轴向耗能能力良好。加载初期，荷载—位移为线性关系，构件发生弹性变形，随着循环加载次数的增加，残余应变越来越明显，但是再加载阶段的刚度和初次加载的刚度相近，说明其轴向刚度退化缓慢，抗震性能良好。图 2 为试件在轴向拉压下的骨架曲线，与单向受压相比，加载位移达到 20mm 时，轴压承载力达到 5394kN，下降了约 14.8%，是由于往复加载过程中刚度下降造成的；而试件在受压的后期出现强化，是由于钢管塑形的发展，荷载增量主要由核心混凝土承担，由于混凝土受压膨胀，变形迅速增大，钢管受到挤压，对核心混凝土产生了更大的紧箍力（即环向应力增大），反而提高了核心混凝土的承载力，根据 Von-Mises 屈服准则，环向应力增大，纵向应力减小，但核心混凝土承载力的提高远远大于钢管纵向内力的减小，所以出现强化阶段。而构件轴向受拉时，承载力主要由钢管承担，当加载位移达到－10mm，钢管纵向受拉应变达到 0.012，已经达到极限拉应变，构件屈服，随着变形的增大，承载力急剧下降。图 3 为 A-1 在轴向往复荷载下的刚度退化曲线，随着加载循环次数的增加，刚度不断退化，但是受压时刚度退化速

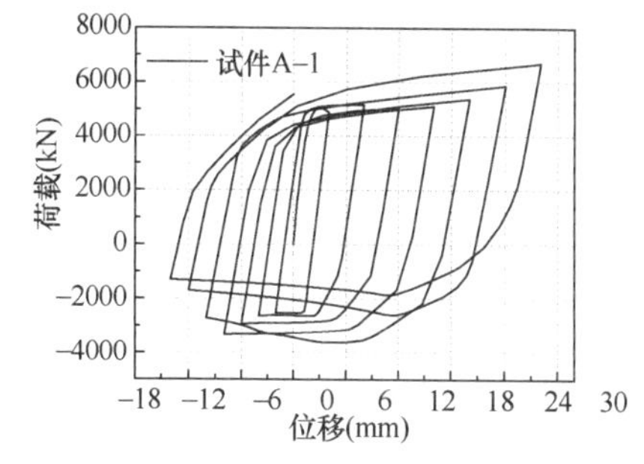

图 1 荷载-位移曲线

度较受拉时缓慢。

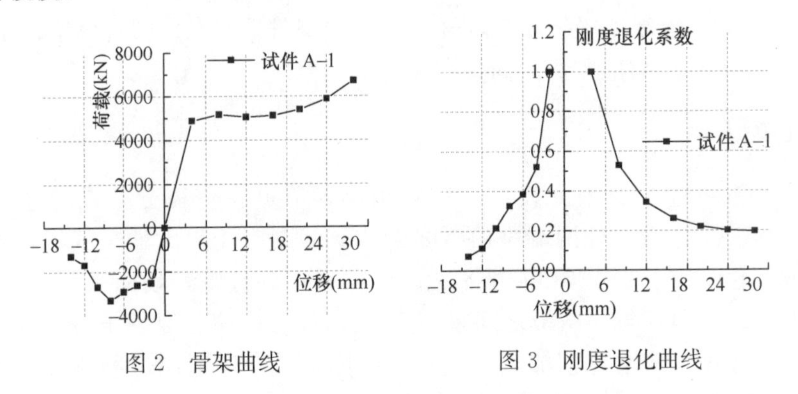

图 2 骨架曲线　　图 3 刚度退化曲线

3.2 钢管的应力分布变化

图 4 为钢管在不同加载位移下的应力云图。当构件受压，加载位移为 12mm 时，如图 4（*a*）钢管整体已经屈服，最大应力分布在钢管中部，约为 385MPa，由于加载板对构件两端进行了约束，故而应力较钢管中部小，说明钢管中部会先发生屈服破坏；当加载位移达到 24mm 时，如图 4（*c*），钢管整体全部达到屈服极限 552MPa ，由于加载板的约束，构件整体中部鼓出。当构件受拉时，呈现与受压时相反的应力分布，加载位移为－6mm 时，如图 4（*b*），钢管整体达到屈服强度，最大应力分布在距钢管两端 30～60mm 部分，约为 414.6MPa，最小应力分布在距钢管两端 60～150mm 部分，与最大应力部分相邻，其值约为最大应力的 94%左右；当加载位移达到－12mm 时，如图 4（d），钢管两端应力不断增大达到屈服极限，最小应力分布在距两端 120～180mm 部分以及截面中部，钢管形成多折腰鼓形的破坏形态。

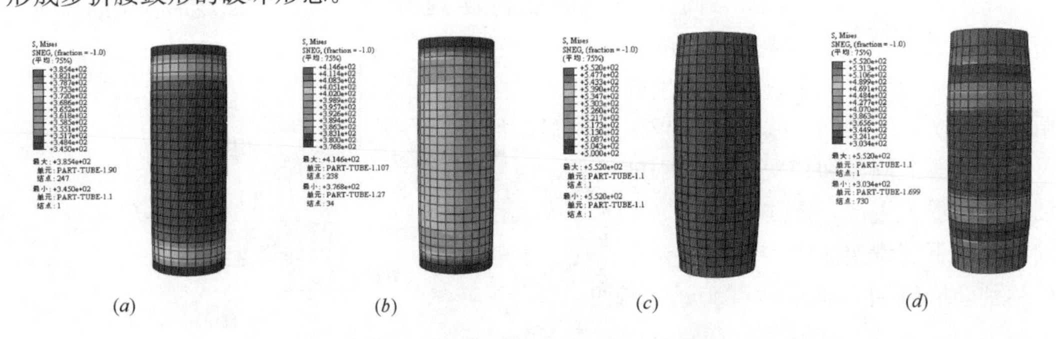

(*a*)　(*b*)　(*c*)　(*d*)

图 4 各阶段钢管 Mises 应力云图

（*a*）位移 12mm；（*b*）位移－6mm；（*c*）位移 24mm；（*d*）位移－12mm

3.3 核心混凝土的应力分布变化

图 5 为不同加载位移下核心混凝土的应力云图。当构件受压时，混凝土承受大部分的荷载，随着加载位移的增大，构件两端由于刚性加载板的约束，出现局部压碎，所以最大应力出现在混凝土柱两端与加载板接触的部分，但是整体混凝土柱在钢管的约束下，承载力大幅度提高；当构件受拉时，钢管承担大部分的荷载，而核心混凝土减缓了钢管的径向

收缩，提高了钢管的受拉承载力，并且由混凝土的应力云图可知核心混凝土应力分布较为均匀，说明钢管混凝土柱传力体系明确，性能良好。

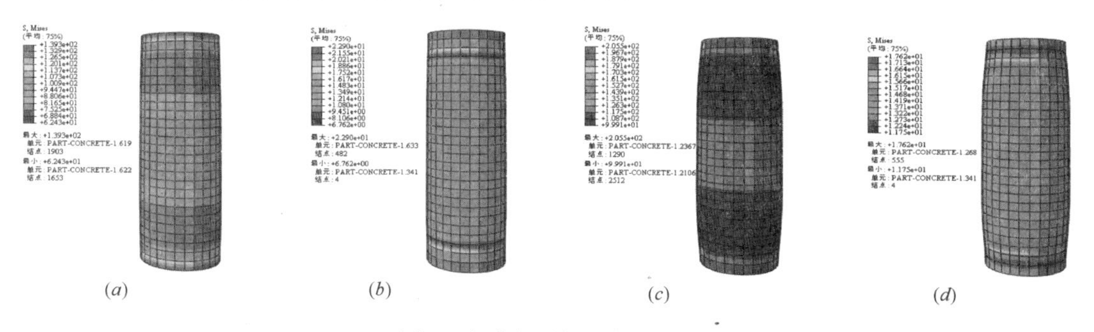

图 5　各阶段混凝土应力云图

（a）位移 12mm；（b）位移－6mm；（c）位移 24mm；（d）位移－12mm

4　钢管混凝土柱力学性能的影响因素分析

4.1　径厚比

选取模型长度 $L=960$mm，C40 核心混凝土，Q345 钢管，保持柱截面直径 $D=320$mm 不变，改变其钢管壁厚 t（2mm，4mm，6mm，10mm，14mm，18mm，22mm）来建立有限元模型，通过分析得到不同径厚比下构件的荷载-位移滞回曲线，挑选具有代表性的模型分析结果呈现如图 6 所示。

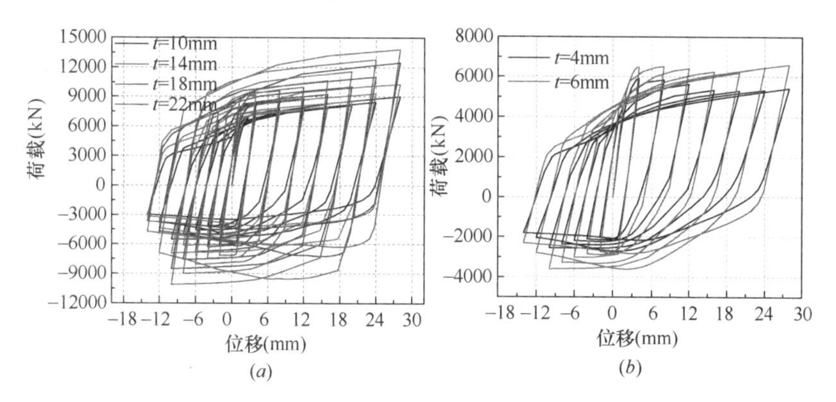

图 6　荷载-位移滞回曲线

通过分析结果可以发现，滞回曲线分为两种类型，当核心混凝土受到较大约束时（即钢管壁厚大于 10mm），轴压曲线在弹塑性阶段呈现不断上升趋势，即不断强化［图 6（a）］；当核心混凝土受到的约束较小时（即钢管壁厚小于 6mm），滞回曲线在轴压方面存在下降段［图 6（b）］。但是随着钢管厚度的增加，构件的耗能能力大幅度提高，构件的弹性极限不断增加，构件的承载力也在不断地提高，厚钢管的骨架曲线无下降段，其动力延性无穷大。图 7 为不同钢管厚度的构件随着循环次数增加的刚度退化曲线，从图中可得，随着径厚比的减小，构件轴心受拉时刚度退化程度基本保持一致，而构件在轴向受压时刚度退化程度逐渐减缓。由此可得，在轴向拉压往复荷载下，选取较小的径厚比对构件更为有利。

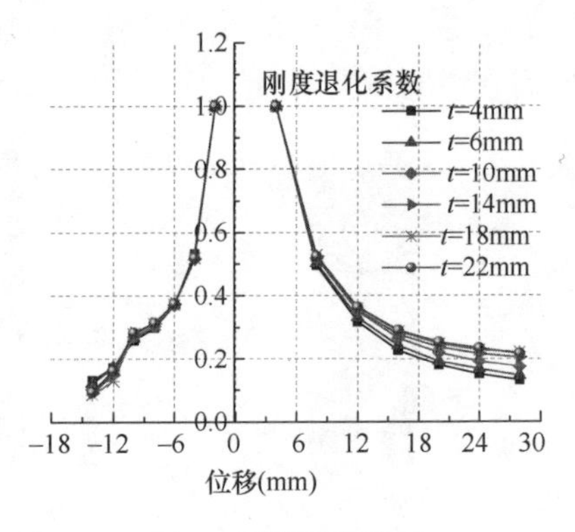

图 7　刚度退化曲线

4.2　核心混凝土强度

本文建立基本几何参数为 $L=960$mm，$D=320$mm，钢管为 Q345 钢的模型，考虑到实际应用中钢管混凝土柱需要较大的约束效应，取钢管壁厚为 14mm，其核心混凝土强度等级分别为 C40、C50、C60、C70，由于钢管对核心混凝土约束效应较大（钢管壁厚较大），得到模型的荷载-位移滞回曲线只有一种类型，即曲线无下降段，如图 8 所示。

由图 8 可以看到，随着核心混凝土强度等级的提高，轴心受压和受拉承载力都有一定程度的提高。由于选取的本组模型对核心混凝土的约束较大，曲线无下降段，而且在强约束效应下，混凝土强度等级的逐级提高对钢管混凝土构件轴心受荷能力提高程度并不显著，其提高程度仅有 0.1%～6%，但是从低强度混凝土提高到高强度混凝土时，其承载力将大幅度提高。由图 9 刚度退化曲线可以看出，核心混凝土强度对构件刚度的退化速度几乎没有影响。由此可得，钢管混凝土柱的承载力会随着核心混凝土强度等级的逐级提高略有增加，但是其刚度和刚度退化速度变化不大。

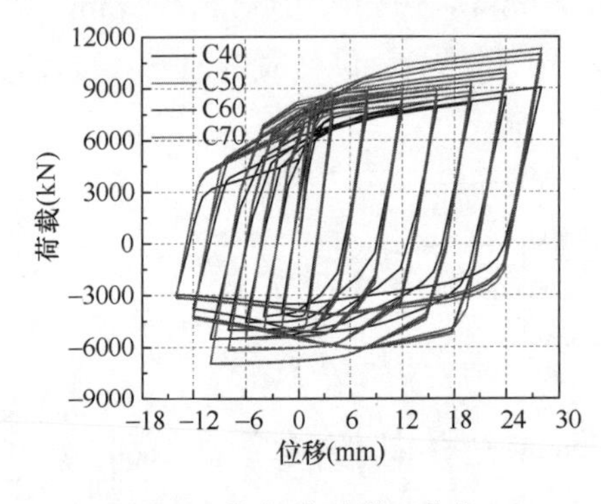

图 8　荷载-位移滞回曲线

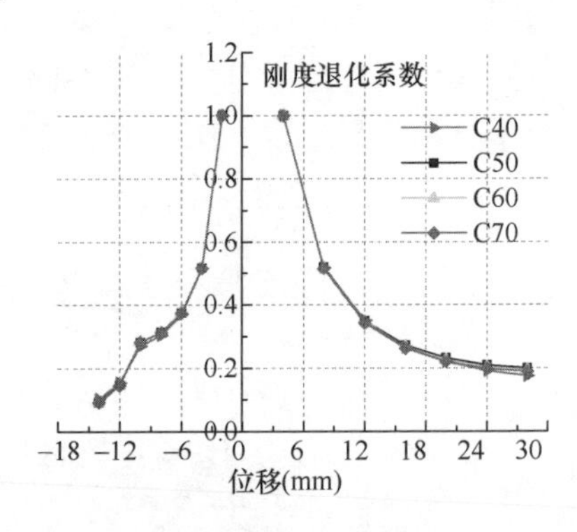

图 9　刚度退化曲线

4.3　钢管强度

建立一组模型，基本参数为 $L=960$mm，$D=320$mm，$t=14$mm，均采用 C40 强度的核心混凝土，其钢管强度等级分别为 Q235，Q345，Q390，研究不同强度等级的钢管对钢管混凝土轴向往复荷载力学性能的影响。进行有限元分析后，得到荷载一位移滞回曲线如图 10 所示。

由图 10 荷载-位移滞回曲线可以看出，随着钢材强度的增加，钢管混凝土构件的耗能能力有了很大的提高，但是弹性阶段和强化阶段的刚度没有明显的变化；采用高强度钢管可以有效提高构件的弹性极限荷载。而且钢材从低强度提高到强度等级时，构件的承载力大幅提高。从图 11 可以看出，随着钢材强度的提高，构件的刚度退化有一定程度的加快，但是影响不大。由此可以得到，随着钢材强度的增加，其约束效应系数不断增加，承载力也在不断提高。

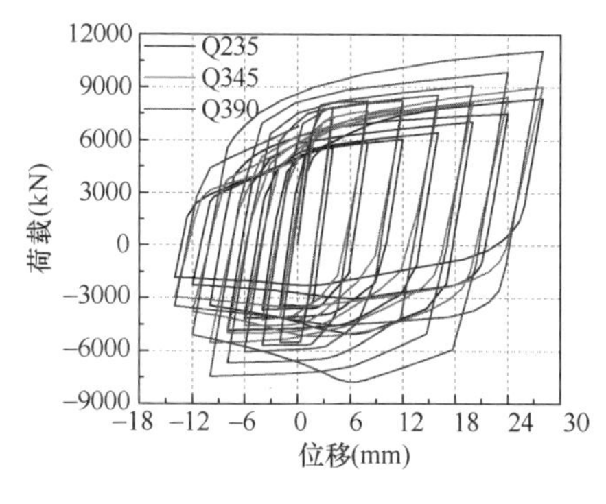

图 10　荷载-位移滞回曲线

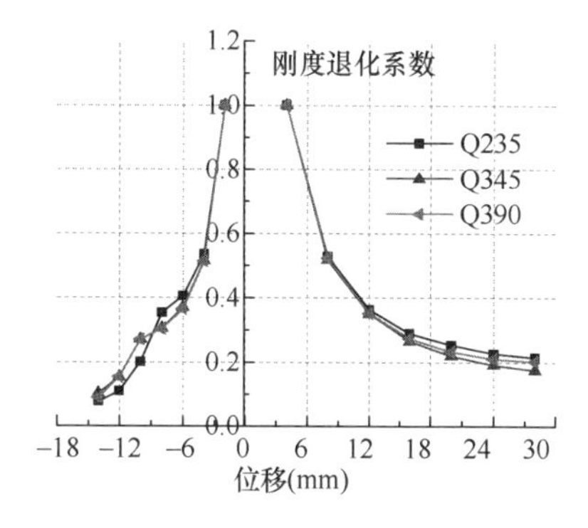

图 11　刚度退化曲线

4.4　长细比

取基本参数为 $D=320$mm，$t=14$mm，C40 强度的核心混凝土，Q345 强度的钢管，长度 L 分别取 480mm，960mm，1440mm，1920mm，2400mm，2880mm 建立有限元模型，其长细比 L/D 分别为 1.5，3，4.5，6，7.5，9 通过有限元分析后得到轴向往复荷载下的荷载一位移曲线同样有两种类型如图 12 所示。

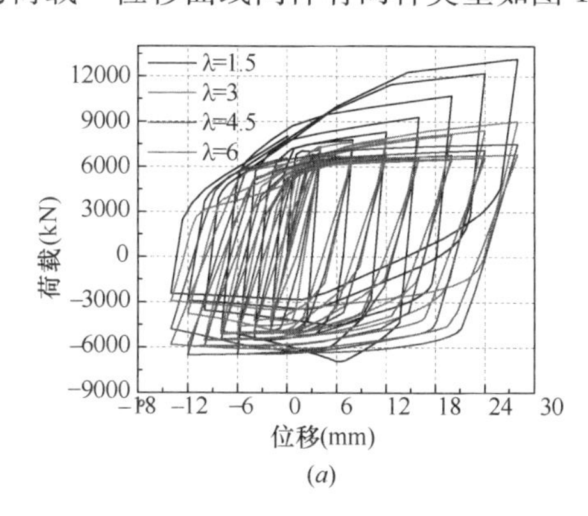

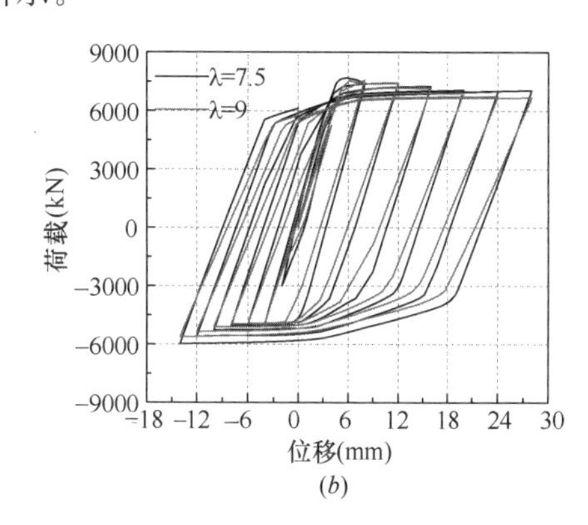

图 12　荷载-位移滞回曲线

由图 12 荷载-位移曲线可以明显看出，随着长细比的不断增大，钢管混凝土柱弹性阶段和强化阶段的刚度不断减小，整个构件的耗能能力也在不断减小；随着长细比的增加，构件的弹性极限荷载不断降低，曲线逐渐出现下降段。而刚度退化曲线（图 13）表明，随着长细比的增加，当长细比<4.5 时，构件属于短柱，构件轴向受压时刚度退化加快，当长细比>4.5 时，刚度退化速度变慢；但是构件在轴向受拉时，刚度退化程度随着长细比的增加不断减慢。而且随着钢管混凝土柱的长细比的增加，其破坏形态也发生了很大的变化。在轴向往复拉压作用下，当长细比很小时，即构件过短，端部效应影响较大，构件两端核心混凝土在三向受力下膨胀压碎，钢管出现向外扩张产生局部屈曲，形成多折腰鼓形的破坏形态；当长细比不断增长，构件由于侧向挠度和弯曲而发生失稳破坏。

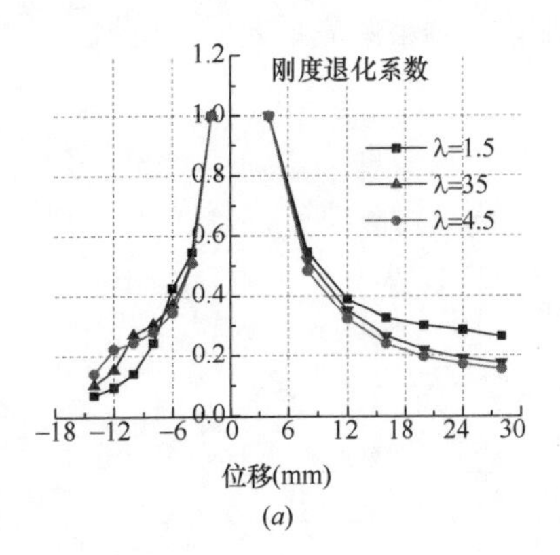

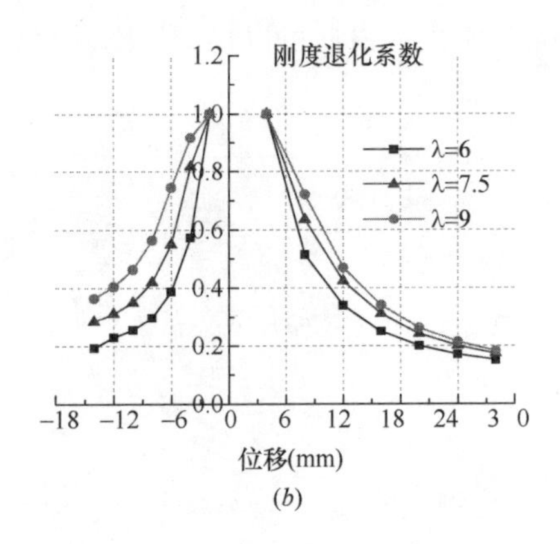

图 13 刚度退化曲线

5 结论

（1）钢管混凝土在轴向往复荷载下的滞回曲线比较饱满，说明延性和耗能能力都很好，而且刚度退化缓慢，即抗震性能优良。

（2）钢管混凝土柱在轴向往复荷载下的滞回曲线和骨架曲线随着径厚比和长细比的增长分为两种类型，无下降段和有下降段。而且钢管混凝土柱的破坏形态随着长细比的增大由多折腰鼓形破坏逐渐变为压弯失稳破坏。

（3）核心混凝土强度对钢管混凝土柱承载力有一定的影响，但是对骨架曲线的形状、弹性阶段的刚度以及刚度退化速度影响不大；钢管强度等级的提高会略微加快刚度退化的速度，但是会提高构件整体的承载力，采用高强度材料对构件更为有利。

（4）径厚比和长细比对构件的承载力影响较大，随着径厚比和长细比的增大，构件的承载力、弹性阶段和强化阶段的刚度都不断减小。随着径厚比的增大，构件的刚度退化速度也在不断加快；而当长细比不断增加时，构件的刚度退化速度先加快后减慢，分界长细比为 4.5。

参考文献

[1] 周健，汪大绥．高层斜交网格结构体系的性能研究[J]. 建筑结构，2007，37(5)：87-91.

[2] Han Linhai，He Shanhu，Liao Feiyu. Performance and calculations of concrete filled steel tubes (CFST) under axial tension . [J]. Journal of Constructional Steel Research 67 (2011) 1699 - 1709.

[3] Liu Xiaping，Sun Zhuo，Tang Shu. A new calculation method for axial load capacity of separated concrete-filled steel tubes based on limit equilibrium theory[J]. Journal of Central South University, 2013，20(6)：1750-1758.

[4] 江枣，钱稼茹．钢管混凝土短柱轴心受压承载力与钢管作用研究[J]. 建筑结构，2010，08：94-98.

[5] Liu Z，Goel S C. Cyclic Load Behavior of Concrete-Filled Tubular Braces[J]. Journal of Structural Engineering，1988，114(7)：1488-1506.

[6] 韩林海，钢管混凝土结构—理论与实践[M]. 北京：科学出版社，2004. 64-307.

[7] 钟善桐，钢管混凝土结构(第 3 版)[M]. 北京：清华大学出版社，2003. 34-100.

[8] 黄超．钢管混凝土斜交网格相贯节点受压性能研究[D]. 广州：华南理工大学，2010.

加载路径对型钢混凝土空间中节点的受力性能影响

张月坤，王秋维
（西安建筑科技大学土木工程学院，陕西　西安 710055）

摘　要：采用有限元分析软件 ABAQUS 对型钢混凝土（SRC）梁柱平面节点试件的力学性能进行数值模拟，将模拟与试验结果对比，验证了模型的有效性。在此基础上，建立与平面节点对应的空间中节点有限元模型，研究 SRC 空间中节点在不同加载路径下的滞回性能、骨架曲线和延性性能。结果表明：与平面加载路径相比，空间加载使节点核心区产生双向耦合效应，从而降低了试件的承载能力；与空间路径 2 相比，空间路径 1 使节点内的双向耦合效应更加严重。

关键词：型钢混凝土；加载路径；空间中节点
中图分类号：TU312＋.1

INFLUENCE OF LOADING PATHS ON MECHANICAL BEHAVIOR OF SRC SPACIAL INTERIOR JOINTS

Y. K. Zhang，Q. W. Wang
（School of Civil Engineering，Xi'an Univ. of Arch. & Tech.，Xi'an 710055，China）

Abstract：The mechanical behavior of steel reinforced concrete (SRC) beam-column plane joints was simulated based on the finite element software ABAQUS，and the calculation was compared with test results. The agreement between calculation and test results shows that the simulation model is effective. Based on this，the corresponding finite element model of spacial interior joints were established to study the influence of different loading paths to hysteretic performance skeleton curves and ductility. The research shows the carrying capacity of joints decreases due to a bidirectional coupling effect in the joints which space loading paths lead to. Compared with spacial path 2，a bidirectional coupling effect in the joints was more serious by spacial path 1.

Keywords：steel reinforced concrete，loading paths spacial，interior joints

1　引言

型钢混凝土结构具有承载能力高、抗震性能好和施工方便等优点，其在我国得到日益

基金项目：国家自然科学基金项目（51478382）
作者简介：张月坤（1990—）男，硕士，从事钢与混凝土组合结构方面的研究，E-mail：136657648@qq.com

广泛的应用[1]。目前实际工程主要采用 I 字型钢或核心十字型钢 SRC 柱，而此种传统配钢形式对核心混凝土的约束效果有限，SRC 柱的抗震性能较普通钢筋混凝土柱提高不多[2-3]。在此背景下，作者在文献［4］中提出两种新型截面型钢混凝土柱，即正向布置和对角线布置扩大十字型钢 SRC 柱，试验研究表明，这两种新型柱的滞回曲线饱满，在高轴压比下具有比普通 SRC 柱更好的抗震性能[4]。

节点是连接梁和柱的关键部位，为保证节点的安全可靠，国内外对型钢混凝土梁柱平面节点进行了一些试验研究，如：薛建阳通过 15 个框架节点的低周反复荷载试验，研究了混凝土异形柱框架节点的力学性能[5]；孙岩波对 4 个装配式框架节点进行低周反复加载试验，分析了节点的抗震性能[6]；Atsunori KITANO 等通过偏心梁柱节点的低周往复荷载试验，发现偏心对 SRC 节点抗剪承载力的影响较小[7]。然而地震作用下，空间节点承受十字正交梁传来的双向弯矩、剪力和轴力的作用，节点内将产生复杂的受力状态和空间耦合作用，针对此情况，学者们开始对 SRC 空间节点的力学性能进行研究，例如：樊健生等通过方钢管混凝土柱-组合梁空间节点的抗震性能试验，研究加载路径对空间组合节点抗震性能的影响[8]；张士前等对型钢混凝土空间节点进行低周反复荷载试验，提出在斜向荷载作用下节点抗裂及抗剪承载力计算公式[9]。

与普通 SRC 空间节点相比，当文献［4］中的新型 SRC 柱与 SRC 梁连接形成空间节点时，其受力机理和抗震性能尚不明确。因此，本文建立与平面节点对应的空间中节点有限元模型，研究 SRC 空间中节点在不同加载路径下的滞回性能和承载能力。

2 有限元模型建立

2.1 模型的构造方案

试件模型选取课题组已完成的 5 个 SRC 平面节点试件[10]：2 个布置扩大十字型钢 SRC 柱-SRC梁节点试件（编号 SSRCJ2 和 SSRCJ3）、2 个对角线布置十字型钢 SRC 柱-SRC 梁节点试件（编号 SSRCJ4 和 SSRCJ5）和 1 个普通十字型钢 SRC 柱-SRC 梁节点试件（编号 SSRCJ1），梁柱型钢骨架连接构造如图 1 所示；柱高度为 2100mm，梁跨度为 2750mm，除试件 SSRCJ3 的梁与柱成斜交外，其他试件的梁与柱均为正交，型钢采用 Q235 钢，纵筋采用 4C20，箍筋采用 A8@60（40），各试件的截面尺寸及配筋情况如图 2 所示。

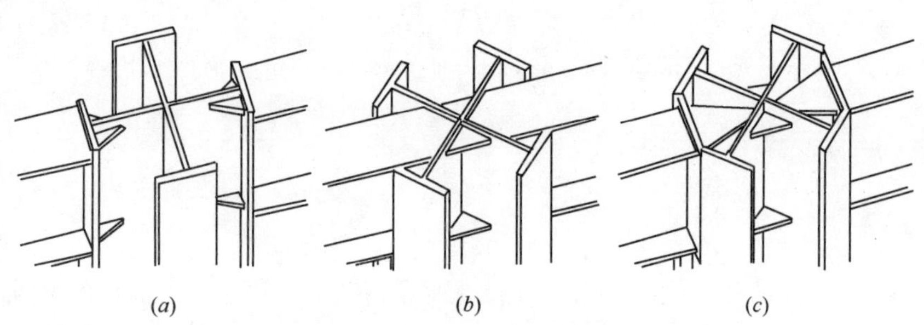

图 1　型钢骨架连接示意图

(*a*) SSRCJ1～SSRCJ3；(*b*) SSRCJ4；(*c*) SSRCJ5

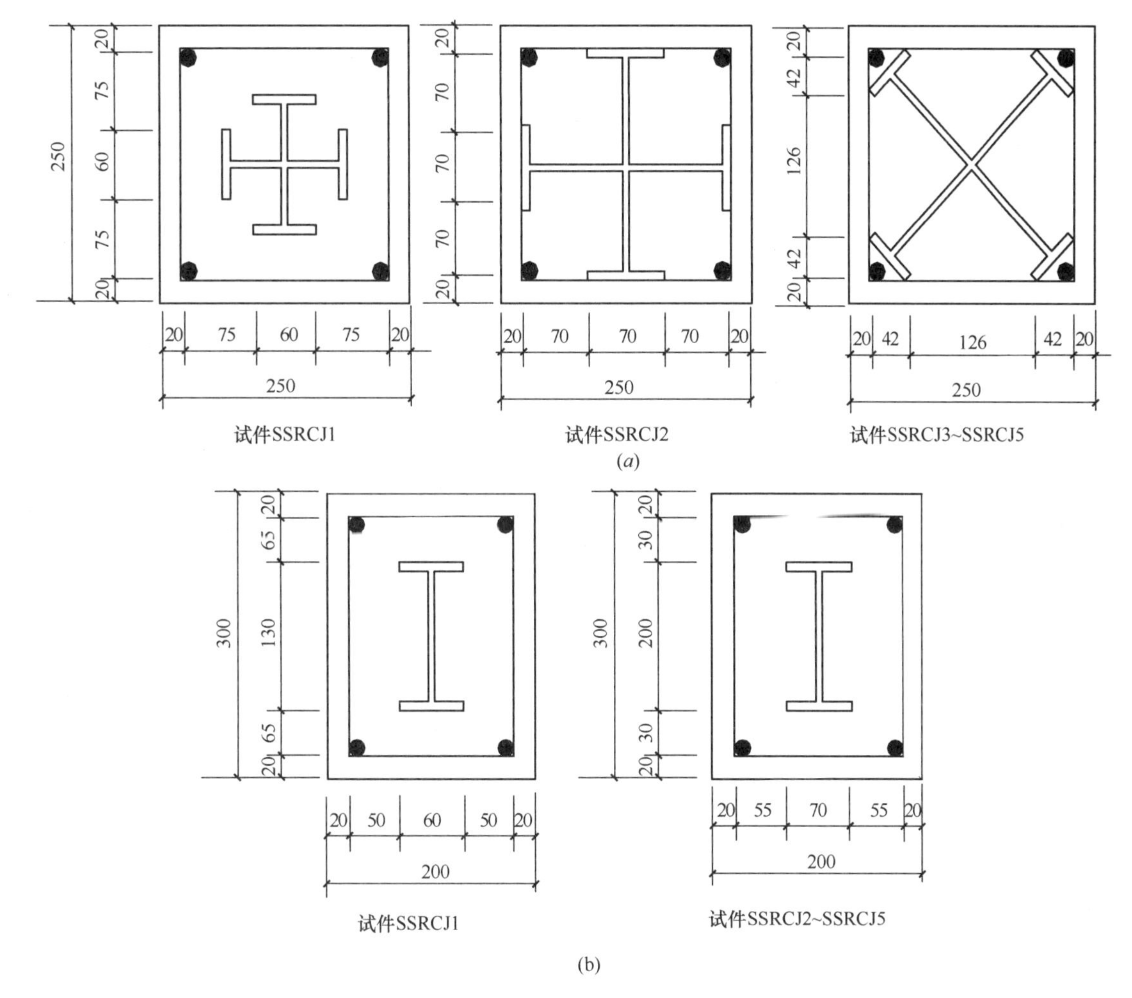

图 2　试件截面形状及配筋

(a) 柱截面 (b) 梁截面

2.2　材料本构模型及边界条件

在 ABAQUS/Standard 模块中，混凝土选用塑性损伤本构模型，这种模型通过引入损伤因子 d，来模拟混凝土在往复荷载作用下的刚度退化。要准确定义混凝土的塑性损伤本构模型，需要确定混凝土的屈服条件、混凝土的应力—应变关系和损伤因子：

(1) 屈服条件：膨胀角取 30 度，塑性流动势偏移值取 0.1，双轴极限抗压强度与单轴极限抗压强度的比值取 1.16，拉压子午面上第二不变量取 2/3，黏性系数 0.005，混凝土受压恢复系数取 0.8，混凝土受拉恢复系数取 0.2。

(2) 混凝土的应力—应变关系：SRC 空间中节点包含两种混凝土，型钢内的约束混凝土和型钢外的普通混凝土。约束混凝土的压应力—应变关系如式 (1) 所示[12]；约束混凝土的拉应力—应变关系和普通混凝土应力—应变关系按《混凝土结构设计规范》GB 50010—2010[13]的规定选取。

$$y=\begin{cases}2x-x^2 & (x\leqslant 1)\\ \dfrac{1.2x\sqrt{1+\xi}}{(\sigma_{c0})^{0.1}(x-1)^{\eta}+x} & (x>1)\end{cases} \tag{1}$$

式中，$x=\varepsilon/\varepsilon_{c0}$；$y=\sigma/\sigma_{c0}$；$\eta=1.6+1.5/x$；$\xi=f_{yk}A_s/f_{ck}A_c$；$\sigma_{c0}$ 和 ε_{c0} 分别为压应力—应变曲线的峰值应力和峰值应变；A_c 和 A_s 分别为核心区混凝土和型钢的截面面积；f_{yk} 和 f_{ck} 分别为型钢的屈服强度和混凝土的抗压强度标准值，ξ 为约束效应系数。

（3）损伤因子 d 由下式求得[14]：

受压时

$$d_c=1-\frac{\sigma_c+n_c\sigma_{c0}}{n_c\sigma_{c0}+E_0\varepsilon_c}\quad(d_c\geqslant 0) \tag{2}$$

受拉时

$$d_t=1-\frac{\sigma_t+n_t\sigma_{t0}}{n_t\sigma_{t0}+E_0\varepsilon_t}\quad(d_t\geqslant 0) \tag{3}$$

式中，d_t 和 d_c 分别为受压和受拉损伤因子，σ_c 和 ε_c 分别为压应力和压应变，σ_{c0} 为峰值压应力，σ_t 和 ε_t 分别为拉应力和拉应变，σ_{t0} 为峰值拉应力，E_0 为混凝土初始弹性模量，n_c 和 n_t 分别为混凝土受压和受拉损伤指标系数，在 SRC 梁柱节点中普通混凝土取 $n_c=1$ 和 $n_t=1$，约束混凝土取 $n_c=2$ 和 $n_t=1$。

3. 模型有效性验证

所有有限元分析试件均发生了核心区剪切破坏，与试验试件的破坏形态一致。以试件 SSRCJ2 为例，如图 3 所示：加载初期，混凝土等效塑性应变的最大值出现在梁上，这与试验中裂缝首先出现在梁端的现象一致；随着水平位移的增大，混凝土等效塑性应变的最大值逐渐转移至节点核心区，试验中表现为节点核心区逐渐出现微裂缝；在破坏阶段，节

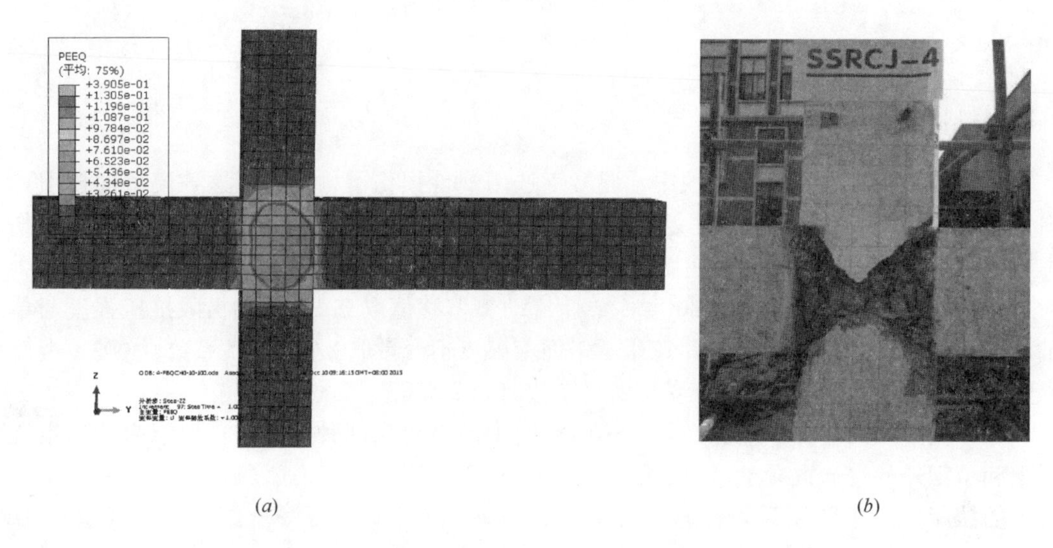

(a)　　(b)

图 3　试件 SSRCJ2 破坏形态图

（a）混凝土等效塑性应变云图；（b）试件破坏图

点核心区混凝土等效塑性应变过大导致混凝土外鼓，而梁柱的等效塑性应变均较小，试验中表现为节点核心区混凝土已被压碎，而梁柱仅出现裂缝。

通过有限元软件对新型SRC梁柱平面节点的低周往复荷载试验进行模拟，并将模拟与试验的荷载(P)—位移(Δ)滞回曲线进行对比，如图4所示。由图可知：模拟所得滞回曲线与试验曲线吻合较好，两者的滞回环面积和循环次数基本一致，模拟中的不理想之处表现为滞回曲线的捏拢程度较差，分析原因是：模拟中型钢和混凝土之间通过线性弹簧连接，这不能很好地反映试验中它们之间的粘结滑移。

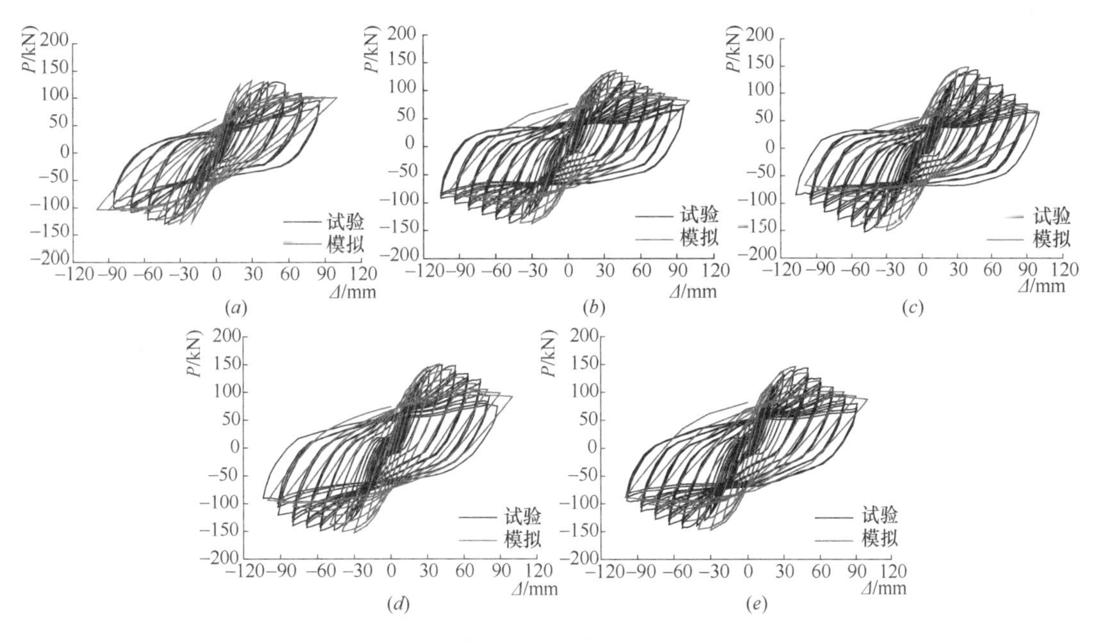

图4　模拟与试验滞回曲线对比

(a) 试件SSRCJ1；(b) 试件SSRCJ2；(c) 试件SSRCJ3；(d) 试件SSRCJ4；(e) 试件SSRCJ5

从上述分析可知，对于SRC梁柱平面节点而言，有限元模拟与试验结果较为一致，从而验证了有限元模型的有效性。

4　加载路径对空间中节点力学性能的影响

在地震作用下，SRC空间节点将承受十字正交梁传来的双向弯矩、剪力和轴力的作用，节点内将产生复杂的受力状态和空间耦合作用，可见加载路径对节点的力学性能影响较大。在上述有限元验证的基础上设计SRC空间中节点，研究平面和两种空间加载路径对其力学性能的影响。

4.1　空间模型和加载路径设计

以2.1节SRC梁柱平面节点为基础，针对典型试件SSRCJ1、SSRCJ2和SSRCJ4设计空间中节点，对应的中节点编号分别为SSRCJ1-1、SSRCJ2-1和SSRCJ4-1，试件截面尺寸及配筋情况与平面节点相同。

与SRC梁柱平面节点加载方式一样，SRC空间中节点也采用柱端加载方式，在此基础上设计 3 种加载路径，分别为：(1) 平面路径：首先在柱顶施加恒定轴向力，之后在柱端 Y 向施加往复位移直到试件承载力下降到极限荷载的 80%～85%，位移增量取 10mm；(2) 空间路径 1：首先在柱顶施加恒定轴向力，之后在柱端 X 和 Y 向同时施加往复位移直到试件承载力下降到极限荷载的 80%～85%，位移增量取 10 mm；(3) 空间路径 2：首先在柱顶施加恒定轴向力，然后在柱端 X 向施加往复位移，位移增量取 5 mm，之后在柱端 Y 向施加往复位移直到试件承载力下降到极限荷载的 80%～85%，位移增量取 10 mm。三种加载路径如图 5 所示。

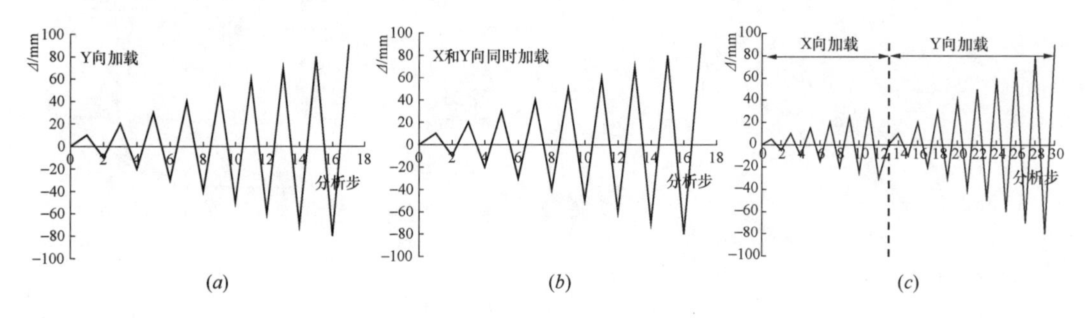

图 5　加载路径

(a) 平面路径；(b) 空间路径 1；(c) 空间路径 2

4.2　滞回曲线

在不同的加载路径下，部分试件的滞回曲线如图 6 所示，由图可知：(1) 加载初期，滞回曲线呈线性增长，试件处于弹性状态；随着荷载的增加，试件进入弹塑性状态，加载曲线的斜率逐渐减小，表明试件出现累积损伤；峰值荷载后，曲线下降段平缓，表现出试件良好的变形能力。(2) 与平面加载路径相比，节点在空间加载路径下的滞回曲线饱满程度较差，初始刚度和极限荷载较小，表明空间加载路径使节点核心区内产生双向耦合效应。

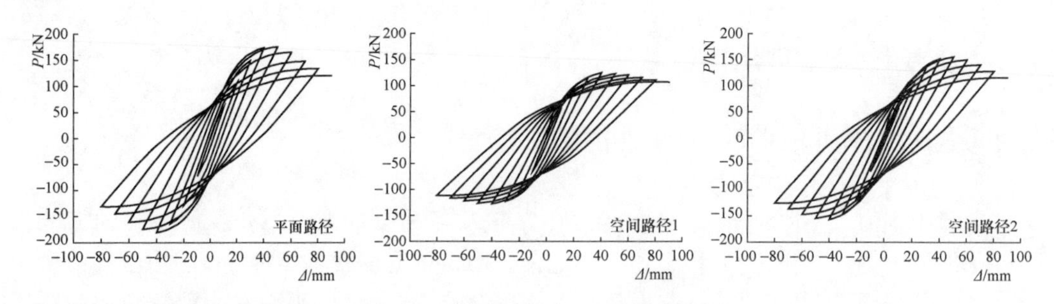

图 6　试件 SSRCJ2-1 的滞回曲线

4.3　骨架曲线

试件的骨架曲线如图 7 所示，由图可知：

(1) SRC 空间中节点从开始加载到破坏经历了弹性阶段、弹塑性阶段和破坏阶段三个阶段。加载初期，骨架曲线基本为直线，试件处于弹性状态；随着荷载的增大，骨架曲线没有出现明显的拐点，试件的刚度逐渐退化，这是由于节点核心区的型钢和约束混凝土

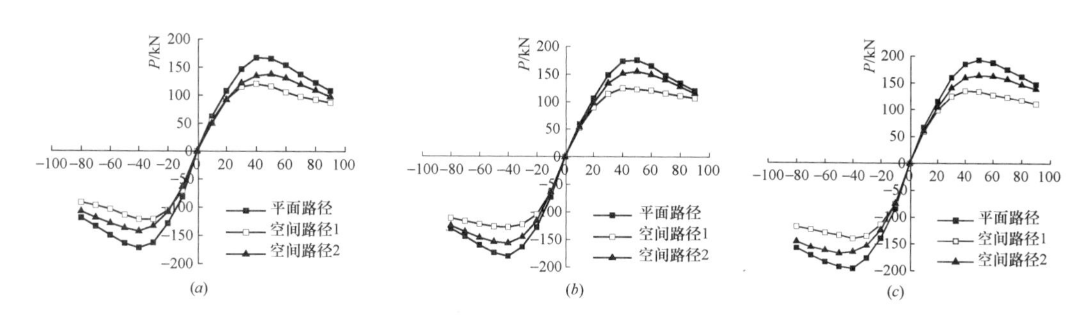

图7 试件的骨架曲线

(a) 试件 SSRCJ1-1；(b) 试件 SSRCJ2-1；(c) 试件 SSRCJ4-1

是逐渐屈服的；峰值荷载过后，试件的承载力缓慢下降，表现出良好的延性性能。

(2) 加载路径对试件骨架曲线的弹性段影响较小，但对其屈服后的力学性能影响较大。与平面路径相比，SRC空间中节点在空间路径下的屈服荷载和极限荷载有所降低，其中在空间路径1作用下，节点的屈服荷载和极限荷载最小。可见，SRC空间中节点在空间路径下存在双向耦合效应；与空间路径2相比，空间路径1使节点内的双向耦合效应更加严重，这是因为X向加载引起节点核心区的损伤退化，导致Y向承载能力降低。

4.4 承载能力和延性性能

模拟所得试件的峰值荷载、屈服位移、极限位移和位移延性系数如表1所示，由表1可知：

(1) 与平面路径相比，在空间路径1作用下，试件极限荷载和延性系数分别降低30%和提高25%，在空间路径2作用下，变化程度分别为降低20%和提高15%，可见，空间加载路径导致节点核心区内产生双向耦合效应，从而降低了节点的承载能力，但其延性性能有一定的提高；在空间路径1的作用下，节点内的双向耦合效应更加严重。

(2) 与试件SSRCJ1-1相比，试件SSRCJ2-1的极限荷载和延性性能分别提高5%和8%，试件SSRCJ4-1的提高程度则分别为13%和15%，可见，柱内正向或对角线布置扩大十字型钢时，空间节点的承载能力和延性性能较好，且对角线布置扩大十字型钢是一种更加优良的配钢形式。

试件承载力和延性 **表1**

试件编号	加载方式	P_{max} (kN)	Δ_y (mm)	Δ_u (mm)	μ
SSRCJ1-1	平面加载	169.69	33.12	65.55	1.98
	空间加载1	120.73	26.92	69.41	2.58
	空间加载2	140.19	28.68	68.16	2.38
SSRCJ2-1	平面加载	177.98	33.52	68.17	2.04
	空间加载1	126.22	29.9	86.12	2.88
	空间加载2	155.84	31.3	75.83	2.42
SSRCJ4-1	平面加载	192.89	32.08	79.03	2.46
	空间加载1	137.66	27.7	89.71	3.24
	空间加载2	164.01	28.75	84.50	2.94

注：P_{max}为峰值荷载，Δ_y为屈服位移，Δ_u为试件极限位移(取85%峰值荷载对应的位移值)，μ为位移延性系数。

5 结论

(1)有限元模拟计算所得 SRC 梁柱平面节点的破坏形态、滞回曲线与试验结果吻合较好，因此，有限元程序 ABAQUS 能够较好地模拟 SRC 梁柱平面节点在低周反复荷载作用下的力学性能。

(2)加载路径对 SRC 空间中节点的力学性能影响较大，由于空间加载路径导致节点核心区内产生双向耦合效应，从而降低了节点的承载能力，但其延性性能有一定的提高；与空间路径 2 相比，空间路径 1 使节点内的双向耦合效应更加严重。

(3)与柱内配置普通十字型钢相比，柱内正向或对角线布置扩大十字型钢的承载能力和延性性能较好，且对角线布置扩大十字型钢是一种更加优良的配钢形式。

参考文献

[1] 韩林海，陶忠，王文达．现代组合结构和混合结构[M]．北京：科学出版社，2009.

[2] 陈小刚，牟在根，张举兵，等．型钢混凝土柱抗震性能实验研究[J]．北京科技大学学报，2009，31(12)：1516-1524.

[3] 刘阳，郭子雄，叶勇．核心型钢混凝土柱抗震性能试验及数值模拟[J]．华侨大学学报(自然科学版)，2011，32(1)：72-76.

[4] 王秋维，史庆轩，姜维山，等．新型截面型钢混凝土柱抗震性能试验研究[J]．建筑结构学报，2013，34(11)：123-129.

[5] 薛建阳，刘义，赵鸿铁，等．型钢混凝土异形柱框架节点抗震性能试验研究[J]．建筑结构学报，2009，30(4)：69-77.

[6] 孙岩波．装配式型钢混凝土框架节点抗震性能试验研究[D]．北京：北京建筑大学，2012.

[7] Atsunori KITANO，Yasuaki GOTO and Osamu JOH. Experimental Study on Ultimate Shear Strength of Interior Beam-Column Joints of Steel and Reinforced Concrete Structure [C]. Proceedings of the 13th World Conference on Earthquake Engineering，Canada，2004，Paper No. 626.

[8] 樊健生，周慧，聂建国，等．双向荷载作用下方钢管混凝土柱-组合梁空间节点抗震性能试验研究[J]．建筑结构学报，2012，33(6)：50-58.

[9] 张士前，陈宗平，王妮等．型钢混凝土十形柱空间节点受剪机理及抗剪强度研究[J]．土木工程学报，2014，47(9)：84-93.

[10] 王秋维，田贺贺，史庆轩等．扩大十字形截面型钢混凝土柱-SRC 梁节点抗震承载力试验研究[J]．建筑结构学报，2015，36(10)：96-104.

[11] GB/T 228.1—2010．金属材料拉伸试验第 1 部分：室温试验方法[S]．北京：中国标准出版社，2010.

[12] 韩林海．钢管混凝土结构-理论与实践(第二版)[M]．北京：科学出版社，2007.

[13] GB 50010—2010，混凝土结构设计规范[S]．北京：中国建筑工业出版社，2010.

[14] 李威．圆钢管混凝土柱-钢梁外环板式框架节点抗震性能研究[D]．北京：清华大学，2011.

[15] 黄远，聂建国，易伟建．钢-混凝土组合框架梁变形计算的有效翼缘宽度[J]．土木工程学报，2012，45(8)：33-40.

基于性能的RCS组合框架结构抗震模拟分析

周婷婷，门进杰，赵　茜
（西安建筑科技大学，陕西　西安 710055）

摘　要：以RCS组合框架结构，对结构性能进行描述，重点考虑构件的塑性铰状态，建立框架结构的性能水平和性能目标。通过分析国内外相关试验资料，建立不同类型框架结构在不同性能水平下的指标量化值。提出利用层间位移角验算和塑性铰状态判断相结合的方法，对结构设计结果的合理性进行判别。通过不同层数框架算例分析表明，按照本文方法进行性能设计，可以同时在层间位移角限值和性能状态两个方面较好实现不同性能水平的设计要求；本文所建立的量化指标和性能水平也是合理可行的。

关键词：RCS组合框架结构；层间位移角；塑性铰
中图分类号：TU398^{+}.9

SIMULATION ANALYSIS OF RCS COMPOSITE FRAME STRUCTURE BASED ON SEISMIC PERFORMANCE

T. T. Zhou，J. J. Men，X. Zhao
（Xi'an University of Architecture and Technology，Xi'an 710055，China）

Abstract：taking the reinforced concrete frame structure steel beam (RCS) as research object，performance levels and performance objectives were developed by describing the structural behavior，especially the hinge behavior of the column and beam，which can reflect their seismic performance exactly. Then the quantified performance index，to evaluate the seismic behavior of the overall frame，was put forward based on the statistical data of RCS frame structure test. A seismic design process，both checking the inter-story drift ratio and the hinge behavior of the column and beam，was proposed for the performance-based seismic design of the RCS frame structure. An example was provided to validate the quantified performance index and the novel method. The results show that the inter-story drift ratio and the hinge behavior of RCS frame can be satisfied for each performance objective simultaneously.

Keywords：RCS composite frame structure，inter-story drift angle，plastic hinge

1　引言

钢筋混凝土柱—钢梁组合框架结构（Composite frame consisting of reinforced con-

---

基金项目：国家自然科学基金项目（51008244，51178380）.
第一作者：周婷婷，硕士生，主要从事钢与混凝土组合结构的研究，Email：ztt19166@163.com.

crete column and steel beam，简称 RCS）是一种能够充分发挥钢材和混凝土材料在各自结构和经济上优势的新型结构形式[1-2]。目前，国内外还没有专门针对 RCS 组合结构体系抗震设计的规范，可以参考的相关文献有美国的 ASCE 指南[3]，该文献主要给出了 RCS 组合节点的设计条文，并没有给出整个结构体系的设计要求。此外，我国现行规范对于这种结构抗震设计方法的规定也不明确。

基于性能（位移）的抗震设计方法作为一种具有较好发展前景的抗震设计方法，可以实现结构或构件的多级抗震性能目标[4]，已被写入我国现行抗震规范[5]。然而，国内外对于 RCS 组合结构基于性能（位移）的抗震设计理论和方法的研究还很缺乏，目前还未见相关方面的公开报道。本文通过分析国内外 RCS 组合框架结构的相关研究成果，提出其性能水平、性能目标，建立其在不同地震作用水平下的量化指标，并进行基于性能的性能抗震模拟分析，为 RCS 组合框架结构基于性能的抗震设计理论提供基础资料。

2　RCS 组合框架结构的性能水平和性能目标

2.1　RCS 组合框架结构性能水平的建立

结构的抗震性能水平和性能目标是结构进行基于性能的抗震设计的前提。性能水平表示结构在未来地震作用下可能达到的破坏状态，包括结构和非结构构件的破坏。对结构性能水平的划分有的分为三档（例如，我国现行抗震规范），有的分为四档（例如，Vison2000[6]），有的分为五档。对不同结构性能水平的描述主要是针对构件的开裂程度、构件的屈服程度以及是否倒塌等。

由于 RCS 组合框架结构的承重构件由受力特点相对不同的两种构件组成[2]，即钢筋混凝土柱和钢梁，因此，有必要对 RCS 组合框架结构的性能水平进行重新描述，见表 1 所示。

此外，为了方便结构分析时对各构件的设计结果进行校核，本文还增加了对构件端部塑性铰状态的描述，以验证所设计的构件是否满足相应的性能水平。也就是说，结构的性能抗震设计，除了需要满足相应的层间位移角限值（后文介绍），还需要达到相应的性能描述水平，特别是结构进入弹塑性受力阶段的构件塑性铰状态。这在以往的性能抗震设计研究中是相对缺失的。

RCS 组合框架结构的性能水平　　**表 1**

Performance levels of RCS composite frame structure　　**Table1**

性能水平	结构性能描述	塑性铰分布与状态	总体描述
正常运行	结构处于弹性工作状态，功能完好，不经修复可立即使用	无塑性铰	基本完好
暂时使用	结构近似处于弹性工作状态；个别承重构件（柱）轻微开裂，需要少量修复；非承重构件明显破坏，需要少量修复	无塑性铰	轻微破坏

续表

性能水平	结构性能描述	塑性铰分布与状态	总体描述
修复后使用	结构处于弹塑性工作状态，部分钢梁进入塑性状态；底层钢筋混凝土柱开裂严重，允许个别柱子开始进入塑性状态；非承重构件严重破坏	部分钢梁屈服形成塑性铰且发展较充分；允许个别柱端刚开始形成塑性铰	中等破坏
生命安全	结构处于弹塑性工作状态，大多数承重构件严重破坏；但框架仍有一定的承载力，需经大量维修后方可暂时使用	梁端和柱端大量出现塑性铰，且梁铰发展充分	严重破坏
防止倒塌	多数承重结构构件受到严重损坏，整个框架因柱铰机构形成而失去承载力，威胁到生命安全	柱铰机构形成，允许底层柱塑性铰发展较深	接近倒塌

2.2 RCS组合框架结构的性能目标

结构的性能目标指建筑物在未来地震作用下可能达到的性能水平，它反映了建筑物在某一特定地震作用水平下预期破坏的最大程度。性能目标的建立需要综合考虑结构功能与重要性、投资与效益、震后损失与恢复重建、潜在的历史或文化价值、社会效益及业主的承受能力等。结构性能目标可以根据业主的要求采用比规范更高的水准。

本文主要根据建筑物使用功能的重要性，按其遭受地震破坏可能产生的后果，将建筑物的性能目标分为三组，即①基本目标；②重要目标；③非常重要目标，对于三组目标建筑物的判别可分别参考《建筑工程抗震设防分类标准》[7] GB 50223—2008中的丙、乙、甲三类建筑物的相关规定。

对于不同组别的建筑物，根据不同地震作用水平、不同结构性能水平，可建立其结构性能目标，见表2。表中的地震作用水平划分方法可参考作者在文献［4］中的论述。

结构性能目标 **表2**

Structural performance objectives **Table2**

地震作用水平	结构性能水平				
	正常运行	暂时使用	修复后使用	生命安全	防止倒塌
小震	①丙	—	—	—	—
中小震	②乙	①	①	—	—
中震	③甲	②	①或②	①	—
大震	—	③	③	②	①或②

注：“—”表示不可接受目标。

上述性能目标的划分，充分体现了基于性能的多级性能目标的设计思想。也就是说，一个结构在不同的地震水平下需要或可以达到不同的性能水平。例如，对属于基本目标的建筑物，需要满足“小震”下的“正常运行”水平，需要或可以满足“中小震”下的“暂时使用”或“修复后使用”水平，以及“中震”下的“修复后使用”或“生命安全”水平，且需要满足“大震”下的“防止倒塌”水平。也就是说，除了小震和大震下结构的性能水平需要满足我国的现行规范之外，对于中小震和中震下的性能水平，可根据不同的设计要求选择。

此外，需要说明的是，除了上述性能水平的要求，在进行基于性能的抗震设计时，往往还需要采用量化的性能指标对其抗震性能进行控制或验算。

3 RCS 组合框架结构性能指标的量化

3.1 RCS 组合框架结构性能指标的选择

在基于性能的抗震设计理论中，结构性能的量化指标可用一个或多个性能参数来定义，可选用的性能参数有力、变形、延性、能量等，根据选用的性能参数，有多种性能指标的表达方式。大量研究表明，层间位移角与结构破坏程度、节点转动及层间倒塌能力等直接相关。另外，为了与我国抗震规范的性能指标相一致，本文采用层间位移角作为 RCS 组合框架结构的量化指标。

3.2 RCS 组合框架结构性能量化指标的试验统计

目前，国内外对 RCS 组合框架结构的试验研究较少，本文主要对已有的相关试验资料进行统计分析，作为 RCS 组合框架结构层间位移角限值的建立依据。

文献［1］对两榀两层两跨的缩尺 RCS 组合框架结构进行了拟静力试验研究. 测到的屈服层间位移角为 1/100，荷载达到峰值点的层间位移角约为 1/50，极限状态层间位移角为 1/33～1/25。根据本文表 1 中对 RCS 组合框架结构性能水平的描述，上述层间位移角可以分别作为“修复后使用”、“生命安全”和“接近倒塌”性能水平层间位移角限值的建立依据。

文献［8］对一榀两层两跨的缩尺 RCS 组合框架结构进行了拟静力试验研究。测到的柱子开裂时、钢梁腹板屈服时、底层柱钢筋屈服时，以及荷载峰值时和荷载下降到约 85%时的层间位移角分别为 1/333、1/100、1/50、1/25（和 1/20）。根据表 1 的要求，上述层间位移角可以分别作为“正常运行”、“修复后使用”、“生命安全”以及“接近倒塌”性能水平层间位移角限值的建立依据。

文献［9］对一榀实尺寸三层两跨的 RCS 组合框架结构进行了拟静力试验研究，考虑了楼板对型钢梁的作用。当层间位移角为 1/248～1/100 时，梁端出现大量塑性铰；层间位移角为 1/90～1/75，梁端和柱端形成混合塑性铰。根据表 1 的要求，上述层间位移角可分别作为“修复后使用”和“生命安全”性能水平层间位移角限值的建立依据。

本课题组［10］对一榀 2 层 2 跨的 RCS 组合框架结构进行了低周反复加载试验. 当边柱柱脚产生第一条水平裂缝时，层间位移角约为 1/346，可认为结构处于“正常运行”性能水平；当钢梁上翼缘开始屈服时，层间位移角为 1/131，认为结构处于“修复后使用”性能水平，此时柱底裂缝很多；当层间位移角达到 1/39 时，一、二层钢梁大量屈服，部分梁端翼缘屈曲，但结构仍有一定的承载力，可以认为结构处于“生命安全”性能水平；当层间位移角达到1/25时，结构各层塑性铰完全形成，柱底塑性铰发展至接近倒塌阶段，因此，可以认为结构处于“接近倒塌”性能水平。

对以上试验结果进行分析和归并处理，得到RCS组合框架结构在五个性能水平下的层间位移角限值的范围，见表3。

层间位移角统计结果 表3

Statistical results of inter-story drift ratio Table3

结构类型	正常运行	暂时使用	修复后使用	生命安全	接近倒塌
统计分析	1/346～1/333	1/200～1/50	1/248～1/33	1/90～1/18	1/33～1/10

3.3 RCS组合框架结构性能量化指标的建立

以本课题组所作试验结果为主，参考表3中各文献所得RCS组合结构层间位移角限值，并结合我国抗震规范中对钢筋混凝土框架结构和钢框架结构层间位移角限值的规定，建立RCS组合框架结构在不同性能水平时的层间位移角限值，如表4所示。

层间位移角值限值 表4

Limit value of inter-story drift ratio Table4

结构类型	正常运行	暂时使用	修复后使用	生命安全	接近倒塌
RCS框架	1/400	1/250	1/150	1/70	1/50

4 RCS组合框架结构性能指标的验证

4.1 工程概况和结构设计

某8层RCS组合框架结构，底层层高为4.5m，2～8层层高为3.6m，横向3跨，纵向5跨，跨度均为9m。抗震设防烈度为8度，Ⅱ类场地，设计地震分组为第一组，Tg为0.35s。基本风压为0.35kN/m^2。参照我国相关规范，利用PKPM软件对结构进行设计(可认为按照基本目标①进行初步设计，满足小震处于“正常使用”性能水平)，得到的柱子截面尺寸：1～2层为850mm×850mm；5～6层为750mm×750mm。其中，1～2层柱子的配筋率为2.04%；5～6层柱子的配筋率为1.75%。梁截面尺寸为：HN600×200×11×17。柱子采用C60混凝土，梁用Q235钢材。

4.2 动力时程分析

为了验证本文所提方法的有效性和指标限值的合理性，对该结构进行动力时程分析。选择3条地震波，分别为：EI-Centro波、Tar-Tarzana波和兰州波，其峰值加速度分别为341.7cm/s^2、970.74cm/s^{2}和219.7cm/s^2。时程分析时，需要对其加速度峰值进行调整。对于不同地震作用水平，其加速度峰值的取值参考作者在文献［4］中的介绍。

(1) 层间位移角分析

图 1 所示为结构在不同地震作用下（小震、中小震、中震和大震），结构的层间位移角分布情况。其最大楼层层间位移角值见表 5 所示。

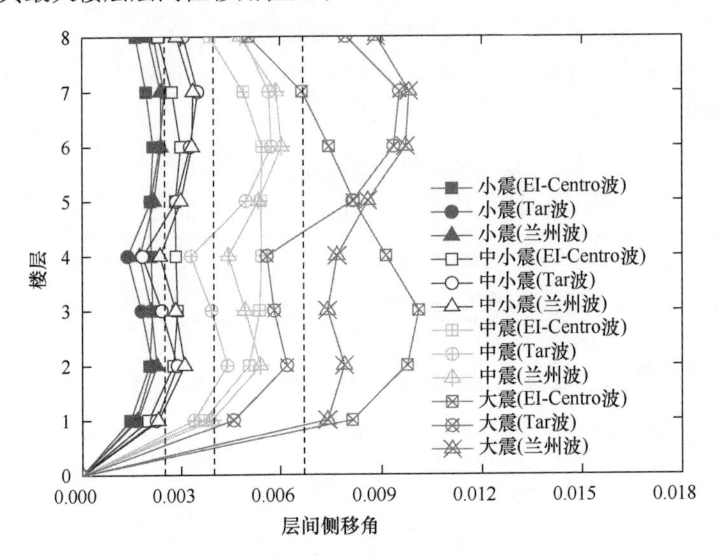

图 1　不同地震作用下的层间位移角分布

Fig. 1　Distribution of inter-story drift ratio under different earthquake levels

最大层间位移角　　**表 5**

Maximum inter-story drift ratio　　**Table 5**

地震作用水平	小震	中小震	中震	大震
EI-Centro 波	1/466	1/334	1/183	1/95
Tar 波	1/402	1/284	1/175	1/105
兰州波	1/419	1/296	1/165	1/102
均值	1/429	1/305	1/174	1/101

从图 1 和表 5 可以看出，按照基本目标①进行初步设计的结构，在小震作用下确实满足“正常使用”性能水平的层间位移角限值要求，三条地震波作用下楼层的最大层间位移角均小于 1/400。同时，还满足其他三个性能水平对层间位移角限值的要求：暂时使用（1/250）、修复后使用（1/150）和生命安全（1/50）。也就是说，按照“小震不坏”设计的结构，是可以同时实现“中小震暂时使用”、“中震可修”和“大震不倒”性能目标的。

（2）塑性铰出现顺序和分布

在小震和中小震作用下，梁柱构件均没有出现塑性铰，这与表 1 中对“正常运行”和“暂时使用”性能状态的描述是一致的。在中震和大震作用下，结构的塑性铰分布情况如图 2 所示。从图 2 可以看出，对于中震作用，在 3 条地震波作用下，梁端均出现大量塑性铰；而对于 EI-Centro 波和兰州波，左侧边柱底部也有塑性铰出现，且刚进入屈服状态，符合表 1 中对“修复后使用”性能状态的描述情况。对于大震作用，在 3 条地震波作用下，梁端塑性铰的数量增多，且发展程度加深；此外，在底层柱子根部均出现塑性铰，且均刚进入屈服状态。这与表 1 中对“生命安全”性能状态的描述是一致的。即可以实现

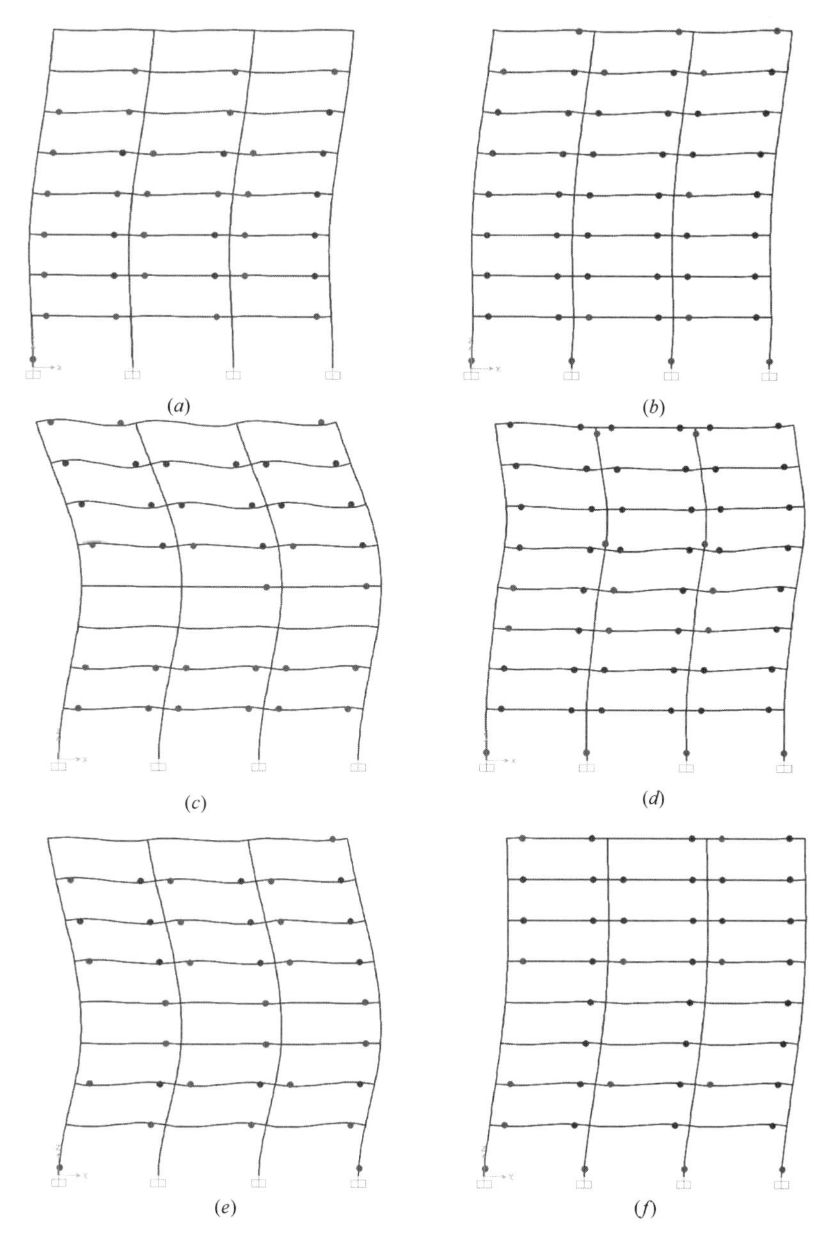

图 2 中震和大震作用下结构的塑性铰发展

Fig. 2 Development of member hinges under rare and extremely rare earthquake (NTH)

(a) 中震—EI-Centro 波；(b) 大震—EI-Centro 波；(c) 中震—Tar 波；
(d) 大震—Tar 波；(e) 中震—兰州波；(f) 大震—兰州波

"生命安全"，也可以保证"防止倒塌"。

从上述时程分析的结果可见，按照"小震不坏"设计的结构，在层间位移角限值和性能状态两个方面，均可以同时实现本文所提的其他 3 个性能水平的要求。按照本文提出的 RCS 组合框架结构性能目标的实现方法是可行的。

5 结论

RCS 组合框架结构的承重构件由受力特点不同的两种构件组成，因此，重点考虑构件端部的塑性铰状态，建立了 RCS 组合框架结构的 5 档性能水平（表 1）。结合 4 个地震作用水平，提出了 3 组结构性能目标（表 2）。以层间位移角为性能指标，在统计分析国内外有关试验资料和我国相关规范的基础上，得到了 RCS 组合框架结构在不同性能水平下的指标量化值，即，正常运行、暂时使用、修复后使用、生命安全和防止倒塌性能水平的层间位移角限值分别为 1/400、1/250、1/150、1/70 和 1/50。利用层间位移角验算和塑性铰状态判断相结合的方法，对结构性能设计结果的合理性进行判别。算例分析表明，按照本文方法进行性能设计，可以同时在层间位移角限值和性能状态两个方面实现不同性能水平的设计要求；本文所建立的量化指标和性能水平也是合理可行的。

参考文献

[1] Deierlein G G, Noguchi H. Overview of U. S.-Japan research on seismic design of composite reinforced concrete and steel moment frame [J]. Journal of Structural Engineering. 2004, 130(2): 361-367

[2] 门进杰，史庆轩，周琦．钢筋混凝土柱-钢梁组合节点研究进展[J]. 结构工程，2012，28(1)：153-158 (Men Jinjie, Shi Qingxuan, Zhou Qi. Overview of the research on connections in composite frames consisting of reinforced Concrete Columns and steel beams [J]. Structural Engineers, 2012, 28(1): 153-158(in Chinese))

[3] American Society of Civil Engineers. Guidelines for design of joints between steel beams and reinforced concrete columns [J]. Journal of Structural Engineering, 1994, 120(8): 2330-2357

[4] 门进杰，史庆轩，周琦．框架结构基于性能的抗震设防目标和性能指标的量化 [J]. 土木工程报，2008，41(9)：76-82 (Men Jinjie, Shi Qingxuan, Zhou Qi. Performance-based seismic fortification criterion and quantified performance index for reinforced concrete frame structures [J]. China Civil Engineering Journal, 2008, 41(9): 76-82(in Chinese))

[5] GB 50011—2012. 建筑抗震设计规范 [S]. 北京：中国建筑工业出版社，2012 (GB 50011—2012. Code for seismic design of buildings [S]. Beijing: China Architecture and Building press, 2012(in Chinese))

[6] California Office of Emergency Services. Vision 2000: Performance Based Seismic Engineering of Buildings. Structural Engineering Association of California, Vision 2000 Committee, California, 1995

[7] GB 50223—2008. 建筑工程抗震设防分类标准 [S]. 北京：中国建筑工业出版社，2008 (GB 50223—2008. Standard for classification of seismic protection of building constructions [S]. Beijing: China Architecture and Building press, 2008(in Chinese))

[8] Baba N, Nishimura Y. Seismic performance of S beam-RC column moment frames. Summaries of technical papers of annual meeting, Structures Ⅱ [C]. Architectural Institute of Japan, 1998

[9] Yamamoto T, Ohtaki T, Ozawa J. An experiment on elasto-plastic behavior of a full-scale three-story two-bay composite frame structure consisting of reinforced concrete columns and steel beams[J]. Journal of Architectural and Building Science 2000: 111-116

[10] Men Jinjie, Zhang Yarong, Guo Zhifeng, Shi Qingxuan. Experimental research on seismic behavior of a novel composite RCS frame [J]. Steel and Composite Structures, 2015, 18(4): 971-983

不同集料泡沫混凝土性能的研究进展

任杉杉，黄　炜
（西安建筑科技大学 土木工程学院，陕西　西安 710000）

摘　要：通过对大量相关文献的整理总结，分析了各种集料对泡沫混凝土性能的影响，主要包括陶粒、粉煤灰、煤矸石、硅灰、矿渣粉、固硫灰、脱硫石膏和钢渣等单掺或者双掺集料对泡沫混凝土抗压强度、收缩量、导热率、吸水性及空隙结构等性能的影响．为促进墙体材料革新和建筑节能政策的推行及新型掺集料泡沫混凝土的研制和开发提供支持。

关键词：集料；陶粒；粉煤灰；煤矸石；泡沫混凝土性能
中图分类号：TU55＋1

CURRENT RESEARCH ON FOAM CONCRETE OF DIFFERENT AGGREGATE

S. S. Ren，W. Huang
（College of Civil Engineering，Xi'an University of Architecture and Technology，Xi'an，China）

Abstract: By analyzing and summarizing a large amount of relevant literature，the influence on the foam concrete's properties(such as compressive strength，shrinkage，thermal conductivity，water imbibition，and the space structure)of different aggregates(mainly including ceramsite，fly ash，coal gangue，silica fume，slag powder，solid sulfur，ash，steel slag and desulfurization gypsum single doped or double mineral aggregate)are studied，which may promote the innovation of walling material and implementation of building energy conservation policy and give a support on new research and development of mineral aggregate foam concrete.

Keywords: aggregate；ceramsite，fly ash，coal gangue，performance of foam concrete

1　前言

近年来，随着我国对建筑节能要求的提高，新型墙体材料的开发和应用得到社会各界

基金项目：国家自然科学基金项目（51378416，51578446）．
第一作者：任杉杉（1989—），女，硕士生，主要从事新型装配式剪力墙节能与结构一体化保温材料方面的研究，E-mail：790874160@qq. com.
通讯作者：任杉杉（1989—），女，硕士生，主要从事新型装配式剪力墙节能与结构一体化保温材料方面的研究，E-mail：790874160@qq. com.

的广泛重视。泡沫混凝土以其独特的结构特性赋予其优异的热工性能及使用功能，日本、美国、英国、荷兰、加拿大等国家将它广泛应用于各种土木工程建设及其构件制作，并不断扩大应用领域。我国在建筑领域和功能型建筑制品生产方面也在越来越广泛地使用泡沫混凝土。

泡沫混凝土又被称为发泡混凝土，通常是指利用物理方法把发泡剂的水溶液制备成泡沫，然后将泡沫加入到钙质材料（如石灰、水泥）、硅质材料（如石英砂、粉煤灰、粒化高炉矿渣等）、外加剂以及水所组成的浆料之中，再经过搅拌、成型、养护而形成的一种内部含有大量封闭气孔的轻质混凝土。泡沫混凝土具有质量轻、保温隔热性能好、隔音耐火性能优异、抗震性能好以及方便施工、节能环保等优点。随着社会工业化进程速度加快，人们更趋向于将些不同材料添加到泡沫混凝土中，已达到节能减排、废物利用、节约资源等效果。

2 陶粒泡沫混凝土性能的研究进展

陶粒是以淤泥和粉煤灰为主要原料，经机械造粒，旋窑焙烧而成，具有密度轻、强度高、吸水率小、耐火保温、性能稳定等优点[1]。利用陶粒制备成的泡沫混凝土是当前兴起的一种新型的轻质墙体材料，建筑综合造价也比较合理，该材料可以达到节能65%的现行居住建筑节能设计规范要求。与加气混凝土相比，其具有强度高、干缩变形小、吸水率低、导热系数低等优点，且生产工艺简单、设备、基建投资规模小。随着建筑节能的发展，陶粒泡沫混凝土将在墙体材料中逐步占据重要的地位[2]。

刘文斌[3]通过向泡沫混凝土中掺加不同粒径的陶粒，研究了不同粒径的陶粒对泡沫混凝土的收缩影响。研究结果表明，相比较未掺骨料的泡沫混凝土，掺陶粒的泡沫混凝土收缩率要小；掺粒径小的陶粒比粒径大的收缩率小；且合理的级配，有利于改善泡沫混凝土的收缩。盖广清[4]对不同松散体积率的陶粒掺量的坍落度进行了测定，检测陶粒掺量对陶粒泡沫混凝土拌合物和易性的影响。实验表明，在陶粒混凝土拌合物中，陶粒用量越大，其毛细吸水能力越强，则对混凝土和易性的影响就越大，流动性损失就越多。李月霞[5]采用正交试验方法，以抗压强度为考察指标，研究了陶粒泡沫混凝土的可行性。试验结果表明，陶粒的掺入会降低混凝土强度，因此在制备陶粒泡沫混凝土时，陶粒的使用量不宜太高；粉煤灰的掺入有利于混凝土强度的提高，在制备陶粒泡沫混凝土时，应该将粉煤灰作为最基本的原料，以利于弥补掺入陶粒后导致的混凝土强度下降。鹿健良[6]研究了陶粒掺量对陶粒泡沫混凝土强度、表观密度的影响。实验表明，陶粒用量为0.8m^3时，材料的表观密度代表值最大，比强代表值最小，是陶粒的优选用量。王庆轩[7]采用模型房对陶粒泡沫混凝土砌块墙体以及几种常用保温材料砌筑墙体的热工性能进行了同条件测试。结果表明，陶粒泡沫混凝土的导热系数为0.156W/(m·K)，陶粒泡沫混凝土砌块裸墙体传热系数为0.940 W/(m^2·K)，保温性能明显优于细石混凝土空心砌块、多孔砖和黏土砖。

3 粉煤灰泡沫混凝土性能的研究进展

粉煤灰是火力发电厂的煤粉燃烧后所留下的灰粉，是工业废料。粉煤灰中含有一定的轻质空心微珠和潜在的火山灰活性，将其添加到泡沫混凝土中可进一步提高混凝土的保温性能和轻质性能，同时可以改善泡沫混凝土的孔结构以及孔分布，并可降低泡沫混凝土制品的生产成本。

耿纪川[8]通过试验研究了不同掺量的粉煤灰对泡沫混凝土力学性能和吸水性的影响。结果表明，粉煤灰掺量较大的配比早期强度低，但强度随龄期增长更多；掺加最高 67%粉煤灰后泡沫混凝土 28d 及以后强度无明显降低甚至有所提高；当砂灰比和粉煤灰水泥比相同时，掺加粉煤灰的配比拥有更高的抗压强度和劈裂抗拉强度；掺加粉煤灰可有效提高泡沫混凝土的软化系数。赵伟[9]通过观测泡沫混凝土内孔结构，表明随着粉煤灰掺量的增加其平均孔径降低、圆度得到提高，证明了粉煤灰可以改善泡沫混凝土的性能。邱军付[10]通过化学方法制备大掺量粉煤灰超轻泡沫混凝土，研究了粉煤灰掺量对其性能的影响。结果表明，粉煤灰的掺入会降低泡沫混凝土的早期强度，通过选择合理的粉煤灰激活剂和适当掺量可以显著提高制品的早期强度。孙诗兵[11]为了解粉煤灰掺量对泡沫水泥性能的影响，对掺粉煤灰泡沫水泥抗压强度、干燥收缩性及软化系数进行了研究。试验结果表明，当粉煤灰掺量小于 20%时，随着粉煤灰掺量的增加，泡沫水泥抗压强度与干燥收缩值均减小，软化系数在 15%左右时最小。吴丽曼[12]以化学发泡法制备泡沫混凝土试样，并结合图像分析软件测得了不同粉煤灰掺量时试样孔隙率、平均孔径和孔径分布等孔结构参数，并研究了粉煤灰掺量对试样 28d 抗压强度和吸声性能的影响。结果表明，随着粉煤灰掺量的增大，试样孔隙率和平均孔径逐渐减小，28d 抗压强度先增加后降低，试样的吸声性能有一定程度的提高。万碧莲[13]用粉煤灰部分取代水泥制备泡沫混凝土，探讨了粉煤灰掺量对干密度为 500～600kg/m^{3}的泡沫混凝土性能的影响。结果表明，粉煤灰的掺量会影响泡沫混凝土的力学性能和微观结构。粉煤灰掺量达到 30%时，泡沫混凝土的质量吸水率较低，气孔率较低，强度较高，各项力学性能达到最佳。同时，其孔分布也较为均匀，形状规则。阮超[14]通过试验发现，激发剂、熟石灰对粉煤灰活性都有一定的激发效果，且熟石灰对粉煤灰活性激发效果比生石灰的好，熟石灰掺量在 1%左右时对粉煤灰活性激发效果最佳。南非 Pretoria 大学的 E. R. Kearsley 和英格兰 Leeds 大学 P. J. Wainwright[15-18]全面系统地分析研究了掺加分级和未分级粉煤灰替代部分水泥时，泡沫混凝土各项性能的影响因素。分析得出，使用分级和未分级的粉煤灰对其抗压强度影响不大，高掺量粉煤灰对泡沫混凝土的长期抗压强度影响也很小。

4 煤矸石泡沫混凝土中的研究进展

煤矸石是我国排放量最大的固体废弃物，不仅污染环境，而且占用大量的土地面积，煤矸石在热活化和磨细后却是一种可以用来制备泡沫混凝土的、具有火山灰特性的原材料，可以用来替代部分水泥制备泡沫混凝土。高效利用煤矸石，大大降低泡沫混凝土成本，有效地防止低密度泡沫混凝土塌陷，利于制备轻质高强泡沫混凝土。用活化煤矸石为主要原材料来制备泡沫混凝土，具有量大面广，易于就地取材，节能减排等优越性，是比粉煤灰、砂更有优势的替代水泥的原料之一，适合用来大量替代水泥制备轻质高强泡沫混凝土。

俞心刚、林琳[19]将煤矸石热处理后，用球磨方式将煤矸石制备成两种高活性煤矸石粉，进行高活性煤矸石粉细度对煤矸石泡沫混凝土密度和抗压强度与密度之比值的研究。结果表明，煤矸石粉细度对煤矸石泡沫混凝土的密度和抗压强度与密度之比值影响很大，泡沫混凝土的密度越轻，抗压强度与密度之比值越大。俞心刚、魏玉荣[20-21]等用煅烧的煤矸石为主要原料制备泡沫混凝土体现其优越性，并提出煤矸石在泡沫混凝土中兼具有集料和生成胶凝材料的双重作用，煅烧后的煤矸石活性越大，煤矸石泡沫混凝土的质量越好。球磨1.0h煤矸石比球磨0.5h的煤矸石更有利于泡沫混凝土的轻质特性。为了降低泡沫混凝土的干表观密度，最好选用经球磨较细的煤矸石。徐彩玲[22]研究利用硅酸盐水泥和自燃煤矸石细粉、粉煤灰等混合材料，采用预制气泡后混合的方法制备出高性能泡沫混凝土，并研究了自燃煤矸石细粉、粉煤灰泡沫混凝土的干表观密度对泡沫混凝土的抗压强度与导热系数的影响。研究结果表明，随自燃煤矸石细粉、粉煤灰泡沫混凝土干表观密度的增加，泡沫混凝土抗压强度和导热系数也增加。曹露春[23]针对掺加煤矸石的泡沫混凝土，测定其抗压强度和抗折强度，并确定了自然煤矸石活性激发的最佳温度条件，得出了泡沫混凝土各组分的最佳掺量，煤矸石热激活的最佳温度为750℃。在该煅烧温度下股烧后的煤矸石掺量为60％、水泥掺量为15％，石灰量为5％、水胶比为0.4、发泡剂量为2％时、泡沫混凝土综合性能最优。李德军[24]通过对煤矸石泡沫混凝土性能的研究，探索出影响煤矸石泡沫混凝土性能的主要因素。结果表明，降低煤矸石泡沫混凝土的干表观密度，可以显著减小其导热系数。煤矸石泡沫混凝土线收缩率小，在煤矸石泡沫混凝土中掺入一定量的等级粉煤灰或矿渣，有利于煤矸石泡沫混凝土的轻质特性。

5　其他单掺集料泡沫混凝土性能的研究进展

乔欢欢[25]等对矿物掺合料在泡沫混凝土中性能影响进行了研究。试验得到结论，掺入适当硅灰可以显著提高泡沫混凝土早期力学性能，但是影响其耐久性。杨康[26]介绍了稻壳灰的性质，稻壳灰中含有90％左右的无定形态的二氧化硅，具有火山灰活性；稻壳灰可增强泡沫混凝土的后期强度和抗渗、耐侵蚀性，改善泡沫混凝土的孔隙结构，增强保温隔热、隔音性。高庆强[27]用废瓷粉部分取代水泥配置泡沫混凝土，实验表明一定掺量的废瓷粉有助于减低泡沫混凝土导热系数和体积吸水率，提高泡沫混凝土28d抗压强度，如废瓷粉掺量持续增加则泡沫混凝土综合性能下降。陈雪梅[28]研究的固硫灰泡沫混凝土与现有的泡沫混凝土相比，固硫灰泡沫混凝土吸水率偏高但线性收缩率显著低于一般的水泥泡沫混凝土，且经干湿循环后，劈裂抗拉强度下降较小。陈兵[29]以生土作为填料，制备了生土泡沫混凝土，探讨了微硅粉对生土泡沫混凝土抗压强度和导热系数的影响。结果表明，生土泡沫混凝土干表观密度、抗压强度和导热系数均随着泡沫掺量（体积分数）的增大而减小；随微硅粉掺量（质量分数）增大，生土泡沫混凝土抗压强度和保温隔热性能同时得到改善。蒋慧媛[30]制备了含SiO_2较高的花岗石废浆作为泡沫混凝土的硅质材料，其利废率达到60％，制备的泡沫混凝土产品的各项指标均能达到国家标准规定的指标要求。且为A级防火标准。谢建海[31]以脱硫石膏为主要材料，制备出了不同密度等级的脱硫石膏泡沫混凝土砌块。研究表明，脱硫石膏泡沫混凝土砌块与其他类型砌块相比具有强度高、耐水性好、导热系数低等优良性能。廖洪强[32]对钢渣的特性进行了分析测试，对钢渣不同掺量对泡沫混凝土砌块特性的影响进行了研究。结果表明，在钢渣掺量的一定范围内，随着钢渣掺量的增大，抗压强度、抗折强度降低，吸水率增大；且钢渣的加入有利于提高泡沫混凝土砌块的后期抗压强度。陆晓燕[33]对全淤泥陶粒泡沫混凝土砌块墙体热工性能进行比较研究。研究表明，全淤泥陶粒泡沫混凝土砌块导热系数为 0.22W(/m·K)，保温性能优越。砌块裸墙体传热阻为 1.22(m^2·K)/W，传热系数为 0.82W(/m^2·K)。与常用保温墙体相比保温效果明显改善；提出利用淤泥陶粒泡沫混凝土砌块作为单一墙体材料满足建筑节能 50%、65%标准技术措施。王晴[34]通过掺加空心玻璃微珠研究其对泡沫混凝土性能的影响，从而制备轻质保温的泡沫混凝土。结果表明，泡沫混凝土的导热系数随着空心玻璃微珠掺量的增加而降低，当泡沫混凝土的干密度在 120～200kg/m^3时，导热系数最小为 0.044W/(m·K)；空心玻璃微珠的适宜掺量为 5%～15%。

6 双掺集料泡沫混凝土性能的研究进展

双掺技术是高性能混凝土技术中不可缺少的技术手段，双掺即在混凝土中掺入轻集料和矿物掺合料。矿物掺合料可以明显改善混凝土分层离析现象，同时轻集料多孔，具有吸水放水的“微泵”作用，有效提高材料的密实性和早期强度。双掺技术的使用，大大改善了泡沫混凝土的性能，使混凝土的强度增大，性能提高，更加适合工程的需要[35]。

于水军[36]等通过实验研究了钢渣、粉煤灰泡沫混凝土的热工性质，分析得出，两者复合用作泡沫混凝土的掺合料时，热工性质较好。陈伟[37]测试了不同矿渣、钢渣掺量制备的发泡混凝土制品 3、7、28d 的抗压强度和容重。结果表明，钢渣掺量为 30%、矿渣掺量为 45%时，两者的协调性比较强，制品的抗压强度达到 5.1MPa。赵维霞[35]等为改善泡沫混凝土的匀质性，采用粉煤灰和膨胀珍珠岩双掺技术，配制出性能稳定的泡沫混凝土。结果表明，掺入粉煤灰和膨胀珍珠岩，可明显提高混凝土的匀质性，减少离析和泌水，获得匀质的混凝土拌合料。当水胶比为 0.45 时，掺入 15% ～25%的粉煤灰和膨胀珍珠岩，早期强度可提高 5%。汪新道[38]研究了粉煤灰、矿粉双掺对泡沫混凝土性能的影响。试验结果表明，在泡沫混凝土中，粉煤灰、矿粉双掺等量取代水泥对泡沫混凝土的干湿表观密度、强度无不利影响，粉煤灰、矿粉双掺能较好地发挥强度互补效应，适宜掺量为粉煤灰 20%、矿粉 25%。徐彩玲[22]利用硅酸盐水泥和自燃煤矸石细粉、粉煤灰等混合材料，采用预制气泡后混合的方法制备出高性能泡沫混凝土，并进行研究表明，随自燃煤矸石细粉、粉煤灰泡沫混凝土干表观密度的增加，泡沫混凝土抗压强度和导热系数也增加；抗压强度随成型水灰比的增大而略有提高，泡沫混凝土的水灰比存在一个合适的范围，过分增加水灰比必然会导致硬化体强度的降低。杨久俊[39]用粉煤灰中分离提取的比重大于 1、堆积密度 500～870kg/m^3厚壁高强微珠，与水泥和自制无机高分子热聚物发泡剂预混，制成流态泡沫混凝土，在常温常压养护条件下，600kg 级抗压强度可以达到 5～7MPa，700kg 级达到 10MPa 以上，明显高于同级别的铝粉加气混凝土的度。董素芬[40]研究了再生 EPS 颗粒对砖粉泡沫混凝土各项性能的影响。试验结果表明，EPS 的掺入使其干密度线性降低，掺量在之间时，抗压强度下降缓慢，含水率大幅度下降，抗碳化能力增强，抗冻融能力满足规范要求，导热系数减小。与通过增加泡沫用量获得的同密度等级的砖粉泡沫混凝土相比，掺有再生颗粒的混凝土抗压强度提高，含水率和吸水率降低，性能较为优越。

7 展望

泡沫混凝土由于其良好的性能而具有广阔的应用前景，作为泡沫混凝土的主要组成部分，各掺加集料对于泡沫混凝土的性能具有关键性的作用。大力推进符合生态节能、资源综合利用的新型集料泡沫混凝土的研究和开发，促进墙体材料革新和建筑节能政策的推行，开发生产高性能泡沫混凝土制品将是今后的发展趋势。

参考文献

[1] 张喜，吴勇生，张剑波，何娟，尚江涛．泡沫混凝土的掺合料研究[J]．混凝土，2011(2)：131-133.

[2] 侯东君，严捍东．超轻陶粒种类和掺量对泡沫混凝土性能影响的试验研究[J]．福建建设科技，2012(4)：46-48.

[3] 刘文斌，张雄．陶粒泡沫混凝土收缩性能研究[J]．混凝土，2013(11)：105-107.

[4] 盖广清，肖力光，殷维河．材料因素对陶粒泡沫混凝土拌合物和易性影响的探讨[J]．吉林建筑工程学院学报，1999(2)：11-14.

[5] 李月霞，孙亮．陶粒泡沫混凝土的正交试验研究[J]．吉林建筑工程学院学报，2015(1)：4-6.

[6] 鹿健良，孙晶晶．陶粒泡沫混凝土配合比试验研究[J]．混凝土与水泥制品，2012(9)：60-62.

[7] 王庆轩，石云兴，屈铁军，张燕刚，倪坤，刘伟．陶粒泡沫混凝土砌块墙体的热工性能测试与分析[J]．新型建筑材料，2014(12)：26-30.

[8] 耿纪川，掺加细砂和粉煤灰的泡沫混凝土性能研究[D]．大连理工大学，2014.

[9] 赵伟，朱琦，曾金雄．粉煤灰—水泥基泡沫混凝土性能的试验研究[J]．四川建材，2010，36(4)：28-29.

[10] 邱军付，罗淑湘，鲁虹，孙桂芳，王永魁．大掺量粉煤灰泡沫混凝土保温板的试验研究[J]．硅酸盐通报，2013，32(2)：363-367.

[11] 孙诗兵，齐明东，樊继业，兰明章．粉煤灰掺量对泡沫水泥性的影响[J]．混凝土，2014(7)：105-107.

[12] 吴丽曼，孙勇，张晓莉，彭明军，殷国祥，郭怀才．粉煤灰对超轻发泡混凝土孔结构及吸声性能的影响[J]．硅酸盐通报，2013，33(9)：2387-2392.

[13] 万碧莲．粉煤灰掺量对泡沫混凝土性能的试验研究[J]．硅酸盐通报，2014(8)：11-13.

[14] 阮超．粉煤灰水泥基轻质板材的研究[D]．安徽理工大学，2015.

[15] E. R. Kearsley, P. J. Wainwright. The effect of high fly ash content on the compressive Strength of foamed concrete [J]. Cement and Concrete Research，2001(31)：105-112.

[16] E. R. Kearsley, P. J. Wainwright. Porosity and Permeability of foamed concrete [J]. Cement and Concrete Research，2001(31)：805-812.

[17] E. R. Kearsley, P. J. Wainwright. The effect of Porosity on the Strength of foamed concrete [J]. Cement and Concrete Research，2002(32)：233-239.

[18] E. R. Kearsley, P. J. Wainwright. Ash content for optimum strength of foamed concrete[J]. Cement and Concrete Research，2002(32)：241-246.

[19] 俞心刚，林琳，黄海坷，张意，李德军．掺活性磨细煤矸石粉对泡沫混凝土性能的影响[J]．建筑砌块与砌块建筑，2012(4)：44-47.

[20] 俞心刚，魏玉荣，曾康燕，罗诗松，高艳娜．用煤矸石为主要原材料制备泡沫混凝土的优越性

[J]. 混凝土世界，2010(6)：58-59.
[21] 俞心刚，魏玉荣，曾康燕．早强剂对煤矸石—粉煤灰泡沫混凝土性能的影响[J]. 新型墙材，2010(5)：25-27.
[22] 徐彩玲，周双喜．自燃煤矸石细粉、粉煤灰制备泡沫混凝土的试验研究[J]. 科技广场，2010(6)：18-21.
[23] 曹露春，张志军．自燃煤矸石泡沫混凝土的性能研究[J]. 徐州工程学院学报，2010，25(3)：29-34.
[24] 李德军．煤矸石泡沫混凝土的研究[D]. 重庆大学，2007.
[25] 乔欢欢，卢忠远，严云，舒朗．掺合料粉体种类对泡沫混凝土性能的影响[J]. 中国粉体技术，2008，14(6)：38-41.
[26] 杨康，王德玲，喻成成，李书磊，王贤根．掺入稻壳灰的泡沫混凝土及其发展分析[J]. 四川建材，2014，40(3)：25-27.
[27] 高庆强．废瓷粉泡沫混凝土正交试验研究[J]. 福建建材，2014(9)：18-20.
[28] 陈雪梅．固硫灰泡沫混凝土的制备及性能研究[D]. 西南科技大学，2011.
[29] 陈兵，胡华洁，刘宁．生土泡沫混凝土试验研究[J]. 建筑材料学报，2015，18(1)：1-6
[30] 蒋慧媛．花岗石废浆在泡沫混凝土中的应用研究[J]. 粉煤灰，2014(2)：26-28.
[31] 谢建海，向仁科．脱硫石膏泡沫混凝土砌块的性能研究[J]. 砖瓦，2012(2).
[32] 廖洪强，何冬林，郭占成，赛音巴特尔，邓德敏，余广炜，贺婷，李鹏．钢渣掺量对泡沫混凝土砌块性能的影响[J]. 环境工程学报，2013，7(10)：4044-4048.
[33] 陆晓燕，刘红梅．全淤泥陶粒泡沫混凝土砌块的性能及应用分析[J]. 建筑节能，2012(12)：40-43.
[34] 王晴，吴陶俊，邱琳格，姚琦．空心玻璃微珠对泡沫混凝土性能的影响[J]. 混凝土，2014(2)：71-74.
[35] 赵维霞，杨海勇，陈旻，杨萍，杨进超．多孔膨胀珍珠岩混凝土比热容与导热系数测定及其保温性能评价[J]. 新型建筑材料，2011(1)：78-80.
[36] 于水军，李彬，陈晓利．钢渣粉煤灰泡沫混凝土热工性质研究[J]. 河南城建学院学报，2015，24(1)：5-9.
[37] 陈伟，倪文，黄迪，李倩，吴志豪．矿渣-钢渣发泡混凝土的制备及反应机理[J]. 土木建筑与环境工程，2014，36(4)：98-103.
[38] 汪新道，文蓓蓓，樊勇．双掺技术在泡沫混凝土中的应用研究[J]. 新型建筑材料，2014(5)：86-88.
[39] 杨久俊，李晔，吴洪江，张海涛，张磊，黄明．粉煤灰高强微珠泡沫混凝土的研究[J]. 粉煤灰，2005(1)：21-24.
[40] 董素芬，黄智德．再生 EPS 颗粒对砖粉泡沫混凝土性能影响的研究[J]. 混凝土与水泥制品，2014(9)：11-14.

攀枝花地区砌体结构经验震害矩阵的完善

张秋石，程明超，牛丽华，朱揽奇
（西安建筑科技大学 土木工程学院，陕西　西安 710055）

摘　要：本文经过系统的震害调查，获得了攀枝花地区较为完善的震害数据，得到了初始的砌体结构破坏概率矩阵。本文通过研究房屋震害指数的概率分布函数，由地震烈度Ⅵ度、Ⅶ度、Ⅷ度下的破坏概率推导出Ⅸ度、Ⅹ度下各破坏状态的破坏概率。完善了攀枝花地区砌体结构的震害矩阵，为该地区在高烈度下的震害预测提供依据，为其他地区的震后数据挖掘提供方法参考。

关键词：砌体结构；经验地震易损性；破坏概率矩阵；完善
中图分类号：TU362

APPROACH TO MAKING EMPIRICAL EARTHQUAKE DAMAGE MATRIX OF MASONRY STRUCTURE IN PANZHIHUA

Q. S. Zhang[1]，M. C. Cheng[1]，L. H. Niu[1]，L. Q. Zhu[1]
(1. Collage of Civil Engineering，Xi'an University of Architecture and Technology，Xi'an 710055，China)

Abstract：Based on the research of earthquake damage matrix，which formed through the Panzhihua earthquake damage investigation of fortification masonry buildings，through the study of probability distribution function of the earthquake hazard index，the probability of each damage grade was deduced under the seismic intensity for IX，X degrees structure，the research would consummate the earthquake damage matrix of fortification masonry buildings of Panzhihua region and provide data to earthquake damage assessment of fortification masonry buildings in high intensity zones of Panzhihua area. And it can provide reference for data mining in other seismic area.

Keywords：masonry structure，empirical analysis，earthquake damage matrix，consummate

1　引言

我国是地震多发国家，历次地震对砌体结构造成了重大的破坏。我国学者对历次地震

基金项目：国家科技支撑计划项目(6047289516).
第一作者：张秋石（1990—），男，硕士生，主要从事砌体结构易损性方面的研究，E-mail：zhangqiushide@163. com.
通讯作者：程明超（1988—），男，硕士生，主要从事砌体结构易损性方面的研究，E-mail：758987068@qq. com..

后建筑物破坏情况进行统计分析，从而形成建筑破坏的经验地震易损性矩阵。近些年来，随着对基于震后灾害统计的结构经验地震易损性矩阵的研究，已取得较多的研究成果，并建立了福州、厦门、泉州、漳州、龙岩、烟台等城市的易损性矩阵。

因此，砌体结构的易损性矩阵在现在的震害预测和震害评估中发挥着越来越重要的作用，对其进行深入研究是十分必要的。

2 砌体结构的震害调查

2.1 破坏等级的划分

结构受到地震作用后的损伤程度可分为基本完好、轻微破坏、中等破坏、严重破坏和毁坏五个档次[1]，各等级定义见表1。

破坏等级与破坏标准 表1

破坏等级	破坏标准
基本完好（含完好）	房屋承重构件完好，个别非承重构件破坏轻微，不加修理可继续使用
轻微破坏	房屋个别承重构件出现可见裂缝，非承重构件破坏轻微，不加修理或稍加修理即可继续使用
中等破坏	房屋多数承重构件出现轻微裂缝，部分有明显裂缝，个别非承重构件破坏严重，需要一般修理
严重破坏	房屋多数承重构件破坏严重，或有局部倒塌，需要大修，个别房屋修复困难
毁坏	房屋多数承重构件严重破坏，结构濒于崩溃或已倒塌，已无修复可能

2.2 破坏概率矩阵

破坏概率矩阵（destructive Probability matrices，简写为DPM）的概念是国外学者Whitman在1971年研究圣菲尔南多地震中高层建筑破坏时首次提出的，其首次被运用是在1985年美国联邦紧急事务管理署资助应用技术委员会提出的ATC-13中[2]。

结构概率矩阵将结构破坏等级作为矩阵的行，把作用烈度作为矩阵的列。则对应某一设计烈度 I_d，可以求出一个5×5阶的矩阵，称该矩阵为地震破坏概率矩阵或地震易损性矩阵。

2.3 攀枝花地区砌体结构震害调查

2008年四川省攀枝花市发生6.1级地震，震中位于四川省攀枝花市仁和区与云南凉山彝族自治州会理县交界处，震中烈度为Ⅷ度，共有Ⅵ、Ⅶ和Ⅷ三个破坏区。本课题组对攀枝花地震中设防砌体结构进行了震害统计，其中Ⅵ度区106栋，Ⅶ度区308栋、Ⅷ度区82栋，如表2所示。

攀枝花地区设防砌体结构震害矩阵 表2

烈　度	基本完好	轻微破坏	中等破坏	严重破坏	毁坏
Ⅵ	0.52	0.34	0.11	0.03	0.00
Ⅶ	0.31	0.41	0.17	0.10	0.01
Ⅷ	0.14	0.21	0.36	0.25	0.04

3　攀枝花地区砌体结构震害矩阵的完善

3.1　现有震害矩阵的缺陷

本次攀枝花地震震级较小，震中最大烈度为Ⅷ度，因此只有Ⅵ、Ⅶ、Ⅷ度区震害资料，缺乏Ⅸ、Ⅹ度的震害数据，使得攀枝花地区设防砖混结构的震害矩阵不完善。

这种不完善的震害矩阵使得我们无法充分利用震后所取得的宝贵的震害资料，造成震害数据资源的浪费；这样的矩阵为高烈度区的结构易损性分析带来了困难，无法对建筑结构做出全面的震害预测评估。

3.2　标准震害矩阵

本文选取尹之潜[3]提供的基本烈度为 7 度，B 类结构的震害矩阵作为标准震害矩阵，标准震害矩阵如表 3 所示。

基本烈度为 7 度 B 类结构的震害矩阵　　表 3

破坏状态	基本完好	轻微破坏	中等破坏	严重破坏	毁坏
Ⅵ	0.61	0.29	0.08	0.02	0
Ⅶ	0.53	0.27	0.13	0.06	0.01
Ⅷ	0.34	0.26	0.22	0.13	0.05
Ⅸ	0.15	0.21	0.27	0.23	0.14
Ⅹ	0.02	0.08	0.21	0.33	0.36

《中国地震烈度表》GB/T 17742—2008[4]给出了标准震害矩阵下不同破坏状态与震害指数的对应关系，如表 4 所示。

破坏状态相对应的震害指数区间　　表 4

破坏状态	基本完好	轻微破坏	中等破坏	严重破坏	毁坏
震害指数	0	0.2	0.4	0.7	1
震害指数范围	$D\leqslant 0.1$	$0.1<D\leqslant 0.3$	$0.3<D\leqslant 0.55$	$0.55<D\leqslant 0.85$	$D\geqslant 0.85$
组矩	0.1	0.2	0.25	0.3	0.15

3.3　经验震害矩阵的完善方法

通过研究已知烈度下的震害指数分布，推导出未知烈度下的震害指数，进而求得未知烈度下的各破坏状态的概率。胡少卿[5]分别利用对数正态分布、正态分布以及 Beta 分布对震害指数频率直方图进行拟合，并利用 χ^2 检验，结果表明震害指数频率直方图服从 Beta 分布，因此本文利用 Beta 分布概率密度函数对震害指数频率直方图进行拟合。

Beta 分布的概率密度函数为：

$$f(x;\alpha,\beta)=\begin{cases}\dfrac{1}{B(\alpha,\beta)}x^{\alpha-1}\ (1-x)\beta-1 & x\in(0,1)\\ 0 & x\in(0,1)\end{cases} \tag{1}$$

Beta 分布的期望与方差为：

$$E(x)=\frac{\alpha}{\alpha+\beta} \tag{2}$$

$$D(x)=\frac{\alpha\beta}{(\alpha+\beta)^2(\alpha+\beta+1)} \tag{3}$$

由式（1）～式（3）可知，求得 Beta 分布的期望与方差，就能得到 α、β 的值，然后对 Beta 分布概率密度函数积分，可得出其他烈度各破坏状态的概率。为了求得 Beta 分布的期望和方差，本文将各破坏状态对应的震害指数频率直方图进行细分，取细化区间间隔为 0.01，那么每个破坏状态可划分为 $N(k)$，（k 取 1，2，3，4，5；表示 5 个破坏状态）。那么第 k 破坏状态下第 j 区间的震害指数为：

$$x(j,k)=x(k-1)+\frac{[x(k)-x(k-1)]}{N(k)}j \tag{4}$$

由表 4 可知，每个破坏状态下第 j 区间破坏指数发生的概率相同，即：

$$p(k)=\frac{P(k)}{N(k)} \tag{5}$$

因此，某一烈度下破坏指数直方图的均值和方差为：

$$E(x)=\sum_{k=1}^{5}\sum_{j=1}^{N(k)}p(x)x(j,k) \tag{6}$$

$$D(x)=\sum_{k=1}^{5}\sum_{j=1}^{N(k)}p(k)\left[x(j,k)-E(x)\right]^2 \tag{7}$$

由式（4）～式（7）可求出期望 $E(x)$ 及方差 $D(x)$，再根据式（2）、式（3）求得 α 和 β，概率密度函数就可以求得，那么 I 烈度下各破坏状态的概率为：

$$P(x_i\leqslant x\leqslant x_{i+1}\mid I)=\int_{x_i}^{x_{i+1}}f(x\mid I)\mathrm{d}x \tag{8}$$

3.4 攀枝花地区砌体结构震害矩阵的完善结果

通过以上方法可以得到标准震害矩阵以及攀枝花地震中各烈度下的期望和方差，见表 5 和表 6。

各烈度下震害指数的期望　　表 5

	Ⅵ	Ⅶ	Ⅷ	Ⅸ	Ⅹ
标准震害矩阵	0.143	0.195	0.303	0.459	0.676
攀枝花地震	0.167	0.254	0.419	—	—

各烈度下震害指数的方差　　表 6

	Ⅵ	Ⅶ	Ⅷ	Ⅸ	Ⅹ
标准震害矩阵	0.022	0.043	0.071	0.088	0.067
攀枝花地震	0.026	0.047	0.064	—	—

假设攀枝花地震相邻烈度间期望与方差的变化值与标准震害矩阵相应的期望和方差的变化值相同。由此可以得到攀枝花地震的震害矩阵在Ⅸ度、Ⅹ度时的震害指数的期望和方差，见表 7 和表 8。

完善后各烈度下震害指数的期望　　表 7

	Ⅵ	Ⅶ	Ⅷ	Ⅸ	Ⅹ
标准震害矩阵	0.143	0.195	0.303	0.459	0.676
攀枝花地震	0.167	0.254	0.419	0.575	0.792

完善后各烈度下震害指数的方差　　表 8

	Ⅵ	Ⅶ	Ⅷ	Ⅸ	Ⅹ
标准震害矩阵	0.022	0.043	0.071	0.088	0.067
攀枝花地震	0.026	0.047	0.064	0.081	0.060

由式（3）、式（4）可得，在攀枝花地区遭遇地震烈度为Ⅸ度、Ⅹ度时，Beta 概率密度函数参数 α 分别为 1.225、1.382，β 分别为 0.906、0.363。根据式（8）可得攀枝花地区在遭受Ⅸ度、Ⅹ度时的震害矩阵，如表 9 所示。

攀枝花地区设防砌体结构震害完善矩阵　　表 9

烈度	基本完好	轻微破坏	中等破坏	严重破坏	毁坏
Ⅵ	0.52	0.34	0.11	0.03	0.00
Ⅶ	0.31	0.41	0.17	0.10	0.01
Ⅷ	0.14	0.21	0.36	0.25	0.04
Ⅸ	0.05	0.15	0.24	0.34	0.21
Ⅹ	0.01	0.05	0.11	0.25	0.57

4 结论

（1）经过系统的震害调查，获得了攀枝花地区较为完善的震害数据，得到了初始的砌体结构破坏概率矩阵。

（2）在震害指数频率直方图服从 Beta 分布的前提下，由地震烈度Ⅵ度、Ⅶ度、Ⅷ度下的破坏概率推导出Ⅸ度、Ⅹ度下各破坏状态的破坏概率。完善了攀枝花地区的震害矩阵，为该地区在高烈度下的震害预测提供数据支持。

（3）经验震害矩阵的完善方法为震害数据的有效挖掘和震害资料的充分利用提供了一个可行的方法。完善的震害矩阵更能反映建筑结构在地震中的表现，为此后的震害预测提供可靠依据。

参考文献

[1] 尹之潜，杨淑文．地震损失分析与设防标准．北京：地震出版社，2004.45-47.

[2] ATC. Earthquake Damage Evaluation Data for California. Applied Technology Council. Report ATC, 1985，13：15-21.

[3] 尹之潜．结构易损性分类及未来地震灾害估计．中国地震，1996，12(1)：49-55.

[4] GB/T 17742—2008. 中国地震烈度表．北京：中国标准出版社，2008.1-2.

[5] 胡少卿，孙柏涛，王东明，等．经验震害矩阵的完善方法研究．地震工程与工程振动，2007，27(6)：46-50.

大型火力发电厂循环流化床机组钢筋混凝土单跨框—排架主厂房抗震性能研究

唐六九[1]，董绿荷[1]，刘明秋[1]，刘杰涛[1]，彭凌云[2]
（1. 西北电力设计院有限公司　西安 710075；2. 北京工业大学　北京 100124）

摘　要： 本文对国内某大型火力发电厂循环流化床机组钢筋混凝土主厂房结构进行了弹性和动力弹塑性分析，根据分析结果，提出了该布置形式结构体系的适用条件。此外，针对高烈度区结构，提出了两种改进型结构体系"增设防屈曲支撑结构体系"和"增设分散剪力墙结构体系"，并分别对这两种结构体系进行了动力弹塑性分析。分析结果表明，改进后的结构体系抗震性能良好，可用于高烈度区。
关键词： 火力发电厂；循环流化床机组；主厂房结构；单跨—框排架结构；抗震性能

THE SEISMIC PERFORMANCE OF REINFORCED CONCRETE SINGLE-SPAN FRAME-BENT MAIN WORKSHOP STRUCTURES WITH LARGE POWER PLANT CIRCULATING FLUIDIZED BED UNIT

L. J. Tang[1], L. H. Dong[2], M. Q. Liu[1], J. T. Liu[1], L. Y. Peng[2]
(1. Northwest Electric Power Design Institute Co. , Ltd. Xi'an 710055;
2. Beijing University of Technology, Beijing 100124)

Abstract: The elasticity analysis and nonlinear dynamic elasto-plastic analysis are conducted on a domestic reinforced concrete main workshop structures with large power plant circulating fluidized bed unit, and the suggested applied conditions of this structural form are proposed according to analytical results. In addition, in view of the high intensity area structure, two improved structural systems are proposed which are called the buckling-restrained brace structure systems and the scattered shear wall structure systems. The dynamic elasto-plastic analyses are conducted on the two structural systems respectively, and the results indicate that the improved reinforced concrete main workshop structure systems with circulating fluidized bed unit have better seismic performance which can be used for high intensity area.
Keywords: circulating fluidized bed unit, the main workshop structure, single-span frame-bent structures, seismic performance

---

作者简介：唐六九（1981—），男，硕士，高级工程师，主要从事火力发电厂结构设计，E-mail：tangliujiu@nwepdi.com.

1　引言

由于循环流化床机组的出现，使得传统布置的单跨框—排架结构的整体高度增加，工艺布置上取消了磨煤机，而运转层的高度也比传统方案有所抬高。对于这种布置形式的单跨—框排架结构的抗震性能的优劣、抗震构造措施等基本问题还没有厘清，另外这种布置方式最高能在怎样的设防烈度及场地条件下使用仍没有明确结论。

就电力行业而言，传统布置的单跨框—排架结构体系研究成果较多。对于循环流化床机组的单跨—框排架结构而言，由于少了一跨框架，错层问题、异型节点问题大大减少，从这一点来看相对较好，但单框架抗震防线过于单一、节点受力状况恶化等问题又较为突出。电厂的单框架实际上经常有大平台参与整体抗震受力，且排架部分与框架部分连为整体，所以其地震作用下的表现应不同于纯粹的单框架。对于循环流化床机组的这种框架结构形式的研究成果甚少，而《建筑抗震设计规范》GB 50011—2010、《构筑物抗震设计规范》GB 50191—2012、《火力发电厂土建结构设计技术规程》DL 5022—2012 对此类结构的抗震设计有了比较严格的规定，如果要超越必须有必要的研究。因此，对此类结构展开相应的研究工作十分必要。

本文对国内某大型火力发电厂循环流化床机组钢筋混凝土主厂房结构进行了弹性和动力弹塑性分析，根据分析结果，提出了该布置形式结构体系的适用条件。此外，本文还针对高烈度抗震设防区提出了两种改进体系："增设防屈曲支撑结构体系"和"增设分散剪力墙结构体系"，并分别对这两种结构体系进行了动力弹塑性分析。分析结果表明，改进后的循环流化床机组钢筋混凝土单跨框—排架主厂房结构体系抗震性能良好，可用于高烈度区。

2　弹性计算分析

2.1　结构体系概况

国内某大型火力发电厂循环流化床机组主厂房横向由汽机房 A 排柱＋汽机房屋面＋B、C 排柱组成框—排架结构受力体系，纵向 A、B、C 排为框架结构。运转层以下大平台框架梁与汽机房 A、B 轴柱为铰接，汽轮发电机基座周边与汽机大平台设伸缩缝。结构总高度为 57.55m，其中，B-C 跨为除氧煤仓间，高度为 57.55m；A-B 跨为汽机房，屋面高度为 31.80m。

柱截面尺寸：A 排柱截面为 700×1400，大平台柱截面为 600×600，B 排柱截面为 750×1800，C 排柱截面为 750×1800。

主要梁截面尺寸：A- B 间大平台横梁主要为 400×1000，B-C 间横梁为 650×1600，纵梁尺寸为 350×900（双梁）。

混凝土强度等级：12.55m 标高及以下梁、柱、牛腿采用 C45；12.55m 标高以上梁、柱、牛腿采用 C40。

弹性计算采用中国建筑科学研究院开发的 PKPM 软件，结构计算模型如图 1 所示。

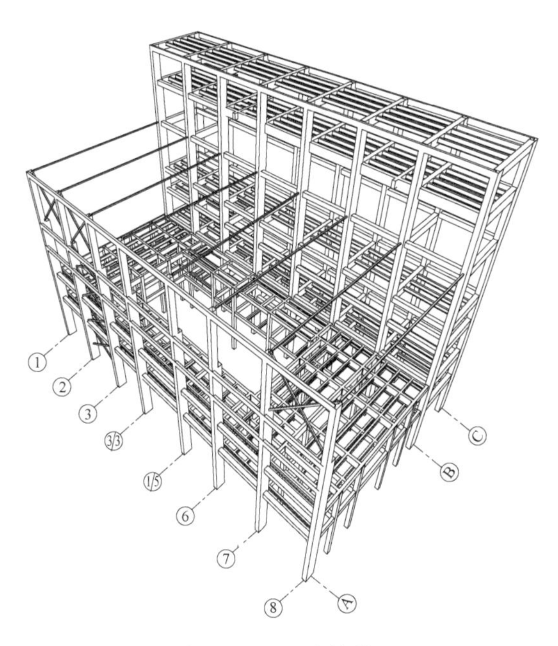

图 1　PKPM 计算模型

2.2　7 度弹性分析结果

50 年超越概率 10％的地震峰值加速度为 0.105g，对应特征周期为 0.42s，场地土类别Ⅱ类，基本风压 0.42kN/m^2（50 年一遇），基本雪压 0.30kN/m^2（50 年一遇）。

（1）结构自振周期及振型（仅列出前三阶阵型）

振型号	周期	转角	平动系数（X+Y）	扭转系数
1	2.2881	175.64	0.94（0.93+0.02）	0.06
2	1.9308	77.09	0.84（0.04+0.81）	0.16
3	1.5231	100.65	0.32（0.02+0.29）	0.68

结构一阶振型表现为沿结构纵向的整体平动，二阶振型表现为沿结构横向的整体平动，三阶振型为整体的扭转。

（2）结构位移

最大层间位移角为 1/857，满足抗震规范对于框架结构弹性层间位移角不大于 1/550 的要求。

（3）底层柱轴压比

底层柱最大轴压比为 0.74，满足《火力发电厂土建结构设计技术规程》DL 5022—2012 对于一级框架轴压比不大于 0.75 的要求。

2.3　8 度弹性分析结果

按 50 年超越概率 10％的地震峰值加速度为 0.20g，对应特征周期为 0.42s，场地土类别Ⅱ类，基本风压 0.42kN/m^2（50 年一遇），基本雪压 0.30kN/m^2（50 年一遇）。

（1）结构自振周期及振型（仅列出前三阶阵型）

振型号	周期	转角	平动系数（X+Y）	扭转系数
1	2.2881	175.64	0.94（0.93+0.02）	0.06
2	1.9308	77.09	0.84(0.04+0.81)	0.16
3	1.5231	100.65	0.32(0.02+0.29)	0.68

结构一阶振型表现为沿结构纵向的整体平动，二阶振型表现为沿结构横向的整体平动，三阶振型为整体的扭转。

（2）结构位移

最大层间位移角为 1/432，不满足抗震规范对于框架结构弹性层间位移角不大于 1/550 的要求。

（3）底层柱轴压比

底层柱最大轴压比为 0.78，不满足《火力发电厂土建结构设计技术规程》DL 5022—2012 对于一级框架轴压比不大于 0.75 的要求。

3 动力弹塑性分析

采用有限元软件 ABAQUS 进行了 7 度、8 度大震下结构动力弹塑性时程分析，考察了结构在大震作用下的抗震性能，研究了各部件进入塑性阶段的顺序、损伤程度和分布。ABAQUS 计算模型如图 2 所示。

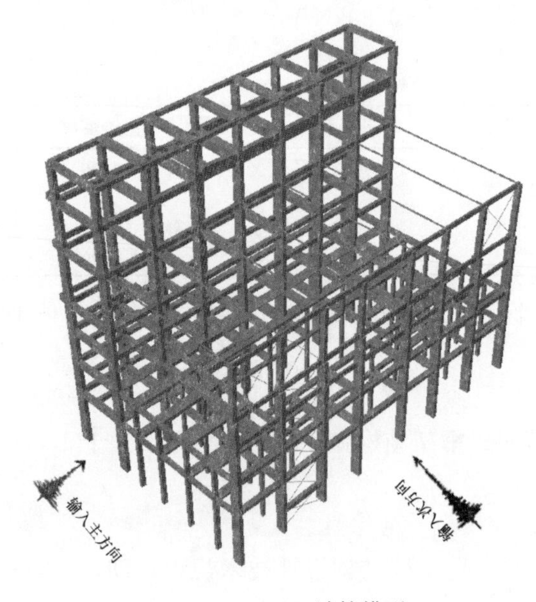

图 2 ABAQUS 计算模型

3.1 地震波选取

按照我国规范思路选择各设计地震动条件对应的强震记录，根据工程场地地震参数，分别选择六组天然地震波、合成三组人工波作为罕遇地震作用下时程分析时的输入地震动。其中人工波基于文献［1］所介绍的方法生成，其拟合目标为规范反应谱。九组加速度记录时程的反应谱与规范反应谱形状接近，满足规范要求，其峰值则通过调幅使其满足设计要求。

3.2 7 度罕遇地震作用下动力弹塑性分析

计算过程将特征周期分别为 0.40s、0.45s、0.50s 的三组人工波和六组天然波分别以 X 向和 Y 向作为主方向作用于结构，并对结构的宏观位移（层位移、层间位移角）、构件层面的损伤（框架的损伤状态见图 3）进行了计算分析。18 种工况的计算结果对比分析如下：

地震波作用下以 X 向为主方向作用时，结构最大层间位移角未超过规范限值，平均层间位移角为 1/86，构件受损较轻；地震波作用下以 Y 向为主方向作用时，结构最大层间位移角未超过规范限值，平均层间位移角为 1/89，构件受损较轻；大部分塑性铰都在中度损伤及其以下水平，结构抗震性能满足规范要求。

3.3 8 度罕遇地震作用下动力弹塑性分析

根据 7 度罕遇地震作用下结构的分析结果分别选取 $T_g=0.40s$ 的天然波 2、$T_g=0.45s$ 的天然波 2 和 $T_g=0.50s$ 的人工波作为输入地震波，分别以 X 向和 Y 向为主方向作用于结构，并对结构的宏观位移（层位移、层间位移角）、构件层面的损伤（框架的损伤状态见图 4）进行了计算分析。6 种工况的计算结果对比分析如下：

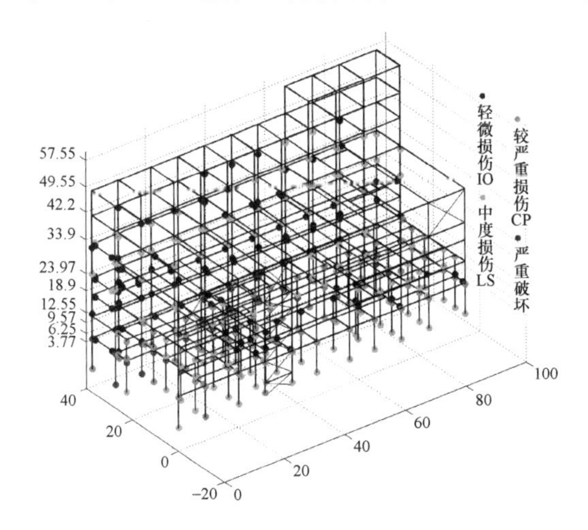

图 3 7 度罕遇地震某一地震波作用下结构整体损伤

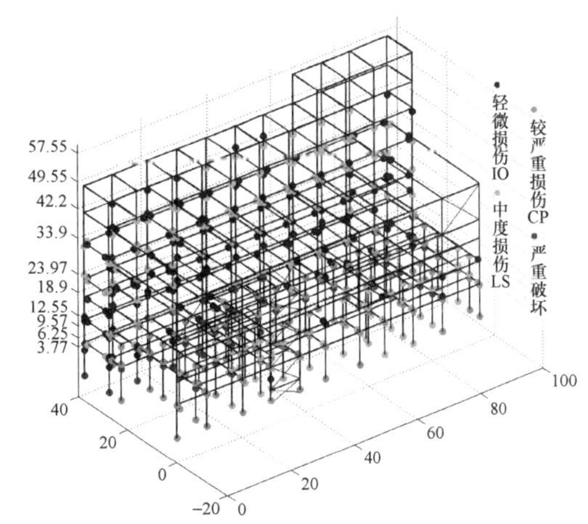

图 4 8 度罕遇地震某一地震波作用下结构整体损伤

三组罕遇地震波作用下以 X 向为主方向作用时，结构的最大层间位移角为 1/43，大于 1/50，不能够满足规范要求；三组罕遇地震波作用下以 Y 向为主方向作用时，结构的最大层间位移角为 1/49，大于 1/50，不能够满足规范要求；构件受损比较严重，尤其是结构底部楼层的柱构件损伤较重，整体而言结构在 8 度地震作用下的抗震性能有待改善。

3.4 小结

从以上分析可以看出：循环流化床机组钢筋混凝土主厂房单跨框—排架结构体系最高可应用于 7 度抗震设防区，8 度多遇及罕遇地震作用下，结构最大层间位移角均超过了规范限值，结构体系存在明显的薄弱环节，将其用于 8 度及以上抗震设防区将会存在一定风险。如要在高烈度区应用，必须要选择抗震性能更好的改进体系。

4 改进体系研究

4.1 增设防屈曲支撑结构体系

将常规单跨框—排架结构计算原模型中普通支撑改为防屈曲支撑并不会对原结构的工

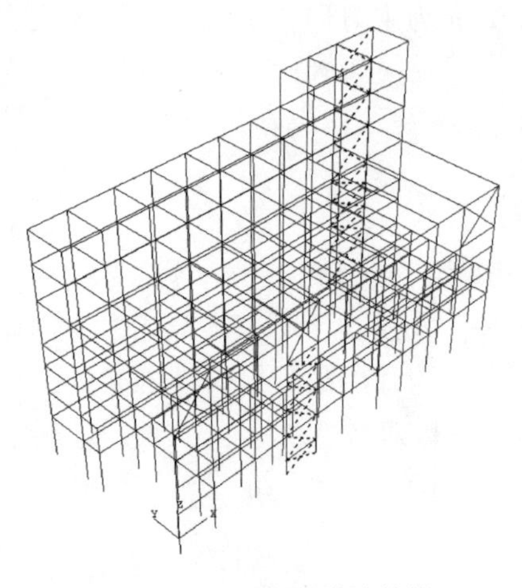

图 5　增设防屈曲支撑计算模型

艺要求造成影响。建立减震模型可参考原结构模型的抗震性能分析报告中模型的建立方法，其中添加的防屈曲支撑采用 ABAQUS 提供的连接器单元 CONN3D2 模拟，根据防屈曲支撑设计吨位确定所用单元的弹塑性本构关系。本文计算模型一共布置了 26 根屈服力为 250t，屈服位移为 25mm 的防屈曲支撑，其中 A 列 10 根，C 列 16 根，防屈曲支撑布置如图 5 所示。

根据原结构在 8 度罕遇地震作用下结构的分析结果，分别选取 $T_g=0.40s$ 的天然波 2、$T_g=0.45s$ 的天然波 2 和 $T_g=0.50s$ 的人工波作为输入地震波，分别以 X 向和 Y 向为主方向共 6 个工况进行计算分析，分析结果如下。

4.1.1　结构宏观结果减震效果对比

将原结构与采用防屈曲支撑的减震结构计算结果进行对比，如表 1 所示。从表中可以看出，增设防屈曲支撑后，结构的最大层间位移角为 1/56，能够满足规范要求；最大层间位移角减震比例可以达到 27%，取得了良好的减震效果。

层间位移角减震效果对比　　　**表 1**

地震波	减震前	减震后	减震比例
天然波 2($T_g=0.40s$)	1/56	1/70	20%
天然波 2($T_g=0.45s$)	1/49	1/80	38.75%
人工波($T_g=0.50s$)	1/43	1/56	23%
平均值	1/49	1/67	27.25%

4.1.2　结构构件损伤减震效果对比

根据结构在地震波作用下的宏观结果，本文详细给出了天然波 2（$T_g=0.40s$）分别以 X、Y 向为主方向作用下减震前后结构构件损伤的对比，如图 6 所示。

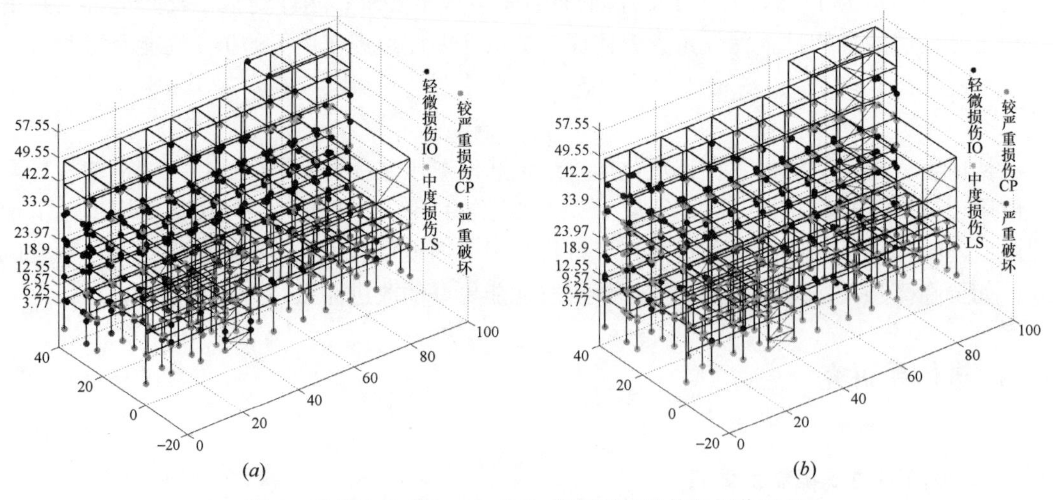

图 6　天然波 2（Tg=0.40s）作用下结构构件损伤对比

（a）减震前；（b）减震后

从以上的对比结果可以看出：结构的构件损伤情况在减震后有了较好的改善，严重破坏的塑性铰在第1层和第2层明显减少，在结构第5层突出层部位构件损伤情况得到一定的控制。因此，增设防屈曲支撑方案能有效地提高结构的抗震性能。

4.2 增设分散剪力墙结构体系

将常规单跨框-排架结构计算原模型中B、C列第一层到第六层各有4根柱子增设了分散剪力墙（A列仍保留支撑），布置位置如图7所示。根据原结构在8度罕遇地震作用下结构的分析结果，分别选取 $T_g=0.50s$ 的人工波作为输入地震波，分别以X向和Y向为主方向共2个工况进行计算分析，分析结果如下。

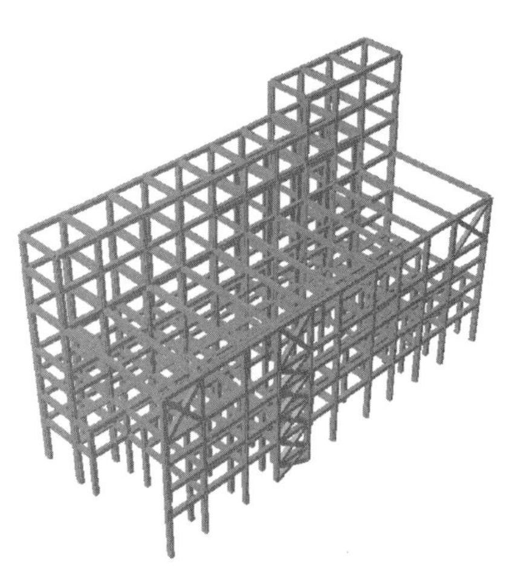

图7 增设分散剪力墙计算模型

4.2.1 结构宏观结果减震效果对比

将原结构与增设分散剪力墙的减震结构计算结果进行对比，如表2所示。从表中可以看出，增设防屈曲支撑后，结构的最大层间位移角为1/62，能够满足规范要求；最大层间位移角减震比例可以达到31%，取得了良好的减震效果。

层间位移角减震效果对比　　表2

地震波	减震前	减震后	减震比例
人工波（$T_g=0.50s$）	1/43	1/62	31%

4.2.2 结构构件损伤减震效果对比

根据结构在地震波作用下的宏观结果，本文详细给出了人工波（$T_g=0.50s$）分别以X、Y向为主方向作用下减震前后结构构件损伤的对比，如图8所示。

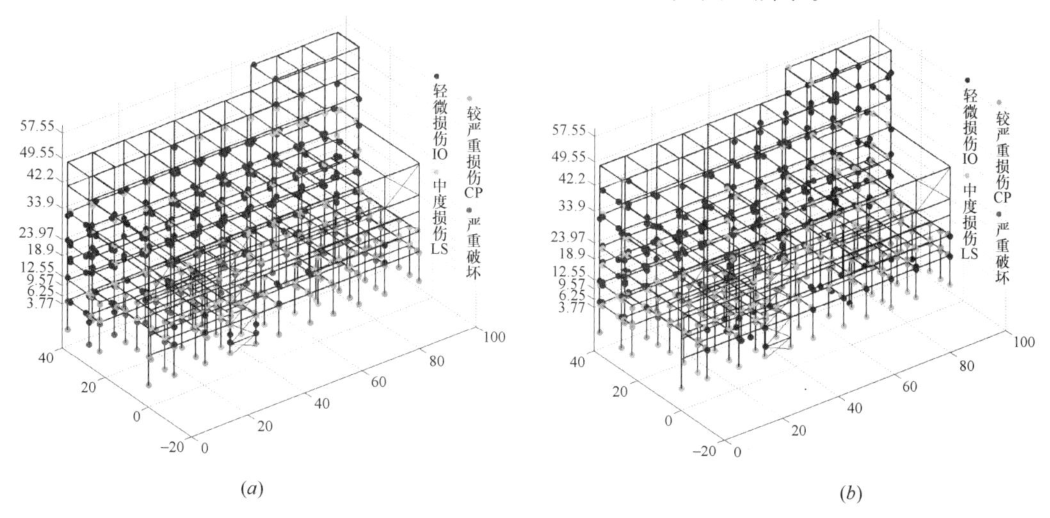

图8 人工波（$T_g=0.50s$）作用下结构构件损伤对比

（a）减震前；（b）减震后

从以上的对比结果可以看出：结构的构件损伤情况在减震后有了较好的改善，严重破坏的塑性铰在第1层和第2层明显减少，构件损伤情况得到一定的控制。因此，增设分散剪力墙方案同样能有效地提高结构的抗震性能。

5 结论

综合以上分析说明，本文可以得出以下结论。

(1) 循环流化床机组钢筋混凝土主厂房单跨框-排架结构体系最高可应用于7度抗震设防区。

(2) 8度多遇及罕遇地震作用下，结构最大层间位移角均超过了规范限值，结构体系存在明显的薄弱环节，将其用于8度及以上抗震设防区将会存在一定风险。

(3) 增设防屈曲支撑可以有效提高结构刚度和阻尼水平，显著增强结构的抗震性能。采用增设防屈曲支撑结构体系可应用于8度（0.2g）抗震设防区。

(4) 增设分散剪力墙可以有效地改善结构扭转不规则、提高结构刚度，可显著增强结构抗震性能。增设分散剪力墙结构体系在8度（0.2g）罕遇地震作用下抗震性能明显优于常规框排架体系，但底部剪力有明显增加，建议对其计算方法和抗震措施进行进一步研究。

参考文献

[1] 彭凌云．地震动随机模型与结构减震控制[D]. 北京工业大学博士论文，2008.

[2] GB 50011—2010 建筑抗震设计规范[S]．北京：中国建筑工业出版社，2010.

[3] DL 5022—2012 火力发电厂土建结构设计技术规程[S]. 北京：中国计划出版社，2012.

[4] 江见鲸，陆新征，叶列平．混凝土结构有限元分析[M]. 北京：清华大学出版社，2005.

[5] Légeron F, Paultre P, Mazar J. Damage mechanics modeling of nonlinear seismic behavior of concrete structures [J]. Struct Eng, 2005, 131(6): 946-954.

[6] 吴涛，白国良，刘伯权. 大型火力发电厂钢筋混凝土框排架结构抗震性能及设计方法研究[D]. 西安建筑科技大学硕士论文，2003.

医院系统震害评估研究现状

董立国，郑山锁，刘　巍，李强强
（西安建筑科技大学 土木工程学院，陕西 西安 710055）

摘　要：医院系统除建筑物外，还应包括维持医院正常工作的医疗设施以及管线设施。医院系统作为抗震救灾的核心环节，在灾害发生时其作用显得愈发重要，为保证受伤人员得到及时救治，地震灾害过后医院的功能必须得到保证，因此，必须对医院系统的抗震性能进行评估。本文从已有震害资料出发，论述了医院系统震害评估的意义，探讨了国内外研究现状，并进一步分析了医院系统震害评估的方向。
关键词：医院系统；震害评估；抗震性能；易损性
中图分类号：TP391

PRESENT SITUATION OF RESEARCH ON SEISMIC DAMAGE ASSESSMENT OF HOSPITAL SYSTEM

L. G. Dong，S. S. Zheng，W. Liu，Q. Q. Li
(School of Civil Engineering，Xi'an University of Architecture and Technology，Xi'an，China)

Abstract: In addition to the building，hospital system also containing medical facilities and pipelines which keep the hospital working. As the core link of earthquake relief，the role of the hospital system is becoming more and more important after the earthquake. In order to ensure the timely treatment of injured patients，after the earthquake disaster，the function of the hospital must be guaranteed . Consequently，it is necessary to evaluate the seismic performance of the hospital. In this paper，the significance of seismic hazard assessment of hospital system are discussed. Beyond that，the research status of hazard assessment of hospital system at home and abroad is summarize and further analyzed.
Keywords: hospital system，seismic hazard assessment，seismic performance，vulnerability

1　引言

城市建筑群、生命线工程（如城市路桥、供电、供水、供气网络系统等）和医院等关键基础设施，是维系城市运行的基础设施系统，也是城市遭遇各种自然灾害的主要承灾

基金项目：陕西省科研项目（2012K12-03-01）．
第一作者：董立国（1990—），男，硕士生，主要从事工程结构抗震方面的研究，E-mail：dlg _ 15@163. com.
通讯作者：董立国（1990—），男，硕士生，主要从事工程结构抗震方面的研究，E-mail：dlg _ 15@163. com.

体。其中医院作为救援中心，在灾害发生时其作用显得愈发重要。当强震来临时，受伤人员需要立即被送往所在区域的医院进行救治，因此地震灾害过后医院的功能必须得到保证。在众多的灾害种类中，以地震灾害对社会的影响最为严重，地震破坏程度决定了城市地震灾害的损失大小。

2 医院系统震害评估的意义

我国地处环太平洋地震带与欧亚地震带之间，50%的国土面积位于Ⅶ度以上的高烈度地震区域，包括23个省会城市和2/3百万人口以上的大城市，同时118个百万以上人口的城市中101个位于地震活动区。进入21世纪以来，我国发生的地震无论是强度还是频度都有增加的趋势，全球大陆35%的7.0级以上地震发生在我国，全球因地震死亡120万人，我国占59万人，居各国之首。1976年唐山地震，造成了24.2万人死亡，16.4万人受伤，极震区房屋被夷为平地。2008年5月12日发生在我国四川地区的汶川大地震（Ms=8.0）强度最高、造成的破坏最大，地震共造成69227人遇难，37万余人受伤，强震过后，绵阳市中心医院作为离北川最近的三甲医院，成了重灾区的“门户医院”，救援工作十分紧张，并且震后的交通系统瘫痪极大地影响了政府部门的救援工作，耽搁了宝贵的救援时间。中国大城市现有的医疗急救系统，是目前突发事件救援的重要力量，但是，一旦发生重大灾难，甚至医疗急救系统本身也是受害体时，现有医疗急救系统是否能胜任救援需要。

在世界其他国家，地震曾对医院造成了重大的破坏。1995年的日本阪神7.2级地震共造成了6500余人死亡，2.7万人受伤，30万灾民无家可归，近10.8万栋房屋被毁坏，直接经济损失达550亿日元；交通、电力与供水系统均遭到严重破坏，几乎完全破坏了医院保持正常功能所依赖的管线设施，以致医院被迫关闭。1971年美国圣费尔南多地震造成灾区四所大型医院立即关闭。汶川地震之后，世界各地大地震频发。如2010年1月12日海地发生7.3级强烈地震，2010年2月27日智利发生8.8级特大地震，2010年4月14日青海玉树发生7.1级地震，2010年10月25日印尼苏门答腊发生7.3级强烈地震并海啸，2010年9月4日和2011年2月22日新西兰基督城相继发生7.1级和6.3级强烈地震，特别是2011年3月11日日本发生9.0级特大地震并引发海啸以及核危机。这些近期大地震无一例外都对医院结构本身或者设施造成了破坏，影响了医院的运行，并因此导致伤亡的扩大化。图1为地震后医院系统破坏。

图1　震后医院系统破坏

众所周知，地震灾害的根本属性是“土木工程基础设施灾害”，其原因是：由于人们不足的知识，不合理的选址与设计，不当的施工、使用和维护，导致所建造的土木工程基础设施不能抵御未来可能发生的地震影响，造成其失效、破坏乃至倒塌，进而造成了灾害。此外，由于地震发生的不可预测与不可控制性，防震减灾技术成为减轻地震灾害的主要措施，因此，确保土木工程基础设施的抗震能力，科学地进行震前的风险预测以及震前、震中和震后的损失评估，有效地减低和控制强震下城市建筑群、生命线工程和医院等关键基础设施的损伤、破坏与倒塌的风险，是减少地震灾害所造成人员伤亡与财产损失的根本方法。

虽然唐山大地震之后，我国针对城市建筑群和生命线工程的震害预测与风险评估提出了许多简化的方法，但是尚未涉及医院类关键基础设施，并且，目前我国对于地震灾害的预测与风险评估仍停留在单体结构和单一系统层面，对于城市震害的调查主要以建筑物的破坏为主，使得评估结果并不能客观反映地震造成的实际损失，这一差距在汶川地震灾害的损失预测中体现得尤为明显。

3 国内外研究现状综述

虽然医院系统的重要性毋庸赘言，但是对其震害调查和地震灾害风险的研究并不多见，尤其少见于国内的研究中。

3.1 结构地震易损性研究现状

医院结构作为建筑结构的用途之一，对其的地震风险研究首先需要考察结构本身的易损性，即结构在地震作用下的表现是医院是否能够正常运行的先决条件，同时，医院覆盖地区建筑结构的地震易损性也是医院需求分析的决定因素。Coburn 等[1]指出地震中 75% 的人员伤亡由建筑结构的倒塌破坏造成的。基于此，国内外学者针对城市建筑的进行了大量的风险分析和损失估计，使其成为目前城市脆弱性和灾害防御研究的热点。HAZUS[2] 针对城市建筑物建立了一套完整的地震灾害损失评估方法，考虑了不同结构类型的易损性及不同功能结构的社会经济损失。Duzgun[3] 等针对城市建筑提出了一套集成的地震脆弱性评估框架，考虑城市社会经济特点、结构特点、场地条件、结构易损性以及关键服务设施的可获取性，并将其应用于土耳其地区。Mansour[4] 等针对突尼斯地区，从城市建筑物的采集、建筑结构分类及不同类型结构的地震易损性分析方面进行了研究。Ahmad[5] 等对巴基斯坦城市区域的住宅建筑进行了地震灾害损失评估，基于地震危险性、结构易损性和社会经济损失，获得了区域住宅建筑的年平均损失（AAL）。而由于我国地域辽阔，各地建筑物结构类型、抗震性能和数量都存在较大的差异，人口、经济分布也呈现较大的差异性，对于城市建筑群的地震灾害损失评估研究比较少见，多针对单体结构进行分析研究。

3.2 非结构部分地震易损性研究现状

医院在灾害中紧急救护功能的保障不仅依赖于结构的抗震性能，亦依赖于医院中包括医疗设备、非结构构件和供水供电系统在内的非结构部分的抗震性能，同时，文献［6］

指出医院中非结构组成部分的投资更是达到了整体投资的92%。Kuo等[7]对日本2003年的三场地震进行了震害调查，研究了震级与医院中非结构物损坏的关系，结论指出多数医院常用设备在震级达到5时开始发生破坏，损坏程度在震级达到6时急剧上升。涂英烈[8]对集集地震中的四十余所受灾医院进行了震害调查，调查表明医院建筑物结构体虽然遭受破坏，仍具有承载能力，但是由于医院非结构部分的损坏导致医疗功能受损。

针对医院内非结构部分的抗震性能研究主要有：郭耕杖[9]采用故障树分析方法对医院内空调、紧急供电、供水、热源供给和通信设备在内的功能性设施系统进行抗震性能评估，结果表明冷却水塔相对易损，应予以补强；黄昶闵[10]针对医院内的紧急医疗设备与仪器进行了调查与分类，通过振动台试验对其进行了抗震性能研究并评估了地震风险，给出相应的固定措施。涂英烈[8]根据震害调查资料，建立了医院中包括门窗、给排水管道和照明设备等二十余项非结构物的易损性曲线，进而探讨了修复金额与修复工期以作为评估地震损失的参考。

3.3 医院地震风险分析研究现状

我国对医院地震风险的研究主要有王晓琳[11]将医院作为结构—设备复合系统，首先针对某医院的门诊楼工程分别分析了其结构与非结构系统的易损性，然后采用故障树方法建立了医院系统的易损性曲线，并提出改造策略。而国外学者的研究相对于国内则较为详尽，震害调查[12-13]覆盖了多次地震中主要受灾区域中的医院，表明医院在地震作用下较为易损，重要设备缺乏锚固，人员对灾害的应对能力严重不足，医院的功能性至少会受到暂时性的冲击。关于医院地震风险分析理论方法的研究主要有：Monti和Nuti[14]提出采用基于可靠度的方法，评估单体医院系统治疗功能的易损性，其中单体医院的功能依赖于其子系统的状态和系统中的逻辑关系。Nuti和Vanzi[15]采用伤员被治疗的平均距离作为一定区域内的医疗系统主要性能指标，简化考虑医院结构类型对易损性的影响，采用蒙特卡罗模拟方法评估了包括25家医院在内的意大利某区域医疗系统的易损性，依据投资效益准则提出了改造策略；在其随后的研究[16]中将调研医院的范围扩大至整个意大利，并细化考虑了结构分类。

近年来，研究集中在确定医院系统的恢复力，Bruneau等人将恢复力描述为系统对灾害的消化与灾后快速恢复的能力。Cimellaro等选取等待时间作为性能指标，提出一个元模型（meta-model）描述医院应急部门的响应，从而评估真实的医院容量与反应，并且结合了结构与非结构组成部分的损伤影响。该模型覆盖了一定的医院布局并且考虑了医院的资源（人员和基础建设）以及实施的有效性，应急预案是否缺失，在最大化负载与过载情况下的容量与表现行为。相似地，Lupoi提出医院系统是由人员、组织和设备构成，三者相互作用从而输出医疗服务。其中设备是传递医疗服务的物理途径，由结构和非结构部分组成，前者保证结构的生命安全而后者是医院功能正常的基础；人员包括医生、护士以及所有在提供医疗服务中有能动作用的职员；组织部分即为保证医疗服务传递建立的一系列标准化程序。因此医院的性能表现就由上述三个部分以及他们的相互作用决定。从医院的基本功能考虑，采用比较治疗需求与能力的分析方法进行评估。医院的性能由医疗需求（HTD：Health Treatment Demand）相对于医疗能力（HTC：Health Treatment Capacity）的年平均超越频率表示：

$$\lambda\left(\frac{HTD}{HTC}>1\right)=\int_{0}^{\infty}P\left(\frac{HTD}{HTC}>1\mid x\right)\mathrm{d}\lambda_{\mathrm{PGA}}(x) \tag{1}$$

其中治疗能力计算公式如下：

$$HTC=\alpha\times\beta\times\gamma \tag{2}$$

式中 α 表示组织能力，即衡量应急预案的有效性；β 表示职员水平，和 α 一样均根据经验确定；γ 表示设施情况，且 $\gamma=\gamma_1\times\gamma_2$，$\gamma_1$ 表示紧急事件发生后仍然可以使用的诊疗室，γ_2 为系统布尔函数，当必需医疗服务（意味着可支撑医疗室运行的最少医疗服务）可以满足时取值为 1，反之为 0。确定上述条件是否满足需要检查所有必要的子系统是否保持运行，这里采用故障树的方法（Fault Tree Analysis）表示整个医院系统来实现，即分析医院中各个物理组成部分之间的逻辑关系，即由上往下的，演绎式的分析方式，是找出最上层的不希望发生事件和最底层的基本事件之间的逻辑关系，其中最底层的基本事件由逻辑门一直连接到最上层的不希望发生事件，建立医院系统的故障树框架（如图 2 所示）。治疗需求以人员伤亡模型和严重性指标为基础建立。Lupoi 在随后的研究中考虑了医院与交通运输的相关性，评估了区域内的医疗系统。

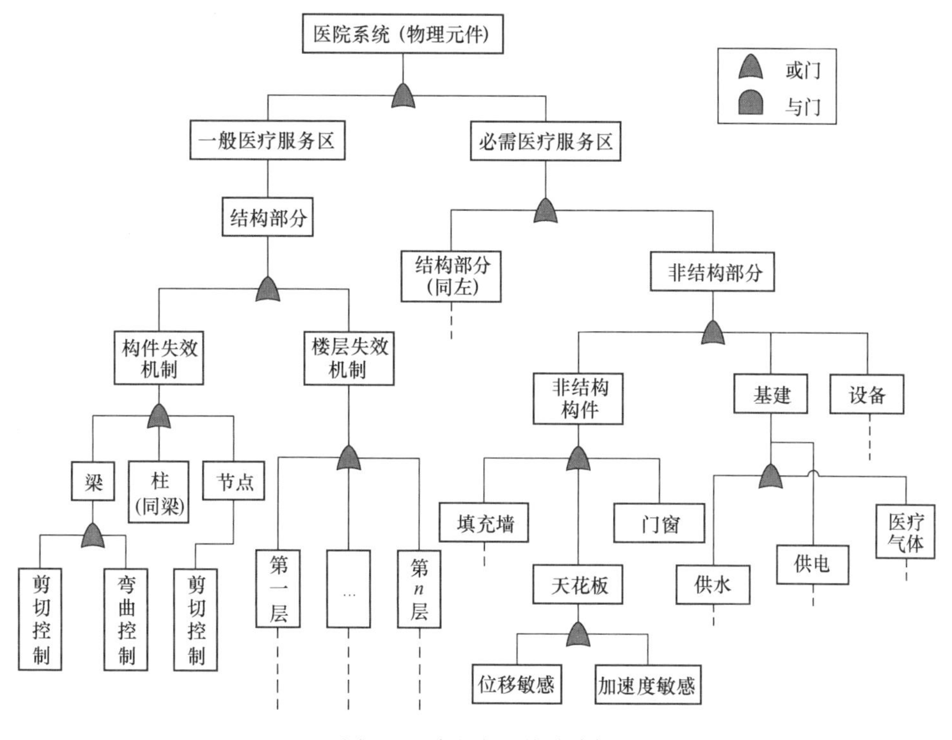

图 2　医疗服务系统故障树

4　结论

综上，医院虽然是抗震救灾的核心环节，国内却少见对其进行地震风险分析，仅有北京工业大学王晓琳[11]和台湾成功大学姚昭智团队的若干研究[8-10]，其中王晓琳的研究局限于某具体医院中的框架结构门诊楼可靠性分析，首先该研究对影响医院在地震中的功能的因素考虑较为片面，在抗震救援工作中不仅需要考虑急诊功能，大量伤员的安置亦是对医院抗震性能评价的重要因素，其次，该研究对医院的性能指标定义缺乏更具代表性的定量分析；姚昭智团队主要进行了医院中非结构构件及设备的震害调查和抗震性能研究，没有从系统的角度考虑医院运行的影响因素，由此可见，上述二者的适用性与完整性亟待补充。而国外对医院系统进行的风险分析，其模型参数是否可以外延应用于我国的医院系统有待考证。综合考虑影响医院抗震性能的物理元件组成部分和医护人员因素，开展适用于我国人口分布和医疗特征的城市医院系统地震风险分析的相关研究，是对国内医院系统抗震研究的重要补充。

参考文献

[1] Coburn A, Spence R. Earthquake Protection (Second ed.) [M]. West Sussex: John Wiley, 2002.

[2] FEMA. Multi-hazard loss estimation methodology earthquake model, HAZUS-MH MR3 Technical Manual, Washington. D. C, 2003.

[3] Duzgun H S B, Yucemen M S, Kalaycioglu H S, et al. An integrated earthquake vulnerability assessment framework for urban areas [J]. Natural Hazards, 2011, 59(2): 917-947.

[4] Mansour A K, Romdhane N B, Boukadi N. An inventory of buildings in the city of Tunis and an assessment of their vulnerability [J]. Bulletin of Earthquake Engineering, 2013, 11(5): 1563-1583.

[5] Ahmad N, Ali Q, Crowley H, Rui P. Earthquake loss estimation of residential buildings in Pakistan [J]. Natural Hazards, 2014, 73(3): 1889-1955.

[6] Taghavi, S. and E. Miranda. Response assessment of nonstructural Building Elements. Report PEER 2003/5, Pacific Earthquake Engineering Research Center.

[7] Kuo K C, Hayashi Y, Kambara H. Relationship between damages of hospital facilities and seismic intensity based on questionnaire survey [J]. Journal of Structural & Construction Engineering Transactions of Aij, 2004: 63-69.

[8] 涂英烈. 建筑物中非结构物地震易损性曲线之研究 - 以医院及学校为例[D]. 台湾成功大学学位论文, 2012.

[9] 郭耕杖. 医院建筑功能性设施耐震评估[D]. 台湾成功大学学位论文, 2001.

[10] 黄昶闵. 医院重要医疗空间内设备物抗震性能评估研究[D]. 台湾成功大学学位论文, 2009.

[11] 王晓琳. 医院功能性实用系统的抗震可靠性分析[D]. 北京工业大学, 2005.

[12] A DeSortis, G Di Pasquale, G Orisini, et al. Hospitals behavior during the September 1997 earthquake in Umbria and Marche(Italy). 12th World Conference on Earthquake Engineering, New Zealand, 2000.

[13] Price H J, Sortis A D, Schotanus M. Performance of the San Salvatore Regional Hospital in the 2009 L'Aquila Earthquake [J]. Earthquake Spectra, 2012, 28(1): 239-256.

[14] Monti G, Nuti C. A procedure for assessing the functional reliability of hospital systems [J]. Structural Safety, 1996, 18(4): 277-292.

[15] Nuti C, Vanzi I. Assessment of post-earthquake availability of hospital system and upgrading strategies [J]. Earthquake engineering & structural dynamics, 1998, 27(12): 1403-1423.

[16] Nuti C, Santini S, I Vanzi. Seismic risk of the Italian hospitals [J]. European Earthquake Engineering, 2001.

不同高度RC框架结构抗倒塌能力研究

刘 巍，郑山锁，董立国，李强强
（西安建筑科技大学土木工程学院，陕西 西安 710055）

摘 要：地震作用下建筑结构的抗倒塌能力是基于性能抗震设计的核心目标。为了研究不同高度的RC框架结构抗倒塌能力，提出了基于结构抗倒塌储备系数（CMR）的钢筋混凝土框架倒塌易损性的研究方法。按照我国的现行规范设计了几个多层的钢筋混凝土框架节结构，采用增量时程分析的计算方法（IDA），得出不同高度RC框架结构相应的倒塌易损性曲线和归一化的倒塌易损性曲线。根据计算结果评价结构的抗倒塌能力和安全储备。

关键词：框架结构；动力增量时程分析；抗倒塌安全储备
中图分类号：TP391

STUDY ON THE COLLAPSE-RESISTANT CAPACITY OF RC FRAMES WITH DIFFERENT HEIGHT

W. Liu，S. S. Zheng，L. G. Dong，Q. Q. Li
（School of Civil Engineering，Xi′an University of Architecture and Technology，Xi′an，China）

Abstract: Collapse safety is the most important objective of performance-based aseismic design. In order to study the different height of collapse resistance of the RC frame structure，vulnerability of collapse research methods of the reinforced concrete frame was proposed based on collapse margin ratio (CMR). According to our country's current standard design code，several reinforced concrete frame structure was designed. And different height of RC frame structure corresponding collapsed vulnerability curve and the normalized collapsed vulnerability curve was obtained based on an incremental dynamic analysis (IDA). According to the calculation results to evaluate collapse-resistant capacities and safety margins against collapse of multi-story reinforced concrete frames.

Keywords: frame structure，incremental dynamic analysis，safety margin against collapse

1 引言

建筑结构的抗倒塌能力是基于性能抗震设计的核心目标[1]，强烈地震作用下引起建

基金项目：陕西省科研项目（2012K12-03-01，2011KTCQ03-05，2013JC16）
第一作者：刘巍（1993—），男，硕士研究生，郑山锁（1960—），男，教授，博士生导师.
通讯作者：刘巍，1341319080@qq.com.

筑，物的严重倒塌，会造成重大的人员伤亡和财产损失。近年来发生的几次重大地震给我国的财产和经济造成的巨大的损失。随着社会经济的发展，建筑结构的抗震设计应充分考虑人民的生命和财产安全，因此建筑结构的抗倒塌设计显得异常重要。地震是一种突发性的自然灾害，具有极大的随机性和不确定性[2-3]。于晓辉[4]等将平均值一次二阶矩方法（MVFOSN）与逐步增量动力分析（IDA）相结合的方法，提出了一种考虑结构不确定性的倒塌易损性分析方法。李磊[5]等对型钢混凝土框架结构进行了地震倒塌易损性分析。施炜和叶利平[6]等采用弹塑性时程分析方法、推覆分析方法和基于 IDA 的结构倒塌储备系数分析方法，对框架结构抗地震倒塌能力进行研究。本文基于结构抗倒塌储备系数（CMR）采用 IDA 的分析方法对 RC 框架结构进行倒塌易损性的分析。

2 结构抗地震倒塌能力的评价

2.1 结构抗地震的易损性研究

结构的抗倒塌易损性是指结构在未来遭受不同地震动强度结构发生倒塌的概率。本文采用 IDA 的分析方法来考察结构基于性能的地震易损性研究，其主要步骤如下：

（1）建立能够数值模型

（2）输入 N 条地震波（本文输入 22 条地震波），为了反映地震动的随机性，并且选择合适的地震动强度（本文采用 SA 作为地震动强度）；

（3）在某一地震动强度下输入上述 22 条地震波，对结构进行 IDA 分析，的到在该地震动强度下发生倒塌的地震波数(n)，最后可得结构在该地震动强度下的倒塌概率(n/N)；

（4）该变地震动强度，重复（3）步骤，得不同地震动下结构的倒塌概率。

（5）以地震动强度为自变量，发生倒塌的概率因变量，对上述点进行对数拟合，可得结构的倒塌易损性曲线。

2.2 地震动的输入

结构抗倒塌能力的分析需要输入大量地震波进行 IDA 分析，ATC-63（2008）对于地震波的选取有以下建议：

（1）地震震级不低于 6.5 级，低震级地震释放的能力不足以造成结构倒塌，达不到研究效果。

（2）震源类型为走滑或者逆冲断层。

（3）结构所在场地为基岩场地或硬土场地，场地地基过软会造成地震中结构地基发生破坏而非结构主体本身发生破坏。

（4）近场地震为震中距小于 10km 远场地震为震中距大于 10km。

（5）对于同一次地震事件，所选的地震波不超过两条以保证地震波选取的广泛性。

（6）地震波的 PGA 大于 0.2g，PGV 大于 15cm/s^2。

（7）地震波有效周期不小于 4s。

（8）观测位置位于自由场地或小建筑的地面层，强震仪的安放位置考虑了建筑物的结构-土耦合作用对地震波产生的影响。根据上述选取地震波的建议，文中采用其推荐的 22

条远场地震波进行地震波输入分析。

2.3 结构的抗倒塌储备参数（CMR）

2008年美国应用技术委员会提出了抗倒塌储备参数（CMR）用于量化结构的倒塌储备能力。所谓抗倒塌储备系数CMR，就是利用结构倒塌易损性曲线，将对应50%倒塌概率的地震动强度指标IM（50%倒塌）作为结构抗地震倒塌能力指标，与结构设计大震的地震动强度标IM（设防大震）之比作为结构的抗倒塌安全储备指标，即：CMR＝IM（50%倒塌）/IM（设防大震）。反映了结构实际抗地震倒塌能力与设防需求之间的关系，越大，结构抗倒塌的安全储备越高，结构发生倒塌的概率越小。

2.4 倒塌的判断准则：

由于国内外对于结构倒塌如何判定的问题并没有形成定论，存在许多不同的判定方法与判定依据。综合国内外对于倒塌标准的研究成果。本文采用弹塑性层间位移角限值方法确定倒塌标准本文多层钢框架结构倒塌判定标准如下：

（1）当结构的层间位移角大于12%认为结构发生倒塌。

（2）在IDA曲线上出现水平段的前一个点认为倒塌。

2.5 地震动强度的选取

已有研究表明，用PGA作为地震动强度指标很不完善[7-8]，ATC-63建议以结构第一周期地震影响系数Sa(T1)作为地面运动强度指标，该指标由Bazzurro[9]提出，文献[7-8，10]也认为用Sa(T1)作为地震动强度指标较合适。与传统的PGA指标相比，采用Sa(T1)指标可大大降低结构地震响应分析结果的离散性，且与现行抗震规范具有较好的衔接。故本文也选用Sa(T1)作为地震动强度指标。

3 钢筋混凝土框架的计算模型

3.1 工程概况

为了研究不同高度的多层RC框架抗倒塌能力，文中按照我国现行规范设计了一组共4各计算模型。层数分别为2层、5层、8层和10层，跨度为6m。底层层高为5m，其余各层层高均为3.6m。无地下室，跨数为3跨，结构按8度抗震设防，场地类别为Ⅱ类，设计地震分组为第二组。2层和5层混凝土的强度等级为C30，8层和10层混凝土的强度等级为C40。纵筋采用HRB400钢筋，箍筋采用HPB300。计算简图如图1所示：

3.2 数值模型有限元分析

本文采用有限元分析软件opensees来进行钢筋混凝土框架的倒塌易损性分析。基于整量时程分析（IDA）理论，采用等步幅的调幅方法，获得结构的倒塌易损性曲线，进而确定结构的倒塌点，求得不同结构的抗倒塌储备参数（CMR），可对结构的抗倒塌性能做出评价。

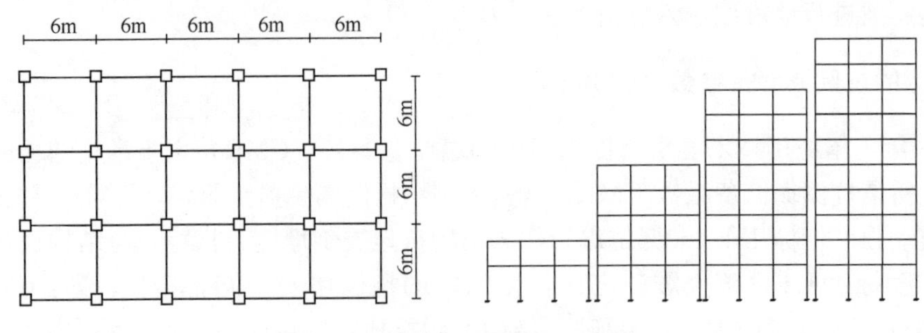

图 1　计算模型平面图和立面图

4　倒塌易损性曲线的获得

根据前述方法分析得到的上述不同设防烈度框架结构算例的倒塌概率，按对数正态分布进行拟合，得到各算例的倒塌概率曲线，即结构易损性曲线。由此得到不同层数框架结构在相应罕遇地震时的倒塌概率，如图 2（a）所示。本文借鉴倒塌储备系数这一概念，以倒塌储备系数为各结构地震易损性曲线的横坐标，归一化各不同基本自振周期下的结构地震易损性曲线，如图 2（b）所示。分析各参数影响下结构的易损性规律。

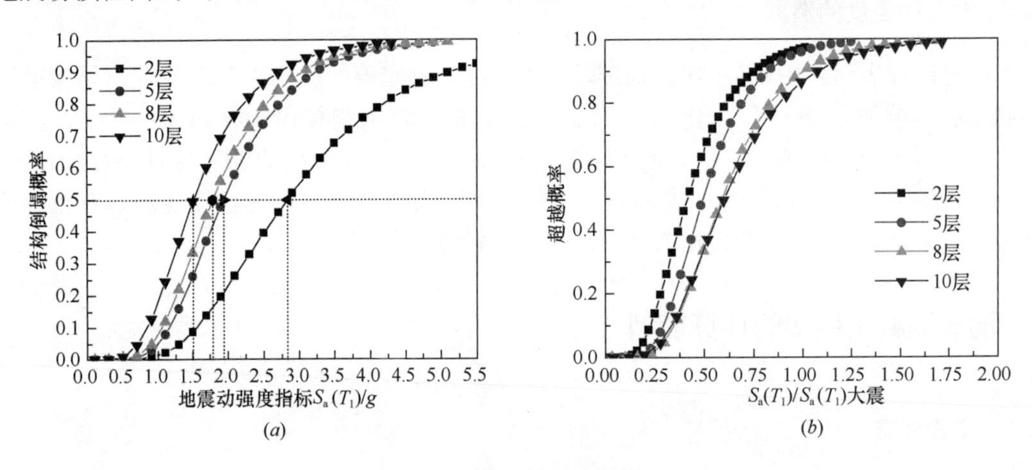

图 2　倒塌易损性曲线

5　结论

（1）由图 2（a）可得，在 8 度设防下，在 S_a 一定时，随着层数的增大，倒塌超越概率变大。由此说明，在地震来临时，高度越高的 RC 框架结构越容易倒塌。

（2）采用归一化的指标 $x=\frac{S_a(T_1)}{S_a(T_1)_{大震}}$，同一原型结构各破坏状态的易损性曲线呈现相同的规律，图 2（b）中 8 度设防 RC 框架结构，四个破坏状态的易损性曲线的超越概率均为：10 层<8 层<5 层<2 层。说明在同一设防烈度下，随着层数的增加，结构的抗倒塌储备系数越小，越容易发生倒塌。

参考文献

[1] 叶列平，曲哲，陆新征，冯鹏．提高建筑结构抗地震倒塌能力的设计思想与方法[J]．建筑结构学报，2008，29(4)：42-50.

[2] 清华大学土木结构组，西南交通大学土木结构组，北京交通大学土木结构组汶川地震建筑震害分析[J]．建筑结构学报，2008，29(4)：1-9

[3] 陈肇元．跋——汶川地震教训与震后建筑物重建、加固策略[C]．汶川地震——建筑震害调查与灾后重建分析报告．北京：中国建筑工业出版社，2008.

[4] 于晓辉，吕大刚．考虑结构不确定性的地震倒塌易损性分析[J]．建筑结构学报，2012，33(10)：8-14.

[5] 李磊，郑山锁，李谦．基于 IDA 的型钢混凝土框架的地震易损性分析[J]．广西大学学报：自然科学版，2011，36(4)：535-541.

[6] 施炜，叶列平，陆新征，等．不同抗震设防 RC 框架结构抗倒塌能力的研究[J]．工程力学，2011，28(3)：41-48.

[7] 叶列平，马千里，缪志伟，陆新征．抗震分析用地震动强度指标的研究[J]．地震工程与工程振动，2009，29(4)：9-22.

[8] 马千里．钢筋混凝土框架结构基于能量抗震设计方法研究[D]．北京：清华大学，2009.

[9] Bazzurro P, Cornell C A, Shome N. Three proposals for characterizing MDOF non-linear seismic response [J]. Journal of Structural Engineering, 1998, 124(11): 1281-1289.

[10] Vamvatsikos D, Cornell C A. Incremental dynamic analysis [J]. Earthquake Engineering and Structure Dynamics, 2002, 31(3): 491-514.

浅析高强无收缩灌浆料的性能及应用

尚润丹[1]，赵　鑫[2]，尚润琪[3]
（1. 西安建筑科技大学土木工程学院，陕西　西安 710048；
2. 山西龙源风力发电有限公司，山西　太原；
3. 西安工程大学机电学院，陕西　西安 710048）

摘　要：高强灌浆料是一种比较理想的建筑材料，具有流动性大、粘结强度高、早强及高强、无收缩、无毒等特点，在桥梁、大坝、房屋建筑、隧洞等混凝土结构修补中取得了良好的效果。本文介绍了高强无收缩灌浆料的主要性能及国内外发展现状，举例说明了应用高强无收缩灌浆料的工程实例，并对高强无收缩灌浆料制作的试块进行抗压强度试验。
关键词：高强无收缩灌浆料；结构加固；抗压强度
中图分类号：TU52

1　引言

随着经济社会的发展，混凝土结构因整体强度高、耐久性好，价格低廉等已被广泛用于建筑领域[1]。但经济技术的日益提高与进步，人们对高品质生活的追求，使得建筑结构向大跨度、高层方向发展，这就引发了在施工过程中诸多的问题，比如如何缩短工期，如何保障施工质量。除此之外，随着人类社会的不断进步，当今科学技术日新月异，国家经济建设的快速发展，对各种建筑物结构的安全、环保性能、使用功能等各方面提出了越来越高的要求。现阶段我国许多既有建筑物的结构、功能等已越来越不适应这种快速发展的需求，面临着重新加固、修复、改造等一系列难题[2]。因此具有自流性好、早强、高强、无收缩、微膨胀等特点的灌浆料具有十分广阔的发展前景。此外，高强无收缩灌浆料作为一种新型材料，还广泛用于机电设备安装，轨道及钢结构安装，设备基础的二次灌浆、栽埋钢筋，静力压桩工程封桩，墙体结构的加厚及漏渗水的修复，混凝土空洞的补灌、修复，地脚螺栓锚固、飞机跑道的抢修、基础工程的塌陷灌浆以及各种抢修工程等[3]。

2　高强无收缩灌浆料的主要性能评价及发展状况

2.1　高强无收缩灌浆料的主要性能评价

高强无收缩灌浆料是以高强度材料为骨料，以水泥、灌浆母料为介质，作为结合剂，

第一作者：尚润丹，女，西安建筑科技大学土木工程学院，邮箱：1249053142@qq.com

辅以高流态、微膨胀、防离析等物质配制而成。该材料拌和均匀后具有可灌注的自流性、微膨胀性、无收缩、不泌水、早强及高强、粘结强度高、耐久性高等性能。

（1）流动性高

高强无收缩灌浆料拌和均匀后流动性较高，可满足施工时自行流动的要求。对于混凝土质量缺陷中部分狭小空间极易灌入，从而达到填充饱满的效果。

（2）微膨胀性

高强无收缩灌浆料具有适宜的膨胀性能，待修补处灌浆料硬化后，可获得较好的饱满填充效果。

（3）早强及高强

高强无收缩灌浆料拌和施工后凝结时间短、早期强度较高，可在保证结构质量的前提下，使结构物尽早投入使用。

（4）粘结强度高

高强无收缩灌浆料与混凝土及钢筋有足够的粘结强度，可与母体混凝土达到一致效果。

2.2 高强无收缩灌浆料的发展现状

灌浆料最早是在第二次世界大战中由于军事需要出现的，到 20 世纪 50 年代，发达国家将其应用于工业部门。国际上普遍将高强灌浆料应用于设备基础的二次灌浆和工程结构的加固修补。在我国，灌浆料研发开始于改革开放之初。经过 30 多年的研究、实践，我国灌浆料的技术性能逐步提高[4]。目前，我国在灌浆料的使用上已从传统的设备基础二次灌浆发展到混凝土结构的加固修补，有关这方面的应用已有较多成功的工程实例[5,6]。20 世纪 50 年代后期，国内外开始研制高强灌浆料进行基础的二次浇筑，将养护时间缩短到 24h 左右，大幅度提高了设备的安装速度，特别是对工艺流程或大型设备的更新等生产过程的在线改造，起到了缩短停产时间、减少生产损失的积极作用[7]。

20 世纪 70 年代，为了满足进口设备的需要，我国开始了灌浆料的研制工作，并于 1977 年研制成功，开始在冶金设备安装中大量应用[8]。经过 30 多年的研究实践，我国灌浆料的技术性能逐步提高，其各项技术性能已达到国际水平。在灌浆料的使用上，已从传统的用于机械设备安装的二次灌浆发展到用于混凝土结构的加固修补方面，并获得良好的效果。

早期的高强灌浆料主要由有机环氧树脂构成，其造价昂贵，易老化，毒性较大，而且效果并不理想。随着机械设备朝着大型化、精密化的方向发展，现在的工程和设备安装对精度与速度都提出了更高的要求，对基础灌浆、钢筋锚固所用胶凝材料的技术经济性要求更为迫切。为此，国内外从 20 世纪 80 年代开始研制和使用具有微膨胀性能的无机灌浆材料[6]。如 ANG-Ⅱ型灌浆料自开发成功以来已应用于多项工程，如国家体育场、国家游泳馆（水立方）、安阳钢铁厂、大同同煤热电厂、北京国药物流中心等。浙江合力新型建材有限公司的董兰女等[9]报道了该公司生产的 HL-HGM 高强无收缩灌浆料在杭州湾跨海大桥 50m 简支箱支座安装中的应用，并取得良好的效果。

3 高强无收缩灌浆料的应用实例

3.1 应用实例

在南水北调工程中，鲁山南 1 段混凝土浇筑总量约 24.79 万 m^3，混凝土结构主要有桥梁、渠道衬砌、截流沟、防浪墙等，因工作面多，工程量大，工期紧，强度高，混凝土施工过程中难免会出现质量缺陷问题。在混凝土质量缺陷处理施工中，该项目着重采用高强无收缩灌浆料，实践证明：该材料使用效果明显优于常规性缺陷修复材料，确保了工程质量。鲁山南 1 段共有 14 座在建桥梁，梁体类型主要为预制箱梁和 T 梁，施工工期较紧。因梁端设计钢筋较密集、混凝土离析、振捣不到位等原因，部分梁体锚固端的混凝土密实度较差且强度较低，致使张拉作业时锚端混凝土受力产生破裂。在采用常规性材料修复施工后，难以保证新老混凝土界面的粘结强度且等强时间较长，存在质量隐患且影响工期。经采用高强无收缩灌浆料进行修补后，粘结强度明显优于普通材料且等强时间较短，消除了质量隐患并保证了施工工期[1]。

1995 年 12 月，北京某重大工程建设中，C 区 4 层、5 层和 6 层有四根混凝土柱由于振捣不好，强度未达到设计要求，需要进行加固补强[10]。采取了用灌浆料进行外包加固的施工方案。经过补强，该混凝土柱的承载能力达到了设计要求，同时也满足了使用需要[7]。

1996 年 1 月，某工程地下一层混凝土墙及混凝土柱由于振捣不实或漏振，部分柱根及墙脚等部位出现孔洞缺陷。采用灌浆料灌注修补的施工方案。由于当时气温较低，现场采取了温水拌料，生炉子及用电热毯包覆修补部位等保温措施，结果修补后与构件同条件养护的灌浆料试块，3d 抗压强度为 34.6MPa，7d 抗压强度为 54.3MPa，28d 抗压强度为 64.0MPa，修补结果非常理想[7]。

3.2 试验及检测

3.2.1 试验

高强灌浆料母料：北京海岩兴业混凝土外加剂销售有限公司；

试验仪器：液压式万能试验机 WES-1000B，济南新试金试验机有限公司；

其技术指标为：测量范围：0-1000kN；确度等级/不准确度：Ⅰ级。

研究内容：做三组 100×100×100 的试块，分别测它们 1 天、3、28 天的抗压强度。

3.2.2 检测方法及试验结果

本试验中检测方法均参照 GB/T 50081—2002《普通混凝土力学性能试验方法标准》[11]规范要求执行。

试验结果见表 1，对比高强灌浆料母料主要性能指标见表 2。

试验计算结果如下：19.0×0.95=18.1；32.7×0.95=31.1；52.7×0.95=50.1。均符合表 2 中的性能指标。

试验结果 表 1

龄期(d)	破坏荷载(kN)	抗压强度	
		单块值(MPa)	代表值(MPa)
1	181	18.1	19.0
	201	20.1	
	188	18.8	
3	321	32.1	32.7
	336	33.6	
	325	32.5	
28	548	54.1	52.7
	498	49.8	
	541	54.1	

高强灌浆料母料主要性能指标表 表 2

类　别	技术指标指标值
竖向膨胀率(%)	0.1～0.3
抗压强度(MPa)	1d　15～20 3d　30～40 28d　50～60
对钢筋的锈蚀作用	无
钢筋粘结力(圆钢)(MPa)	6
需水量	11%～14%
浇筑用量	2300kg/m^3
一次灌浆厚度	≤200mm
泌水率(%)	0

3.3 结果对比与分析:

基本符合其技术要求，但是测 28d 强度的那组试块中，有一个与其他两组差距较大，且强度较低，且 28d 的抗压强度与标准值的下限非常接近，效果不是很好。基于试验过程，现分析结果如下：

(1) 在试块的制作中，可能加水量未控制得当，一般标准稠度加水量为 11%～14%，可能是量筒的精度不够，实验人员的读数误差造成的。也可能是因为在试块的制作过程中，成型较困难，这时会加少量水。这样不但影响凝固时间，而且还会影响后期的强度。

(2) 高强无收缩灌浆料是典型的非均质材料，本身就存在着大量的微缺陷，而由于在试件的养护时养护不当，可能会出现微小裂缝，影响强度。

(3) 可能实验室的通风条件未达到标准要求，引起温度和湿度的微小变化，引起灌浆料中水分的变化，继而影响强度。

4 结论

高强无收缩灌浆料与普通混凝土相比，性能有很大的不同，我国发展高强无收缩灌浆料的环境和条件已经具备。但灌浆料的成本一般比混凝土成本高出 2～3 倍，因此，在现有资源及条件下，应加强技术研究，提高高强无收缩灌浆料的市场使用率，使它的应用在施工中普及。

使用高强无收缩灌浆料进行加固时，具有易施工、工期快、安全无毒、强度高等特点，可确保结构整体强度和安全可靠运行，并能兼顾外观质量，值得推广应用。由于加固技术还存在着若干问题，所以，我们要进一步加强研究。另外，灌浆料不仅被广泛应用到结构的加固工程中，而且在冶金、化工、电力、建材等工业建筑及设备的钢筋锚固和基础灌浆等工程中也具有很大的应用前景，因此，需要进行更多的试验，使灌浆料得到进一步的发展。

参考文献

[1] 倪军. 一种新型混凝土缺陷修补材料在南水北调中的应用[J]. 四川水力发电，2013，32(5).

[2] 王雅欣，刘洪灿. 建筑物加固前景与分析及加固方法[C]. 河南省土木建筑学会 2008 年学术大会论文集，2008.6

[3] 叶学根，汤理俊。高强无收缩灌浆料在混凝土缺陷处理中的应用[J]水利科技与经济，2014，20(12).

[4] 张颖，占冠元，汪秀石。骨料型改性灌浆料的工作性能试验研究[J]. 安徽建筑工业学院学报(自然科学版)，2008，16(4).

[5] 胡彦辉，岳清瑞，张耀凯．高强灌浆料在结构加固修补技术中的应用[J]．工业建筑，1999，29(6)：58 -59.

[6] 刘瑛，付丽丽，姜维山．韩城电厂外包钢加固梁柱的荷载—位移曲线对比试验分析[J]．地震工程和工程振动，2004，24(3)：110-115．

[7] 贺奎，王万金，常保全，夏义兵，李海峰．ANG- Ⅱ新型高强无收缩灌浆料的研究及应用[J]. 建筑技术，2008，39(6).

[8] 刘小兵，臧军，刘圆圆，张文耀，蔡林虎，水泥基无收缩灌浆料发展应用[J]，粉煤灰，2011，04.

[9] 董兰女，陈占莲，等．HL-HGM 高强无收缩灌浆料性能及其应用实践[C]. 第四届全国混凝土膨胀剂学术交流会论文集，2006：626-629.

[10] CECS25《混凝土结构加固技术规范》[S].

[11] GB/T 50081—2002《普通混凝土力学性能试验方法标准》.

空间组合节点性能研究现状

常玉珍，冯婷，程迪焱
（西安建筑科技大学　土木工程学院，陕西 西安 710055；）

摘　要：对当前研究的空间组合节点的构造形式、受力性能、影响节点力学性能和抗震性能的主要因素进行分析。总结研究成果发现：空间组合节点在低周反复荷载作用下有较好的刚度和延性，可提高节点的极限承载力，而且不同的构造形式、加载路径、梁柱截面形式、抗剪连接件布置及节点位置，荷载类型等，都会对空间组合节点的受力性能产生很大影响。最后指出目前研究的不足，给出今后节点研究工作建议，为后期节点研究提供参考。

关键词：组合结构；空间结构；空间组合节点；受力性能；抗震性能
中图分类号：TU393

PROPERTY RESEARCH ON SPACE COMBINATION JOINTS

Y. Z. Chang，T. Feng，D. Y. Cheng
（School of Civil Eng.，Xi′an Univ. of Arch. &. Tech.，Xi′an 710055，China）

Abstract：Current researches about space combination joints are summarized，such as the joint structure form，mechanical property and the main factors influencing the bearing capacity and seismic performance. All the above shows that，under low reversed cyclic loading，the space combination joint can improve the joint ultimate bearing capacity，furthermore it have good stiffness and ductility. While things like construction forms，loading paths，element section style，the layout of shear connectors and the node location，load type，etc.，will produce a great impact on its mechanical properties. Finally，the shortage of present study is pointed out，some advice on subsequent research work is given which can be referenced for the researchers interested in.

Keywords：composite structures，spatial structures，space combination joints，mechanical performance，seismic ability

1　引言

纵观国内外工程项目，组合结构和空间结构发展迅速，大跨度建筑及其核心技术的发

基金项目：国家青年基金项目（51308443）.
第一作者：常玉珍（1979—），女，博士生，副教授，主要从事大跨度空间结构性能研究与设计，E-mail：changyz@xauat. edu. cn
通讯作者：冯　婷（1991—），女，硕士，主要从事大跨度空间结构性能研究与设计，E-mail：1402573656@qq. com.

展已经成为代表一个国家建筑科技水平的重要标准之一。随着各种空间组合结构形式的发展，节点的复杂性大大提高，不仅形式多样，交汇杆件的数量也越来越多。结构能否大力推广，关键在于节点的发展。根据欧洲规范 4，组合节点的定义为：组合构件与其他组合构件、钢构件或混凝土构件之间的节点，并在设计时应考虑钢筋对节点承载力和刚度的影响[1,2]。大量震害表明，组合结构节点特别是角节点表现出较为明显的空间受力耦合作用，但目前国内外对组合结构节点的研究主要集中在平面节点上，对于节点空间受力性能的研究较少。而在空间结构中，节点起着连接交汇杆件、传递荷载的作用，节点的安全性至关重要。构造简单、受力明确、安装方便、造价低廉的节点，容易在空间结构中推广，从而能够促进空间结构的发展[3]。所以，随着组合结构和空间结构发展，对于空间组合节点的研究必须随之深入。

2 空间组合节点的构造形式

根据结构形式不同，将空间组合节点的形式主要分为两种：(1) 组合结构中的空间节点；(2) 空间结构中的组合节点。

2.1 组合结构中的空间节点

目前国内外对组合结构节点（特别是组合结构中的框架结构梁—柱节点）的研究较多，主要集中在平面节点上。但是震害结果调查表明，节点发生的破坏远大于预期，这主要是因为结构的地震响应是多维的，所以考虑双向受力的空间节点性能与平面节点性能大不相同。在地震作用下，梁—柱节点将同时拥有两个方向梁所传来的弯矩、剪力、扭矩和轴力等，其在双向受力作用下的性能和受力机理更为复杂，表现出较强的空间耦合作用。因此，准确计算节点在双向受力状态下的受力性能和变形特征，对于合理评估空间节点在地震作用下的安全性、可靠性，进而对组合结构体系的抗震设计及安全性评估都具有重要的意义。所以，国内外很多学者开始研究组合结构中的空间节点。

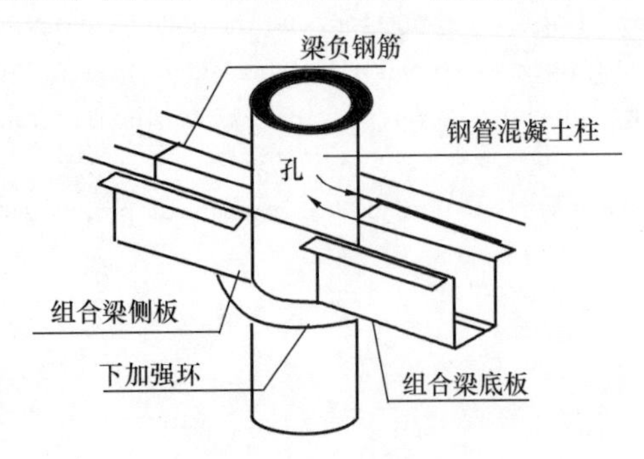

图 1 外包钢—混凝土组合梁与钢管混凝土柱节点

组合结构中的空间节点构造形式有很多，其中有：Silva 等[4]研究的 H 型钢柱—组合梁节点和钢骨混凝土柱—组合梁节点；美国 Green 和 Leon 等学者[5]研究的 H 型钢柱、钢梁以及压型钢板组合楼板节点；聂建国等[6-8]研究的方钢管混凝土柱—组合梁与方钢管混凝土柱—钢梁连接的内隔板式节点、外隔板式节点、栓钉内锚固式节点、内隔板贯通式节点；石文龙、李国强等[9]研究的梁、柱采用平齐式高强螺栓端板连接的组合框架中柱节点；周慧[10]研究的无楼板的钢管混凝土柱—钢梁和有楼板的钢柱—组合梁的空间组合框架中柱节点；石启印等[11]研究的外包钢—混凝土组合梁与钢管混凝土柱节点（图 1）；樊健生等[12]研究的方钢管混凝土柱—组合梁空间节点；张福[13]研究的钢管混凝土加强环式空间节点；陈宗平、徐金俊、薛建阳[15]研究的型钢混凝土异形柱—钢梁空间节点（如图 2），等等。

2.2 空间结构中的组合节点

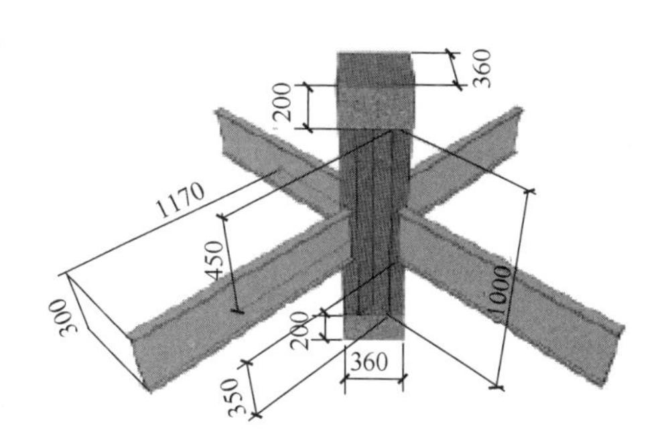

图 2 型钢混凝土异形柱—钢梁空间节点

空间结构中节点起着连接汇交杆件、传递荷载的作用，其安全性至关重要。节点一旦失效，相连杆件将丧失部分或全部承载功能，可能造成传力路径改变、结构体系局部破坏，甚至可能引发整个体系连续性破坏[16]。当前，我国工程中常用的空间结构节点类型有螺栓球节点、焊接空心球节点、相贯节点、铸钢节点等，而针对空间结构中的组合节点研究却很少，也仅仅限于钢管混凝土空间相贯节点和一些组合壳体的节点。华南理工大学的季静、方小丹等[17]提出了钢管混凝土巨型斜交网格空间相贯节点；武汉科技大学的李成玉、郭耀杰[18]研究了钢管混凝土结构外加强环式空间节点；山东建筑工程学院的柳锋、崔艳秋、陈长兵[19]提出了新型组合网架结构半球节点（图 3），其中网架的下弦杆、腹杆及下弦节点仍可采用普通螺栓球网架的杆件及节点连接方式（这里称组合节点 1 型网架），或采用普通焊接球网架的杆件及节点连接方式（这里称组合节点 2 型网架）；中国建筑设计研究院有限公司的隋庆海、申豫斌，上海宝冶建设有限公司的孙建奖[20]提出了一种相贯焊与铸钢相结合的组合节点。

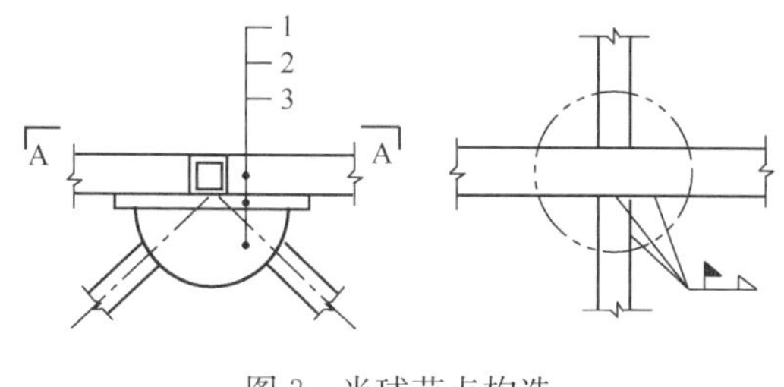

图 3 半球节点构造

1—方钢管；2—圆形盖板；3—半球

3 空间组合节点的性能和影响因素

3.1 空间组合节点的性能

大量试验研究和理论分析均表明[4-15]，通过合理的构造，空间组合节点在低周反复荷载下有较好的刚度和延性，可提高节点的极限承载力，增加结构的耗能能力，防止节点脆性破坏。文献［4］试验结果表明：构造合理的组合节点在循环荷载下具有良好的抗震性能，对称加载条件及钢骨混凝土柱中混凝土的作用均使得节点强度和初始刚度有所提高；文献［9］试验结果表明：组合节点弯矩—转角滞回曲线饱满且稳定，表明节点具有良好的耗能能力，受弯承载力，而且转动刚度较纯钢节点有较大提高，表现出良好的抗震性能。文献［11］试验结果表明：通过合理的构造措施，外包钢—混凝土组合梁与钢管混凝土柱连接节点具有较强的受剪承载力，较好的延性和耗能能力，能够满足工程要求。

3.2　空间组合节点性能影响因素

3.2.1　受力性能影响因素

影响空间组合节点受力性能的因素有很多，研究发现，加载路径、内填混凝土的强度、梁柱截面形式、刚节点的形式和数量、抗剪连接件的布置、混凝土楼板、柱类型及节点位置，荷载类型等，都会对空间组合节点的受力性能产生很大影响。

文献［4］说明了由于试验中钢骨混凝土柱节点钢材屈服强度高于 H 型钢柱节点，承载力的提高并不仅仅是钢骨混凝土柱中混凝土作用的结果，需要结合分析计算，将钢骨混凝土柱节点的钢材强度替换为钢柱节点的钢材强度，再进行对比分析；文献［5］研究了楼板沿柱弱轴方向的传力机制和两个方向的相互作用，钢柱强轴方向与钢梁的连接采用 T 型钢支托，在梁底、抗剪板与腹板采用螺栓连接，弱轴方向与钢梁通过抗剪板与钢梁腹板螺栓连接。试验结果表明：强轴方向的抗剪连接程度比弱轴方向低，组合作用较弱，循环荷载对于组合梁的组合作用有明显削弱；文献［11］探讨了不同加载路径下空间新型节点的受力特征、滞回性能和破坏机理。结果表明：相比平面节点，双向加载条件下空间节点的承载力最多可降低 20%，延性降低 10%，所以认为双向荷载存在耦合作用，而且在空间节点的总体变形中，梁变形所占的比例降低，而柱节点区剪切变形所占的比例增大，建议在节点设计时考虑双向荷载作用对其抗剪的不利影响；文献［12］比较了在单向加载和双向加载下，节点承载能力和滞回性能的差别，通过对比发现：两种加载方式对节点单调加载下的屈服位移、极限荷载等影响有限，但是在往复荷载作用下双向加载的节点耗能性能、延性等均弱于单向加载的节点，并且节点的刚度退化更加明显；文献［21］研究了节点区混凝土及钢管等因素对承载力方面的影响程度；文献［13］试验表明：混凝土楼板与钢梁的组合作用以及对节点核心区的约束作用、钢管柱内填混凝土均能够明显改善空间节点的受力性能，相对于中柱组合节点，角柱节点的核心区受力较小，整个节点具有更高的承载能力和刚度。

3.2.2　抗震性能影响因素

国内外学者通过一系列试验，研究了不同的构造形式和加载方式对各种组合构件和组合节点抗震性能的影响。

吕西林等[22]完成了 12 根常轴力和反复水平荷载作用下的方钢管混凝土柱的试验，得到了宽厚比、轴压比、内填混凝土强度等参数对试件抗震性能的影响；Liew 等[23]完成了 8 个中柱组合节点的反复荷载试验，通过对比分析，得到了几种工况下组合节点的抗震性能，以及无加劲平端板、平端板连接、外伸端板连接、加腋连接、柱腹板无加劲、双层板与外包混凝土等构造参数对组合节点抗震性能的影响；Fukumoto T[24-26]等国外学者对矩形钢管混凝土柱—钢梁连接节点中的内隔板节点形式和外隔板节点形式进行了大量的抗震性能研究；周慧[10]对 6 个空间组合节点进行了拟静力试验研究，并对空间组合节点抗震性能的影响因素，如加载路径、楼板、柱类型及节点位置等进行了分析研究。结果表明：在弹性阶段，双向荷载对组合节点影响较小，但屈服后对节点的受力性能影响较大，承载力相对于平面加载节点的最大降幅为 20%，延性也有所下降，说明了在节点设计时双向荷载的耦合作用不可忽略；樊健生等[13]完成了 4 个方钢管混凝土柱组合梁空间节点在双向加载条件下的抗震性能试验，重点研究了混凝土楼板的组合作用、节点核心区混凝土、节点形式等对空间组合节点抗震性能的影响；陈宗平、徐金俊、薛建阳[15]以配钢形式、加载角度和轴压比为变化参数研究了型钢混凝土异形柱—钢梁空间边节点的抗震性能，发现该类空间节点的抗震性能在不同加载角度下具有一些区别，45°试件的骨架曲线包围了其余加载角度下的骨架曲线，同时该角度的节点抗剪承载力为最大，耗能能力较之0°和60°的更强，但略比30°的低，而位移延性在平面节点上表现为最佳，而且提高轴压比可增强型钢混凝土异形柱边节点的受剪承载力和耗能能力，同时轴压比的增大对试件的初期刚度较为有利而后期刚度退化较快。综合国内外的相关研究成果，可以得出：混凝土楼板对组合节点的承载力、刚度和侧向稳定性都有显著的改善作用，混凝土楼板内纵向钢筋的作用也不可忽视。但在往复荷载作用下，当混凝土开裂后，其发挥的作用将有很明显降低，其受力性能也会受到荷载方向和加载模式的影响；梁端加腋、外伸端板可以改善组合节点正负方向的抗弯能力，在一定程度上能提高节点承载力；双层板、加劲肋和外包混凝土可以提高组合节点板域的刚度和强度，但会造成节点转动能力的降低；反复荷载作用下，抗剪连接件的滑移、混凝土楼板的开裂、钢筋屈服和混凝土压碎后过大的变形都会造成滞回曲线的捏拢现象。

4 结论

综上所述，由于节点实际形式的复杂多样，关于空间组合节点的研究工作还不够，需要研究的内容还很多。现行规范所给出的节点计算公式远远不能满足实际需要，尤其缺乏针对空间组合节点方面的计算公式。所以，空间组合节点的研究还有很多方面需要继续努力。

对于组合结构中的空间节点研究多集中于框架结构中的梁柱节点，应向网壳结构，网架结构，桁架结构等空间结构中的组合节点进行延伸。复杂的空间节点的承载力计算公式目前仅仅是在平面节点承载力的计算公式基础上采用系数修正，这样还不够完善，应该考虑空间节点的空间效应。当前关于材料本身的几何缺陷对空间组合节点的节点承载力的影响的研究还很少，空间组合节点的设计方法及其构造措施方面也有待深入。

参考文献

[1] 聂建国，刘明，叶列平等．钢-混凝土组合结构[M]．北京：中国建筑工业出版社，2005.

[2] Eurocode 4：Design of composite steel and concrete structures (BS EN 1994-1-1：2004).

[3] 陈志华，吴锋，闫翔宇．国内空间结构节点综述[J]．建筑科学，2007，23(9)：93-97.

[4] Silva L S D，Simoes R D，Paulo J S，et al. Experimental behavior of end-plate beam-to-column composite joints under monotonical loading [J]．Engineering Structures，2001，23 (11)：1384-1409.

[5] Green T P，Leon R T，et al. Bidirectional tests on partially restrained，composite beam-to-column connections [J]．Journal of Structural Engineering，2004，130 (2)：320-327.

[6] 聂建国，秦凯，肖岩．方钢管混凝土柱节点的试验研究及非线性有限元分析[J]．工程力学，2006，23(11)：99-109.

[7] 秦凯．方钢管混凝土柱与钢—混凝土组合梁连接节点的性能研究[D]．北京：清华大学博士学位论文，2006.

[8] 徐桂根．方钢管混凝土柱节点受力性能的试验研究与理论分析[D]．北京：清华大学博士学位论

文，2008.
[9] 石文龙，李国强，肖勇，叶志明．半刚性连接梁柱组合节点低周反复荷载试验研究[J]. 建筑结构学报，2008，29(5)：57-66.
[10] 周慧．空间组合节点抗震性能试验研究于理论分析[D]. 北京：清华大学硕士学位论文，2011.
[11] 石启印，丁芳，轩元，李爱群．外包钢-混凝土组合梁与钢管混凝土柱连接节点试验研究[J]. 工程力学，2011，28(4)：109-115.
[12] 樊健生，周慧，聂建国，李全旺．双向荷载作用下方钢管混凝土柱-组合梁空间节点抗震性能试验研究[J]. 建筑结构学报，2012(6)：50-58.
[13] 樊健生，周慧，聂建国，李全旺．空间钢-混凝土组合节点抗震性能试验研究[J]. 土木工程学报，2014，47(4)：47-55.
[14] 张福．双向荷载作用下钢管混凝土节点性能研究[J]. 低温建筑技术，2013，2：54-56.
[15] 陈宗平，徐金俊，薛建阳．型钢混凝土异形柱-钢梁空间边节点的抗震性能及影响因素分析[J]. 工程力学，2015，32(2)：105-113.
[16] 范重，杨苏，栗海强．空间结构节点设计研究进展与实践[J]. 建筑结构学报，2011，32(12)：1-15.
[17] 季静，方小丹，韩小雷，黄超．钢管混凝土空间相贯节点试验与研究[J]. 工程力学，2009，26(5)：102-109.
[18] 李成玉，郭耀杰．钢管混凝土结构外加强环式空间节点环板受力性能理论研究[J]. 四川建筑科学研究，2005，31(5)：32-35.
[19] 柳锋，崔艳秋，陈长兵．一种组合节点轻型网架结构的设计与应用[J]. 工业建筑，2003，33(6)：62-63.
[20] 隋庆海，孙建奖，申豫斌．铸钢与钢管相贯焊组合节点的研究与试验[J]. 建筑钢结构进展，2010，12(4)：51-56.
[21] Elremaily A，Azizinamini Atorod. Design provisions for connections between steel beams and concrete filled tube column [J]. Journal of Constructional Steel Research，2001(57)：975-995.
[22] 吕西林，陆伟东．反复荷载作用下方钢管混凝土柱的抗震性能试验研究[J]. 建筑结构学报，2000，21(2)：2-11.
[23] Liew J Y R，TeoT H，Shanmugam N E. Composite joints subject to reversal of loading-Part 1：experimental study[J]. Journal of Constructional Steel Research. 2004，60 (2)：221-246.
[24] Fukumoto T，Morita K. Elastoplastic behaviour of panel zone in steel beam-to-concrete filled steel tube column moment connections [J]. Journal of Structural Engineering，2005，131(12) ：1841-1853.
[25] Park J W，Gang H G，Hong S G，et al. Cyclic performance of w ide flange beam to concrete-filled rectangular tube column joints with stiffening plates a-round the column[J]. Journal of Architecture and Building Engineering，2002，46(3) ：39-46.
[26] Ricles J M，Peng S W，Lu L W. Seismic behavior of composite concrete filled steel tube column-wide flange beam moment connections [J]. Journal of Structural Engineering，2004，130(2) ：230-232

泡沫陶瓷作为新型保温墙体材料的应用与探究

刘晓龙
（西安建筑科技大学　土木工程学院，陕西 西安 710055）

摘　要：如今的公共和民用建筑多采用框架结构、剪力墙结构、框架-剪力墙结构等，墙体材料的选用成了影响投资，施工进度，结构安全等一系列问题的重要因素。泡沫陶瓷作为一种新型保温墙体材料，具有热传导率低、不燃、防火、耐久性好、与建筑同寿命、与水泥砂浆、混凝土等相容性好、吸水率低、耐候性好、质量通病少等优异的综合性能。泡沫陶瓷复合保温墙板的主要原材料为陶瓷废料及废瓷尾矿，能够消化利用大量固体废弃物，是真正的绿色节能新材料，如果能够广泛应用于工程建设中，将会进一步降低生产成本以及提升墙体保温性能。

关键词：泡沫陶瓷；建筑节能；复合保温墙板；结构一体化
中图分类号：TU523

APPLICATION AND EXPLORATION OF FOAM CERAMICS AS A NEW TYPE OF WALL MATERIAL

X. L. Liu
（School of Civil Engineering，Xi'an University of Architecture & Technology，
Xi'an 710055，China）

Abstract：Nowadays，most public and residential buildings are frame structure ，shear wall structure or frame-shear wall structure，etc. The selection of wall materials is an important factor which influences investment，construction progress，structure security and so on. Foam ceramics which is a new type of insulation wall materials has excellent comprehensive performance，including low thermal conductivity，non-combustible，fire prevention，good durability and life with building，has good compatibility with cement mortar and concrete，low bibulous rate，good weatherability and less common quality faults，etc. Foam ceramic composite insulation construction wallboard，whose main raw materials are ceramic waste and waste porcelain tailings，is able to digest using a large amount of solid waste，so it' s the real green energy-saving materials. The production cost will be further reduced and the wall heat preservation performance can also be improved if the wall can be widely used in engineering constructions.

Keywords：foam ceramics，building energy conservation，composite thermal insulation wallboard，structural integration

1　引言

泡沫陶瓷的使用可以追溯到 19 世纪 70 年代，到了 20 世纪 70 年代，一些发达国家

如美国、日本在此种材料的开发及使用上得到了长足的发展。1963年，Schwartzwalder发明了制造高气孔率多孔陶瓷的有机泡沫浸渍法；美国的Ultramet公司，利用有机体的泡沫骨架，用CVD/CVI法将泡沫陶瓷料浆喷涂在骨架上，可获得高孔径密度的产品，大大提高了产品的机械性能。1978年，由美国的Mollard FR和Davidson N等人利用氧化铝、高岭土之类的陶瓷浆料成功地研制出泡沫陶瓷，并应用于熔融金属铸造过滤，显著地提高了铸件质量，降低了废品率。之后，英、日、德、瑞士等国竞相开展了研究。在1985年，哈尔滨工业大学叶荣茂等人成功地研究出了用于铸铁、不锈钢过滤的泡沫陶瓷过滤器，填补了我国空白。山东工业陶瓷研究设计院是国内研究、开发泡沫陶瓷比较早的单位，目前开发的产品品种、质量以及生产能力居国内前列，并制定了《泡沫陶瓷过滤板》建材行业标准。目前我国用于有色金属熔体即铝、铜合金熔体过滤的泡沫陶瓷过滤板，其产品质量可与美国Astro公司相媲美，但是目前还未形成生产规模，尚处于开发阶段。为了到性能优异的泡沫陶瓷，制备工艺在不断的改进，最为可行的方法是有机泡沫浸渍法。上海硅酸盐研究所的朱新文等用有机泡沫浸渍法来制备SiC泡沫陶瓷，收到了良好的效果。

目前，我国正处在房屋建设的高峰期，建筑规模之大，在中国和世界历史上是前所未有的。人口膨胀、环境污染和能源短缺是当今和未来世界面临的三大问题，将成为我国未来经济、社会可持续发展的重要制约因素。在工程建设方面，对于建筑材料的要求日益增加。如今的公共和居住建筑多采用框架结构、剪力墙结构、框架-剪力墙结构等，墙体材料的选用成了影响投资，施工进度，结构安全等一系列问题的重要因素。如今，泡沫陶瓷耐酸砖在建筑行业已经有了一定的发展，作为建筑保温墙体砌筑材料应用于建筑外墙体。但对于许多新型墙体，目前的一体化墙板存在很多问题，虽然部分墙体实现了工厂化生产，但仍不能避免现场大规模湿作业，并且工艺非常复杂，对大规模推广造成非常大的阻碍。所以开发新型的轻质高强、环保节能的墙体材料成为未来建筑发展的方向。

2 墙体材料

2.1 传统墙体材料及其特点

现在的墙体材料主要选用的是各种混凝土砌块和烧结空心砖等，这些块材主要由黏土、水泥、沙、石子等材料组成，造成大量环境污染和资源浪费。而且，采用砌筑的施工工艺消耗大量人工及现场作业时间，质量难以保证。建筑外墙节能目前普遍做法是采用外保温粘贴技术，这种做法基本达到了节能要求，但它也有一些很明显的缺点，如容易起鼓、皲裂、脱落等，使用年限达不到主体结构设计使用年限，使用期间需要更换或维修，进而造成耗工耗时、增加造价等问题。

2.2 新型墙体材料及其特点

如今为了节能保温的需要，引入了大量有机保温材料如模塑聚苯乙烯泡沫板、挤塑聚苯乙烯泡沫板、硬泡聚氨酯等，因为这些有机保温材料的保温性能要比传统墙体材料的保温性能强，所以有机保温材料在建筑围护结构节能中广泛应用，形成了一种无机材料与有机材料复合墙体。典型的保温墙体是有机与无机材料相间复合而成，而这种墙体除传统的承重、隔声要求外，还增加了保温隔热的要求。要求无机材料和有机材料组合成一个整体，在自然环境中能共同作用，因此对组成墙体的材料性能及施工工艺有了新的要求。

2.3 泡沫陶瓷的发展及特点

泡沫陶瓷有多种分类方法。按孔隙之间关系可分为：闭口气孔和开口气孔两种。闭口气孔是指陶瓷材料内部微孔分布在连续的陶瓷基体中，孔与孔之间相互隔离；开口气孔包括材料内部孔与孔之间相互连通和一边开口、另一边闭口形成不连通气孔两种。泡沫陶瓷按材质分为以下几种：(1) 铝硅酸盐材料。以耐火黏土熟料、烧矾土、硅线石和合成莫来石质颗粒为骨料，具有耐酸性和耐弱碱性，使用温度达1000℃。(2) 高硅质硅酸盐材料。主要以硬质瓷渣、耐酸陶瓷渣及其他耐酸的合成陶瓷颗粒为骨料生产，具有耐水性和耐酸性，使用温度达700℃。(3) 陶质材料。组成接近高硅质硅酸盐材料，是一种主要以多种黏土熟料颗粒与黏土等混合而得到的微孔陶瓷材料。(4) 硅藻土质材料。主要以精选硅藻土为原料，加黏土烧结而成，用于精滤水和酸性介质中。(5) 刚玉和金刚砂料。以不同型号的电熔刚玉和碳化硅颗粒为骨料，具有耐强酸、耐高温特性，耐高温可达1600℃。

从建筑节能环保的角度来说，近年来泡沫陶瓷在建筑材料以及其他一些方面的应用日趋广泛，比如泡沫陶瓷耐酸砖在工程建设中被广泛引用，这种材料轻质、高强、耐热、耐热冲击、耐酸碱、防水渗，且可保温、防腐、防水。泡沫陶瓷复合保温墙板，主要是在现有泡沫陶瓷类砖的基础上，研究新型的陶瓷保温板，利用废弃原料生产密度小、保温隔热性能好的建筑轻质陶瓷保温墙板，采取一定的生产工艺实现墙体的保温、防水、防腐、轻质高强的目的，同时还可废物利用、节约资源、节省建筑投资造价。与泡沫陶瓷类砖相比较，这种保温板不仅可以拥有泡沫陶瓷类砖的优点，而且还具有占地小、强度高、施工便捷的优势。这种新型的保温结构墙板的发展将有利于解决现今一体化墙板存在的问题，促进墙板的大规模工业化生产。

3 泡沫陶瓷复合保温墙板

泡沫陶瓷保温板是以陶土尾矿，陶瓷碎片，河道淤泥，掺假料等作为主要原料，采用先进的生产工艺和发泡技术经高温焙烧而成的高气孔率的闭孔陶瓷材料。产品适用于建筑外墙保温，防火隔离带，建筑保温冷热桥处理等。产品具有防火阻燃，变形系数小，抗老化，性能稳定，生态环保性好，与墙基层和抹面层相容性好，安全稳固性好，可与建筑物同寿命。如今，对泡沫陶瓷采用先进的生产工艺进行加工处理，亦可生产出复合保温墙板，进而代替传统的砌块墙体，改善墙体的保温隔热及受力性能。

3.1 保温隔热性能

泡沫陶瓷的热传导率低导热系数为0.08～0.10W/(MK)，与保温砂浆相当；且隔热性能好，可充当外墙外保温系统的隔热保温材料。应用在泡沫陶瓷保温墙板中，可以改善建筑的保温隔热性能，是一种绿色建筑节能材料。

3.2 防火、抗老化、耐候性能

泡沫陶瓷材料是经1200℃以上的高温煅烧而成，燃烧性能为A1级，具电厂耐火砖式的防火性能；且耐久性好、不老化，完全与建筑物同寿命，是常规的有机保温材料所无可比拟的；在阳光暴晒、冷热剧变、风雨交加等恶劣气候条件下不变形、不老化、不开裂，性能较为稳定。生产成新型的复合保温结构墙板，将会避免传统墙体易起鼓、皲裂、寿命低的缺点，进而降低造价、减少人力、物力等。

3.3 相容性能

泡沫陶瓷与水泥砂浆、混凝土等相容性好，粘接可靠，膨胀系数相近，与高温烧制的传统陶瓷建材一样，热胀冷缩下不开裂、不变形、不收缩，双面粉刷无机界面剂后与水泥砂浆拉伸粘接强度即可达到0.2MPa以上。泡沫陶瓷材料吸水率极低，与水泥砂浆、饰面砖等能很好地粘结，作为墙体外接材料，外贴饰面砖安全可靠，不受建筑物高度等限制。

3.4 力学性能

在复合保温墙板生产过程中，采用先进的生产工艺进行加工处理（加筋、加肋或与型钢组合），则可以在保留泡沫陶瓷材料原有性能的基础上，大幅度改善复合保温墙板的抗压强度、抗剪强度等力学性能，并能够减轻墙体自重，作为一般建筑的非承重墙体或者多层建筑的承重墙体应用于工程建设中。

4 建筑节能与结构一体化

近年来，建筑节能与结构一体化取得了较快的进展，CL建筑结构体系（Composite Light-weight building system），也称为复合保温钢筋焊接网架混凝土剪力墙，它是由CL墙板、实体剪力墙组成的剪力墙结构。SW（Sprayed concrete sandwich Wall）（喷射混凝土夹芯墙）建筑体系是在专用设备上先预制好钢丝网架水泥聚苯乙烯夹芯板，将板安装在基础上，在安装夹模柱和夹模梁后，再在钢网夹芯板上喷涂混凝土层，然后进行夹模梁、夹模柱的现场浇筑，使浇筑的混凝土同喷涂混凝土层密实地固结在一起，形成边框式轻质夹芯混凝土承重墙体。ALC（蒸压轻质混凝土），是高性能蒸压加气混凝土（ALC）的一种。ALC板是以粉煤灰（或硅砂）、水泥、石灰等为主原料，经过高压蒸汽养护而成的多气孔混凝土成型板材。ALC板既可做墙体材料，又可做屋面板。结构一体化的发展。

泡沫陶瓷保温墙板通过以板代砖的方式改善了建筑施工工艺，可以减少施工时间，提高施工效率，采用加筋和加肋的方式可以提高这种墙板的承载力和稳定性，即通过在陶瓷复合保温板中附加钢筋或与型钢组合来提高板的结构强度，而加肋不仅可以提高板的承载力还可改善板的平面外稳定性问题。泡沫陶瓷保温墙板的应用，不仅可以达到节能环保、节省资金的目的，还可提高墙体的强度和稳定性，减小墙体自重。泡沫陶瓷保温墙板的研究能够充分发挥现代化建筑的节能环保，墙体的轻质高强性能，能够利用已有的生产施工技术制造出性能优异的陶瓷瓷复合保温墙板，由于其高耐久性、耐候、良好的隔热性能、防火、轻质高强、防水、防腐与建筑同寿命等传统墙体材料所无可比拟的优点，使得它在节能工程和绿色建筑中将发挥重要的作用，实现墙体的工业化生产，避免现场大规模湿作业，简化施工工艺，有助于建筑节能与结构一体化体系的形成。

5 存在问题与发展趋势

建筑节能的总趋势是使用具有良好的保温隔热性能、与建筑相容性好的保温材料。建设部于1998年颁发了《关于建筑业进一步推广应用10项新技术的通知》（建1998「200」号），在第六项，建筑节能和新型墙体应用技术中提出了“外墙外保温隔热技术”的要求，《绿色建筑评价标准》GB/T 50378—2014和《新型墙体材料产品目录》、《墙体材料行业结构调整指导目录》及2013年国务院颁发1号文件《绿色建筑行动方案》也都倡导建筑节能环保。

在近15年的发展中，有机保温板材占据了我国大部门的保温市场。近年来，外墙外保温系统的防火要求越来越受到重视，尤其是高层建筑以及公共建筑，均对外墙外保温系统提出更高的防火要求。市面上涌现出了大量的无机保温材料，但是导热系数高、耐久性差等缺点限制了无机保温材料的推广和应用。目前国内厂家的生产技术和生产设备主要引自日本和德国，所以在研究具有高性能的节能、高强的成型板材领域，我们需要更多的探索及提高实践创新能力。

6 结论

复合保温墙板的研究，通过以板代砖的方式改善了建筑施工工艺，可以减少施工时间，提高施工效率，采用加筋和加肋的方式可以提高这种墙板的承载力和稳定性，不仅可以达到节能环保、节省资金的目的，还可提高墙体的强度和稳定性，减小墙体自重。

建筑节能今后的发展趋势是促进新型墙体材料向着有利于轻质高强、节能环保、功能多元、节地增效方向发展。由于泡沫陶瓷保温墙板高耐久性、耐候、良好的隔热性能、防火、轻质高强、防水、防腐与建筑同寿命等传统墙体材料所无可比拟的优点，使得它在节能工程和绿色建筑中将发挥重要的作用，对复合保温墙板的研究，将会充分发挥现代化建筑的节能环保、墙体的轻质高强性能，能弥补传统外墙保温粘贴技术的不足，实现墙体的工业化生产，避免现场大规模湿作业，简化施工工艺，有助于建筑节能与结构一体化体系的形成，其应用前景将非常广阔。

参考文献

[1] 薛安山，王晓静．新型墙体材料的特点及发展前景．科技风，2014.138-139.

[2] 靳洪允．泡沫陶瓷材料的研究进展．佛山陶瓷，2005（8）：29-32.

[3] 焦方方，朱广艳．泡沫陶瓷的研究进展．陶瓷，2007（8）：10-11.

[4] 宋磊．谈泡沫陶瓷外墙外保温材料在施工中的应用．山西建筑，2014（24）：207 208.

[5] T Juettner, H Moertel, V Svinka, R Svinka. Structure of kaoline-alumina based foam ceramics for high temperature applications. Journal of the European Ceramic Society, 2007, 27(2-3): 1435-1441.
[6] J Chen, F Ren, Z Ma, F Li, S Zhao. PREPARATION METHODS AND APPLICATION OF FOAM CERAMICS. China Ceramics, 2009, 45(1): 8-12.

PERFORM-3D 数值建模方法研究

李强强，郑山锁
（西安建筑科技大学，土木工程学院，陕西西安 710055）

摘　要：介绍了有限元分析软件 PERFORM-3D 在实际的数值模拟方法中关于材料的一些简化假定和所使用的数值模型，并给出了简化后的材料模型各参数的确定方法；同时给出对于在 PERFORM-3D 中常规情况下阻尼的选取类型和一些阻尼值的设定；最后对结构的各种构件的特性进行分析总结，说明了模拟结构中常见的剪力墙、梁柱、墙梁连接所采用的模型及其相关原理和假定，可为 PERFORM-3D 对实际高层结构的数值模拟在建模分析阶段提供一定实际帮助。

关键词：PERFORM-3D、去、本构模型、单元模型
中图分类号：TP391

RESEARCH OF NUMERICAL MODELING IN PERFORM-3D

Q. Q. Li，S. S. Zheng
（School of Civil Engineering，Xi′an University of Architecture and
Technology，Xi′an 710055，P. R. China.）

Abstract：A number of simplifying assumptions and numerical models of materials was described in the actual numerical simulation methods used the finite element analysis software PERFORM-3D，and given the method for determining the parameters of simplified material model；For PERFORM-3D also given in the case of conventional damping select the type and number of damping values set；and finally the characteristics of the various components of the structure were analyzed and summarized，illustrating the common models for shear walls，beams，walls，beams connect the analog structure and relevant principles and assumptions；which may provide some practical help in the modeling analysis phase to the numerical simulation of the actual highrise structures using PERFORM-3D.

Keywords：PERFORM-3D，Numerical Simulation，Constitutive Model，Unit model

1　概述

PERFORM-3D[1]是美国 Computer and Structure. Inc 公司开发的三维非线性结构分

基金项目：国家自然科学基金资助项目（6047289516）.
第一作者：李强强（1992—），男，硕士生，主要从事剪力墙结构方面的研究，E-mail：18392064679@163. com.
通讯作者：李强强（1992—），男，硕士生，主要从事剪力墙结构方面的研究，E-mail：18392064679@163. com.

析软件，专门针对结构工程开发的软件，其单元库非常丰富，支持多种类型单元，包括节点区、梁、柱、支撑、开洞剪力墙、楼板、黏滞阻尼器和隔振器。提供基于材料，截面，构件三种层次的有限元模拟通过对构件或结构的变形、内力来做出性能评价，代表了抗震工程研究的先进技术。在同类有限元分析软件中因其独具的优势而受到广泛的应用。本文旨在初步地对 PERFORM-3D 在数值模拟建模方法过程中的一些模型及其假定进行探索。

2 材料本构模型

2.1 混凝土本构模型的确定

对于非线性材料，程序给出了以下 4 种模式，分别为二折线考虑强度退化 *F-D* 关系、二折线不考虑强度退化 *F-D* 关系、三折线考虑强度退化 *F-D* 关系和三折线不考虑强度退化 *F-D* 关系，*F-D* 关系为广义的力-位移关系，可以为应变-应力、位移-力，曲率-弯矩等，如图 1 所示。三折线考虑强度退化的 *F-D* 关系与混凝土实际本构关系较为接近，故非约束混凝土[2]和约束混凝土[3]均选取该模型模拟。

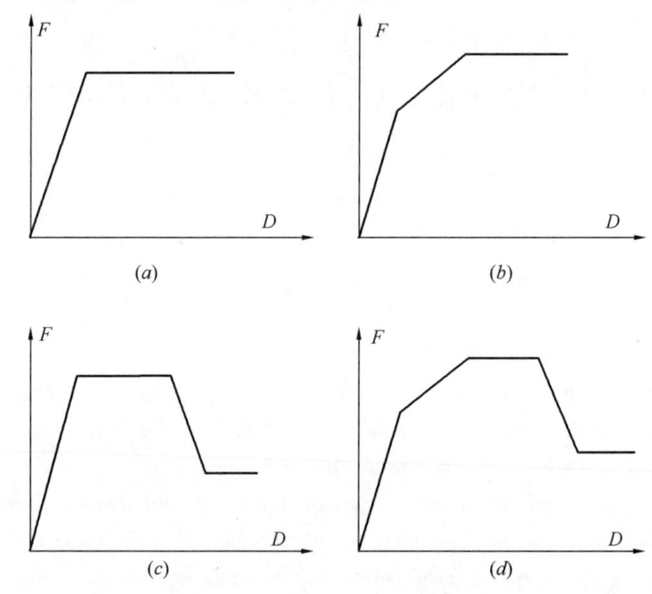

图 1 PERFORM-3D[4] 中使用的 *F-D* 曲线

(*a*) 二折线不考虑强度退化；(*b*) 三折线不考虑强度退化

(*c*) 二折线考虑强度退化；(*d*) 三折线考虑强度退化

2.2 钢筋本构模型的确定

在钢筋混凝土结构非线性计算分析中，通常将钢筋视为理想弹塑性材料，这是因为：一方面，在实际结构中钢筋进入屈服工作状态是有可能的，但要使钢筋进入强化工作状态似乎不大可能，因为钢筋开始强化时结构构件的变形很可能过大而已经发生破坏，而且除硬化段外钢筋的应力—应变曲线比较符合经典的弹塑性模型；另一方面，结构的延性设计主要是建立在结构钢筋经历反复的大塑性应变依然能够维持较高的应力水平基础上的，并要求钢筋通常不会发生拉断脆性破坏。所以在一般的结构分析中推荐使用简单的双折线模型（理想弹塑性模型），但是如果需要对结构进行例如倒塌分析这样的分析时就必须考虑钢筋的强化效应。在 PERFORM-3D 中，一般推荐的钢筋本构采用两折线模型（考虑强化段），Symmetry（拉压对称），以 HRB400 钢筋为例，其屈服强度平均值为 452MPa，极限强度平均值为 610MPa，弹性模量 $E=2.0\times10^5$MPa，硬化系数取 0.01～0.015，极限应变取 0.1～0.2，如图 2 所示。

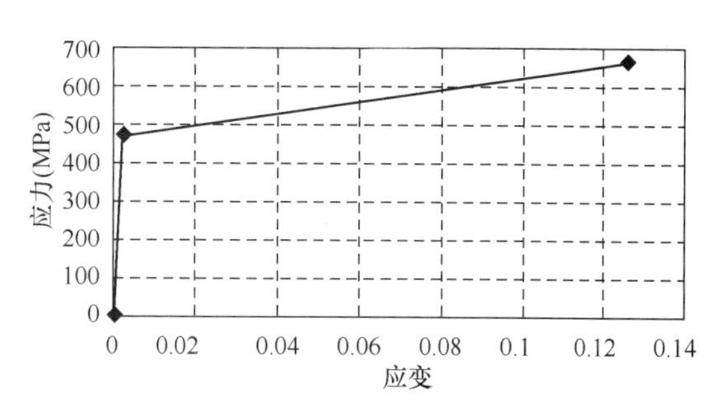

图 2　PERFORM-3D 中钢筋应力-应变关系

2.3　阻尼的设定

PERFORM-3D 软件提供两种黏滞阻尼[5]的模拟方法，分别为模态阻尼和瑞利阻尼，并推荐设置一定模态阻尼的同时设置一个较小的瑞利阻尼。

（1）模态阻尼

对于结构形式比较规则，而且振型参与系数以第一振型为主的结构，可采用各个周期相同的模态阻尼。

（2）瑞利阻尼

由于模态阻尼仅能赋予有限的振型，则对于高阶振型影响显著的复杂结构或高层建筑，需要通过瑞利阻尼考虑高阶振型的影响。瑞利阻尼矩阵的大小与结构的质量和刚度成比例。

软件中采用较为简化的定义方式，仅需给出两个振型周期与第一周期的比值和对应的阻尼比。一般推荐阻尼比 0.2%，两个周期的比值分别为 0.25 和 0.9，该取值可以保证模态阻尼无法考虑的高阶振型具有阻尼，而且使较低阶振型的瑞利阻尼可以忽略。

由于 PERFORM-3D 中的瑞利阻尼采用初始刚度形成刚度矩阵，在非线性分析中保持常量，这对于包含了混凝土纤维的模型，在混凝土开裂后会产生较大的失真黏滞阻尼。为修正这种失真，在计算刚度矩阵的时候将该类单元中的混凝土材料对刚度的贡献折减到 15%。

3　单元模型

3.1　剪力墙模型

在 PERFORM-3D 软件中，可以采用弹性或者非线性纤维模型模拟剪力墙单元。纤维模型的响应与材料的单轴滞回关系和截面配筋布置直接相关，在原理上与目前使用较广的多垂直杆元模型相似。软件中有两组选项，分别为“Shear Wall”和“General Wall”，前者一般用在高宽比较大的剪力墙和跨高比较大的连梁中，常用于高层建筑[6,7]的模拟，而后者定义更为复杂，可用于模拟矮墙，具体详述如下。

（1）Shear Wall 单元

PERFORM-3D 通过赋予一个剪力墙复合构件来实现剪力墙单元的模拟。该复合构件必须定义剪切性能和轴向一弯曲性能，同时还需要定义墙的横向刚度（一般是水平方向）和平面外的抗弯刚度，二者均假定为弹性。

其中，一维线性或者非线性纤维单元模拟剪力墙的平面内压弯效应。在软件中，建立纤维截面有两种方式，分别为“Fix Size”和“Auto Size”，即固定截面划分和自动纤维截面划分。在本文中，考虑剪力墙的弹塑性弯曲，采用自动截面划分方法考虑分布钢筋，固定纤维截面考虑约束与非约束混凝土及边缘构件的配筋，并根据推荐方法在剪力墙截面边缘划分较小的纤维以模拟混凝土压碎，而中部采用较大的混凝土纤维以节约计算时间。

软件中同样可采用非线性或线性剪切本构模拟剪力墙的平面内剪切效应，平面外弯曲及扭转行为均假定为弹性。在本文中，设置弹性剪切材料考虑墙体的剪切行为。

（2）General Wall 单元

此单元为通用剪力墙单元，是在 Shear Wall Element 单元基础上进行复杂化，增加了平面内另一个方向的压弯模拟、剪切模拟和单元内对角斜压杆的模拟，可以用来模拟高宽比较小的剪力墙片，单元剪切变形比重大，或者平面内两个方向都受弯矩的情况，为了模拟弯矩、剪切和对角线压缩的行为，一个单元由 5 个层组成，每层平行叠合，如图 3 所示，为 General Wall Element 单元平行各层的模型图。

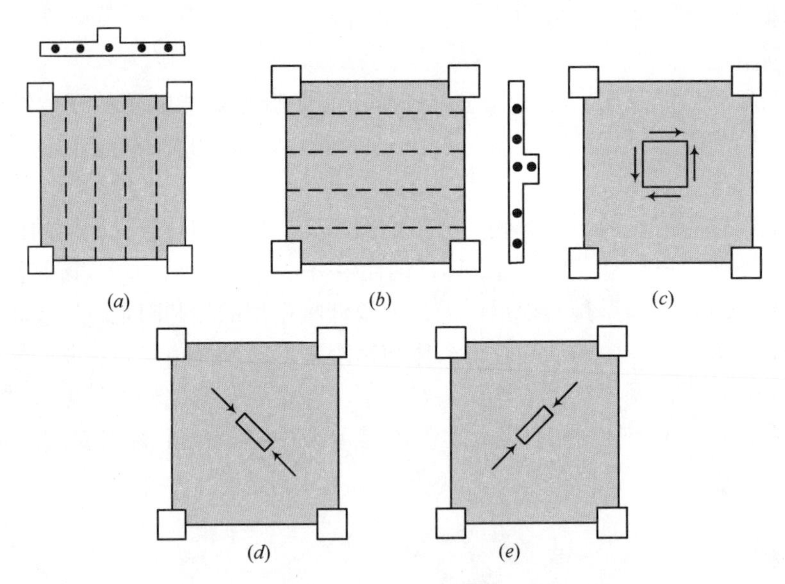

图 3　General Wall Element 单元平行各层的模型图
（*a*）竖直向/弯曲；（*b*）水平向/弯曲；（*c*）混凝土剪切；
（*d*）斜对角线方向的压缩 135°；（*e*）斜对角线方向的压缩 45°

3.2　梁柱单元模型

对于结构中常见的数目较多的梁柱构件，如果采用实体单元来进行分析计算代价较高。因此通常采用比较传统和简单的杆系单元通过一系列相关定义来对梁柱进行模拟。

（1）纤维模型[7]

在 PERFORM-3D 中，基于平截面假定，将梁柱的内力-变形关系转化成混凝土与钢筋的应力-应变关系，自由的纤维划分输入方式，可以输入约束混凝土及非约束混凝土纤维，可以输入复杂的组合截面，如图 4 所示。由于梁受单向弯矩的作用，将其沿高度方向划分纤维层，在划分时，钢筋所处的位置插入钢筋层纤维，一般将上下钢筋层各划分为一层，PERFORM-3D 提供纤维层的最大数量为 12 层，包括钢筋。柱子一般受双向弯矩的作用，沿高度和宽度方向平面划分纤维束，在钢筋所处的位置插入钢筋束，PERFORM-3D 提供纤维束的最大数量为 60 束，包括钢筋。

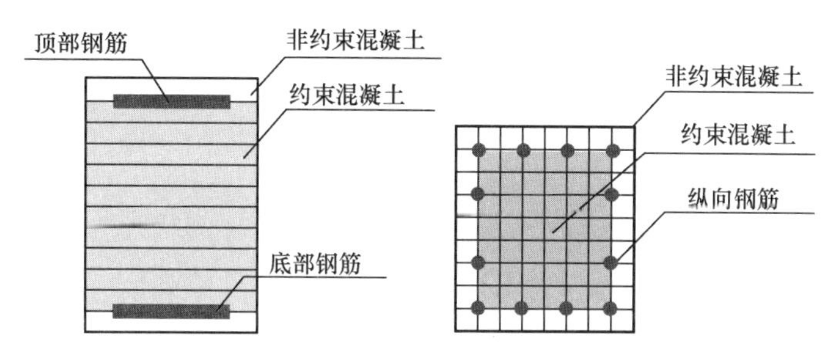

图 4　梁（左）、柱（右）截面纤维划分

在实际结构弹塑性分析中，如果将上述的一个弹塑单元去用于梁或柱整个长度的分析显然不准确，如果将梁或柱划分单元后再都用上述的单元，也将会大大增加其计算量（当上述的弹塑性单元使用过多，PERFORM-3D 程序计算将会非常缓慢，甚至出现无法收敛的情况而停止计算），由于梁柱在整个长度范围内只有某一部分处于塑性状态，处于弹性状态的部分也没有必要去用弹塑性模拟。对此，可以在可能出现塑性的部分用上述单元模拟，对只处于弹性状态的部分用弹性梁柱模拟即可，这样可以大大减少计算量，加快计算速度。一般情况下，梁和柱在地震作用下，整个历程中其端部容易受到较大的弯矩作用而使之进入较强的塑性状态，所以在端部的一定长度内使用塑性的单元；除端部部分所受虽然也进入非弹性状态，但程度较小，主要是由于混凝土开裂造成，将其进行一定的刚度折减用弹性模拟即可。弹塑性区的长度需要根据梁和柱实际受力状态确定，一般情况下，梁可以定为梁高的 0.5 倍，柱可以定位柱最大截面尺寸的 0.5 倍。如果端部出现的弯矩变化缓慢，则可以将塑性区加大，如果端部弯矩变化快，则可以将之减小。对于受剪力较大的连梁构件，在截面组装时可加入剪切铰模拟连梁的非线性剪切变形及剪切破坏。

（2）塑性铰模型

PERFORM-3D 中的塑性铰用得比较广泛的是弯曲铰、弯曲轴力铰和剪切铰。

弯曲铰有“转角”铰和“曲率”铰两种，转角铰和曲率铰均是刚塑性的铰，但曲率铰是通过作用—变形关系中以曲率来考察变形的，而不是以转角来考察。一般采用曲率铰来考虑构件端部的塑性，这是因为曲率铰的铰性质不依赖于贡献长度，改变铰的贡献长度只需要在框架构件复合构件里更改构件长度即可。梁总变形中的弹性部分由梁的变形引起，塑性部分来自于刚塑性铰的变形，定义刚塑性铰所需的性质由总变形减去弹性变形得出，如图 5 所示。

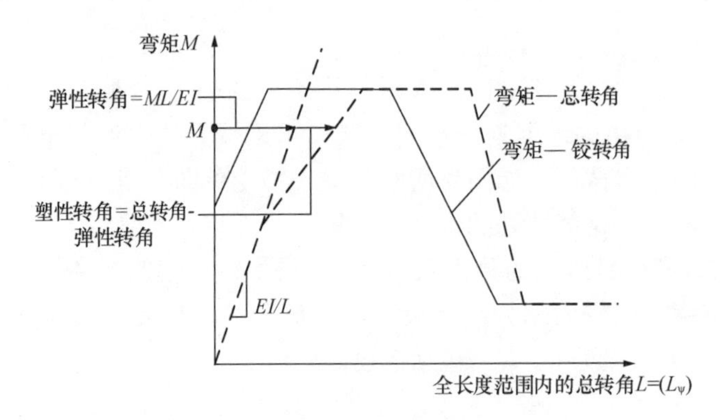

图 5 铰的弯矩转角关系

图 5 中虚线所示为长度 L 范围内的弯矩和总转角的关系，总转角等于梁的曲率乘以长度。对于任一弯矩 M，如图所示，所对应的弹性阶段，梁的转角等于 ML/EI。为了给出和真实梁一样的表现，塑性部分的铰转角等于总转角减去弹性转角，如图中实现所示，即为刚塑性铰的弯矩—转角关系。

弯曲轴力铰的处理过程与弯曲铰类似，只是柱铰的计算不仅和弯矩相关，还和轴力相关，要在定轴力的情况下确定弯矩转角关系。但是柱中的轴力在整个弹塑性动力反应时程中是变化的，所以程序中所用的铰是空间铰，和轴力，两个方向的弯矩有关，为 P-M-M 铰，根据定几个特定轴力下的弯矩曲率关系描述整个空间的弯矩曲率关系。在 PERFORM-3D 中梁、柱塑性铰的参数定义参见 FEMA356[8] 中 Table6-7 和 Table6-8。

PERFORM-3D 中梁和柱单元对剪、扭都是以弹性方式模拟，所以程序又提供了剪切铰去模拟梁和柱的剪切非线性行为。剪切破坏是趋于脆性的一种破坏，在 PERFORM-3D 中剪切特性通常采用以下两种方法来模拟，一种是设置弹性剪切材料，检查构件的强度；另一种为设置非线性剪切材料，检查构件的变形。当然对于弹性的剪切材料的分析是很简单的，设置非线性剪切材料就会相对复杂一点，剪应力和应变对于整个单元是不变的，剪力也是作用在整个单元上，因此对于剪切破坏是不必指定“塑性铰”的长度，这点和弯曲作用有区别。

(3) 连梁[9]的模拟

连梁作为结构中重要的耗能构件，在地震作用下先于墙肢屈服，起到第一道抗震防线的作用。跨度较小的连梁以水平荷载下产生的弯矩和剪力为主，竖向荷载下产生的弯矩对其影响不大，对剪切变形敏感。

在 PERFORM-3D 中对连梁的模拟方式分为两种，即用墙单元模拟和用梁单元模拟，而墙单元很难模拟弯曲变形为主的连梁，故本文仍然采用梁单元模拟连梁。当连梁的跨高比大于 2.5 时，模拟方法同框架梁；当连梁跨高比小于 2.5 时，在梁段的中部添加剪切铰以考虑剪切控制。

3.3 墙单元与梁单元的连接

剪力墙单元的节点，平面内的转动刚度为 0。因此，如果紧靠节点将梁和剪力墙连接，其连接相当于铰接。为了模拟梁与剪力墙连接处的抗弯性能，通过在墙中内嵌一个梁单元来考虑，如图 6 所示。

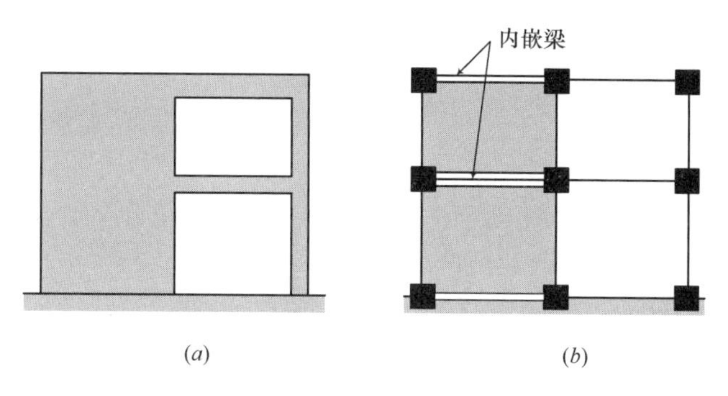

图 6　梁墙连接

（a）实际结构的墙体；（b）分析模型中的墙体

如果将内嵌梁的抗弯刚度定义的非常大，那么梁与墙即为刚性连接。这种方法可能不太准确，主要是因为实际的梁墙连接处会产生局部的扭曲，相当于半刚性连接。为了考虑这种因素，一种比较好的方法是采用梁复合构件来模拟内嵌梁，定义属性梁时，其本身的抗弯刚度可以定义的非常大，梁墙连接处可通过弯矩释放构件来模拟。在本文中，采用弹性梁段模拟内嵌梁，修改轴向面积为原面积的 1/1000，延轴 3 方向惯性矩为原惯性矩的 20 倍，不考虑剪切刚度和扭转刚度。

4　结论

本文重点对在 PERFORM-3D 建模过程中所使用的材料本构、单元模型两个部分的一些具体的模型以及其相关的假定进行了探究。主要有以下结论：

（1）通过研究大量的混凝土本构（包括约束混凝土以及非约束混凝土）的相关文献并进行总结，给出了 PERFORM-3D 中五个特征点（YULRX）的实用确定方法。

（2）通过分析钢筋在结构分析中的各个阶段的性能变化，结合相关有限元软件中的钢筋本构模型，总结出在 PERFORM-3D 中模拟钢筋所采用的理论模型并举例说明实际参数的确定。

（3）分析了在 PERFORM-3D 中阻尼的基本常用种类，并给出了常规情况下的阻尼的设定和修正。

（4）对结构的各种构件的特性进行分析总结，介绍了模拟结构中常见的剪力墙、梁柱、墙梁连接所采用的模型及其相关原理和假定。

参考文献

[1]　PERFORM-3D Components and elements [M]. CSI. 2006

[2]　2010 G B. 混凝土结构设计规范 [S][D]. 2010.

[3]　Mander J B, Priestley M J N, Park R. Theoretical stress-strain model for confined concrete[J]. Journal of structural engineering, 1988, 114(8): 1804-1826.

[4]　PERFORM-3D User guide. [M]. CSI. 2006.

[5]　ATC 72-1 (2010). Modeling and Acceptance Criteria for Seismic Design and Analysis of Tall buildings. Technical report.

[6] Wallace J W. Modelling issues for tall reinforced concrete core wall buildings[J]. The structural design of tall and special buildings, 2007, 16(5): 615-632.
[7] Orakcal K, Wallace J W, Conte J P. Flexural modeling of reinforced concrete walls-model attributes [J]. ACI Structural Journal, 2004, 101(5): 688-698.
[8] FEMA273 F. FEMA356, NEHRP guidelines for the seismic rehabilitation of buildings[J]. Washington DC: Federal Emergency Management Agency, 1996.
[9] Bhunia D, Prakash V, Pandey A D. A Conceptual Design Approach of Coupled Shear Walls[J]. ISRN Civil Engineering, 2013, 2013.

基于管道振动及建材含水量的房屋渗漏水检测方法

林少书，傅金龙，黄晖然
（香港理工大学土木及环境工程学系，中国　香港）

摘　要：以香港地区所面临的建筑房屋渗漏水问题为研究背景，分析了当前房屋渗漏水检测方法的不足之处，阐述了研发新的房屋渗漏水检测方法的必要性。结合该领域已取得研究成果，提出了一种用于确定房屋渗漏水源的联合检测方法，该方法基于房屋渗漏水区域的混凝土含水量读数以及室外裸露排水管道的振动读数，并且无需进入疑似渗漏水源所在的房屋室内。目前该方法正处于研发阶段，正文部分将对该方法的主要研究内容、面临的困难以及进展状况进行介绍。

关键词：渗漏水；建筑房屋；管道振动；含水量；香港地区

ADVANCED DETECTION OF WATER SEEPAGE IN BUILDINGS BASED ON PIPE VIBRATION AND MATERIAL MOISTURE MONITORING

LAM Siu-shu Eddie，FU Jin-long，V. Wong Fai-yin
（The Hong Kong Polytechnic University，Department of Civil and Evironmental Engineering，Hong Kong，China.）

Abstract：Taking the water seepage problem in buildings in Hong Kong area as the research background，this paper discusses the shortcomings of the current detection methods of water seepage in buildings，and expounds the necessity of the development of new detection method . Combined with the exsting research achievements in this field，a new detection methodology is proposed，based on the vibration readings from exposed water pipes and moisture readings from the seepage site without entering the alleged source site. This detection methodology is currently under study phase，and the mian content of this paper gives a introduction of the main research contents，the difficulties and the progress of the detection methodology.

Keywords：Water seepage，Buildings，Pipe vibration，Moisture content，Hong Kong area

1　引言

随着建筑房屋服役龄期的增长以及给排水系统的老化失效，建筑结构渗漏水问题在全世界范围内变得愈加严重，尤其是香港地区，并因此引发了大量的社会纠纷，增加了诉讼

通讯作者：傅金龙，E-mail：jin. l. fu@polyu，edu. hk，ihorizon@sina. cn.

成本的同时也严重干扰了公众的正常生活[1]。根据香港特区政府房屋署的统计，常见的房屋渗漏原因主要与隐藏的排水管和供水管漏水，楼板防水层破损，污水或雨水渗入天台或外墙等结构内部有关。为此，香港特屋宇署于 1990 年要求新建建筑必须在设计和规划阶段考虑房屋渗漏水问题；对于已建建筑，香港政府于 2004 年成立了联合办事处，专门负责处理因建筑房屋渗漏水引起的纠纷，并牵头研发新技术来解决建筑结构渗水问题。表 1 为香港联合办事处统计的房屋渗漏水纠纷案件，该记录从 2006 年至 2013 年 9 月份。由表 1 可知，从 2008 年以后，联合办事处每年都会收到超过 20000 起关于房屋建筑渗漏水的投诉案件，但其中大多数案件并没有得到解决[2]，房屋渗漏水源被确定的比例低于过 20%。另外，香港房管局于 2014 年收到了超过 20000 个来自公共房屋租户的渗漏水修缮请求，该局也表示在解决建筑房屋渗漏水方面存在较大的困难。

香港联合办事处关于房屋渗漏水纠纷案件统计 **表 1**

时间	案件数量						
	渗漏水投诉	处理案件	驳回案件	渗漏源被确定	调查过程中销案	法院授权入室检查	发布扰民通知
2006	14041	8410	—	2272	—	—	—
2007	17405	13375	—	3246	—	—	—
2008	21717	16708	—	4476	—	—	—
2009	21769	18237	—	4813	—	—	—
2010	25717	22971	11051	4737	4861	136	3379
2011	23660	23210	12219	4199	4703	90	3064
2012	27353	24553	13727	4053	4810	101	3639
2013	22802	18390	9618	3495	3444	47	3151

建筑房屋的渗漏水源主要分为两类：一类来自于建筑房屋外部，例如雨水；另一类来自于建筑房屋内部，例如生活用水。雨水作为建筑房屋渗漏水源时，可以被清晰准确地确定；但当生活用水作为渗漏水源时，其具体的渗漏源或渗漏原因确定起来通常较为困难[2]。快速找到房屋渗漏水源头，并结合渗漏水原因对产生渗漏的部位进行修缮，是解决建筑房屋渗漏水问题的有效途径。常用的房屋渗漏水检测方法[3]主要有示踪物质测试（染色试验）、导电感应测试（含水量检测）、红外热成像测试、微波扫描测试等方法。然而，由于建筑房屋渗漏水原因的多样性，目前尚无通用的检测方法和仪器能够快速、准确、直接地找到渗漏水源或渗漏水源因。

虽然由建筑房屋渗漏水问题引发的赔偿和维修费用远小于民事纠纷案件的诉讼成本，而且该类案件的诉讼过程也比较艰难，但是，当事双方将房屋渗漏水问题的解决诉诸法律途径的现象还是十分常见的。其主要原因在于，传统房屋渗漏水的司法鉴定主要依靠经验及现场局部破损检测，并且采取逐步排除的方法来推断确定渗漏源，但该法并不能迅速地、准确地找到渗漏源，从而导致鉴定报告提供的渗漏水源证据不够充分和直观。如果房屋渗漏案件的当事人双方采取合作态度，那么可采取先进的检测方法和调查手段来确认渗漏水源，进而采取相应的修缮措施来缓解房屋渗漏问题。然而，在大多数情况下，房屋渗漏修缮工作总是需要重复性地进行，如果房屋渗漏问题最终不能得到圆满地解决，该事件将陷入僵局，当事人双方不得不求助于政府部门，并诉诸法律途径。根据相关统计，解决房屋结构渗漏水引起的民事纠纷的主要困难在于：一是缺乏通用有效的检测手段来确定渗漏源或渗漏水原因；二是涉嫌造成房屋渗漏水的房屋业主或住户采取不合作态度[3]。

为改进当前房屋渗漏水检测方法的不足，一种基于房屋渗漏水区域的建筑材料含水量读数以及室外裸露排水管道的振动读数的联合检测方法将被研发[3,4]，应用于确定房屋渗漏水源，该法可避免进入嫌疑渗漏水源所在的房屋室内。本文在正文部分将对该项研究的主要内容和进展状况进行介绍，并将目前建筑结构渗水问题的研究状况进行了说明，包括常用渗漏水检测方法的介绍，各法的预期准确可靠性以及操作过程中遇到的困难。

2 房屋渗漏水检测方法

在香港地区，超过 90％的居民房屋建筑为钢筋混凝土结构，因而渗漏水调查方法通常包含混凝土材料的含水量检测，这些方法主要可以分为两大类[3]：

第 1 类检测方法：渗漏水源可通过示踪物质测试（染色测试）、洒水测试或蓄水测试等方法被确认，其实质是在疑似渗漏水源头处利用染色水、洒水或蓄水的方式模拟渗漏水源，然后再对建筑渗漏水区域的水分进行检测，以确认渗漏水源和渗漏路径。该类调查方法被认为是用来确认渗漏水源头最直接的手段，但在现实生活中却变得不适用，主要是因为涉嫌造成房屋渗漏水的房屋业主或住户采取不合作态度，导致无法在嫌疑渗漏水源头处进行渗漏水源模拟试验。

第 2 类检测方法：仅对建筑房屋渗漏水区域的水分含量进行测试。渗漏水源或渗漏水原因可通过含水量测试结果进行科学的解释，但这需要较高水平的专业知识和专业技能。此类方法包括湿度测试、红外热成像测试、微波扫描测试等方法。

2.1 示踪物质测试

示踪物质测试是将具有可示踪特性的气体或液体注入或者压入疑似渗漏源头，通过对示踪物质的流向进行追踪，即可检测到渗漏水通道，从而确认渗漏水源，最具有代表性的就是染色试验[3,5]，如图 1 所示。采用示踪物质直接追踪渗漏水源的方法简单易行、结果直观而且成本较低，因而适用范围较广。

但是在很多时候，即使渗漏水源头判断无误，在渗漏水区域依然不能检测到示踪物质的存在，这也证明了该检测方法在实际应用方面存在有局限性[3]。在 2000 年，香港法院就给出评判，认为“染色试验的阴性结果并不能提供确凿的证据以证明渗漏水不存在”。在 2005 年，香港食品及环境卫生委员会咨询委员会对染色试验的有效性提出了质疑。在 2014 年，香港法院认为“染色试验显示阴性结果对案件没有任何帮助”。

2.2 湿度测试

湿度测试即为房屋渗漏水区域的水分含量测试，目前有湿度仪（Moisture Meter）可供快速评估材料表面水分含量，如图 2（a）所示。将湿度仪的两个电极插入材料当中，即可测出该材料的表面含水量。但是由于混凝土材料的非均匀性以及混凝土结构表面饰面

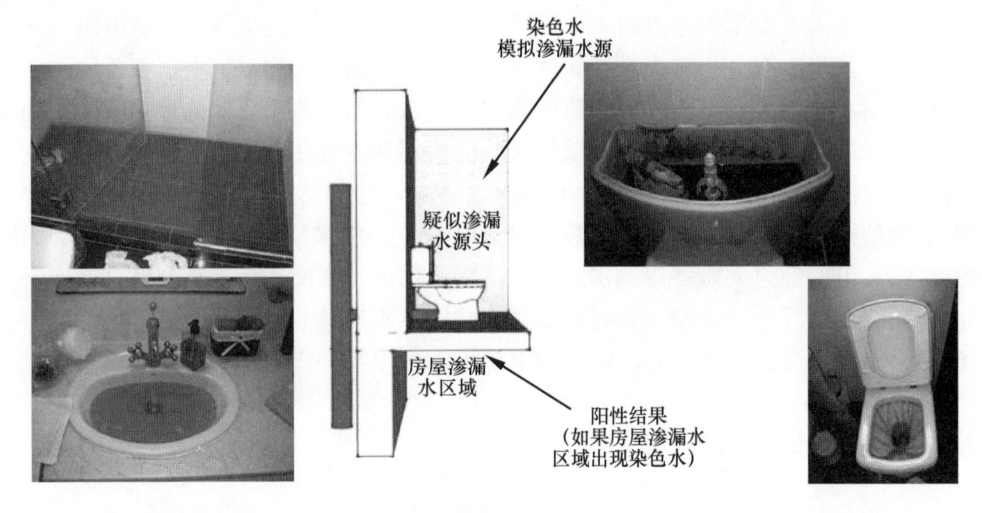

图 1　染色试验

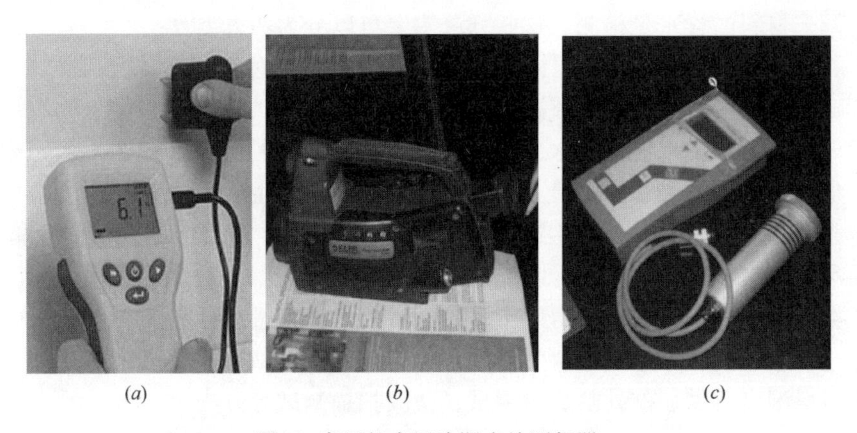

(*a*)　(*b*)　(*c*)

图 2　常用的房屋渗漏水检测仪器

(*a*) 湿度仪；(*b*) 红外热成像仪；(*c*) 微波扫描仪

的材料特性的未知性，湿度仪的读数并不能直接代表混凝土材料的含水量，除非湿度仪的含水量读数非常高[3]。

对湿度仪的读数与混凝土材料含水量之间的关系进行标定几乎是不可能实现的，因而通常选取非渗漏水区域的混凝土含水量作为参考值，通过对比渗漏水区域和非渗漏水区域对应的湿度仪读数，来估计渗漏水区域的混凝土含水量。另外，湿度计不但受表面涂层材料的影响，更会受到下水管渗漏水中盐分含量的直接影响[3]。

2.3　红外热成像测试

红外热成像仪（Infraed Thermography）是利用红外探测器和光学成像物镜接收被测目标的红外辐射能量，并形成可见的红外热像图，这种热像图与物体表面的热分布场相对应。由于水的比热容比建筑材料大，因而房屋结构的干燥区域和潮湿区域将具有不同的热增益率和热保留率。在同样的热辐射条件下，渗漏水部位由于水分的存在，其温度升高的较小，从而在红外热图像形成“冷点”。当渗漏路径或隐藏的渗漏管道靠近建筑结构表面时，红外热成像技术可有效地将其检测出来[3,5]。

红外热成像仪一般仅可区分0.3℃的温差，然而渗漏水区域的温差通常很小（介于0.1℃～0.5℃），而且很多情况下渗漏水区域的结构表面很不平整，甚至出现保护层剥离或脱落现象（如图3所示），这就有可能扭曲温度梯度，导致红外图像不可靠。另外，红外线扫描只是测量结构表面细微的温差，间接地评估表面湿度。事实上，红外线不但不能穿透结构，而且环境中的温度、湿度及光度等变化更会直接影响检测结果[3]。

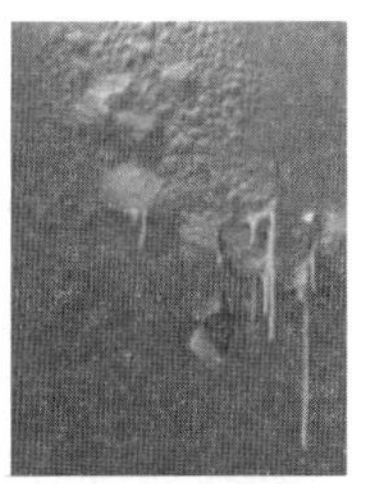
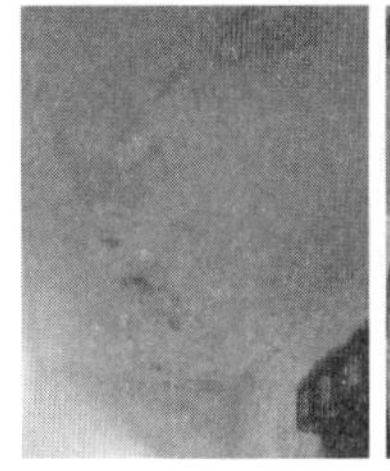

图3　房屋渗漏水实图

2.4　微波扫描测试

微波扫描（Microwave Tomography）的原理是透过磁电管产生轻微的电场，并穿越及深入所检测的结构。由于水分子是具有极性的，建筑材料中的水分子将会随着电场频率振动，并产生介电效应（Dielectric Effect），其介电值大约为80，而绝大多数建筑材料在微波电场作用下只有轻微的介电效应，其介电值主要在3～6之间。由于水分与建筑材料的介电值之间存在极大的差异，建筑材料中即使存在极少量的水分也可被探测出。

微波扫描仪透过结构的不同位置及深度进行快速探测，并利用电脑科技将数据整合成微波扫描影像，从而显示结构内部渗漏情况。微波扫描仪需要一个良好的接触面，但是受漏水区域的结构表面状况通常较为糟糕（如图4所示）。另外，微波扫描对混凝土的非均匀性很敏感，这可能会导致测量结果出现误差；由于微波扫描读数为建筑材料一定厚度范围内的平均值，其测量精度势必会受到结构内部空腔、管道或者钢筋的影响[3]。

图4　香港地区常发生的渗漏水情况的公寓楼

在上述所有测试方法中，只有染色试验可以直接确定房屋结构的渗漏水路径或渗漏水源头，其他测试只是解释性的测试方法。当然，在一些情况下，微波扫描测试也可以为渗漏水路径或渗漏水源头提供良好的指示，但这在很大程度上依赖的是测试数据的质量[3]。

3 研发新的房屋渗漏水检测方法

通过总结众多建筑房屋渗漏水案例，目前不存在普遍适用的方法可用来确定建筑结构渗漏水源头或者渗漏水原因。房屋渗漏水检测方法的选择必须结合建筑混凝土结构表面和内部的情况，另外，将多种检测方法结合起来共同使用的情况也是较为常见的，但是，各检测方法的测试结果经常出现不一致，甚至是相互矛盾的状况。这就给因房屋结构渗漏水问题引起的民事纠纷的解决带来困扰，导致多数情况下当事人双方不得不采取民事诉讼方式来结束纠纷，因而有必要研发新的、更为可靠的渗漏水检测方法[2,3]。

3.1 房屋渗漏水检测相关研究项目

2010 年，香港特区政府创新科技署委托香港应用科技研究院开发新的检测方法，用于建筑房屋结构渗水的检测和追踪。随后，名为“建筑房屋渗水先进检测方法”的科技项目被立项[4]，用来研发新的检测方法以确定建筑房屋渗漏水源头或渗漏水原因。该项目所开发的检测系统是基于房屋渗漏区域的含水量读数以及室外排水管道的振动读数[6-9]（不必进入疑似渗漏水源区域）来共同确定渗漏水源头。

3.2 项目研究阶段一（已完成）

经过该项目第一阶段的研发工作，在理想的测试环境下，该渗漏水检测系统已被证明是一种用来确定渗漏水源的可行途径，其试验装置简图如图 5 所示。该试验装置有 6 根彼此分离且相互独立的排水管道，每根管道有控制自身管内水流的阀门以及控制管道渗漏的阀门。

该渗漏水检测系统所采用的传感器包括压电式振动传感器和电容式湿度传感器两种，分别如图 6 和图 7 所示。压电式振动传感器安装在排水管道上，用于采集管内水流引起的管道振动信号；电容式湿度传感器安装在受渗漏水影响的建筑结构区域，用于采集渗漏水引起的建筑材料含水量变化信息。

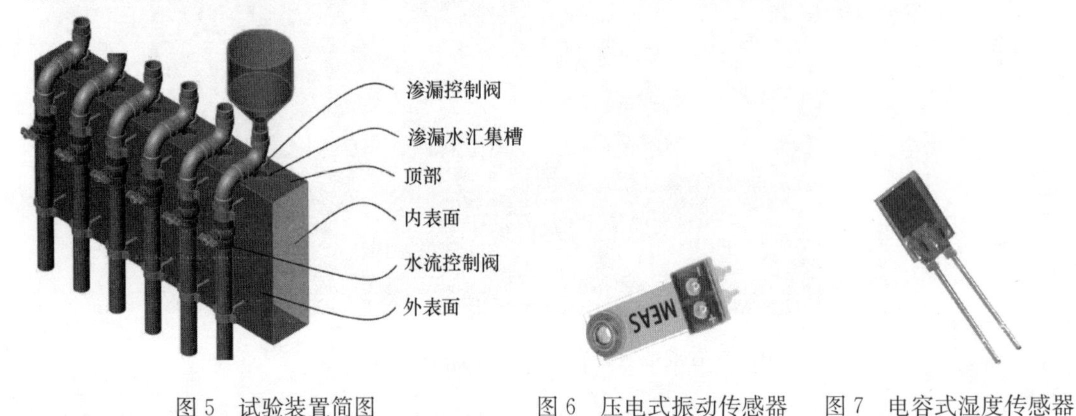

图 5 试验装置简图 图 6 压电式振动传感器 图 7 电容式湿度传感器

当图 5 所示试验装置中的某管道 A 发生渗漏水情况时（假设此情况未知），渗漏水检测系统可利用管道振动信息和渗漏水区域的建筑材料含水量变化信息，准确地将管道 A 存在渗漏的情况识别出来。以下为该渗漏水检测系统识别渗漏管道的过程介绍：

（1）基于二元事件模型的检测方法

① 若管道的振动读数超过某一阀值则被视为管内流水事件的发生。

② 若建筑结构的含水量读数迅速增加则被视为渗漏水事件的发生。

（2）管内流水事件和渗漏水事件之间的相关性

① 如果某管道 A（见图 5）发生渗漏水情况，在其管内流水事件发生一段时间后，渗漏水事件将会随之发生。

② 经过多次试验发现，渗漏水事件相对于管道 A 对应的管内流水事件，总是呈现出一致性的时间滞后，而与其他管道对应的管内流水事件无关，由此就可确定管道 A 出现渗漏水情况，也即渗漏水源头存在于管道 A 上。

（3）存在的问题

①在实验室环境下，外界的干扰较小，测试过程中的噪音影响也较小，此外，所用水源的水流也较为平缓、均匀，但在实际应用环境中的环境却更为嘈杂。

② 在实际应用中，排水管道不会出现呈图 5 中所示的简单布置形式——各管道彼此分离且相互独立，因而，管内水流事件将会变得复杂，从而导致利用管内流水事件和渗漏水事件的相关性来确定渗漏水源头也变成一个更为复杂的问题。

③ 在实际应用中，管内水流事件与渗漏水事件之间的时间间隔将会变得更为不确定，从数小时到数日不等，这也会使得渗漏水事件的确定变得更为复杂。

3.3 项目研究阶段二（进行中）

3.3.1 复杂管内流水事件的分离

在实际情况中，排水管道并不会出现类似图 5 中所示的布置形式——各管道彼此分离且相互独立。通常情况下，每一根室外总排水管均与室内多条支排水管相连接，而排水支管又分别与室内不同的用水器具相连，例如马桶、淋浴地漏、洗手盆和浴缸等卫生设施，如图 8 所示。这就意味着原本相互独立的管内流水事件变得不再独立，而且更加复杂，从而使得渗漏水源的确定也变得更为困难。

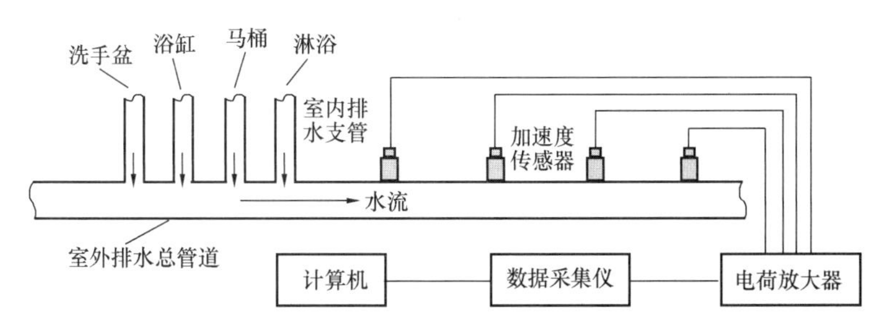

图 8 管道振动信息采集示意图

当某一个用水器具单独使用或者多个用水器具同时使用时，其所排废水将经由室内支排水管流进室外总排水管，并引起室外排水总管产生振动。每一个用水器具的单独排水过程所引起的室外排水总管振动均有其独特的模式，如管道振动持续时间和振动幅度等特征；振动持续时间取决于用水器具的容积和用户习惯等因素；振动幅度取决于管道自身特性、支承条件和传感器位置等因素。

经过多次试验，可以得到每一个用水器具的单独排水过程所引起的室外排水管道振动的基准模型，基于此，便可根据室外测得的排水管道的振动信息，在不进入室内的情况下，利用模式识别理论来反向识别出室内所使用的用水器具，这就为复杂情况下的管内流水事件进行分离以及渗漏水源头的识别提供了研究理念上的支持。另外，对于多个用水器具同时使用下的管道振动信号，拟尝试采用盲源分离、傅里叶变换、小波变换和 Hilbert-Huang 变换等方法来对管内流水事件进行分离和分析[10,11]，从而实现对渗漏水源头进行确认的目标。

3.3.2 渗漏水事件的判定

管内流水事件的发生与否，可根据室外管道振动与否进行判定，因为管道振动的产生和消逝均可以在短时间内完成。但是，建筑结构材料的渗水过程以及材料内部水分的蒸发过程均需要耗费较长的时间，如何根据所观测到的建筑材料含水量变化信息来判定渗漏水事件的发生，这需要更进一步的研究。例如，当出现短时间内发生两次渗漏水事件时，由于建筑结构材料含水量在短时间内变化非常小，这就导致第二次渗漏水事件的判定较为困难。

3.3.3 管内流水事件与渗漏水事件的相关性分析

在实际情况中，管内流水事件和渗漏水事件的发生在时间上和空间上均具有不可知性，而且两类事件在时间上的间隔以及空间上的联系也是未知的。因而需要采用合理方法来分析两类事件发生的相关性，并基于此，来最终确定渗漏水源头。

3.3.4 渗漏水检测分析系统

在该研究项目的第二阶段，渗漏水检测系统将在以下三个方面进行加强：一是选择更为先进的硬件设备，主要是无线传感器系统，实现全天候、不间断地数据采集；二是研发更加先进的检测方法，以实现复杂情况下的渗漏水源头识别；三是将渗漏水检测系统应用于实际的房屋渗漏水案例。图 9 即为第二阶段所规划的建筑房屋渗漏水检测分析系统。

4 研究项目进展状况

4.1 传感器

管道排水引起的管道振动通常较为微弱，因而要求传感器具有较高的灵敏度；另外，为减少传感器对管道振动的影响，传感器的质量和尺寸也应适当选择。本项目现阶段采集管道的振动信号所使用的传感器为压电陶瓷加速度传感器，传感器吸附于下水管道表面，包括竖向和横向（如图 10 所示）。现在阶段，无线传感器与信号放大器集成正处于研发过程中。

现阶段采用综合无线传感器进行建筑材料含水量测试，该传感器是一种针型电阻式湿度传感器，可用来测试相对湿度、温度和水分含量。综合无线传感器可通过无线传送将测试数据输送至数据采集网关，最终送至远程数据服务器（图 11～图 13）。

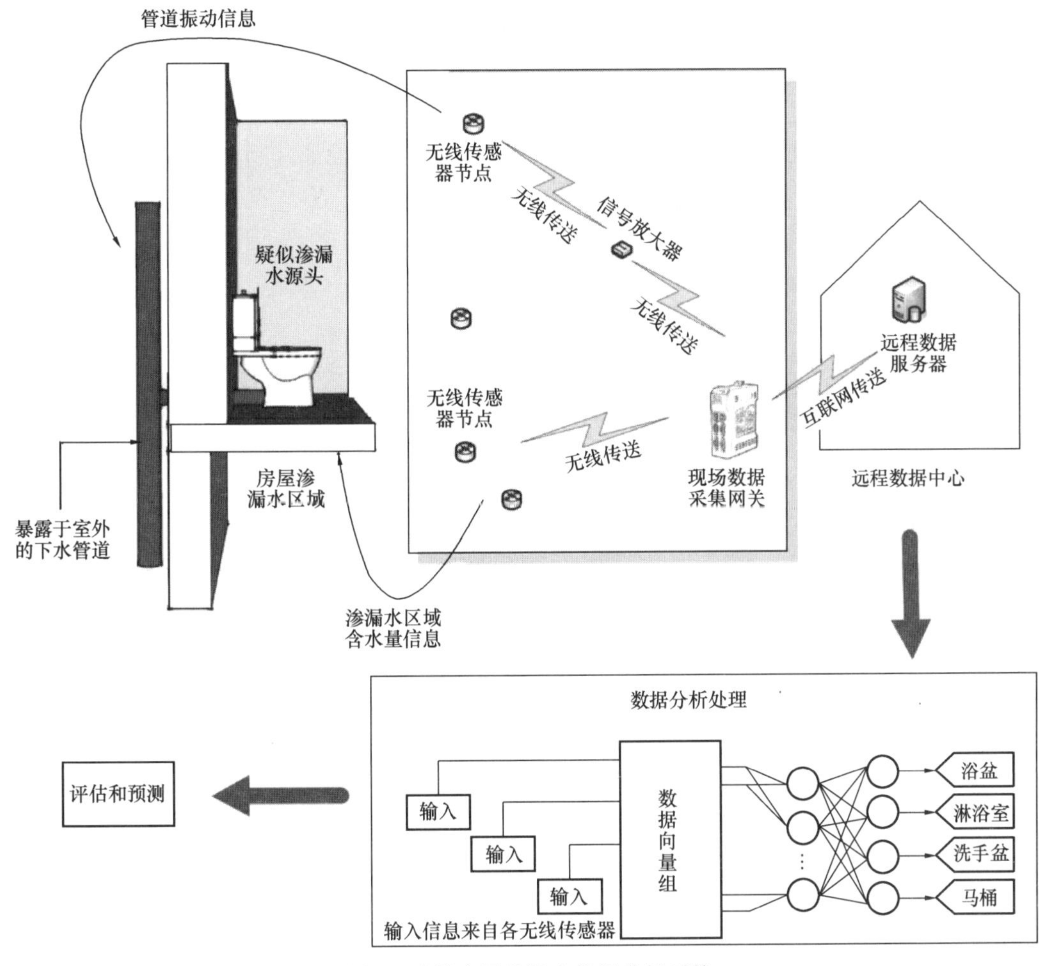

图 9 建筑房屋渗漏水检测分析系统

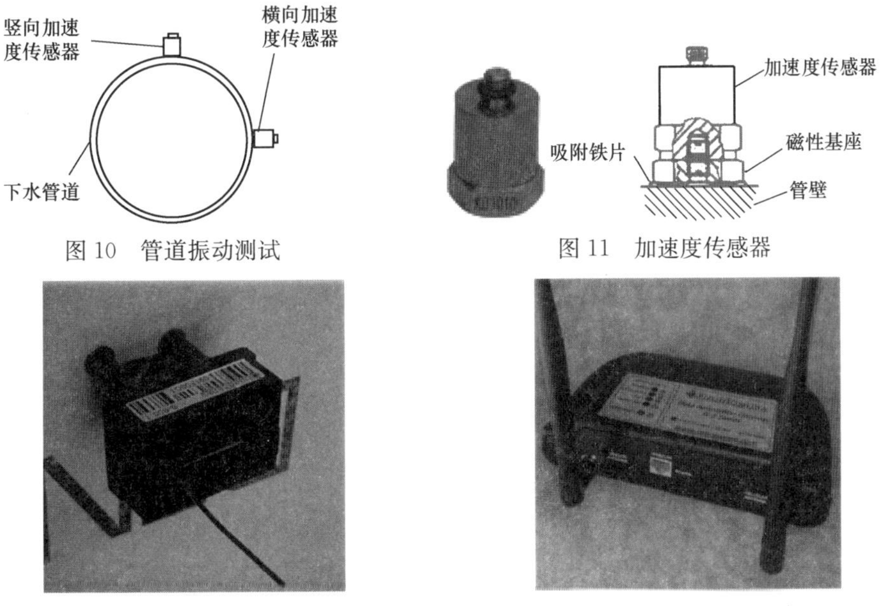

图 10 管道振动测试

图 11 加速度传感器

图 12 综合无线传感器

图 13 数据采集网关

4.2 试验模型的制作

为了在实验室环境下，实现项目研究阶段二所提出的房屋渗漏水检测系统的检测功能，同时验证其可行性。本项目依据香港地区的相关规范，设计并制作了一个标准的卫生间系统作为试验装置，如图 14 所示。该卫生间系统包括洗手盆、浴缸、马桶以及淋浴地漏等用水器具，各用水器具通过内部的支排水管道与外部的总排水管道相连接，其具体的连接方式可参考图 8。排水管道均采用标准规格的 PUC 塑料管道。

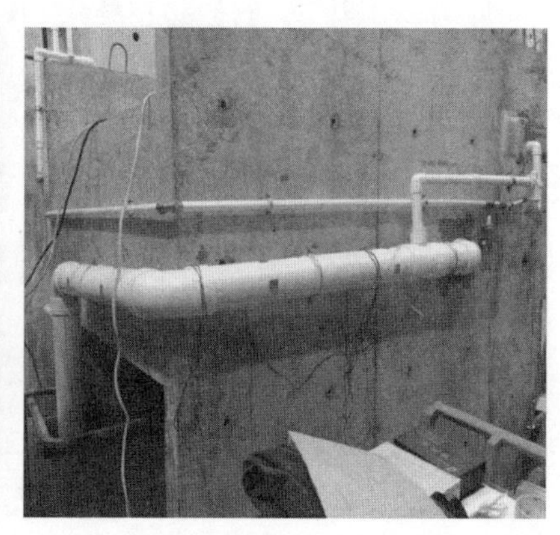

图 14　标准卫生间系统

卫生间系统的结构框架底板预留有圆柱形的渗水孔，通过利用不同渗水率的圆柱体试块塞堵渗水孔，来模拟不同程度的渗漏水状况，如图 15 所示。

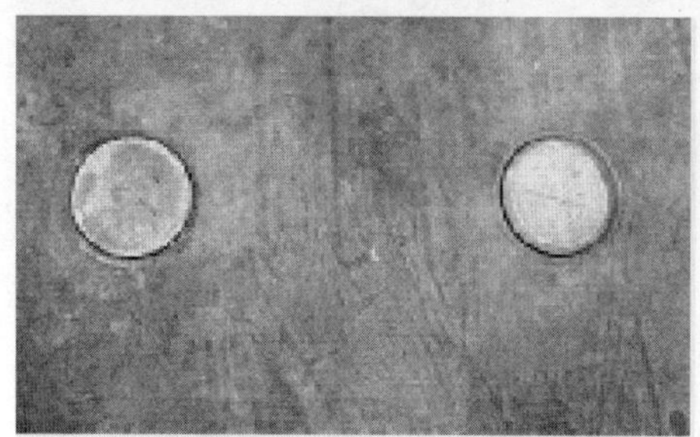

图 15　不同渗水率的圆柱体

5 结语

随着建筑房屋服役龄期的增长以及给排水系统的老化失效，建筑结构渗漏水问题在全世界范围内变得愈加严重，并因此引发了大量的社会纠纷。快速找到渗漏水源头，并结合渗漏水原因对产生渗漏水部位及时进行修缮，是解决建筑房屋渗漏水问题的有效途径。为改进当前房屋渗漏水检测方法的不足，一种基于房屋渗漏水区域的含水量读数以及室外裸露排水管道的振动读数的联合检测方法将被研发用于确定渗漏水源，该法可避免进入疑似渗漏水源所在的房屋室内。目前，该研究面临的主要挑战是，研发先进的分析方法来对房屋渗漏水进行合理的评估和准确的预测[3]，详细地讲，就是基于模式识别方法，对复杂管道流水事件进行准确的分离，并对渗漏水事件进行准确的判定，再利用管道流水事件和渗漏水事件之间的相关性分析以确定建筑房屋受漏水源头。

参考文献

[1] The Hong Kong Institute of Surveyors. Professinal Guide to Water Seepage investigation, Diagbosis, Testing & Reporting in Residrntial Buildings [M]. Fisrt Edition, 2014.

[2] S. S. E. Lam, Water seepage problems in high-rise Buildings. Structure Congress 2007, 16-20 May 2007, California, USA.

[3] S. S. E. Lam, Y. T. A. Chu, Techonogies of address the problem of water seepage in building. The Second International Conference on Performance-based and Life-cycle Structural Engineering, 9-11 December 2015, Brisbane, Australia.

[4] V. Lau, J. Corley, and A. Hon, Advanced detecion of water seepage seed project test report, ASTRI, 1 July 2012.

[5] 傅钱挺，余澍峰. 房屋渗漏水检测方法探讨[J]. 住宅科技，2015，11(7)：24-27.

[6] Alberto Martini, Marco Troncossi, Alessandro Rivola, Automatic leak detection in buried plastic pipe of water supply networks by means of vibration measurement [J]. Shock and Vibration, 2015, Article ID 165304.

[7] G. Pavic. Vibraacoustical energy flow though straight pipes [J]. Journal of Sound and Vibration, 1992, 154(3): 411-429.

[8] Y. Gao, M. J. Brennan, P. F. Joseph, J. M. Muggleton, O. Hunaidi. On the selection of aoustic/vibration sensors for leak detection in plastic water pipe [J]. Journal of Sound and Vibration, 2005, 283: 927-941.

[9] O. Hunaidi, W. Chu, A. Wang, W. Guan. Detection leaks in plastic pipes [J]. Journal/American Water Works Association, 2000, 92(2): 82-94.

[10] M. J. Brennan, Y. Gao, and P. F. Joseph. On the relationship between time and frequency domain methods in time delay estimation for leak detection in water distribution pipes[J]. Journal of Sound and Vibration, 2007, 304: 213-223.

[11] M. F. Ghazali, S. B. M. Beck, J. D. Shucksmith, J. B. Boxall, W. J. Staszewski. Comparative study of instantaneous frequency based methods for leak detection in pipeline network[J]. Mechanical Systems and Signal Processing, 2012, 29: 187-200.

大跨度空间网格结构风振响应时域分析

魏建鹏，田黎敏
（西安建筑科技大学　土木工程学院，陕西　西安 710055）

摘　要：以深圳湾体育中心网壳为研究对象，对结构进行了风振时域分析，同时讨论了时域法中影响计算结果的几个重要参数，最终得出该结构体系的位移风振系数。计算结果表明：多重 Ritz 向量法在分析大跨度空间网格结构的动力特性时比 Lanczos 法和子空间迭代法更加适用。利用所给参数计算风振响应是可行的。深圳湾体育中心结构的刚度较大，风振较为明显的部位为双层网架和体育场中部悬挑处。此外，给出屋盖平均风振系数取 1.79，为大跨度空间网格结构的风振响应分析提供参考。
关键词：深圳湾体育中心；风振响应；时域分析；风振系数
中图分类号：TU312.1

WIND-INDUCED RESPONSE OF LARGE-SPAN SPATIAL GRID STRUCTURES USING TIME DOMAIN ANALYSIS METHOD

J. P. Wei，L. M. Tian
（Institute of Civil Engineering，Xi′an University of Architecture and Technology，Xi′an 710055，China ）

Abstract：With the project of Shenzhen Bay Sports Center，the wind vibration coefficient of structure was obtained by wind-induced time domain analysis，and influences of some parameters were discussed. The analytical results show that multi-Ritz vector method is more applicable than subspace iteration and Lanczos method for dynamics property of large-span spatial grid structures. It is feasible to calculate wind-induced response by the parameters of this paper. Paper also gives the obvious sites of wind-induced：multi-layer lattice shell and central cantilever of stadium. The wind vibration coefficient of Shenzhen Bay Sports Center is 1.79. These results provide a reasonable basis for the analysis on wind-induced response.
Keywords：Shenzhen Bay Sports Center，wind-induced response，time domain analysis，wind vibration coefficient

1　引言

深圳湾体育中心的钢结构屋盖由单层网壳、双层网架（综合馆和游泳馆）及竖向支撑

基金项目：国家自然科学基金项目（51408623），住房和城乡建设部科学技术项目（2015-K2-003），建筑安全与环境国家重点实验室开放课题基金项目（BSBE2014-04）.
第一作者：魏建鹏（1992—），男，硕士生，主要从事结构连续性倒塌方面的研究，E-mail：weijianpeng36@163.com.

系统构成，建筑平面尺寸为500m×240m，屋面最大标高为52m，属于超大跨度空间钢结构体系。单层网壳将下沉广场幕墙、游泳馆、综合馆、大树广场和主体育场由西向东连接为一体（图1）。该结构跨度大、阻尼小，风荷载是主要控制荷载之一。由于大跨度空间网格结构的高阶模态影响显著，时域分析法[1-3]计算结果比频域分析法[4-6]法更接近实际。这种方法不但可以用于线性结构，还适用于非线性结构的分析，是对大跨度空间网格结构进行风振响应分析的有效手段。

图1 深圳湾体育中心整体效果图

基于上述原因，本文以深圳湾体育中心为研究对象，对结构进行了风振时域分析，并讨论了时域法中位移风振系数，为大跨度空间网格结构的风振响应分析提供了参考。

2 动力特性分析

2.1 有限元模型的建立

本文采用MIDAS/Gen软件进行计算，有限元模型如图2所示。模型中的单层网壳采用可以传递弯矩的梁单元模拟，双层网架结构采用桁架单元模拟。柱脚中的刚接与铰接分别用一般刚性支承和弹性铰支座模拟。

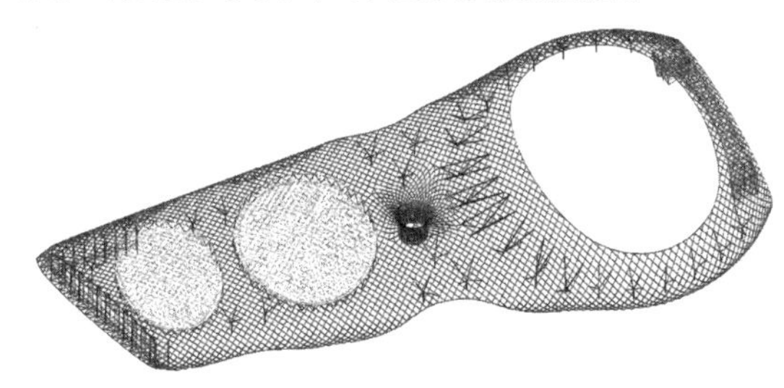

图2 整个结构有限元模型图

竖向支撑系统主要有四部分，分别是支撑网壳的树形柱、支撑网架的V形柱、展望桥立柱和下沉广场西立面的幕墙柱，如图3所示。

其中，展望桥与网壳顶面采用刚性连接，其余竖向支撑与网壳顶面的连接形式为铰接。有限元软件中默认的连接形式为刚接，通过释放梁端约束可以实现铰接的约束条件，还可以利用Partial Fixity系数形成部分连接的结构形式。将梁单元的两个节点释放所有旋转自由度后，就可以转化为桁架单元。

2.2 结构自振特性

在一般的有限元分析中，系统的自由度很多，同时在分析结构的响应时，往往需要了解低阶的特征值和相应的特征向量。对于很多大型问题，子空间迭代法、Lanczos法和多重Ritz向量法[7-8]是三种公认的有效方法。

子空间迭代法是假设r个起始向量同时迭代以求得矩阵的特征值和特征向量，是反迭代法的推广。多重Ritz向量法不需要多次迭代，根据载荷空间分布模式按一定规律生成

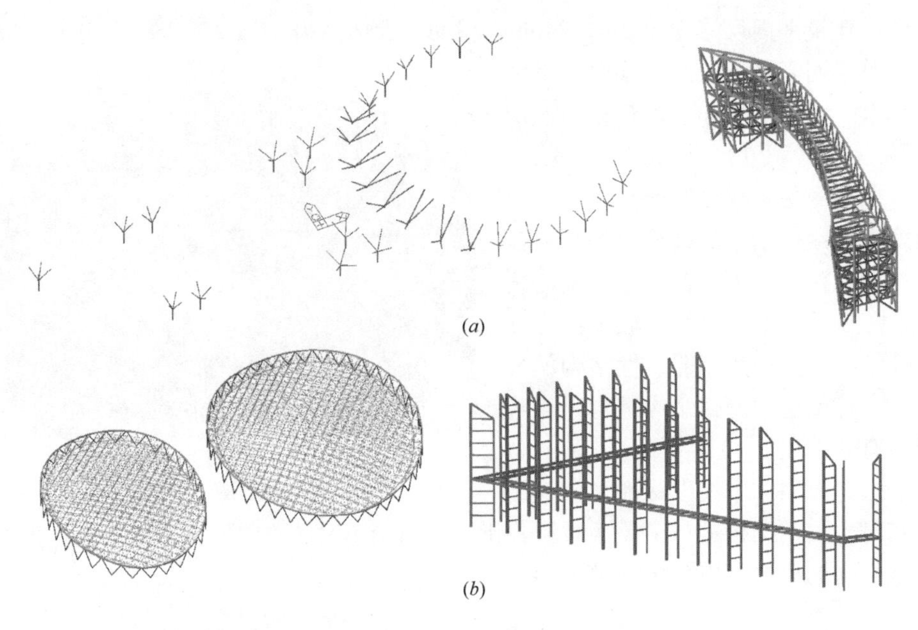

图 3　竖向支撑体系
(a) 树形柱和展望桥立柱；(b) V 形柱和幕墙柱

Ritz 向量，将运动方程转换到这组向量空间以后，只要求解一次缩减了的标准特征值问题，就可以得到运动方程的部分特征解。Lanczos 法的计算步骤和 Ritz 向量法一致，生成一组相互正交的 Lanczos 向量，区别是 Lanczos 法利用了 Ritz 向量法中正交归一化系数的某些性质。分别采用以上三种方法对体育中心结构进行动力特性分析，给出了结构的前 50 阶自振频率如图 4 所示。图 5 为结构前 50 阶的 X 向、Y 向平动累计振型参与质量系数。

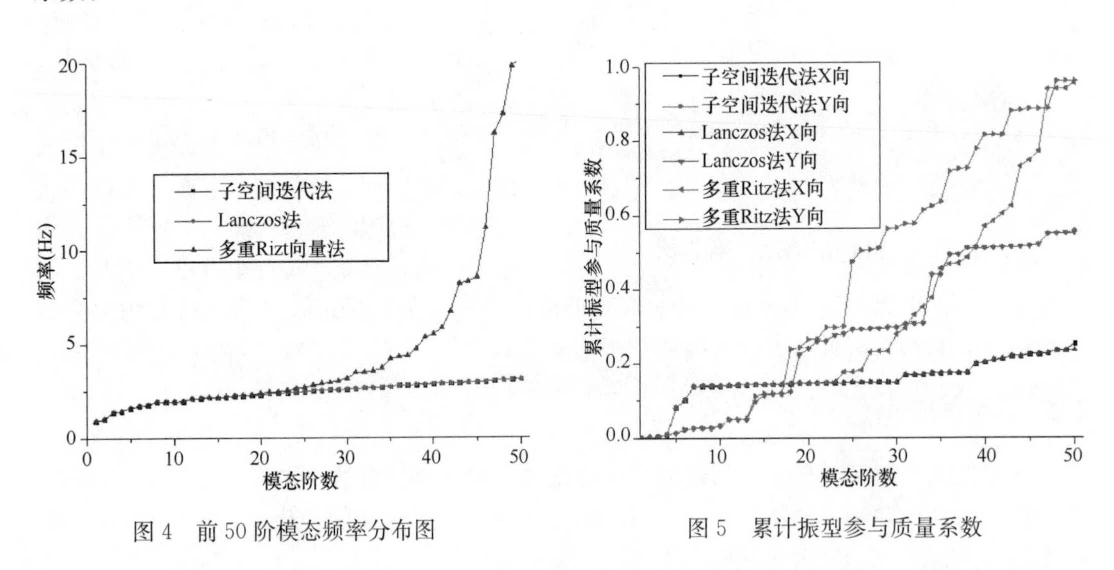

图 4　前 50 阶模态频率分布图

图 5　累计振型参与质量系数

实际计算表明：(1) 多重 Ritz 向量法和 Lanczos 法比子空间迭代法具有更高的计算效率；(2) 子空间迭代法和 Lanczos 法都属于特征值向量法，两者计算结果相差不大；

(3) 子空间迭代法和 Lanczos 法求得的结构前 50 阶振型的质量参与系数合计为 25.3%(X 向平动) 和 55.7% (Y 向平动), 远未达到《建筑抗震设计规范》要求的 90%, 而多重 Ritz 向量法不包含实际中不被激起的振型, 其求得的前 50 阶振型的质量参与系数合计为 95.5% (X 向平动) 和 96.1% (Y 向平动), 证明在用相同数目的振型进行叠加时, 多重 Ritz 向量法具有更高的精度, 在分析大跨度空间网格结构时更加适用; (4) 前 50 阶模态对结构的响应贡献占有很大比重, 累计参与系数达到 95%以上, 所以前 50 阶模态为主要参振模态, 并且满足规范要求, 可以认为选取 50 阶模态计算的结果是准确的。

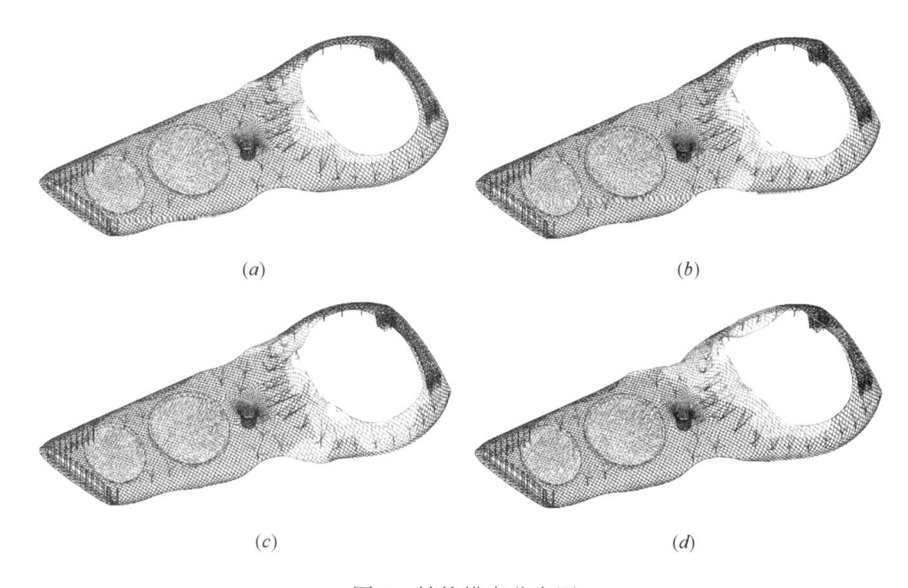

图 6 结构模态分布图

(a) 第 1 阶振动模态; (b) 第 2 阶振动模态; (c) 第 3 阶振动模态; (d) 第 4 阶振动模态

结构的第 1 阶自振频率为 0.885Hz, 自振周期为 1.13s。在 0.885~3.152Hz 之间, 存在 30 阶频率, 说明振型分布密集, 有多模态参与的特点。图 6 为结构的前 4 阶振型, 可以看出, 结构的振动以体育场悬挑网壳的竖向振动为主, 而且随着阶数的增加, 悬挑边的波动也越来越大。

3 风振时域分析

时域分析是将风荷载时程直接作用在结构上, 通过数值积分的方法计算结构的动力响应。

3.1 风荷载的模拟

在时域内对结构进行动力时程分析之前必须得到相应的时程曲线。目前记录到的强风作用在实际中不能普遍应用, 所以人工模拟风速时程曲线是一种十分有效的方法。本文采用 Matlab 软件用线性滤波法中的自回归 (AR) 法[9]模拟脉动风速, 从而得出风速时程曲线 (图 7)。风速时程模拟的主要参数如表 1 所示。

风速时程模拟的主要参数　　表 1

参　数	取　值
10m 高标准风速	38m/s
地形地貌类型	B 类
模拟时间长度	100s
分析时间步长	0.1s
频域上限	100Hz
频域下限	0.01Hz

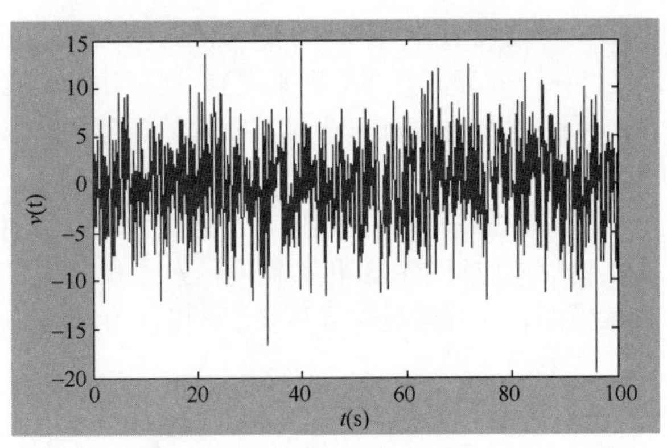

图 7　风速时程曲线

3.2　动力时程计算

时程计算采用直接积分法中的 Newmark-β法进行分析，通过假定 t 至 $t+\Delta t$ 时段内加速度的变化规律，以 t 时刻为初始值，通过积分方法得到 $t+\Delta t$ 时刻的运动量。在 $t+\Delta t$ 时刻结构动力方程如式（1）所示。

$$[M]\ddot{u}_{t+\Delta t}+[C]\dot{u}_{t+\Delta t}+[K]u_{t+\Delta t}=P_{t+\Delta t} \tag{1}$$

式中，$[M]$ 为质量矩阵，$[C]$ 为阻尼矩阵，$[K]$ 为刚度矩阵；u 为结构位移向量，其一阶导数和二阶导数分别为结构速度和加速度向量；P 为荷载向量。

3.3　阻尼的确定

结构动力分析时采用 Rayleigh 阻尼，表达式如下：

$$[C]=\alpha[M]+\beta[K] \tag{2}$$

式中，α、β 为 Rayleigh 阻尼中的常量，可以由结构的阻尼比计算得出：

$$\zeta_i=\frac{\alpha}{2\omega_i}+\frac{\beta\omega_i}{2} \tag{3}$$

式中，ω_i 为第 i 阶振型的圆频率，ζ_i 为相对于第 i 阶振型的阻尼比。

阻尼参数 α 和 β 的计算结果如表 2 所示。

结构的阻尼参数　　表 2

ω_1	ω_2	ζ_1	ζ_2	α	β
0.8852	1.0007	0.02	0.02	0.1181	0.0034

4　风振响应结果分析

根据结构风荷载分布的形式和特点，选择风向角 0°、90°、180°及 270°作为动力计算风向角。风向角的示意如图 8 所示。限于篇幅，文中仅给部分具有代表意义的响应时程（图 9）。

通过对体育中心结构进行风振时域分析后，发现振动较大的区域发生在刚度较小的双

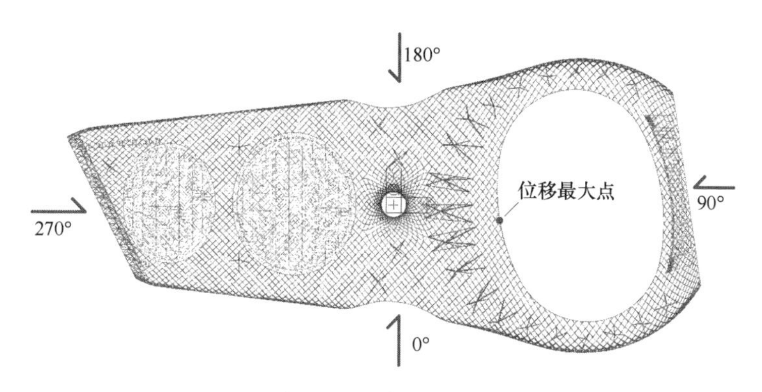

图 8　风向角的示意图

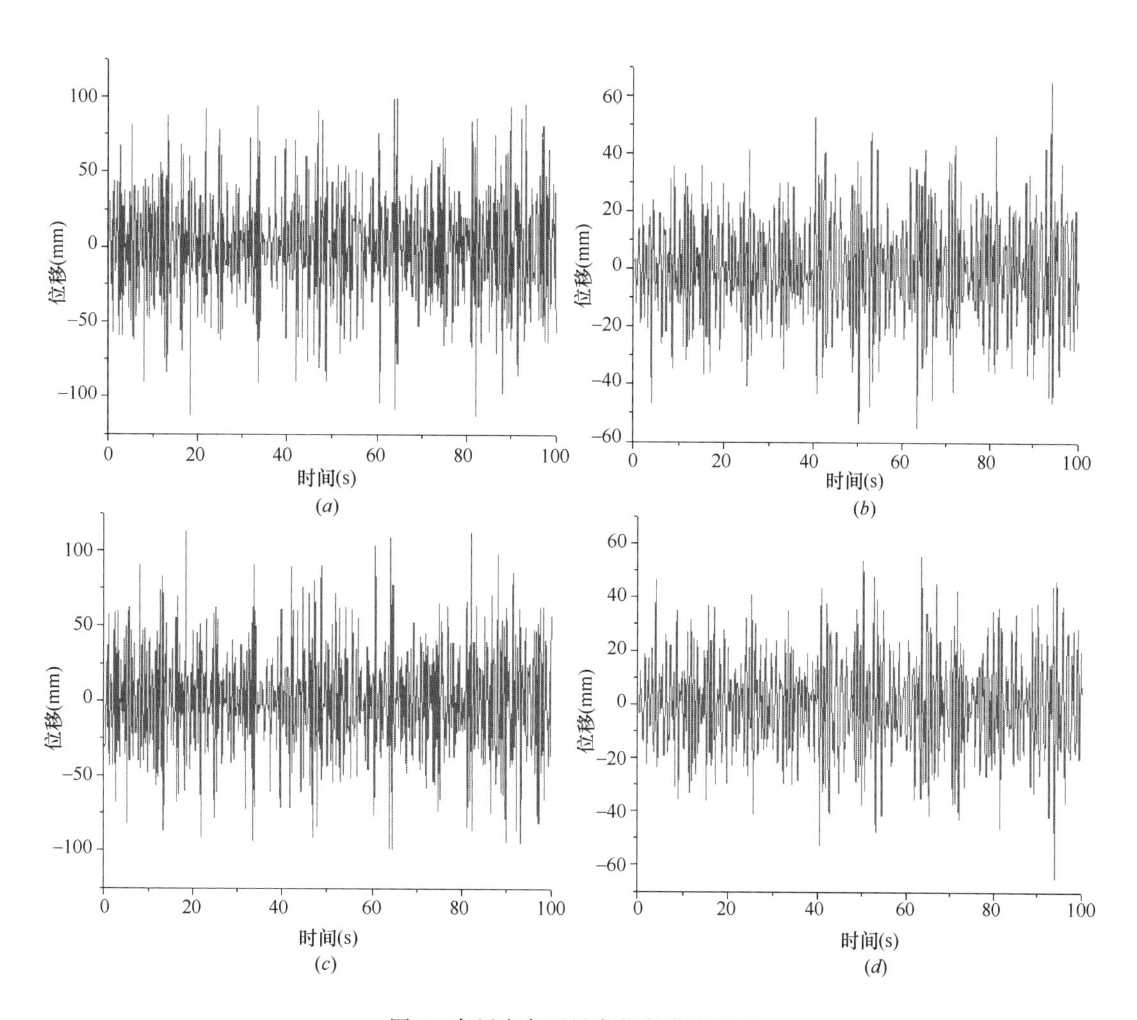

图 9　各风向角下最大节点位移时程

(a) 0°风向角；(b) 90°风向角；(c) 180°风向角；(d) 270°风向角

层网架和体育场网壳的边缘处。其中，在 180°风向角作用下，位移极值最大，为 113.52mm（图 8 标注出位移最大点所在的位置）。

5　位移风振系数

已有研究表明，对于大跨度空间网格结构，采用位移风振系数计算等效静力风荷载比采用荷载风振系数更为合理。位移风振系数[10,11]定义为总风荷载（静动力风荷载）的位移总和与静风荷载的位移总和的比值：

$$\beta(y)=\frac{y_s+y_d}{y_s}=1+\frac{y_d}{y_s}=1+\frac{\mu\sigma}{y_s} \tag{4}$$

式中，μ 为峰值因子（一般取 3.5），σ 为节点竖向位移响应均方根值。

理论上讲，每个节点都有自己的位移风振系数。通过公式（4）可以看出，风振系数是一个相对值，平均风作用下的位移较小点也可能出现较大的风振系数，所以区域风振系数比某个点的风振系数更有意义。表 3 为不同风向角作用下结构每个区域（图 1）的位移风振系数值。综合考虑各个风向角下结构的响应和位移风振系数，表中给出了风振系数的建议值。

各风向角下结构位移风振系数　　表 3

风向角	下沉广场	游泳馆	综合馆	大树广场	体育场
0°	1.75	1.87	1.88	1.74	1.92
90°	1.69	1.72	1.80	1.75	1.72
180°	1.80	1.85	1.89	1.77	1.95
270°	1.68	1.71	1.79	1.73	1.76
建议值	1.73	1.79	1.84	1.75	1.84

由计算结果可知，深圳湾体育中心结构在各风向角下的风振系数在 1.68～1.95 之间，平均风振系数取为 1.79。双层网架以及体育场中部悬挑处的振动最大，相应的风振系数也比较大。另外，由于结构的 X 方向刚度比 Y 向大，所以 0°和 180°风向角下的风振系数也明显大于其他两个风向角。从力学概念和结构形式上看，分析所得的风振系数结果是合理的。

6　结论

本文以深圳湾体育中心为研究对象，对结构进行了风振时域分析，得出以下结论：

（1）在分析大跨度空间网格结构的动力特性时，如果用相同数目的振型进行叠加，多重 Ritz 向量法比 Lanczos 法和子空间迭代法具有更高的计算效率和精度。

（2）从计算结果来看，文中进行风振时域分析时所取的参数是合理的。

（3）风振系数是一个相对值，区域风振系数比某个点的风振系数更有意义。深圳湾体育中心结构的刚度较大，风振较为明显的部位为双层网架和体育场中部悬挑处，屋盖平均风振系数可取 1.79。

参考文献

[1] 田玉基，杨庆山．国家体育场屋盖结构风振响应的时域分析[J]. 工程力学，2009，26(6)：95-99.

[2] N M Newmark. A method for structure Dynamics[J]. Journal of Engineering mechanics, ASCE, 1959, 85(3): 67-94.

[3] 韩志惠，周晅毅，顾明，等．世博轴阳光谷结构风致响应分析及频域时域方法计算结果比较[J]. 振动与冲击，2011，30(5)：230-235.

[4] 李庆祥，冯若强．组合网壳屋盖结构风振响应分析及等效静风荷载[J]. 防灾减灾工程学报，2011，31(4)：377-383.

[5] Nakamura O, Tamura Y, Miyashita K, et al. A case study of wind pressure and wind-induced vibration of a large span open-type roof[J]. Journal of Wind Engineering and industrial Aerodynamics, 1994, 52: 237-248.

[6] Nakayama M, Sasaki Y, Masuda K, et al. An efficient method for selection of vibration modes contributory to wind response on dome-like roofs[J]. Journal of Wind Engineering and industrial Aerodynamics, 1998, 73: 31-43.

[7] 王勖成，邵敏．有限元法基本原理及其数值方法[M]. 北京：清华大学出版社，1997.

[8] 宫玉才，周洪伟，陈璞，等．快速子空间迭代法、迭代 Ritz 向量法与迭代 Lanczos 向量法的比较[J]. 振动工程学报，2005，18(2)：227-232.

[9] Deodatis G, Shinozuka M. Auto-regressive model for nonstationary stochastic process[J]. Journal of Engineering mechanics, ASCE, 1998, 114(11): 1995-2012.

[10] 张相庭．结构风压和风振计算[M]. 上海：同济大学出版社，1985.

[11] 田玉基，杨庆山，范重，等．国家体育场大跨度屋盖结构风振系数研究[J]. 建筑结构学报，2007，28(2)：26-31.

Qtech 纯聚脲防护材料的耐化学腐蚀性能的研究

吕平，何筱姗，卢桂霞，冯艳珠，胡晓

（青岛理工大学功能材料研究所，山东　青岛 266033）

摘　要：聚脲材料是一种新型无溶剂、无污染的绿色材料，具有防腐、防水和耐磨等特性。Qtech 纯聚脲防护材料是青岛理工大学研发的一类聚脲材料，为了对其防护性能进行研究，本文选用 Qtech 纯聚脲防护材料作为研究对象，对其耐化学腐蚀介质（5％H_2SO_4、5％NaOH 和海水）进行了研究。研究结果表明：Qtech 纯聚脲经 5％H_2SO_4、5％NaOH 和海水浸泡 240d 后拉伸强度保持率分别为 83.11、84.40 和 87.51％，断裂伸长率保持率分别为 91.2％、87.15 和 88.38％，硬度变化幅度极小。FTIR 微观结构研究结果表明，老化前后 Qtech 纯聚脲材料的表面化学键有小部分断裂，但分子内部结构变化不大。

关键词：纯聚脲；防护；化学腐蚀

STUDY ON ANTI-CORROSION PERFORMANCE OF PROTECTIVE MATERIAL OF POLYUREA QTECH

P. Lv，X. S. He，G. X. Lu，Y. Z. Feng，X. Hu

（Research Institute of Functional Materials，Qingdao University of Technology，
Qingdao，China）

Abstract：Polyurea is a solvent free and green material，which has excellent properties，involving anti-corrosion，waterproof and wear resistance. Polyurea Qtech was developed by Qingdao University of Technology and in this paper，the anti-corrosion performance，which is related to protective performance，was investigated. The tensile strength retention rates were 83.11，84.40 and 87.51％ after being immersed separately in 5％H_2SO_4、5％NaOH and 3.5％NaCl for 240d，and elongation at break retention rates were 91.2％、87.15 and 88.38％，and the hardness of the samples decreased a little. FTIR shows that a small part of chemical bonds were broke，but the molecular internal structures didn’t change much.

Keywords：pure polyurea，protection，chemical corrosion

1　引言

高分子材料对结构的防护，主要应考虑其在实际服役环境中的耐久性问题。悬索桥结构大多处于海洋大气环境中，空气中相对湿度大，且各类腐蚀介质会溶于水中并逐渐渗透

通讯作者：吕平（1964—），女，博士、教授，主要从事新型建筑材料、混凝土耐久性防护领域的理论研究和实践应用工作研究。电话：0532-85071200，邮箱：lvping-qd@163.com.

到支座内部，这就要求支座防护材料应具有良好的致密性以抵抗外界化学介质的腐蚀和紫外线的影响[1－5]。而纯聚脲材料能够在现场快速喷涂成型，可作为桥梁支座的一种新型高效防护材料[6－10]。青岛理工大学功能材料研究所在传统的纯聚脲材料基础上，通过对分子结构、光稳定剂、抗氧剂等方面的改进，研发出了 Qtech 系列纯聚脲材料，在纯聚脲材料既有的优异性能基础上，提高了其耐腐蚀性和耐候性[11]，并成功应用于青岛海湾大桥混凝土防护、青岛地铁减振降噪等工程，并取得了良好的防护和减灾效果[12,13]。

根据悬索桥的实际服役环境，本文分别设置了 5% H_2SO_4 溶液、5%NaOH 溶液和海水 3 种腐蚀介质，测定了聚脲材料在上述腐蚀介质中浸泡 30d、60d、120d 和 240d 后的拉伸性能、撕裂性能和硬度的变化规律，并通过 ATR-FTIR 从分子结构上分析了其老化机理。

2 实验

2.1 试样制备

橡胶材料经硫化挤压成型，Qtech 纯聚脲材料经快速喷涂成型。进行拉伸实验的各材料用切片机裁成哑铃型样片，进行撕裂实验的各材料用切片机裁成裤型样片。

2.2 实验过程

2.2.1 介质浸泡实验

将每种材料先按照试样制备要求制样，然后将所制样品分别置于 5% H_2SO_4、5% NaOH 和海水（3.5%NaCl）、（23±2)℃的实验室环境中进行浸泡，分别测试其 30d，60d，120d 和 240d 时的各项力学性能变化（拉伸强度、断裂伸长率、邵氏 A 硬度）。

2.2.2 性能测试与微观分析

材料的宏观性能和微观性能分别通过拉伸试验、撕裂实验、硬度实验和 FTIR 的方式表征，通过分析材料的拉伸强度、撕裂强度、邵氏 A 硬度以及 FTIR 谱图，得出材料的耐候性变化规律。

3 结果分析讨论

桥梁大多处于江河湖海之上，大气中的湿度和盐度较高，且酸雨频降。因此，用于桥梁防护的材料的耐腐蚀介质研究变得尤为重要。本文研究了 Qtech 纯聚脲的耐介质腐蚀性能，将纯聚脲材料分别放入 5% H_2SO_4、5%NaOH 和海水中浸泡，测其性能变化，对上述材料进行耐酸、碱、盐介质腐蚀的性能评价。试验结果见表 1～表 3。

3.1 H_2SO_4 浸泡腐蚀

表 1 是 Qtech 纯聚脲在 5% H_2SO_4 溶液中浸泡后 30d、60d、120d 和 240d 的实验结果。

5% H_2SO_4 溶液浸泡 30d、60d、120d 和 240d 后 Qtech 纯聚脲的力学性能　　表 1

处理时间	力学性能							
	拉伸强度（MPa）	拉伸强度保持率（%）	断裂伸长率（%）	断裂伸长率保持率（%）	撕裂强度（MPa）	撕裂强度保持率（%）	邵氏 A 硬度	硬度保持率（%）
未处理	22.50	—	459.00	—	69.21	—	87	—
30d	20.87	92.76	426.09	92.83	66.17	95.61	86	98.85
60d	19.76	87.82	413.63	90.12	62.59	90.43	84	96.55
120d	18.97	84.31	410.65	89.47	57.29	87.85	85	97.70
240d	18.70	83.11	418.62	91.20	60.13	86.88	85	97.70
变化率%	−16.89	—	−8.80	—	−13.12	—	−2.30	—

由表 1 可以看出，聚脲的拉伸强度初始值为 22.50MPa，在 5%H_2SO_4溶液中浸泡 30d、60d、120d 和 240d 后拉伸强度大体呈下降趋势，浸泡 240d 后拉伸强度为 18.70MPa，变化率为 −16.89%，拉伸强度保持率均小于 100%，浸泡 240d 后两种材料的拉伸强度保持率为 83.11%。综上所述，在 5%H_2SO_4溶液中浸泡后，聚脲材料的拉伸强度有小幅下降。聚脲的断裂伸长率初始值为 459.00%，在 5%H_2SO_4溶液中浸泡 30d、60d、120d 和 240d 后各材料的断裂伸长率基本呈下降趋势，浸泡 240d 后断裂伸长率为 418.62%，变化率为−8.80%，其断裂伸长率保持率在浸泡 240d 后达到 91.20%。综上所述，在 5%H_2SO_4溶液中浸泡后，聚脲材料的断裂伸长率变化较小，保持率可达近 90%以上。

由表 1 可以看出，聚脲的撕裂强度初始值为 69.21 N/mm，在 5%H_2SO_4溶液中浸泡 30d、60d、120d 和 240d 后材料的撕裂强度呈不同程度变化，浸泡 240d 后撕裂强度为 60.13 N/mm，变化率为−13.12%，其撕裂强度保持率随浸泡时间增加缓慢下降，浸泡 240d 后为 86.88%，依然具有比较良好的撕裂性能。同时根据其数据和保持率变化趋势可以看出，经 5%H_2SO_4溶液浸泡后，聚脲材料的硬度（邵 A）一直平稳变化，其保持率曲线几乎与基准线重合，性能变化稳定。

综合以上分析可以得出，经 5%H_2SO_4溶液浸泡后，聚脲材料在酸介质中断裂伸长率有一定的变化，这是由于纯聚脲在反应时有一定量的氨基甲酸酯基生成，在酸中会发生水解，使氨基甲酸酯基水解成小段，从而影响了材料的部分性能[14−19]。材料的硬度（邵 A）在酸介质中变化稳定，因而聚脲防护材料具有良好的耐酸性能。

3.2　NaOH 浸泡腐蚀

表 2 是 Qtech 纯聚脲在 5% NaOH 溶液中浸泡后 30d、60d、120d 和 240d 的实验结果。

5% NaOH 溶液浸泡 30d、60d、120d 和 240d 后 Qtech 纯聚脲的力学性能　　表 2

处理时间	力学性能							
	拉伸强度（MPa）	拉伸强度保持率（%）	断裂伸长率（%）	断裂伸长率保持率（%）	撕裂强度（MPa）	撕裂强度保持率（%）	邵氏 A 硬度	硬度保持率（%）
未处理	22.50	—	459.00	—	69.21	—	87	—
30d	21.64	96.18	416.76	90.79	58.25	84.16	85	97.70

续表

处理时间	力学性能							
	拉伸强度（MPa）	拉伸强度保持率（%）	断裂伸长率（%）	断裂伸长率保持率（%）	撕裂强度（MPa）	撕裂强度保持率（%）	邵氏A硬度	硬度保持率（%）
60d	19.45	86.44	408.82	89.07	58.02	83.83	86	98.85
120d	18.33	81.47	410.89	89.52	68.60	99.12	80	91.95
240d	18.99	84.40	400.03	87.15	64.86	93.71	85	97.70
变化率%	−15.60	—	−12.85	—	−6.29	—	2.30	—

由表2可以看出，聚脲的拉伸强度初始值为22.50MPa，在5%NaOH溶液中浸泡30d、60d、120d和240d后拉伸强度大体呈下降趋势，浸泡240d后拉伸强度为18.99MPa，变化率为−15.60%，浸泡240d后材料的拉伸强度保持率为84.40%。综上所述，在5%NaOH溶液中浸泡后，聚脲材料的拉伸强度有小幅下降。聚脲的断裂伸长率初始值为459.00%，在5%NaOH溶液中浸泡30d、60d、120d和240d后材料的断裂伸长率均呈下降趋势，浸泡240d后断裂伸长率为400.03%，变化率为−12.85%，浸泡240d后断裂伸长率保持率达到87.15%，综上所述，在5%NaOH溶液中浸泡后，聚脲材料的断裂伸长率变化较小，保持率可达近90%。

聚脲的撕裂强度初始值为69.21N/mm，在5%NaOH溶液中浸泡30d、60d、120d和240d后材料的撕裂强度呈不同程度变化，浸泡240d后撕裂强度为64.86N/mm，变化率为−6.29%（表2）。浸泡240d后撕裂强度保持率为93.71%，依然具有比较良好的撕裂性能。综上所述，在5%NaOH溶液中浸泡后，聚脲材料的撕裂强度有小幅下降。同时，由表2可以看出，经5%NaOH溶液浸泡后，硬度（邵A）受碱性条件影响不大。

综上，经5%NaOH溶液浸泡后，材料的力学性能均有不同程度的变化，聚脲材料在碱性介质中断裂伸长率存在一定的变化，材料的硬度（邵A）变化有升有降，较为稳定，说明聚脲防护材料具有良好的耐碱性能。相对于酸性介质而言，碱性介质对材料的力学性能影响并不是很大，材料的硬度变化有不同程度的上升，说明碱性介质对材料的硬度影响并不是很大；碱性介质由于氧化性不强，故对橡胶材料的腐蚀现象并不明显，橡胶的耐碱性更好；Qtech纯聚脲材料中的氨基甲酸酯基在碱性物质中依然可以水解成小段，造成了材料性能的降低，其耐碱性略差。

3.3 耐海水溶液腐蚀的性能

表3是Qtech纯聚脲在海水中浸泡后30d、60d、120d和240d的实验结果。

海水溶液浸泡30d、60d、120d和240d后Qtech纯聚脲的力学性能　　表3

处理时间	性能							
	拉伸强度（MPa）	拉伸强度保持率（%）	断裂伸长率（%）	断裂伸长率保持率（%）	撕裂强度（MPa）	撕裂强度保持率（%）	邵氏A硬度	硬度保持率（%）
未处理	22.50	—	459.00	—	69.21	—	87	—
30d	19.35	86.00	449.59	97.95	65.04	93.97	85	97.70

续表

处理时间	性能							
	拉伸强度（MPa）	拉伸强度保持率（%）	断裂伸长率（%）	断裂伸长率保持率（%）	撕裂强度（MPa）	撕裂强度保持率（%）	邵氏 A 硬度	硬度保持率（%）
60d	19.70	87.56	445.63	97.09	65.04	93.97	85	97.70
120d	21.35	94.89	402.35	87.66	60.77	87.81	86	98.85
240d	19.69	87.51	405.66	88.38	60.60	87.56	83	95.40
变化率%	－12.49	—	－11.62	—	－12.44	—		—

由表 3 可以看出，聚脲的拉伸强度初始值为 22.50MPa，在海水中浸泡 30d、60d、120d 和 240d 后拉伸强度大体呈下降趋势，浸泡 240d 后拉伸强度为 19.69MPa，变化率为－12.49%，聚脲材料在浸泡过程中拉伸强度先明显下降，随后又缓慢回升，浸泡 240d 后拉伸强度保持率 87.51%。综上所述，在 5%NaOH 溶液中浸泡后，聚脲材料的拉伸强度有小幅下降，但仍具有较高的保持率。因而，海水对于聚脲防护材料的拉伸强度影响较小。聚脲的断裂伸长率初始值为 459.00%，在海水中浸泡 30d、60d、120d 和 240d 后各材料的断裂伸长率均呈下降趋势，浸泡 240d 后断裂伸长率为 405.66%，变化率为－11.62%，保持率在浸泡 240d 后达到 88.38%。综上所述，在经海水浸泡后，聚脲材料的断裂伸长率变化较小。

聚脲的撕裂强度初始值为 69.21N/mm，在海水中浸泡 30d、60d、120d 和 240d 后的撕裂强度呈不同程度变化，浸泡 240d 后撕裂强度为 60.60N/mm，变化率为－12.44%（表 3），聚脲材料的撕裂强度随浸泡时间缓慢下降，浸泡 240d 后撕裂强度保持率为 84.20%，依然具有比较良好的撕裂性能。综上所述，在海水中浸泡后，聚脲材料的撕裂强度有小幅下降。由表 3 可以看出，经海水浸泡后，聚脲材料的硬度（邵 A）在浸泡的各个时间节点处保持率曲线几乎接近 100%，硬度（邵 A）受盐性条件影响不大。综合表 3 分析可以得出结论，经海水浸泡后，聚脲材料的各项力学性能均有不同程度的变化，但变化值均较小，故聚脲防护材料具有良好的耐盐性介质腐蚀能。

3.4 ATR-FTIR 分析

由表 1～表 3 的测试数据分析可得，在 5%H_2SO_4 中浸泡的材料性能下降最为明显，因而材料耐介质腐蚀性能具有代表性，因而本试验选取 5% H_2SO_4 中浸泡的聚脲材料进行 ATR-FTIR 分析，试样在酸性介质浸泡前及浸泡 240d 后的 FTIR 图如图 1 所示。

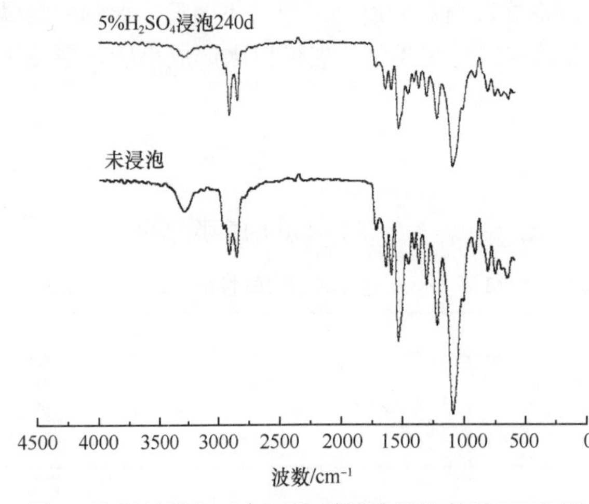

图 1 聚脲材料在 5%H_2SO_4 溶液中浸泡前后 FTIR 图

图 1 中，聚脲材料的 FTIR 图显示，在 3360cm^{-1} 处是 N-H 伸缩振动峰，2965.55～2870.16cm^{-1} 范围内是

C-H 伸缩振动峰，1600～1700 cm^{-1}处是 C＝O 的特征峰，1530 cm^{-1}处为 C-N 和 N-R 的伸缩振动峰，1100～1016cm^{-1}范围内是 C-O-C 伸缩振动峰，以上特征峰说明了材料中具有脲键－NHCONH－的存在。当 Qtech 聚脲材料经 5％H_2SO_4浸泡 240d 后，可从其 FT-IR 图谱中分析得出，3360cm^{-1}处的 N-H 伸缩振动峰值有所减弱，说明在老化过程中有部分 N-H 键断裂；处于 2965.55～2870.16cm^{-1}范围内的 C-H 伸缩振动峰、1600～1700 cm^{-1}处的 C＝O 特征峰以及 1530cm^{-1}处为 C-N 和 N-R 的伸缩振动峰和 1100～1016cm^{-1}范围内的 C-O-C 伸缩振动峰仅有一定程度的减弱和变宽现象，说明材料表面出现了一定程度的化学键断裂反应。以上分析发现，老化前后聚脲材料的 FTIR 谱图趋势和各特征峰位置均一致，只是个别特征峰的强度有所减弱，这说明经 5％H_2SO_4浸泡 240d 后，聚脲材料表面受稀硫酸腐蚀性能有所变化，出现了一定程度的化学键断裂，这与宏观力学性能变化相吻合[20]；但从整体趋势来看，老化前后 FTIR 谱图的整体趋势和峰值位置均一致，仅仅是峰值强度由于表面老化而稍有减弱，故 Qtech 聚脲材料的内部分子结构变化不大，性能稳定。

4 结论

Qtech 纯聚脲材料具有较好的耐酸碱盐介质腐蚀的能力，经 240d 的介质浸泡后，能稳定维持较高的硬度（90 左右）和断裂伸长率（400％以上），其介质腐蚀后性能变化稳定，可有效抵抗介质腐蚀，具有较好的耐化学介质腐蚀的性能。

参考文献

[1] 张延年，单春红，郑怡，沈小俊，高飞，熊卫士．热老化条件下公路桥梁板式氯丁橡胶支座抗剪试验[J]．江苏大学学报（自然科学版），2013，34(4)：471-475.

[2] Makoto Kitagawa，Shuichi Suauki，Motoi Okuda. Assessment of cable maintenance technologies for Honshu-Shikoku bridges[J]. Journal of bridge engineering，2011，11(12)：418-424.

[3] 陈胜．大跨悬索桥主缆防护的分析研究[D]．大连：大连理工大学，2012.

[4] 彭关中，缪小平，范良凯，贾代勇，隋鲁彦，何明来．悬索桥主缆防腐涂装的研究现状及进展[J]．涂料工业，2011，41(5)：60-63.

[5] 彭关中，缪小平，范良凯，贾代勇，隋鲁彦．悬索桥主缆腐蚀防护技术的研究进展[J]．腐蚀科学与防护技术，2011，23(1)：99-102.

[6] 张敏．桥梁防腐用聚硫密封胶的研制[D]．郑州：郑州大学，2013.

[7] 张延年，单春红，郑怡，熊卫士，沈小俊，高飞．冻融条件下公路桥梁板式氯丁橡胶支座受压试验研究[J]．土木建筑与环境工程，2013，35(6)：40-45.

[8] 黄微波．喷涂纯聚脲弹性体技术[M]．北京：化学工业出版社，2005：5-6.

[9] 张同标，倪雅，方二宝，田明明，周文革，晁兵．国内悬索桥主缆钢丝涂装防护技术进展[J]．钢结构，2011，26(6)：74-76.

[10] 温文峰，张宇峰，马爱斌，符冠华，江静华．悬索桥主缆的腐蚀与防护[J]．腐蚀与防护，2007，28(11)：598-601.

[11] WeiBo Huang，JiaYu Xiang，Ping Lv，et al. Study on mechanical properties aging of spray pure polyurea for hydraulic concrete protection. Adv Mater Res，2012，374-377：1325～1329.

[12] 黄微波，刘旭东，吕平，马学强．京沪高速铁路聚脲防护工程要点剖析[J]．现代涂料与涂装，

2012，15(8)：11～19.

[13] 吕平，史世凡，向佳瑜，盖盼盼．采用喷涂聚脲技术提高跨海大桥混凝土耐久性[J]. 混凝土，2012，8：119～121.

[14] Gu HS，Itoh Y. Aging inside natural rubber bearings and prediction method[J]. Journal of Beijing University of Technology，2012，38(2)：186-193.

[15] 张福全，陈美，王永周，廖建和．天然橡胶的老化特征及防护技术[J]. 特种橡胶制品，2011，32(3)：57-60.

[16] A. A. Basfa，M. M. Abdel-Aziz，SMofti . Accelerated aging and stabilization of radiation-vulcanized EPDM rubber[J] . Radiation Physics and Chemistry，2000，57 (3-6)：405-409.

[17] 王思静，熊金平，左禹．橡胶老化机理与研究方法进展[J]. 合成材料老化与应用，2009，38(2)：23-33.

[18] V. S. Vinod，Siby Varghese，Baby Kuriakose. Degradation behavior of natural rubber-aluminium powder composites，effect of heat，ozone and high energy radiation[J]. Polymer Degradation and Stability，2002，75(3)：405-412.

[19] Dhananjay Bodas，Jean-Yves Rauch，Chantal Khan-Malek. Surface modification and aging studies of addition-curing silicone rubbers by oxygen plasma[J]. European Polymer Journal，2008，44(7)：2130-2139.

[20] 潘祖仁．高分子化学(增强版)[M]. 北京：化学工业出版社，2008.

内置 FRP 管的方钢管混凝土组合柱轴压承载力分析

张海镇，陶毅，史庆轩

（西安建筑科技大学土木工程学院，陕西　西安　710055）

摘　要：提出考虑外钢管与 FRP 的双重约束效果，采用双剪统一理论分析了内置 FRP 管的方钢管混凝土组合柱（SCFC）外钢管、外层混凝土、FRP 管以及内层混凝土的应力状态，根据静力平衡条件得到了 SCFC 组合柱的轴压承载力计算公式，其与试验结果能够较好吻合。分析了含钢率、FRP 与钢的相对配置率、FRP 径厚比以及 FRP 管直径对轴压承载力提高系数的影响，结果表明：随着含钢率的增加、FRP 与钢的相对配置率的提高以及 FRP 径厚比的减小，SCFC 组合柱轴压承载力提高系数都有一定程度提高；内 FRP 管直径 d 与外钢管边长 D 之比 0.65～0.75 之间时，轴压承载力增益效果较好。

关键字：钢管—混凝土—FRP—混凝土组合柱；双剪统一强度理论；轴压承载力

中图分类号：TU398.9 文献标志码：A

Bearing capacity of steel tube-concrete-FRP-concrete composite columns based on twin shear unified strength theory

H. Z. Zhang，Y. Tao，Q. X. Shi

（School of civil engineering，Xi′an University Of Architecture And Technology，Xi′an，Shaanxi，China.）

Abstract：The sectional form of steel-concrete-FRP-concrete（SCFC）column，as a novel composite column，has a steel tube as the outer layer and a circular FRP tube as the inner layer，and concrete filled between these two layers and within the FRP tube. Considering the confinements from both outer steel and inner FRP layers，the twin shear unified strength theory and force equilibrium condition have been utilized to develop an analytical model of bearing capacity of SCFC column. The accuracy of the proposed model has been evidenced through being compared with experimental data. The parametrical study was conducted in order to evaluate the confinements affected by the sectional steel proportion，ratio of FRP to steel，ratio of diameter to thickness of FRP and FRP diameter itself. The results indicated that the greater sectional steel pro-

---

基金项目：国家自然科学基金（51408478）；陕西省自然科学基础研究计划（2014JQ2-5024）；陕西省教育厅专项科研计划项（14KJ1437）.

第一作者：张海镇（1992—），男，硕士研究生，主要从事高性能建筑材料与建筑结构的研究，Email：zhanghz_lw@126.com

通讯作者：陶毅（1982—），博士，副教授，主要从事高性能建筑材料与建筑结构方面的研究，Email：xataoyi@foxmail.com

portion, the larger ratio of FRP to steel, and smaller ratio of diameter to thickness of FRP have positive contributions on the confinements of SCFC. The ratio of FRP diameter to steel side length locates between 0.65～0.75 can lead to a better confinement.

Keywords: concrete-steel-FRP-concrete composite column (SCFC), twin shear unified strength theory, bearing capacity

1 引言

内置 FRP 管的方钢管混凝土组合柱是新近提出的一种组合柱形式，即钢管混凝土柱内填充 FRP 约束混凝土。我国学者李帼昌等[1-3]、冯鹏等[4,5]对这一组合柱较早开展了研究。这些学者设计的组合柱截面形式为：外管选择方钢管，内管选择 FRP 圆管，两管间及 FRP 内管填充混凝土，典型截面形式如图 1 所示。相对于传统的方钢管混凝土组合柱通常在钢板侧表面由于混凝土向外挤压时有弯曲变形，这削弱了方钢管对核心混凝土的约束作用[6]，SCFC 中 FRP 圆管对核心混凝土提供有效环向约束，降低了核心混凝土的横向变形，由此降低了对方钢管的侧压力，减缓了应力集中现象，从而提高了约束效果，使得构件的承载能力有效提高。

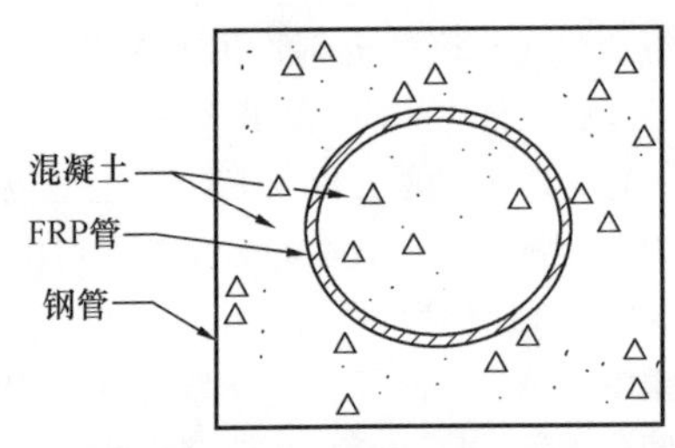

图 1 SCFC 截面形式

文献 [1] 基于统一理论提出了 SCFC 的轴压承载力公式，研究了试件的含钢率及 CFRP 圆管与方钢管的相对配置率对构件轴压承载力的影响。但目前对于 SCFC 受力机理的研究还比较少，本文基于双剪统一强度理论，考虑外钢管与内 FRP 管对混凝土的双重约束作用，对 SCFC 的轴压承载力进行研究，根据极限平衡原理得出轴压承载力计算公式，并且将计算结果与实验数据进行对比，验证了轴压承载力计算公式的准确性，为工程结构设计提供参考。

2 双剪统一强度理论

1991 年俞茂宏在双剪强度理论的基础上，考虑作用于双剪单元体上的两个较大剪切应力及其面上的正应力，建立了一种全新的考虑中主应力σ_2影响的适用于各种不同材料的双剪统一强度理论，其数学表达式为：

$$\sigma_2 \leqslant \frac{\sigma_1 + \alpha\sigma_3}{1+\alpha},\ F = \sigma_1 - \frac{\alpha}{1+b}(b\sigma_2 + \sigma_3) = \sigma_t \tag{1a}$$

$$\sigma_2 \geqslant \frac{\sigma_1 + \alpha\sigma_3}{1+\alpha},\ F' = \frac{1}{1+b}(\sigma_1 + b\sigma_2) - \alpha\sigma_3 = \sigma_t \tag{1b}$$

式中，σ_1、σ_2和σ_3分别为三个主应力；$\alpha=\sigma_t/\sigma_c$为材料拉压强度比；σ_t和σ_c分别为材料的拉伸强度和压缩强度；b 为反应中间主应力效应的材料参数，也是反应不同强度理论的参数。

3 轴压承载力计算

约束混凝土轴压承载力提高的原因在于混凝土在受压时产生侧向变形，随着荷载的不断增加，混凝土纵向应变超过钢管和 FRP 管的侧向变形，从而使得钢管和 FRP 管产生了径向力，约束了混凝土的侧向变形。对于 SCFC 而言：外层混凝土受到外钢管的约束力 p_o，而内层混凝土的约束力由两部分组成：FRP 管对其的约束力 p_i和外钢管经过外层混凝土传递过来的约束力p'_o。其受力模型如图 2 所示。

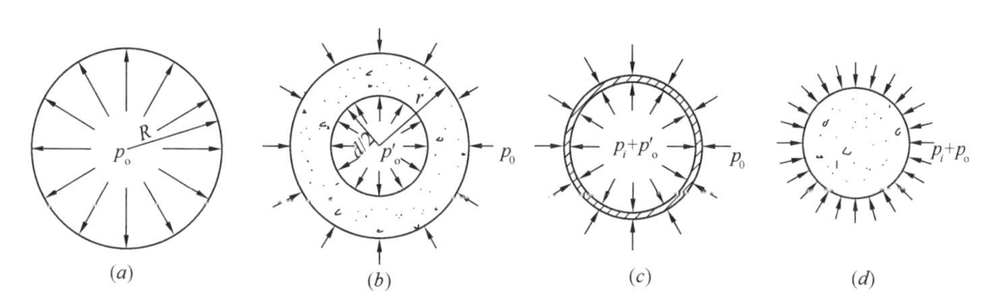

图 2 SCFC 受力模型

(a) 外钢管；(b) 外层混凝土；(c) FRP；(d) 内层混凝土

3.1 外钢管约束作用分析

根据等面积原则，可以将方形钢管截面等效转化为圆形钢管截面，转化公式为：

$$\pi R^2 = D^2 \tag{2}$$

$$\pi r^2 = (D-2t)^2 \tag{3}$$

式中，D 为方钢管边长；t 为钢管厚度；R 为等效后圆钢管外半径；r 为等效圆钢管内半径。

等效后的圆钢管受力状况如图 3 所示，由图可知钢管的约束力为：

$$\sigma_r = \frac{2\,t_s\,\sigma_\theta}{2r} \tag{4}$$

式中，t_s为等效钢管厚度；σ_θ为钢管环向应力。

由于方钢管对混凝土的不均匀约束，引入考虑厚边比影响的等效约束折减系数 ζ，将等效圆钢管对混凝土的均匀约束进行折减[6]。令厚边比 $\nu=t/D$，则其表达式为：

$$\zeta = 66.4747\,\nu 2 + 0.9919\nu + 0.4618 \tag{5}$$

对应于 SCFC 受力模型（图 2）中，钢管的对于混凝土的侧向约束力作用为：

$$p_o = \zeta\sigma_r \tag{6}$$

外钢管的约束作用进过外层混凝土的传递作用于内层混凝土，对内层混凝土约束力 p'_o，由 p'_o和 p_o的关系可知：

$$p'_o = p_o\frac{2R}{d} \tag{7}$$

式中，R 为等效后圆钢管的内半径；d 为 FRP 管外直径。

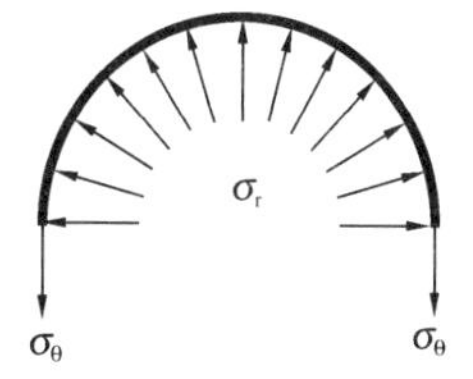

图 3 等效圆钢管受力图

3.2 FRP 管约束作用分析

由于 FRP 基本不承担轴向应力，因此计算承载力时不考虑 FRP 材料的纵向承载力，只考虑其对混凝土的约束作用。如图 4 所示，FRP 的约束力 σ_{fr} 为：

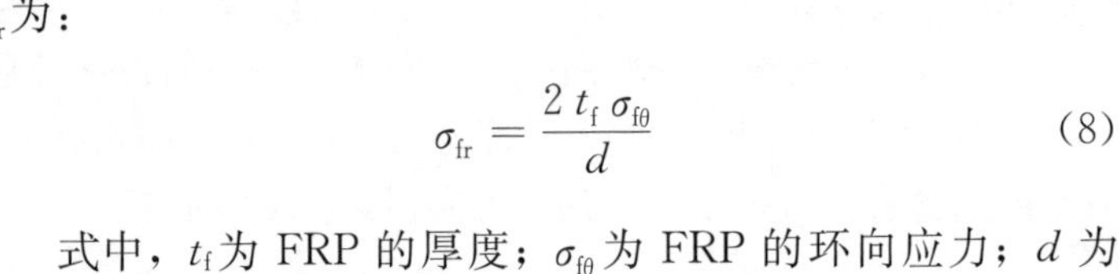

$$\sigma_{fr}=\frac{2\,t_f\,\sigma_{f\theta}}{d} \tag{8}$$

图 4　FRP 受力图

式中，t_f 为 FRP 的厚度；$\sigma_{f\theta}$ 为 FRP 的环向应力；d 为 FRP 的直径。对应于 SCFC 受力模型（图 2）中，FRP 的约束力 σ_{fr} 即为 p_i。

3.3 混凝土应力分析

由于钢管或者 FRP 的约束作用使得核心混凝土处于三向受压状态，而此时三向受压混凝土的强度相比于无约束混凝土的强度有明显的提高，因此钢管或 FRP 约束混凝土的轴压承载力大大高于核心混凝土和钢管以及 FRP 各自的轴压承载力之和。在 SCFC 结构中，钢管和 FRP 的贡献主要体现在对混凝土的约束上，约束后的三向受压的混凝土强度是影响钢管混凝土轴压承载力的决定性因素。

3.3.1 外层混凝土应力分析

方钢管通过面积等效原则等效为圆钢管，其对内侧混凝土产生约束作用，使其处于三向受力状态。对于外层混凝土而言，除了钢管的约束作用，还受到内侧 FRP 的紧箍作用。由于外层混凝土受到内外均匀的约束力作用，因此取钢管和 FRP 约束中的较小值 p_o。此时外层混凝土的应力状态为 $0>\sigma_1=\sigma_2>\sigma_3$，取 $\sigma_1=p_o$，混凝土处于三向受压状态，应用双剪统一强度理论，并用混凝土凝聚力 c 和内摩擦角 φ 表示为：

$$F=\tau_{13}+b\,\tau_{12}+\sin\varphi(\sigma_{13}+b\,\sigma_{12})=(1+b)c\sin\varphi,F\geqslant F' \tag{9a}$$

$$F'=\tau_{13}+b\,\tau_{23}+\sin\varphi(\sigma_{13}+b\,\sigma_{23})=(1+b)c\sin\varphi,F\leqslant F' \tag{9b}$$

两式相减可得：

$$F-F'=b(\tau_{12}-\tau_{23}+\sin\varphi\sigma_{12}-\sin\varphi\sigma_{23}) \tag{10}$$

将 $\tau_{12}=\frac{\sigma_1-\sigma_2}{2}$、$\tau_{23}=\frac{\sigma_2-\sigma_3}{2}$、$\sigma_{12}=\frac{\sigma_1+\sigma_2}{2}$、$\sigma_{23}=\frac{\sigma_2-\sigma_3}{2}$ 代入式（10），可得：

$$F'-F=b(1-\sin\varphi)(\sigma_1-\sigma_3)\geqslant 0 \tag{11}$$

因此，应用式（9b），并用主应力形式表达，最终可以简化为：

$$-\sigma_3=\frac{2c\sin\varphi}{1-\sin\varphi}-\frac{1+\sin\varphi}{1-\sin\varphi}\sigma_1 \tag{12}$$

由混凝土单轴受压可知 $\frac{2c\sin\varphi}{1-\sin\varphi}=f_c$，$f_c$ 为混凝土单轴抗压强度。令 $k_c=\frac{1+\sin\varphi}{1-\sin\varphi}$，并考虑一般对于混凝土而言取受压为正，受拉为负，因此可得：

$$\sigma_3=f_c+k_c\,\sigma_1 \tag{13}$$

外层混凝土受到方形钢管的约束作用，由于方钢管对混凝土的约束分为有效约束区和非有效约束区，等效为圆钢管后应采用混凝土强度折减系数 $\gamma_c=1.67R^{-0.112}$，用以考虑非有效约束区的约束效果减弱的影响[7]。所以外层混凝土的强度为：

$$\sigma_3=\gamma_c(f_c+k_c\sigma_1) \tag{14}$$

式中，σ_3外层混凝土抗压强度；f_c为外层混凝土单轴抗压强度；k_c为侧压系数，$k_c=\dfrac{(1+\sin\varphi)}{(1-\sin\varphi)}$；$\varphi$为混凝土内摩擦角，其具体取值可由试验获得。

3.3.2 内层混凝土应力分析

内层混凝土受到FRP的直接约束作用p_i和外层钢管通过外层混凝土传递过来的间接约束作用p'_o。此时内层混凝土应力状态为$0>\sigma_1=\sigma_2>\sigma_3$，$\sigma_1=\sigma_2=-p_i-p'_o$。根据双剪统一强度理论，应用式（9b）同理可得：

$$\sigma_3=f_c+k_c(p_i+p'_o) \tag{15}$$

3.4 轴压承载力公式

对于内置CFRP圆管的方钢管高强混凝土试件，达到极限承载力之前，试件的外观并没有明显地变化，在达到极限状态时，可听到CFRP管的断裂声响，达到极限承载力之后，承载力有所下降之后又上升达到另一峰值，然后经过一段很长时间的鼓曲变形之后，最终破坏，试件表现出很好的延性[9]。在极限状态时，FRP管断裂，外钢管屈服，因此SCFC组合柱的轴压极限承载力即为钢管承载力与约束后抗压强度提高的内外层混凝土承载力之和，即：

$$N=f_yA_s+(f_c+k_{co}\sigma_r)A_{co}+[f_c+k_{ci}(p_i+p'_o)]A_{ci} \tag{16}$$

$$N=f_yA_s+(f_c+\gamma_ck_{co}p_o)A_{co}+[f_c+k_{ci}(p_i+p'_o)]A_{ci} \tag{17}$$

公式中侧压系数$k_c=\dfrac{(1+\sin\varphi)}{(1-\sin\varphi)}$，$\varphi$为混凝土内摩擦角。$k_c$代表了约束混凝土的钢管或FRP等外部约束与混凝土的几何特性和物理特性参数对其承载力的影响，其取值直接关系到承载力公式的精确度，k_{co}为外层混凝土侧压系数，k_{ci}内层混凝土测压系数。本文采用文献［8］中约束混凝土内摩擦角公式推导侧压系数。内摩擦角公式为：

$$\varphi=8.6^\circ+\exp\left[-1.863\cdot\left(\frac{f_l}{f_c}\right)^{0.8}\right]+27^\circ \tag{18}$$

式中，f_l为核心混凝土的侧向约束力，对于外层混凝土而言为p_o，对于内层混凝土而言为$p_i+p'_o$；f_c为核心混凝土单轴抗压强度。将式（18）代入测压系数公式中即得到外层混凝土侧压系数k_{co}，内层混凝土测压系数k_{ci}。

4 公式验证与影响因素分析

4.1 承载力公式验证

采用文献［3］的试验数据，将相关数据带入式（11）中得到的计算结果，将计算结果与试验数据进行比较，结果列于表1。其中N表示计算结果，N_u表示试验结果。f_y为钢管的屈服强度；f_c为混凝土单轴抗压强度；f_{fy}为FRP管的环向抗拉强度。

计算结果与试验结果的比较 **表 1**

试件编号	D (mm)	d (mm)	t (mm)	t_f (mm)	f_y (MPa)	f_c (MPa)	f_{fy} (MPa)	k_{co}	k_{ci}	N_u (kN)	N (kN)	N/N_u
SC41	150	90	4	0.167	295	50.2	1500	3.49	3.19	2220	2112.8	0.952
SC41′	150	90	4	0.167	295	50.2	1500	3.49	3.19	2210	2112.8	0.956
SC42	150	90	4	0.334	295	50.2	1500	3.49	3.08	2280	2212.8	0.971
SC42′	150	90	4	0.334	295	50.2	1500	3.49	3.08	2270	2212.8	0.975
SC51	150	90	5	0.167	315	50.2	1500	3.41	3.12	2500	2437.8	0.975
SC51′	150	90	5	0.167	315	50.2	1500	3.41	3.12	2470	2437.8	0.987
SC52	150	90	5	0.334	315	50.2	1500	3.41	3.03	2580	2535.7	0.983
SC52′	150	90	5	0.334	315	50.2	1500	3.41	3.03	2590	2535.7	0.979
SC61	150	90	6	0.167	335	50.2	1500	3.33	3.05	2700	2807.4	1.040
SC61′	150	90	6	0.167	335	50.2	1500	3.33	3.05	2720	2807.4	1.032
SC62	150	90	6	0.334	335	50.2	1500	3.33	2.98	2780	2903.2	1.044
SC62′	150	90	6	0.334	335	50.2	1500	3.33	2.98	2770	2903.2	1.048
ZY4-1	200	130	4	0.167	313	65.1	1500	3.59	3.37	4218	4020.5	0.920
ZY4-2	200	130	4	0.334	313	65.1	1500	3.59	3.28	4424	4176.5	0.913
最大值												1.048
最小值												0.913
平均值												0.984

从表 1 的结果对比分析可以看出，本文基于统一强度理论推导的 SCFC 组合柱的轴压承载力公式所得结果与试验值吻合较好，说明将统一强度理论运用于 SCFC 组合柱轴压承载力计算是可行的。

4.2 影响因素分析

为了更好地表征 SCFC 组合柱中钢管与 FRP 约束对承载力增益效果，定义轴压承载力提高系数 $\eta = N/N_0$，式中 N 为通过式（16）和（17）计算而得的承载力值，N_0 为不考虑钢管和 FRP 约束作用时钢管与混凝土承载力之和。

4.2.1 材料配置参数的影响

试验研究表明，影响 SCFC 组合柱承载力的主要因素为：含钢率A_S/A_C、FRP 与钢管的相对配置率 $\beta = A_f/A_s$和 FRP 管的径厚比 d/t_f。本文对文献中构件在截面尺寸不变的情况下，变化材料参数，研究各参数变化对于承载力提高系数的影响。

（1）含钢率A_S/A_C，即钢管截面面积与混凝土截面面积之比。在 SCFC 组合柱截面大小与内部配置的 FRP 大小一定时，组合柱承载力提高系数随着含钢率的变化如图 5 所示，随着钢管厚度增大，构件含钢率变大，承载力提高系数变大，说明含钢率越大，钢管对内部混凝土的约束作用越明显，且截面宽度较小时含钢率的变大导致承载力的增益效果更明显。

（2）FRP 与钢管的相对配置率 $\beta = A_f/A_s$，FRP 截面面积与钢管截面面积比。在含钢率不变的情况下，组合柱承载力提高系数随着相对配置率的变化如图 6 所示，对于含钢率相同的构件，相对配置率越大，FRP 所占比重越大，相应地承载力提高得越多，这是由于在构件轴心受压时，FRP 对核心混凝土产生了相互作用的紧箍力作用，这种相互作用的紧箍力会随着 FRP 层数的增加，即A_f/A_s的增加而增加。

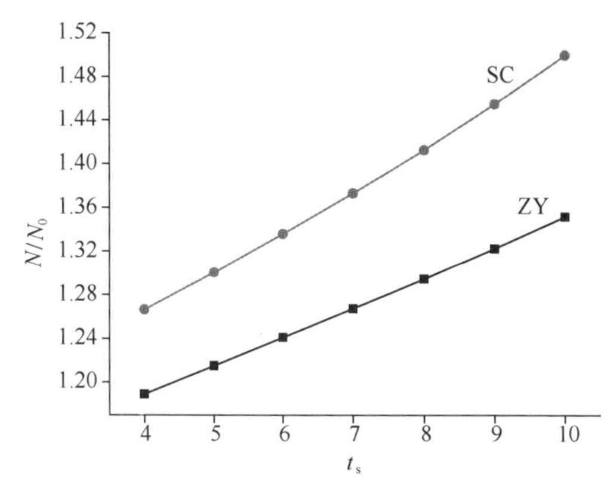

图 5　钢管厚度与 η 的关系

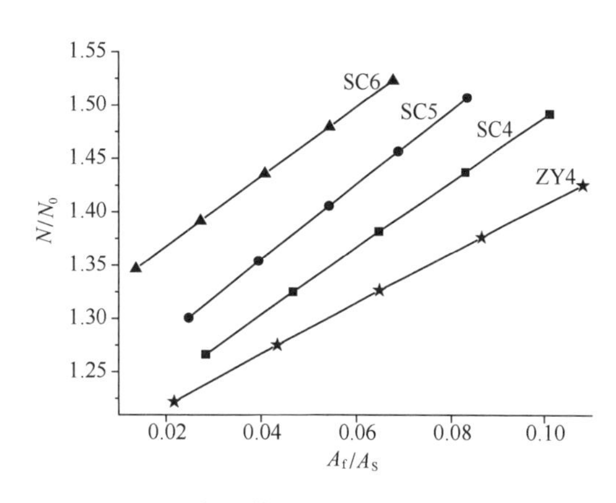

图 6　FRP 与钢管的相对配置率与 η 的关系

（3）FRP 管的径厚比 d/t_f，即 FRP 管直径与厚度的比值。在含钢率不变的情况下，组合柱承载力提高系数随着 FRP 管的径厚比的变化如图 7 所示，随着径厚比的增大，承载力提高系数降低。径厚比的增大可以表现为 FRP 厚度相同时，其直径增大，由公式（7）可知，直径增大将导致约束效果的降低，从而导致承载力增益的效果下降。

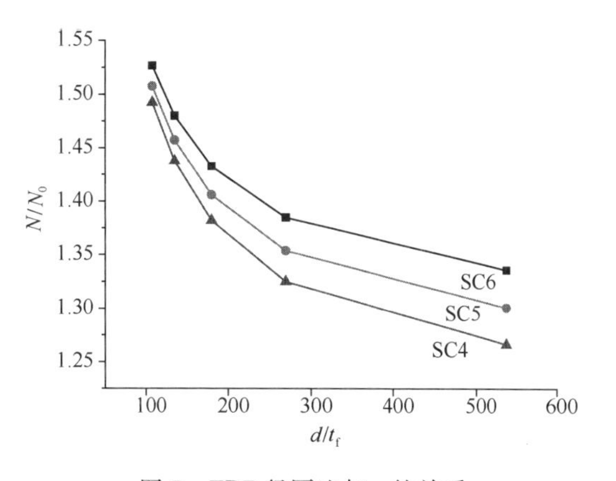

图 7　FRP 径厚比与 η 的关系

4.2.2　内 FRP 管参数的影响

在含钢率与 β 不变的情况下，通过变化参数，得到了承载力提高系数与内 FRP 径厚比、内外管直径边长比 d/D 的关系，如图 8 和图 9 所示。由图 8 中可以看出，含钢率与 β 不变的情况下，随着内 FRP 径厚比的变大承载力提高系数先增加后减小，存在最优值。此外，由图 9 可知，内 FRP 直径 d 为 $0.65D \sim 0.75D$ 之间，轴压承载力增益效果较好。

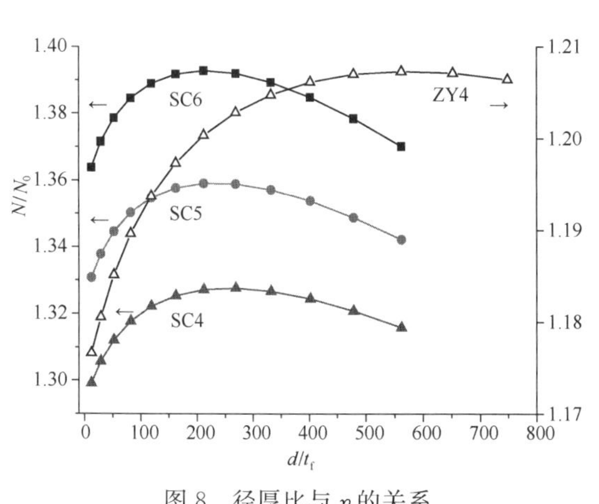

图 8　径厚比与 η 的关系

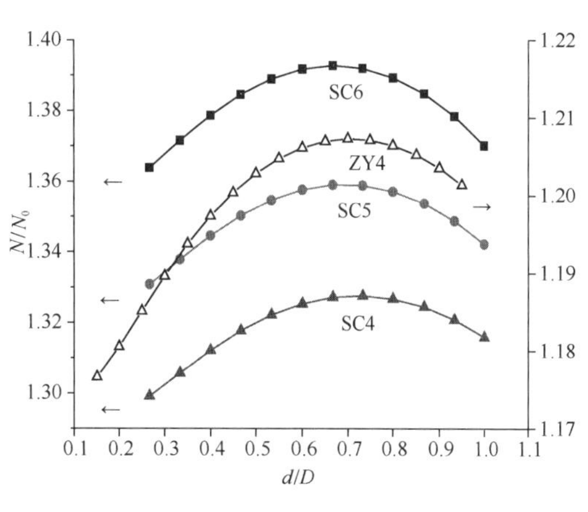

图 9　内外管直径边长比与 η 的关系

5 结论

（1）本文将内置FRP管的方钢管混凝土组合柱（SCFC）分为外钢管、外层混凝土、FRP管以及内层混凝土四个部分，考虑外钢管与FRP的双重约束效果，采用双剪统一理论分析了构件的应力状态，得到了轴压承载力计算公式，对比了文献中的试验数据，具有较好的精度。

（2）含钢率A_S/A_C、FRP与钢管的相对配置率$\beta=A_f/A_s$和FRP管的径厚比d/t_f都对SCFC轴压承载力提高系数的具有一定的影响影响，随着含钢率的增加、β的提高以及径厚比的减小，SCFC轴压承载力提高系数都有一定程度提高。

（3）内FRP直径d为$0.65D$～$0.75D$之间，轴压承载力增益效果较好。

参考文献

[1] 李帼昌，麻丽，杨景利，等．内置CFRP圆管的方钢管高强混凝土轴压短柱承载力计算初探[J]．沈阳建筑大学学报：自然科学版，2008，24(1)：62-66.

[2] 李帼昌；侯东序；李宁．内置CFRP圆管的方钢管高强混凝土偏压短柱试验[J]．沈阳建筑大学学报：自然科学版，2009，25 (5)，871-876.

[3] 李帼昌，邢娜，邢忠华．内置CFRP圆管的方钢管高强混凝土轴压短柱试验[J]．沈阳建筑大学学报：自然科学版，2009，25(5)：244-249.

[4] Feng P, Cheng S, Bai Y, et al. Mechanical behavior of concrete-filled square steel tube with FRP-confined concrete core subjected to axial compression[J]. Composite Structures, 2015, 123: 312-324.

[5] Cheng S, Feng P, Bai Y, et al. Load-Strain Model for Steel-Concrete-FRP-Concrete Columns in Axial Compression[J]. Journal of Composites for Construction, 2016.

[6] 容柏生，李盛勇，陈洪涛，等．中国高层建筑中钢管混凝土柱的应用与展望[J]．建筑结构，2009 (9)：33-38.

[7] 李小伟，赵均海，朱铁栋，等．方钢管混凝土轴压短柱的力学性能[J]．中国公路学报，2006，19 (4)：77-81.

[8] 江佳斐，吴宇飞，李奔奔．约束混凝土内摩擦角的特性研究[C]// 第23届全国结构工程学术会议论文集(第Ⅱ册)．2014.

陕西省合阳县灵泉村农村住宅建筑节能调查与分析

于卓玉，张　群，聂　倩
（西安建筑科技大学 建筑学院，陕西　西安　710055）

摘　要：为了从根本上改善陕西省合阳县灵泉村农民居住质量和农村住宅舒适度，亟需在现有条件下，探索适于灵泉村经济技术发展水平的节能住宅。针对问题，通过问卷与入户调研掌握民居现存缺陷，分析该地区农村住宅的特殊性，包括气候条件，住宅现状，农民生活习惯，技术经济条件以及各种资源利用状况，挖掘建筑节能潜力，探索适应灵泉村住宅建设的可持续发展新模式，为该地区农村住宅设计提供必要的理论支持。

关键词：问卷调查；乡村建设；农村住宅；节能
中图分类号：TU393

INVESTIGATION AND ANALYSIS ON ENERGY SAVING OF RESIDENTIAL BUILDINGS OF LINGQUAN VILLAGE IN SHANNXI

Z. Y. Yu，Q. Zhang，Q. Nie
(Xi'an University of Architecture&Technology College of Architecture，Xi'an，China)

Abstract：In order to from fundamentally improvement in Shaanxi Province Heyang County Lingquan village farmers living quality and rural residential comfort，it is need to under the existing conditions，explore suitable for Lingquan village level economic and technological development of residential energy conservation. To solve the problem，through questionnaires and household survey master houses existing defects，analysis of the special nature of the rural residential area，including climate conditions，residential status，rural living habits，technical and economic conditions and a variety of resources use condition，and tap the potential of building energy saving，to search for the suitable Lingquan village residential construction of the sustainable development of the new model，the rural residential area design provide necessary theoretical support.

Keywords：questionnaires，rural construction，rural housing，energy conservation

---

基金项目：国家自然科学基金面上项目（51278414，51408474，51178369）
第一作者：于卓玉（1992—），女，硕士，主要从事绿色与地域建筑研究，E-mail：921861401@qq. com.
通讯作者：张群（1973—），男，博士，教授，博导，主要从事绿色与地域建筑研究，E-mail：zhangqun@xauat. edu. cn.

1 引言

改革开放以来，农村住宅建设取得了长足的发展，农村住宅的建造量明显增加，但是其中多数达不到节能的要求。因此，推进村镇地区建筑节能的工作，合理开发利用可再生能源，加强村镇能源生态工程建设，积极开展住宅的科学设计是十分必要的。不仅能有效缓解村镇地区能源短缺，提高村镇人民的生活水平，改善舒适度和生活质量，增加农民收入，而且也有利于治理环境污染，优化村镇地区环境，促进村镇地区经济社会可持续发展。近年来建筑界对民居的研究颇多，但大部分仅仅停留在建筑的外观形式和审美价值的分析上[1,2]。或者集中在建筑单体的分析和村落整体形态的演变[3-6]。对农村住宅的节能调查分析较少。事实上，农村住宅一次性建筑投入低，在建筑节能方面基本无额外的投入，建筑能耗普遍大于同期建成的城镇住宅，基本都属于高能耗建筑。由此可见，解决农村住宅的节能问题是解决我国建筑能耗问题的一个非常关键的环节。

陕西省渭南市合阳县灵泉村由于气候严峻、生态脆弱、灾害频发，人居环境十分艰难。类似灵泉村这种生态脆弱与贫穷落后地区的历史文化村落保护与发展不同于东部，其发展的背景、依托的条件和面对的问题更加复杂艰难。因此，通过问卷与入户调研掌握民居现存缺陷，分析该地区农村住宅的特殊性，探索适应灵泉村住宅建设的建筑节能方法。

2 调研对象现状

2.1 调研地区概况

灵泉村位于合阳县城东30华里外的黄河西塬上，坊镇东南角5km处，村庄三面环沟子，地形东西狭长，地面沟壑纵横，斜坡台田占总耕地面积的一半，水土流失严重，土地利用率低，大片坡地荒芜。全村总面积约3.9km^2，海拔550～600m，无霜期天，属陕北高原温暖半干旱气候区，年降水量560mm，春季少雨，夏季多伏旱[7]。1976年开始兴修水利以改变用水困难的现状。现各家各户已可用上自来水。

整个村落格局由村、寨、庙三部分构成。远望可见村墙和福山上的庙宇建筑群。近瞧可以发现，村落南、北各有一条大沟，坡度陡急，直向黄河，东部地形比较复杂，向黄河方向跌落，唯有西面有一狭窄出入口与平坦土塬衔接，内部形成一块南高北低基本平坦的四方地块，作为村子的领地。整个村落呈半岛状布局，向东方延展，周围的沟壑形成了天然的居住庇护屏障。

灵泉村最大的特色就是还保留有比较完整的城墙，城墙高七八米，厚五六米，城外还有修城墙时留下的四五米深的城壕。此外，灵泉村有一处保存完整精致的公共建筑，党氏总祠堂，祠堂民国时期重新修建。整体建筑风格和院落布局还保持了原有的风格，具有较高的研究价值。灵泉村城墙里面的是老城（如图1），村子入口处建了新城（如图2）。灵泉村并被列入了第二批中国传统村落名录。

图 1　灵泉村新城住宅

图 2　灵泉村旧城住宅

2.2　住宅建筑现状

四合院是村中最主要的住宅空间形式、院子多坐北朝南，北为正房，面阁三同，单层一明两暗，当心间开雕花门扇，左右次声间设槛窗（如图 3）。东西厢房亦多为三开间，一层或有夹层作为粮仓，部分根据院落大小不同而开间数目有所变化，倒座与正房相对，三开间。有钱人家的正房、厢房、倒座均有檐廊，悬臂挑出，并无檐柱。院落中坐北朝南的正房是整个住宅中位置最好的。三开间，除居住功能外，还放置礼仪性的“中堂”。所以叫堂房。堂房也是全家团聚和议事的场所，两个次间主要做居住之用[8]。

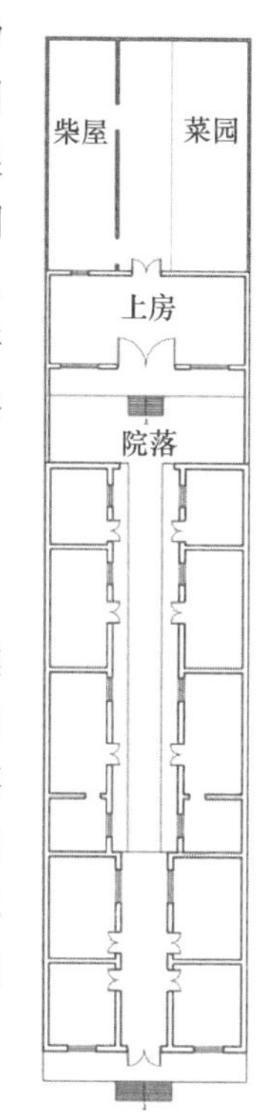

图 3　灵泉村住宅平面

2.3　调研方法

居住环境实态调查时居民当前状态和行为的实际反映，也是我们研究问题的有力证据。于 2015 年 10 月开始，针对不同的调查内容，对合阳县灵泉村的农村住宅采取了问卷调查，访谈调查和观察调查相结合的方法。灵泉村村民约 1800 人，新城民居占 30%，旧城民居占 60%，旧城改建居民占 10%。本次调查的住宅建筑样本为 530 人，共获得 530 份问卷，其中有效问卷 498 份。将回收的问卷全部录入电脑，采用统计法进行处理和分析。

3　调研结果与分析

3.1　调研对象基本情况分析

对 530 名受试者的背景情况进行了统计，结果见表 1，其中：男性占 48%，女性占 52%，受试者平均年龄是 52.2 岁，在灵泉村居住的平均时间为 31.7 年，基本适应了当地的气候条件，另外，受试者基本都能独立完成试卷．充分考虑了身高、体重、年龄、职业和收入等影响因素，并均匀分布在样本中。

调查人员背景分析 **表 1**

标准	年龄（岁）	身高（cm）	体重（kg）	在灵泉村居住时间（年）
平均值	52.2	158.1	58.7	31.7
标准偏差	16.5	13.4	12.6	14.6
最大值	88.0	185.0	85.0	78.0
最小值	8.0	108.0	22.0	0.5

3.2 人口与住宅基本情况

该部分主要对被调查家庭常住人口分布，住宅面积分布，对住宅的修补时间等进行统计分析，结果如图 4 和图 5 所示。

从结果看，传统的三口之家占总调查户的 21%，四口之家占总调查户的 34%，五口之家占 32%。户均人口为 4.1。从住宅建筑面积分布图看，关于住房面积（包含院落）面积区间设置为：0～180m²，180～360m² 和 360m² 以上。结果如图 5 所示：面积为 180～360m² 的住宅所占比例最多，约为 70%。调研发现村里的住宅大多都有宽敞的内院。被调查居民对自家房屋修补情况是：每隔 5～10 年修补的占 8%。每隔 20 年左右修补的占 46%，遇到婚丧嫁娶等才修补的占 27%，没修补过的占 19%。

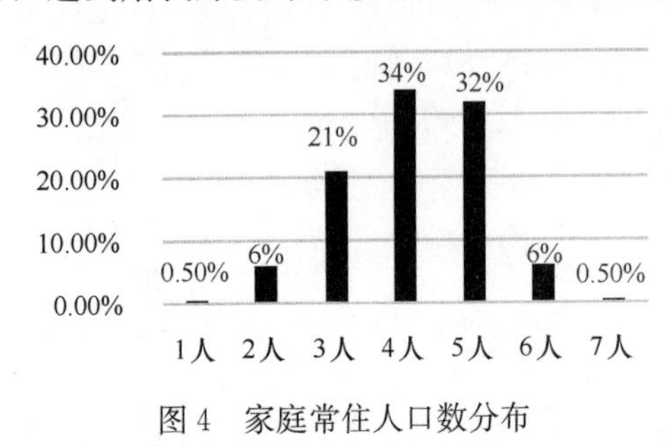

图 4 家庭常住人口数分布

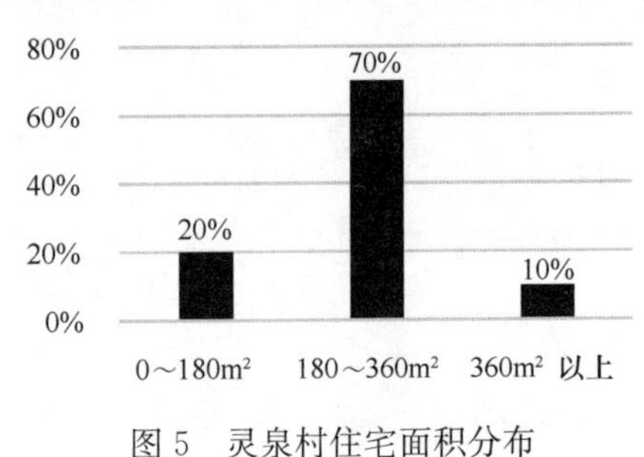

图 5 灵泉村住宅面积分布

3.3 土地利用

为了了解灵泉村土地的利用现状，分别调查了住宅里空地种植情况 ，院子里是否有古树，家中是否有停车位，对现有的停车状况是否满意以及排水状况等问题。统计结果如图 6～图 9 所示。

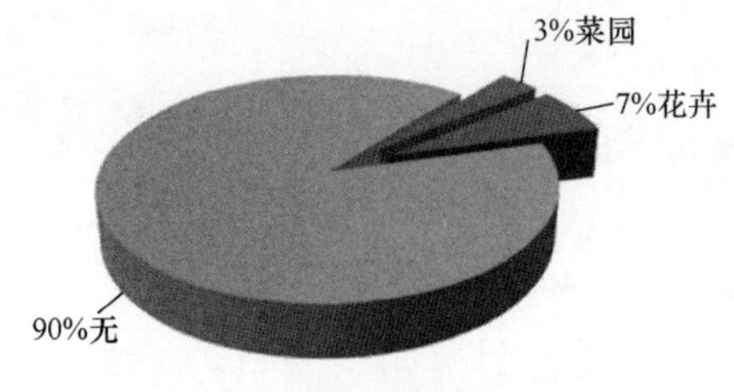

图 6 住宅里空地种植情况

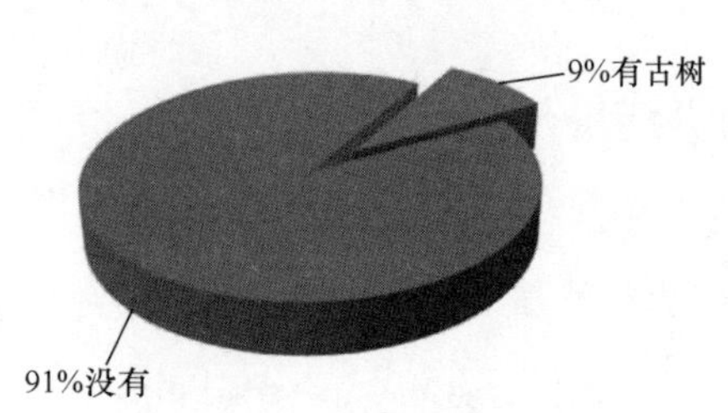

图 7 院子里是否有古树

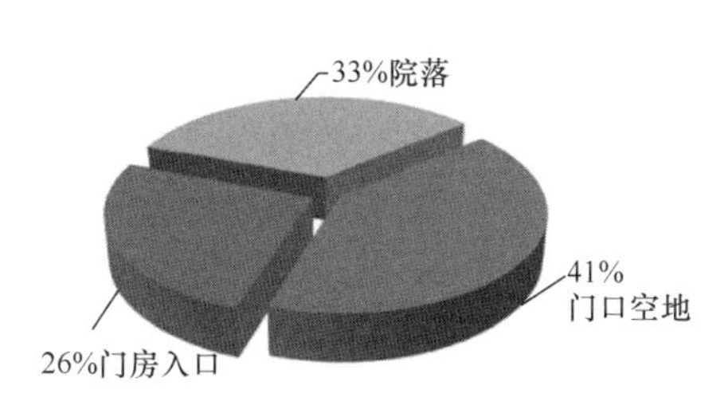

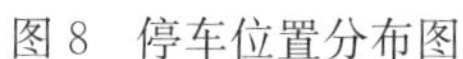
图 8　停车位置分布图

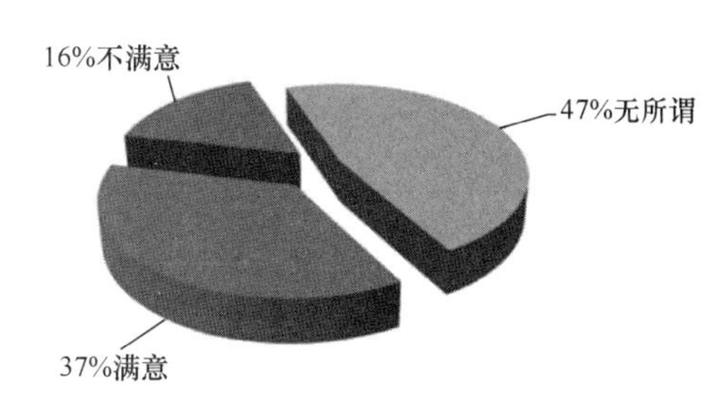

图 9　对停车现状满意情况

对农村住宅内院的土地使用情况进行调查，包括空地种植情况。结果显示：农村住宅的院子里有空地种植的占 10%，其中种植花卉的占 7%，种植蔬菜的占 3%。可见土地的利用率很低。

在调查中发现，内院是住宅中最富有生活气息的场所。日常生活、生产劳作，婚丧大事，都离不开内院。村民很重视内院，把内院整理得很干净。由图 7 可知：院子或家门口有几十年的古树的仅占 9%。这是因为村民为了迎纳阳光，所以院内不种树木，仅以盆栽装饰。但是这也导致了农村住宅的绿化率很低。土地大多都没用被很好地利用。

关于家中或者门口是否有停车位置的调查如图 10，家中有车的村民有 26%把车停在门房入口，47%停在门口空地，33%停在院落。村民对停车状况的满意程度如图 9：对现在的停车状况满意的占 37%，无所谓的占 47%。不满意占 16%。其中，对停车状况不满意的村民主要是由于没有车库，汽车停在门房入口处，影响村民正常交通。

此外，关于院落排水情况。在这些农村住宅中，房子四周和院落里有 55%的住宅设置排雨水的设施，院内场地的排水组织比较简单，院内砖石整体找坡，雨水都集中在院内低洼处，院内设置明沟。

3.4　能源利用

为了了解农村的能源利用现状，问卷调查了取暖方式和生活能源使用，问题包括：平时生火做饭用什么，冬季采用什么方式取暖，洗澡时用什么烧水，家中是否有长明灯。统计结果如图 10、图 11 和表 2 所示。

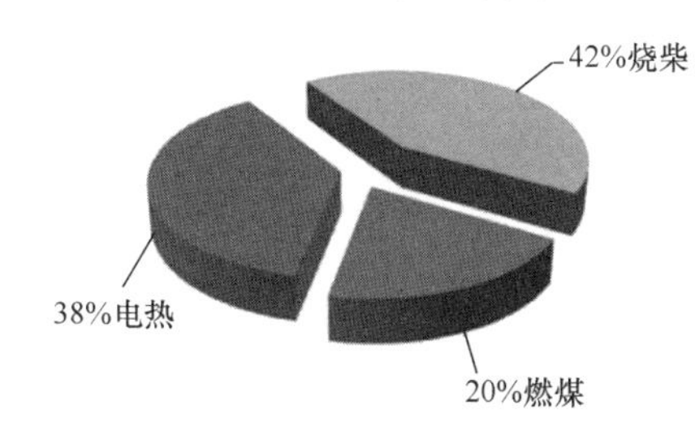

图 10　冬天取暖方式

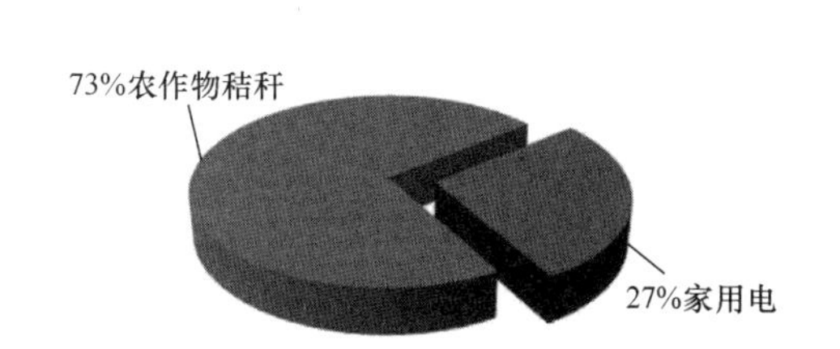

图 11　平时生火做饭用什么材料

日常能源利用状况调查　　表 2

	有空调	厕所可以冲水	用太阳能洗澡	有水窖储水	垃圾统一回收
百分比（%）	24%	9%	11%	41%	63%

如图 10 所示，该地区冬季的取暖方式有烧煤，烧柴和电热 3 种，42％的居民采用烧柴的取暖方式，38％采用电热取暖，20％采用燃煤取暖。如图 11 所示：平时生火做饭 73％用农作物秸秆，27％用家用电。可知该地区能源利用状况还很落后，大部分不能满足节能要求，能源利用率很低。能源消费结构目前正处于从传统能源消费结构向现代能源消费结构的变迁的过程中，相比于城市用能而言，灵泉村能源的消费水平仍然处于落后阶段。分析其原因，主要在于农业生产方面的变革，农民的经济收入水平、技术服务体系滞后以及农村能源缺失等几个方面[9]。

日常能源利用状况调查中，如表 2，能用太阳能洗澡的住户 11％，家里有冲水厕所的 9％，可见太阳能和冲水厕所在该地区还没有普及，只有少部分经济条件好的住宅有使用这类能源。空调的利用率 24％，家里有水窖的占 41％，可以用于储藏水资源。关于垃圾回收这方面，该地区有专门的垃圾回收车。63％的居民会选择垃圾统一回收。但也有部分居民会随意丢弃，这对村庄的环境造成了污染和危害。

其他各类节能家电和用品在农村家庭的普遍率并不高。通过调查访谈得知，产品的性能优越和价格低廉是广大农村居民购买家电的首要因素之一。所以提高居民的节能意识非常重要。在节能知识的传播途径方面，可通过电视媒体和宣传活动来宣传和推广，尤其是一些日常生活的节能方法和技巧。除此之外，在宣传过程中，还应考虑产品价格这一重要因素。

3.5 室内环境

为了研究该地区农村住宅室内环境的状况，分别调查了房间里面的光线舒适程度和村民对房间的空气质量的感受，以及在室内做饭和烧煤时是否有呛感。统计结果如图 12～图 15 所示。

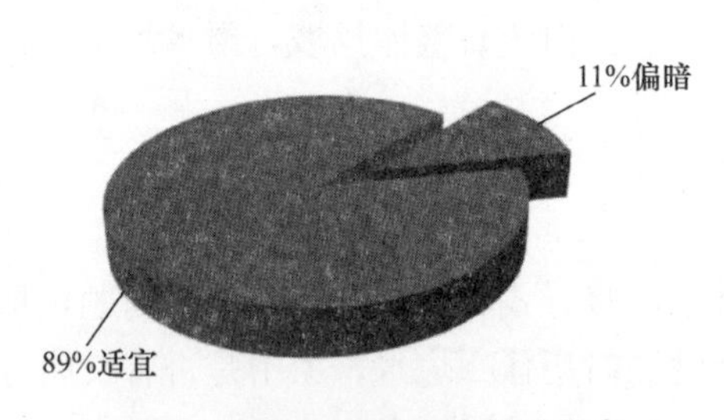

图 12　房间里面的光线舒适程度

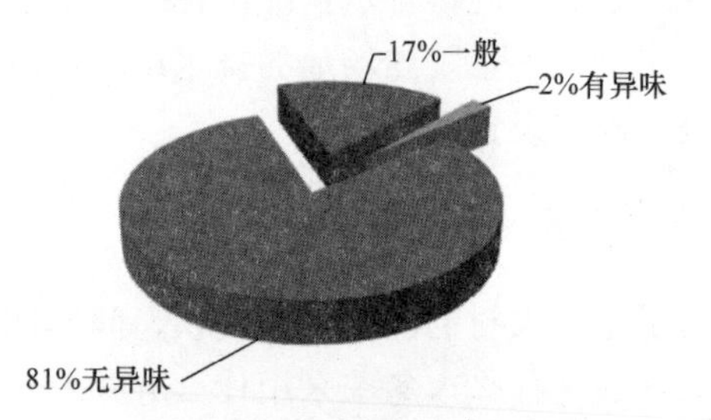

图 13　村民对房间空气质量感受

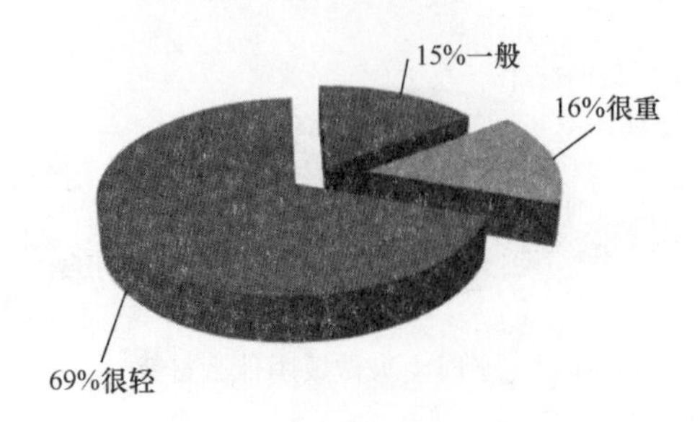

图 14　做饭时是否有呛感

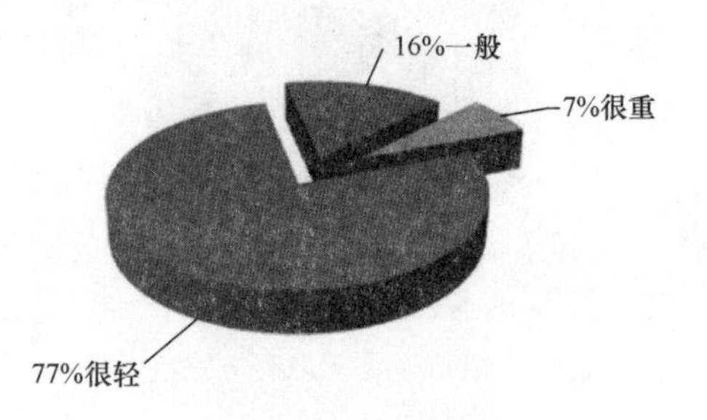

图 15　冬季烧煤时是否有呛感

由图 12 可知，村民对房间里面的光线舒适程度不满意。11％觉得房间偏暗，有时白天也需要开灯。该地区的农村住宅室内光环境条件比较差。这主要是由于建造过程中，村民很少考虑到室内光环境等建筑物理性能。针对光环境差房间偏暗的问题，建议多利用天然光采光，天然光采光不仅起到节能的作用，还能对于视觉作业者的视觉生理起到积极的作用。在考虑民居光环境时，处理在建筑设计的窗地比因素以外。各反射表面的反射比和窗户和玻璃的透射率也是影响室内自然采光的重要因素。注意采光窗的布置，更需要注重室内和玻璃材质的选择[10]。

从图 13、图 14 和图 15 可知，大部分的村民对室内通风和空气质量比较满意。但是当做饭或者烧煤的时候室内是有呛感的。在调查中发现，有些村民由于生活习惯等原因，厨房的窗户处于关闭状态，导致污染严重。室内通风可以明显降低室内污染物的浓度。同时通风也是室内空气污染控制中最简单，最有效的方法[11]。在设计住宅时，适当增加通风口和窗户的面积有利于改善空气质量。另外对村民的教育引导是必要的。只有使村农认识到室内空气污染的危害性，经常通风改善空气环境，才能满足人体舒适和健康的需要。

3.6 对建筑节能的了解

对绿色建筑的了解。调查问卷中设置了是否听说过绿色建筑，你认为绿色建筑有什么特色？此外还有几个关于村民节能行为的调查，参与此次调查的居民中，有 91%的家庭没听过绿色建筑，有 8%的家庭听说过但是不了解，只有 1%人对绿色建筑了解。可见，绝大多数的农村居民对绿色建筑不了解，必须加大宣传力度，使绿色建筑深入人民，有利于农村绿色建筑的开展。加强农村能源宣传教育等方面需要采取措施，改善农村能源利用状况，优化农村能源消费结构。

关于翻修房子时砖瓦的放置位置，29%居民会放在院落。56%直接堆在道路上，这对交通和环境都产生了不利影响（图 16）。并且建造房子用的砖瓦砂石上面都没有用网布遮盖。对空气质量有影响。剩余砖瓦的处理方式只有不到一半的居民会选择收集，53%的居民将剩余的砖瓦直接丢弃（图 17）。村民在建筑材料节能的意识比较差。

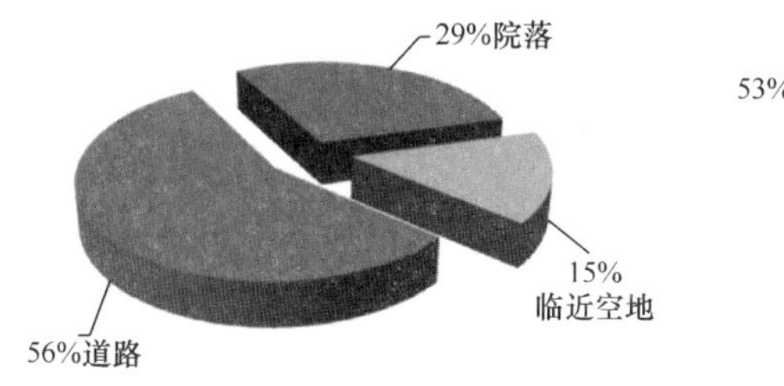

图 16　翻修房子时，砖瓦放置位置

图 17　剩余的砖瓦是否收集

关于发展建筑节能是否有必要的问题上，大部分的村民表示是有必要的，而且在新建住宅上回考虑住宅的节能效果，既有居住建筑节能改造也是可以接受的。

居民的节能意识对能源的节约有着很大的作用，但是农村居民的节能意识普遍偏低，其节能意识受到年龄、家庭收入、职业和教育程度的影响。所以从房屋的规划设计、施工手段到耗能设备的运行，农村居民对节能的认识均有所不足，比如，建房时多选用在很多城市已被禁用的黏土砖等落后的建材，没有合理的设计外窗的窗墙面积比及采取遮阳措施，使得建筑本身的节能效果很差。在对节能产品的购买和使用上，与家庭经济收入有直接的关系。

4 总结

灵泉村住宅以老房子居多，年久失修，由于都是村民自发性的建造住宅，基本没有考虑建筑节能的问题。在建筑设计方面，应该集农村现有的建筑各自优点及现有的成熟技术，设计出适合当地农村的住宅，在农村建筑建设中，应该加强建筑本体的设计，在调研中发现不同类型的住宅各有不同的优势，可以针对不同类型的住宅进行研究，取其优势，运用到以后的住宅设计中。

土地利用方面的利用率低，大部分住宅的院子没有得到很好的利用。建议结合现状地形进行场地设计与建筑布局，保护场地内原有的自然水域、湿地和植被，采取表层土地利用等生态补偿措施。关于排水方面，建议充分利用场地空间合理设置绿色雨水基础设施。建议合理设置停车场所。

该地区能源的消费水平仍然处于落后阶段，政府应完善技术服务体系，丰富农村能源资源。建筑方面，建议选用本地生产的建筑材料或者可再利用材料和可再循环材料以及以废弃物为原料生产的建筑材料。此外，建议合理使用非传统水源。

室内光环境和空气质量尚可，有小部分居民觉得屋子暗或房间呛，在建筑节能设计时，应结合场地自然条件，对建筑的体形、朝向、间距、窗墙比等进行优化设计，外窗、玻璃幕墙的开启部分能使建筑获得良好的通风。改善建筑室内天然采光效果优化建筑空间、平面布局和构造设计，改善自然通风效果。

该地区在规范建筑的设计和施工问题上政府需要加强监管，农村建筑大多为自建建筑，剩下的建筑材料大部分都是简单堆积在院子中，基本没有利用或废弃。而且农村居民的节能意识比较弱，节能知识匮乏，使用节能电器的住宅非常少。因此应该加强农村居民的节能意识，普及节能知识。

参考文献

[1] 朱金良．当代中国新乡土建筑创作实践研究[D]. 上海：同济大学，2006.2：8
[2] 刘邵权．农村聚落生态研究—理论与实践[M]. 北京中国环境科学出版社，2006.8
[3] 虞志淳．陕西关中农村新民居模式研究[D]. 西安：西安建筑科技大学，2009
[4] 胡冗冗，刘加平．西藏农区乡土民居演进中的问题研究[J]. 西安建筑科技大学学报：自然科学版，2009，41(3)：380-384.
[5] ZHOU Wei. Study and analysis of architectural space and the regeneration of traditional dwellings [D]. Xi′an：Xi′an University of Architecture and Technology，2004.
[6] 王治平．试论徽州传统民居及其布局．北京：中国建筑工业出版社，1996.
[7] 王炜．陕西合阳灵泉村村落形态结构演变初探-乡镇形态结构演变系列研究[D]. 西安：西安建筑科技大学，2006
[8] 梁林，张可男．陕西合阳县灵泉村现状调查[J]. 中国民居学术会议论文集，2010
[9] 雷振东，于洋，陈景衡．灵泉村传统聚落保护与更新适宜性途径研究[J]. 南方建筑，2009.4
[10] 甄蒙，孙澄．寒地农村住宅光环境优化设计[J]. 照明工程学报，2015.8
[11] 杜立英，魏泉源，魏秀英，肖俊华．房屋建筑和通风队农户室内空气质量的影响[J]. 农业工程学报，2006. 10

不确定分析中实物期权方法对项目投资决策的比较分析

黄竹纯，王建平
（西安建筑科技大学土木工程学院，陕西　西安　710055）

摘　要：工程项目存在各种风险性和不确定性，传统对工程项目的评价方法已经不适用于评价投资一个项目是经济上否可行投资是否合理。实物期权评价方法刚开始运用在经济领域。本文现将实物期权的权估值方法应用于建设项目投资，来最大限度地挖掘项目投资决策的价值。建立 Black-Scholes 法和二叉树定价来比较分析实物期权定价模型，进而对项目进行更准确的价值评估，结合净现值对项目作出投资决策。

关键词：传统 DCF 法；实物期权；定价模型；投资决策
中图分类号：TU923

Uncertainty analysis of the real options method comparative analysis of project investment decision-making

Z. C. Huang，J. P. Wang
（Xi′an University of Architecture and Technology，School of civil engineering，Xi′an，China）

Abstract：There are various risks and uncertainties in the project，The traditional evaluation method of engineering projects has not been applied to the evaluation of investment in a project is economically viable investment is reasonable. Real option evaluation method has just begun to use in the economic field，In this paper，we apply the method of real option valuation to the investment of construction projects，and maximize the value of mining project investment decisions. Establish the Black-Scholes method and the two fork tree pricing to compare and analyze the real option pricing model in order to assessment of the value of the project and make investment decisions based on the net present value of the project.

Keywords：traditional DCF model method，real option，pricing model，investment decisions

1　引言

实物期权是从金融期权的概念发展而来的，是传统金融期权思想和理论的拓展和延

第一作者：黄竹纯（1992—），女，硕士，主要从事工程经济与项目管理有关工作，E-mail：940687836@qq.com.
通讯作者：王建平（1964—），男，博士，教授，主要从事深基础项目施工管理等相关工作，E-mail：wjp6666@sina.com

伸。它的出现和应用使得期权定价理论不再局限于金融领域，而是广泛渗透到经济活动的各个方面。关于实物期权理论的研究，国内开始于 20 世纪 90 年代末，而国外开始于 20 世纪 70 年代初。国外学者对实物期权概念首先是由麻省理工学院斯隆管理学院教授 StewartMyers 提出的，他把金融期权定价理论引入实物投资领域，指出传统的现金流贴现方法（DCF）的不足，并把投资机会看作增长期权的思想观念，认为管理灵活性和金融期权具有相同的特点，并认为实物资产的投资可以应用类似评估一般期权的方式来评估[1]。20 世纪 70 年代 Amram 和 Kulatilada 把实物期权定义为项目投资者在投资过程中所用的一系列非金融性选择权认为期权思想实际中应用价值大于期权本事[2]。Ross（1978）指出风险项目的投资机会可视为另一种期权形式——实物期权，并提出二项式期权定价[3,4]。总结国外各类研究净现值方法有许多不足，实物期权很好的弥补，对实物期权的概念和种类分析判断其现实意义，量化期权，然后在实际应用中分析。

与国外项目评价方法比较，国内学者一般使用传统方法（净现值法，内部收益率法，不确定分析发等），实物期权方法才刚刚开始。陈小悦、杨潜林（1998）首先在《实物期权的分析和评估》一文中引入实物期权的概念，介绍了实物期权的基本分类，并使用离散型和连续模型分别对实物期权进行估值[5]。谢联恒等（2001）分析了各种传统投资分析方法的应用机理，以及这些方法在不确定性条件下应用时存在的缺陷，并分别使用传统方法与实物期权对一个简单的实例进行了分析比较，结果发现传统方法认为不可行的项目，用实物期权方法评价却是可行的[6]。朱近等（2002）分析了在战略性投资分析中使用实物期权的可能，阐述了期权的 Black—Scholes 公式和它的六个不确定因素时，说明了不确定性对计算的影响。为了消除这种影响，他们提出使用 Monte Carlo 方法进行反复计算，避免误差[7]。党耀国、刘思峰等（2005）经过研究发现，评价风险性投资项目，研究风险投资项目时，如何建立评价指标体系是决定评价准确的决定性因素。两位学者进一步建立了风险投资项目评价的数学模型[8]。祝丹梅等（2008）认为针对预期现金流收益现值模型中的的专家评估区间，可以拓展一种新的实物期权定价方法——用正太模糊数表示评估区间并利用格贴近度构造权向量。并进一步验证了利用正太模糊数估计现金流收益现值的合理性[9]。

综上所述，国内学者一般认为实物期权是指把实物资产而非金融资产当作标的资产的一类期权，此时期权的交割不是决定是否买进或卖出某种金融资产，而是代表在未来的一种选择权。后来把实物期权定义为在不确定条件下，与金融期权类似的实物资产投资的选择权。在实际应用中，应用实物期权方法对项目投资进行评价也还处于初期阶段。对于参数不确定的实物期权定价，主要通过决策者或专家在经验数据基础上的预估，将不确定因素当作固定值处理。

2 不确定分析对项目投资评价方法

2.1 传统 DCF 法

传统折现现金流量法（DCF）的核心评价理念是把各期净现金流按照某一确定的风险折现率折现，以净现值（NPV）的大小反映项目的价值在决策分析中，若 NPV>0，则投资被允许；反之，投资无意义。长期以来，传统 的 DCF 法凭借其操作简单，易于理解的优势被运用到了不同的投资领域，但这一方法要求：

（1）精确估计项目在寿命期内各年所产生的净现金流量，并且能够确定相应的风险调整贴现率；

（2）项目是独立的，即其价值以项目所预期产生的各期净现金流大小为基础，按给定的贴现率计算，不存在其他关联效应；

（3）决策要么立刻采纳该项目，然后按既定的计划实施，直至项目寿命结束；要么放弃该项目，以后不再考虑；

（4）在投资项目的分析、决策及实施过程中，企业决策者扮演的只是一个被动的角色，只能坐视环境的变化，而不能采取相应的措施决策者只能坐视环境的变化，而不能采取任何行动；此外，该法以项目稳定运行，且每期现金流能够被准确估计为评价前提[10]。

2.2 实物期权法

实物期权，则是金融期权理论对实物（非金融）资产期权的延伸，具体来说，如一个公司对一个项目进行评估，就有对该项目的投资机会，这就如一个购买期权，该期权赋予公司在一定时间内按执行价格（投资成本）购买标的资产（取得该项目）的权力同金融期权一样，该约定资产（项目）的市场价值（项目的净现值）是随市场变化而波动的，当市场价格（净现值）大于执行价格（投资成本）时，有利可图，公司便执行该期权（即选择投资）该期权也因标的资产价格的未来不确定性而具有一定的价值，我们称之为实物期权或项目期权。因此，对执行实物期权的投资者决策者来说，实物期权的标的，如实物期权的价格“执行日期”类型，在投资决策中显得十分重要，实物期权方法能够改变决策者思考具有不确定性投资后果的决策方式，通过这种方式进行战略投资，能够在不详细考虑单一数字的情况下，认识投资的价值。实物期权的类型总结如表 1 所示。

实物期权的类型 **表 1[11]**

期权类型	期权概念	国外代表学者
等待期权	投资者具有推迟进行项目投资的权利，在不确定的市场环境下，拥有等待最有力投资时间出现的权利。典型行业为自然资源开采类，房地产开发类	Farzin huis man&kort（1998） Luehrman（1997） Ingersoll&ross（1992）
转换期权	投资者具有根据市场需求，可以在不同决策之间进行转换。电子，石油化工，房地产类	Edleson&Reinhardt（1995） Childs，Riddiough&triantis（1996）
成长期权	该类期权的特征是初始投资是后续投资的必要条件，对于未来企业成长具有促进作用。常见于具有连续性投资过程的领域	Myers（1977） Kulatilaka&Perotti（1998）
复合期权	当一个项目内包含多类型期权时，他们会有互相作用的情况发生，因而期权价值的总和不是简单叠加	Rose（1998） Luehrman（1998）

2.3 实物期权与传统方法相比主要优势

实物期权方法和 DCF 方法相比，优势主要表现在以下几个方面：

(1) 灵活性。实物期权法具有相继决策的能力，能够根据投资决策后的一些信息来调整随后的一些后续投资，而不像DCF法那样，一次性决定投资决策。比如当市场环境比较好时，项目的价值有望提高，可以扩大投资；如果环境恶化，市场前景不好，可以缩小或者放弃投资，也可以根据市场前景的预测而延迟投资。实物期权法则能正确地对项目的潜力进行定价。

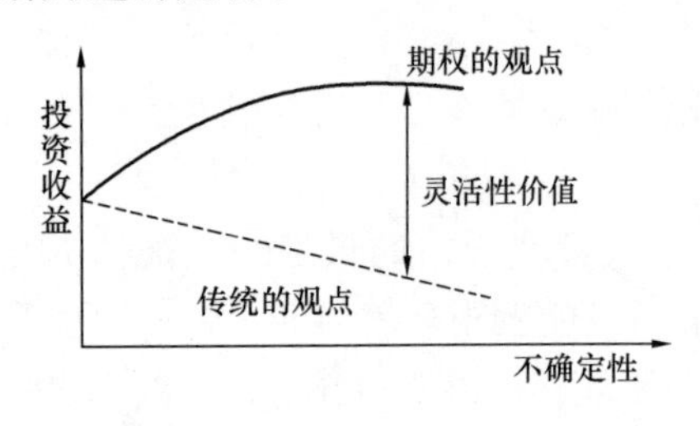

图1　不确定条件下期权观点与传统观点的对比

(2) 附加性。当时投资成功后，能够带来附加的未来投资的情况，简单地说可以有助于企业识别更多有价值的投资机会。投资者可能会在今天投资后获得将来投资的机会。而传统的定价模型并没有为此项可以创造未来投资机会的投资定价，从现在很多对新经济的投资情况可明显地看到，投资初期不能为企业带来现金收入，NPV值为负，但是投资项目能在未来给企业带来更多的发展机会。因此，其附加价值很高，仍然值得投资．不确定性！具有较高不确定性投资的期权价值更大。在DCF方法中高不确定性意味着高的折现率和低的现金流，即高风险。而实物期权法恰恰相反，高的不确定性造就了高的期权价格，其意识更偏好面临风险，获得超出价值的价值。

根据以净现值为代表的传统的项目投资决策方法存在的缺点，结合新时期投资出现的新特点，得出期权法用于项目投资决策的优点。采用传统的项目投资决策方法应尽量回避风险，减少不确定性带来的投资损失，而期权法正好是与不确定性紧密相连的，能够充分反映不确定性的价值。由图1可以看出，由于项目不确定性的存在，传统的项目投资决策方法和基于期权的项目投资决策方法会给项目带来不同的价值。从传统的角度看，随着项目不确定性的增大，项目资产价值会减少。而期权方法充分利用项目不确定性中隐含的价值，积极地提高项目总价值。

3　项目投资决策的实物期权模型

3.1　B-S法

假设有一个项目已拥有投资的权利，但还不知道是否值得开发。由于市场信息是多变的，投资者可以根据市场信息的不同情况对项目的投资作出不同反映。一般来说，投资者会选择最有利的投资时间，在某一时间节点上，如果净现值很大，企业就应该作出立即投资的决策。如果净现值比较小，或者为负数，表示还存在投资的机会，应等待市场信息的进一步显现，当出现有利的情况时，再决定投资，如果不利，就可以放弃，从而避免立即投资带来的损失对投产后的项目，投资者同样可以根据市场信息对其进行调整，如果市场信息显示有利，其产品比预期有更大的吸引力，投资者可以再扩大投资规模，提高生产能力。这种扩大投资的柔性与项目本身可看成一个资产组合，即建成项目和一个扩大期权，扩大期权是否执行取决于未来的市场需求。与扩大投资规模相反的是，如果项目投产后市场需求变得不利，比预期的差，投资者可以缩减项目投资及规模，减少支出，可缩减部分为标的资产的卖出期权，执行价等于缩减部分的支出。为便于分析，给出以下几个假设条件：

（1）期权的标的资产是有风险的资产（这里指项目投资），同时资本市场是完善的（没有交易费用或税收“保证金”融资限制等）。

（2）项目投资标的资产价格随机波动，并遵循几何或对数布朗运动，得出：

$$ds = \mu s\,dt + \sigma s\,dz \tag{1}$$

式中，$\mu\sigma$ 是常数，μ 表示单位时间内的项目投资标的资产瞬态预期收益率；σ 表示标的资产价格的波动率；dz 反映了投资项目价值的随机特征，$dz=\varepsilon dt$，服从期望值为 0，标准差为 1 的正态分布。

（3）无风险利率是已知的，且不随时间发生变化。

（4）项目运行期，无红利支付或其他收益。

（5）期权是欧式的，即期权合约在到期日当天才能执行。

（6）市场提供了连续交易的机会。

在上述条件下，实际已经确定项目的当前价值，而项目未来价值是一个随着时间推移而呈线性增长对数正态分布的变量 mcdonald 和 siegel 指出，投资机会相当于一个永续买权，而投资时机的选择则相当于行使权利时所作出的决策，这时候把项目投资决策看着一个期权定价的问题。把实物期权法和净现值法相结合，得到投资决策实物期权模型为：

$$NPV + OP = \sum_{i=5}^{15} \frac{15}{(1+0.05)^{t}} + SN(d_1) - Ke^{-rt}N(d_2) \tag{2}$$

式中，S 为项目总投资，$N(d)$ 为正态分布的概率，K 为成本，r 为无风险率，t 为投资机会有效期。

3.2 二叉树期权定价公式

这里只介绍单期二叉树期权定价公式，两期二叉树模型或多期二叉树模型可以利用同样的法推导出它们的期权定价公式模型基本假设：

（1）股价生成的过程是几何随机游走过程，股票价格服从二项分布。

（2）风险中立。

单期二叉树期权定价公式为

$$C = \frac{\frac{R-d}{u-d}C_u + \left(1-\frac{R-d}{u-d}\right)C_d}{R} = \frac{\frac{RS-Sd}{Su-Sd}C_u + \left(1-\frac{SR-Sd}{Su-Sd}\right)C_d}{R} \tag{3}$$

$$C_u = \max[S(1+u)-X,0], C_d = \max[S(1+d)X,0] \tag{4}$$

$$R = (1+r)^h \tag{5}$$

其中，C 表示期权的价值，S 为标的资产当前价值，u 和 d 表示到期时的价值涨或下跌比率，R 为无风险率，h 为复利的年数。C_uC_d 表示到日期的期权价值[12]。

4 案例分析

2016 年某商业集团进行一个新地区房地产开发，该计划需要立即投资 $I=10000$ 万，如果第三年末建成商业区，该企业将投资 15000 万扩建住宅小区，预计 10 年内每年收益 1500 万（5～15 年），第 15 年将得到 $S=2000$ 万的清算价值，类似投资报酬率 $r=5\%$，假定 10 年内无风险利润为 10%，该项目汇报短缺率为 $q=10\%$，市场波动率为 30%，企业将如何决策？

（1）净现值法

$$NPV=\Sigma_{i=5}^{15}\frac{C}{(1+r)^{t}}-I=\Sigma_{i=5}^{15}\frac{1500}{(1+0.05)^{t}}+\frac{2000}{(1+0.05)^{10}}$$

$$-\left[10000+\frac{15000}{(1+0.05)^{3}}\right]=-3099<0$$

传统净现值法净现值为负 3100 万得出该集团不该投资。

（2）实物期权法

$T=15$，$r=8\%$，$q=10\%$，$s=198.58$，$x=229.57$，$\sigma=30\%$代入公式（2）：

$L=\frac{s}{x}\left(1+\frac{s}{x}\sigma\right)=1.12>1$，结果可行

由此可以看出传统方法局限性，时常低估了项目的价值，从而错过良好投资机会。

5 实物期权方法应用及结论

通过案例分析投资决策，利用实物期权模型分析，可以更有效更明显更精准的评估项目收益。不仅更具有灵活性，也修正了一些传统模式的缺陷，明确了项目的潜在价值。实物权的计算有很多种方法，各有优缺点，因此在实际应用中要注意根据实际情况灵活选择，取长补短。如果实际问题不很复杂其不确定性变化是不连续的但可以进行大致的估计，则可以选择二项式期权定价方法；如果所涉及的投资问题有相同的类似问题可以参考，相关数据比较充分，并且标的资产的性质类似于金融产品，则可以优先选择 B-S 期权定价模型。如果标的资产的价格变动无法用现有的金融资产进行复制，则应该优先选择动态规划方法；如果可以进行复制，则可以选择或有债权方法或 B-S 期权定价模型。对工程项目而言，利用金融手段融合创新和运用，从而为科学地进行投资决策创造更多条件，也更加完善建设市场的投资体制。树立期权思想，及时跟踪和评估环境条件变化，这不只是模型得到的数值，降低投资风险，也是通过实物期权思维更加灵活的决策分析，提高决策者的客观性和开发性。

参考文献

[1] Myers Steward C, Determinants of cooperate borrowing. Journal of Financial Economics，1997，5(2)：147～176.

[2] Amram M, Kulatilaka N. Disciplined Decisions：Aligning Strategy with the Financial Markets[J]. Harvard Business Review，1999，77(1)：509-517.

[3] Ross S A. A Simple Approach to the Valuation of Risky Streams[J]. Journal of Business，1978，51(3)：453-75.

[4] Cox J C, Ross S A, Rubinstein M, et al. Option Pricing：A Simplified Approach. [J]. Journal of Financial Economics，1979，7(79)：229-263.

[5] 陈小悦，杨潜林．实物期权的分析与估值[J]. 系统管理学报，1998(3)：6-9.

[6] 谢联恒，孟繁．投资项目的传统评价方法和现实期权评价方法的比较分析[J]. 科技管理研究，2001

(2)：54-57.
[7] 朱近，宣国良．现实期权的蒙特卡洛方法计算研究[J]. 技术经济与管理研究，2002(4)：27-29.
[8] 党耀国，刘思峰，刘斌，等．风险投资项目评价指标体系与数学模型的研究[J]. 商业研究，2005(16)：84-86.
[9] 祝丹梅，张铁，陈冬玲，等．一种实物期权的新型模糊定价方法[J]. 东北大学学报：自然科学版，2008，29(11)：1544-1547.
[10] 周君，冯明．项目投资决策的实物期权模型及其应用[J]. 铁路工程造价管理，2012，27(3)：5-12.
[11] 韩国文，刘赟．国内外实物期权研究综述[J]. 技术经济，2006(4)：95-96.
[12] 张经强，夏恩君．实物期权定价理论研究综述[J]. 生产力研究，2009(3)：174-176.

SHPB 试验模拟及混凝土 DIF

李晓琴[1,2]，陈保淇[1]，陈建飞[3,4]

（1. 昆明理工大学建筑工程学院土木系，昆明 650000；2. 上海市工程结构安全重点实验室；
3. 温州大学建筑工程学院，温州 325035；4. 贝尔法斯特女王大学建筑与土木规划学院，
Belfast，BT9 5AG 英国）

摘　要：当混凝土结构受动力荷载致使应变率高到一定程度时，混凝土强度相比准静态荷载条件下会显著增加，这种增强效应一般通过动态强度和静态强度的比值来表达，即动力增强因子 DIF（Dynamic increasing factor）。本文针对混凝土压、拉两态的 DIF 的研究结果展开分析和模拟，利用分离式霍普金森杆 split Hopkinson pressure bar（SHPB）二波法理论重构了混凝土试件的应力应变曲线，分析了混凝土试件破坏规律，指出在压应变率下的混凝土强度的增强效应大部分源自结效应而非其材料属性，而拉应变率下强度的增强效应则大部分源自材料效应。

关键字：混凝土；DIF；应变率；SHPB

SHPB test modeling and the concrete DIF

X. Q. Li[1,2]，B. Q. Chen[1]，J. F. Chen[3]

（1. Faculty of Civil Engineering Kunming University of Science and Technology，Kunming，China，650000；
2. Shanghai Key Laboratory of Engineering Structure Safety，Shanghai，China，200000；
3. College of Civil Engineering and Architecture，Wenzhou University，China，325035；
4. School of Planning，Architecture and Civil Engineering，Queen’s University
Belfast，Belfast，UK，BT9 5AG）

Abstract: the dynamic increase factor (DIF) of the strength of concrete-like materials has been a subject of extensive investigation and debate for many years. It now tends to be generally accepted that the compressive DIF as observed from standard sample tests is mainly attributable to the structural dynamic effect, whereas for concrete under tension the DIF is deemed to be governed by different mechanisms, probably more at the material and micro-fracture levels. The split Hopkinson pressure bar (SHPB) test is widely used for testing material behavior under high strain rates. A series of SHPB numerical tests were conducted based on a local concrete damage model and the application of the DIF in the numerical analysis is discussed

基金项目：国家自然科学基金青年科学基金项目（编号：NSFC 51308271），云南省科技计划应用基础研究计划面上项目（2013FB018），教育部留学回国人员科研启动基金（教外司留［2013-1792］号文件），上海市工程结构安全重点实验室开放课题 2015-KF05。

作者简介：李晓琴（1983—）女，云南丽江人，博士，讲师，从事混凝土、纤维复合材料 FRP，结构抗爆炸和冲击的研究，E-mail：Xiaoqin. Li@foxmail. com，Tel：+86 13668727792.

in detail.

Keywords: concrete, DIF, strain rate, SHPB

1 引言

混凝土材料具有良好的可塑性、原材料丰富、价格低、强度高和耐久性好等优点，广泛应用于结构工程。由于混凝土材料具有应变率敏感性，对于承受动力荷载的结构，如由地震等自然灾害或恐袭击等其他突发事件引发的冲击或爆炸荷载下的各类民用及公共设施、风荷载下的高层建筑和桥梁、承受波浪冲击的水坝和海洋平台等结构，混凝土材料的动力特性往往成为影响结构设计的关键因素之一。在此类动力荷载条件下仍用混凝土静态力学参数进行数值计算将不能准确预测结构动态响应。针对该问题，部分规范仅通过将混凝土的强度和弹性模量提高一定的百分比的方式对混凝土动态力学参数进行一定的修正，例如：我国《水工建筑物抗震设计规范》DL 5073—2000[1]规定：混凝土动态抗压强度和动态弹性模量的标准值可较其静态标准值提高 30%，混凝土动态抗拉强度的标准值可取为动态抗压强度标准值的 10%；而根据我国《抗爆间室结构设计规范》GB 50907—2013[2]，在动荷载和静荷载同时作用或动荷载单独作用下对于 C55 及以下混凝土其动荷载作用下强度设计值取静荷载作用下强度设计值的 1.5 倍，C60～C80 混凝土取 1.4 倍。在动荷载和静荷载同时作用或动荷载单独作用下，混凝土的弹性模量可取静荷载作用时的 1.2 倍。这些方法对混凝土材料动态特性的考量是较为粗略的。首先，混凝土材料在同一应变率下的抗拉强度的增加量远高于抗压强度的增量，普通混凝土在 $100s^{-1}$ 应变率下其动态抗压强度能增大到原来的 2～4 倍，动态抗拉强度可以增大到原来的 6～8 倍[3]，因此实际动态抗拉强度与动态抗压强度之比不再是准静态荷载条件下抗拉强度与抗拉强度之比 1∶10，不能简单地取混凝土动态抗拉强度为动态抗压强度标准值的 10%；其次，由于应力波传播的时效性，结构不同部位在同一时间的应变率也各不相同。充分认识混凝土材料在不同应变率下的材料特性，正确建立混凝土材料的动态本构关系对预测动力荷载下的整体结构响应至关重要。

混凝土在动荷载作用下的强度增强效应最早由 Abrams[4]于 1917 年发现，早期主要采用液压加压法和落锤试验方法对混凝土材料进行试验[5]。液压加压法能够达到的应变率较低，大致仅为 $1s^{-1}$，而落锤试验能达到 $10s^{-1}$，但由于落锤的惯性较大，所测得试验结果很难确保是材料动态性能的真实反映。随着霍普金森杆（Split Hopkinson Pressure Bar，简称 SHPB）测量装置在混凝土动态材性测量领域的应用和发展，研究者对混凝土材料动态力学性能的认识逐步深入。SHPB 试验装置最初被应用于测试金属材料的应力应变关系，随后发展到被广泛用于测试应变率在 $10^1 \sim 10^3 s^{-1}$ 下的混凝土动态抗压强度[6]。

动力增强因子（Dynamic Increasing Factor，简称 DIF）用于量化应变率效应对混凝土强度增强效应的影响，为动态强度与准静态强度的比值。DIF 可以表达位为混凝土准静态抗压或抗拉强度和应变率的函数。SHPB 实验装置测量混凝土 DIF 基于以下两个假设：（1）一维弹性波假定（平面假定）：即应力波在细长杆中传播中，弹性杆中的每个截面始终保持为平面状态；（2）试件单轴均匀应力应变假设：即变形是均匀的，为一维应力状态。利用 SHPB 试验装置测量混凝土的动态抗压强度，试验压杆分为撞击杆，输入杆，输出杆和吸收杆四段撞击杆中的子弹以一定速度撞击输入杆并在输入杆中产生一个入射脉冲应力波 $\varepsilon_I(t)$，应力波通过弹性输入杆到达试件，试件在应力脉冲的作用下产生高速变形。同时，反射脉冲 $\varepsilon_R(t)$ 返回弹性输入杆而透射脉冲 $\varepsilon_T(t)$ 进入输出杆。通过粘贴在弹性杆上的应变片记录的应变脉冲时程数据计算得到混凝土试件的应变率及该应变率下试件的动态抗压强度。根据 SHPB 二波法理论[6]可求得试件应力、应变和应变率时程曲线，并据此得到不同应变率下的混凝土动态强度。

2 混凝土材料的应变率敏感性

混凝土材料具有应变率敏感性，混凝土的动态材性研究是一项重要的工作。目前的研究普遍认为随着应变率的增加，混凝土动态抗拉和动态抗压强度都会增加。大量的试验数据[3-6]表明混凝土动态抗压和动态抗拉 DIF-应变率曲线都存在一个临界点，当应变超过临界点时，混凝土材料 DIF 有一个较大的提升表现出明显的应变率效应。对于动态抗压强度和抗拉强度，该临界点分别对应的应变率大致为 $10^2\,s^{-1}$ 和 $10^0 \sim 10^1\,s^{-1}$。

对于动态抗压和抗拉的 DIF，CEB[7]已分别给出建议：

$$DIF = \frac{f_{cd}}{f_{cs}} = \left[\frac{\dot{\varepsilon}}{\dot{\varepsilon}_s}\right]^{1.026\alpha_s}, \dot{\varepsilon} \leqslant 30s^{-1} \tag{1}$$

$$DIF = \frac{f_{cd}}{f_{cs}} = \gamma_s \left[\frac{\dot{\varepsilon}}{\dot{\varepsilon}_s}\right]^{\frac{1}{3}}, \dot{\varepsilon} > 30s^{-1} \tag{2}$$

其中：$\alpha_s = 1/(5 + 9f_{cs}/f_{co})$；$\gamma_s = 10^{(6.156\alpha_s - 2.0)}$；$f_{cd}$ 表示动态抗压强度；f_{cs}表示准静态抗压强度；$\dot{\varepsilon} = 3 \times 10^{-6}s^{-1}$ 且 $f_{co} = 10MPa$。

Grote 等[8]对混凝土砂浆进行了 SHPB 抗压试验，应变率变化从 $250s^{-1}$ 到 $1700s^{-1}$，提出 DIF 与压应变率的关系如下：

$$DIF = 0.0235\log\dot{\varepsilon} + 1.07, \dot{\varepsilon} \leqslant 266s^{-1} \tag{3}$$

$$DIF = 0.882(\log\dot{\varepsilon})^3 - 4.4(\log\dot{\varepsilon})^2 + 7.22\log\dot{\varepsilon} - 2.64, \dot{\varepsilon} > 266s^{-1} \tag{4}$$

对于动态抗拉的 DIF，通过与现有的所有试验结果对比发现 CEB[7]的曲线低估了应变率效应对动态抗拉强度的影响，因此 Malvar 和 Crawford[3]修正了 CEB 公式：

$$DIF = \left(\frac{\dot{\varepsilon}_z}{\dot{\varepsilon}_s}\right)^{\alpha_s}, \dot{\varepsilon}_s \leqslant \dot{\varepsilon}_z \leqslant 1s^{-1} \tag{5}$$

$$DIF = \frac{\sigma_{td}}{\sigma_{ts}} = \gamma_s \left(\frac{\dot{\varepsilon}_z}{\dot{\varepsilon}_s}\right)^{0.33}, \dot{\varepsilon}_z > 1s^{-1} \tag{6}$$

其中 $\gamma_s = 10^{(6\alpha_s - 2)}$；$\alpha_s = 1/(1 + 8\sigma_{cs}/\sigma_{co})$；$\dot{\varepsilon}_s = 1 \times 10^{-6}s^{-1}$；$\sigma_{co} = 10MPa$。$\sigma_{td}$ 表示动态抗拉强度，σ_{ts}表示静态抗拉强度。σ_{cs}静态抗压强度。

针对混凝土在高压应变率下材料抗压强度增加的现象有多种解释，Grote 等[8]通过试验认为混凝土抗压强度增强效应主要来源于混凝土材料本身应变率敏感性效应和静水压力的影响，而 Li 和 Meng[6]提出混凝土抗压强度增强效应主要来源于侧向惯性约束作用的影响而非混凝土材料本身的应变率敏感性。而关于混凝土动态抗拉 DIF 的材性来源基本上有两种：(1) 自由水的黏性效应的影响：Rossi 等[9-10]对干湿两种混凝土进行了动态抗拉试验，发现在相同应变率的条件下湿混凝土的 DIF 明显高于干混凝土，Kaplan[11]通过试验发现应变率对干燥混凝土试块的动态抗拉强度几乎没有影响，而对湿混凝土影响较大，因而认为自由水是导致混凝土抗拉强度增加的重要因素；(2) 微裂缝扩展的惯性效应的影响[12-13]：混凝土动态抗拉强度的增加主要是由于随着应变率的增加，混凝土在破坏时内部微裂缝来不及充分扩展导致混凝土骨料的破坏。应变率越高，混凝土骨料破坏得越多，由于骨料的强度远高于混凝土砂浆，因此混凝土试块表现得动态抗拉强度就越大。从裂缝形式来看，随着应变率的增加，混凝土破坏裂缝越来越接近直线；从破坏断裂面上来看，也发现破坏骨料明显增多的现象[14]。

3 数值模拟中的混凝土材料的 DIF

3.1 SHPB 抗压数值模拟

SHPB 抗压数值模型尺寸及相关几何参数及材料参数根据 Grote 等[8]设置。模型包括：子弹，入射杆，试件，透射杆四部分，均采用 solid164 实体单元。混凝土静态棱柱体抗压强度 $f'_c=30$MPa。考虑到该模型为对称模型，为减少计算量仅建立 1/4 模型并在对称面上施加对称边界条件。入射杆和透射杆和子弹均采用线弹性材料模型，混凝土材料采用 K&C 损伤混凝土模型[14]并不考虑混凝土材料本身的应变率效应。SHPB 有限元模型通过模拟子弹以不同速度撞击入射杆用以考察不同应变率下混凝土试块的动态抗压强度。通过在入射杆和透射杆应变片位置得到的应变时程数据由二波法理论可以计算得到不同应变率条件下重构的应力应变曲线如图 1 所示，并通过与混凝土材料静态抗压强度比较得到相应的不同应变率下的混凝土动态抗压强度如表 1 所示。

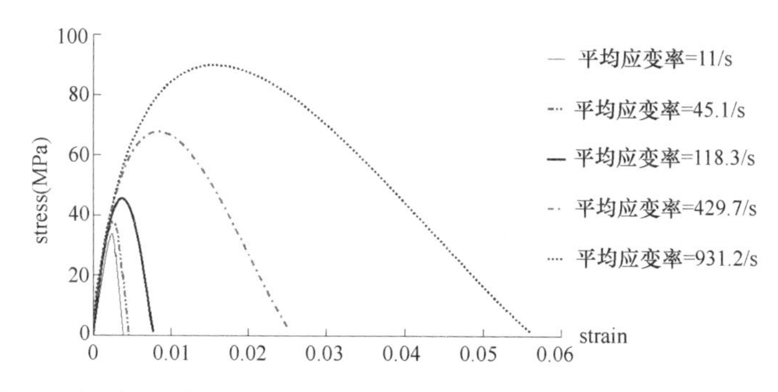

图 1 不同应变率 $\dot{\varepsilon}$ 条件下重构应力应变曲线（SHPB 抗压数值模拟）

Figure1 Reconstruction different stress-strain curves (SHPB compression modeling)

图 2 将模拟数据与 Grote 等[8]中根据试验数据所得的 DIF 曲线进行比较对比，发现当应变率达到 10^2级别时，数值模拟数据与 Grote 等[8]得到的曲线重合度很高。然而值得注意的是本有限元模型并未将混凝土材料的应变率敏感性引入材料模型中。由此可见 SHPB 抗压试验中混凝土强度的增强效应并非源自材料效应。

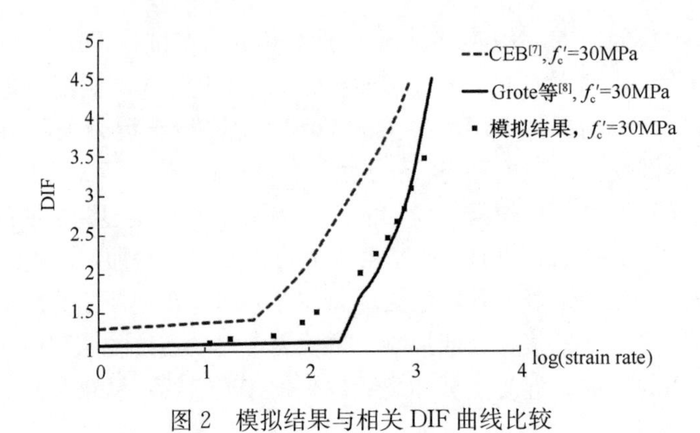

图 2　模拟结果与相关 DIF 曲线比较

Figure 2　the comparison between modeling results and the Grote et al. [8] tested DIF curve

3.2　SHPB 抗拉数值模拟

SHPB 抗拉数值模拟基于 Tedsco 等[15] SHPB 劈裂试验数据，通过对输入杆输入应力波控制应变率的大小。混凝土材料采用 K&C 损伤混凝土模型[14]并不考虑混凝土材料本身的应变率效应，混凝土抗压强度和抗拉强度分别为 48.26MPa，和 3.86MPa。表 2 为相关试验数据及测量结果，图 3 为 1 中加载条件 3 下有限元模拟模拟入射波、反射波及透射波与试验数据比较结果。表 2 为全部模拟结果数据整理。

试验数据[15]　　表 1

Test data [15]　　Table 1

加载条件	入射杆应力(MPa)	透射杆应力(MPa)	动态抗拉强度(MPa)	应变率(s^{-1})	DIF
1	60.26	8.76	4.38	1.7	1.14
2	72.74	20.96	10.48	3.8	2.71
3	264.22	28.13	14.06	7.7	3.64

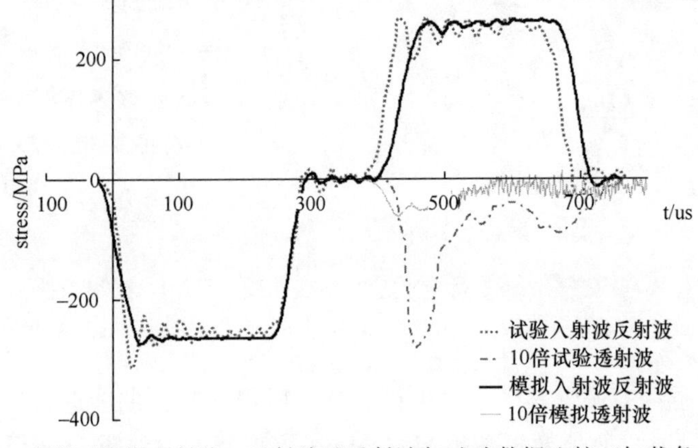

图 3　有限元模拟入射波、反射波及透射波与试验数据比较（加载条件 3）

Figure 3　The incident, reflected andtransmitted wave comparison between the modeling and test (load condition 3)

模拟结果 表 2

Modelling results Table 2

加载条件	入射杆应力(MPa)	透射杆应力(MPa)	动态抗拉强度(MPa)	应变率(s^{-1})	DIF
1	60.26	8.38	4.19	0.24	1.09
2	72.74	6.82	3.41	0.31	0.88
3	264.22	6.21	3.11	0.30	0.81

通过表 2 和表 3 三种不同加载条件下的 DIF 值的比较可知，如在有限元模拟中不考虑混凝土材料在高应变率下的增强效应则无法通过有限元模拟得到试块在某一应力波作用下某平均应变率下所能达到的 DIF。这与混凝土 SHPB 抗压态模拟结果形成了鲜明的对比。由以上分析可推断混凝土材料抗拉 DIF 大部分应该源自于材料效应。

4 结论

在高应变率条件下，混凝土材料的动态强度相比静态强度显著增加，这种增强效应一般通过 DIF 和应变率关系曲线进行描述。本文针对混凝土压、拉两态的 DIF 的试验、数值和理论研究结果进行分析，指出了混凝土材料抗压、抗拉强度增强效应的特征与引发 DIF 效应的可能原因。混凝土动态抗压和动态抗拉 DIF-应变率曲线都存在一个临界点，当应变超过临界点时，混凝土材料 DIF 有一个较大的提升表现出明显的应变率效应，对于动态抗压强度和抗拉强度，该临界点分别对应的应变率大致为 102s-1 和 100-101s-1。根据 SHPB 抗压和抗拉有限元模拟结果与已有试验数据的比较、分析可知高压应变率下的混凝土强度的增强效应大部分源自结构效应而非其材料属性，而拉应变率下混凝土强度的增强效应则主要来自于材料效应。

参考文献

[1] DL 57003—2000. 水工建筑物抗震设计规范 [S]. 中华人民共和国国家经济贸易委员会，2000.

[2] GB 50907—2013 抗爆间室结构设计规范[S]. 北京：中国计划出版社，2013.

[3] MALVAR L. J. , CRAWFORD J. E. , Dynamic increase factors for concrete[R]. Naval facilities engineering service center port hueneme CA，1998.

[4] ABRAMS D A. Effect of rate of application of load on the compressive strength of concrete [J]. ASTM J，1917，17(2)：70-78.

[5] 王政，倪玉山，曹菊珍，等．冲击载荷下混凝土动态力学性能研究进展[J]. 爆炸与冲击，2006，25(6)：519-527.

WANG Z, NI Y, CAO J. Recent advances of dynamic mechanical behavior of concrete under impact loading [J]. Explosion and shock waves，2005，25(6)：519-527.

[6] LI Q M，MENG H. About the dynamic strength enhancement of concrete-like materials in a split Hopkinson pressure bar test [J]. International Journal of solids and structures，2003，40(2)：343-360.

[7] Comite Euro-International du Beton[S]. CEB-FIP Model Code，1990，Redwood Books，Trowbridge，Wiltshire，UK，1993.

[8] GROTE D L, Park S W, Zhou M. Dynamic behavior of concrete at high strain rates and pressures: I. experimental characterization [J]. International Journal of Impact Engineering, 2001, 25(9): 869-886.

[9] ROSSI P, VAN MIER J G M, Boulay C. The dynamic behaviour of concrete: influence of free water [J]. Materials and Structures, 1992, 25(9): 509-514.

[10] ROSSI P, VAN MIER J G M, Toutlemonde F, et al. Effect of loading rate on the strength of concrete subjected to uniaxial tension[J]. Materials and structures, 1994, 27(5): 260-264.

[11] KAPLAN S A. Factors affecting the relationship between rate of loading and measured compressive strength of concrete [J]. Magazine of Concrete Research, 1980, 32(111): 79-88.

[12] EIBL J, SCHMIDT-HURTIENNE B. Stress rate sensitive constitutive law for concrete [J] Journal of Engineering Mechanics, ASCE, 125(12): 1411-1420.

[13] ROSS C A. Review of strain rate effects in materials. Proceeding of the 1997 Asme Pressure Vessel and Piping Conference[C]. American Society of Mechanical Engineers, 1997, 255-262.

[14] MALVAR, L J, CRAWFORD, J E, WESEVICH, J W and SIMON D. A plasticity concrete material model for DYNA3D [J], International Journal of Impact Engineering, 1997, 19(9-10): 847-873.

[15] TEDESCO J W, ROSS C A, BRUNAR R M. Numerical analysis of dynamic split cylinder tests [J], Computers and Structures, Vol. 32, No. 314, pp. 609-624, 1989.

FRP 约束混凝土的本构关系研究现状

苏　楠，陶　毅，张海镇
（西安建筑科技大学土木工程学院，陕西　西安　710055）

摘　要：近年来，纤维增强复合材料（Fiber reinforced polymer，FRP）在土木工程领域的应用越来越广泛，正是由于其抗拉强度高，抗腐蚀、耐疲劳性好，自重轻，方便施工的优点，吸引了国内外业界人士的广泛关注。FRP 是线弹性材料，将其沿纤维方向缠绕在混凝土上，使 FRP 约束的混凝土处于三向受压状态，可以大幅度提高混凝土的抗压强度和延性，因此常用于加固工程中。本文主要从 FRP 约束混凝土的本构模型详细阐述目前国内外的研究现状。

关键词：纤维增强复合材料；混凝土；约束；本构模型

Constitutive Models Of FRP-Confined Concrete: State-of-the-art review

N. Su，Y. Tao，H. Z Zhang
（School of civil engineering，Xi′an University Of Architecture And Technology，Xi′an，China）

Abstract: Fiber reinforced polymer (FRP) has been increasingly used in civil engineering due to its high strength weight ratio, excellent anti-corrosion behavior, and easy application. FRP jacketing as an effective confinement method can lead to concrete being under three dimensional compression, which can improve the strength and the ductility of concrete. There have been several constitutive models available to describe the stress-strain relationship of FRP confined concrete. This paper reviewed some high citied constitutive laws and evaluated the models by comparing with test data.

Keywords: FRP, concrete, confinement, constitutive model

1　引言

国内外学者对 FRP 约束混凝土的本构模型已经做了大量研究，并提出了相应的应力-应变本构模型，这些模型基本可分为两类：应力-应变关系分析模型和应力-应变关系设计模型。分析模型假设混凝土柱与外贴 FRP 布变形协调，通过体积变形或泊松比的变化规

基金项目：国家自然科学基金资助项目（51408478）；陕西省自然科学基础研究基金（2014JQ2-5024）.
第一作者：苏楠（1993—），女，硕士，主要从事 FRP 加固结构方面的研究，E-mail：sunan3991@163.com
通讯作者：陶毅（1982—），男，博士，副教授，主要从事 FRP 加固结构方面的研究，E-mail：xataoyi@foxmail.com

律，利用增量法得到FRP约束混凝土柱的本构模型。设计模型是通过对试验数据的回归分析得到应力-应变关系的公式表达，一般多应用于设计中。本文就这两种类型首先介绍之前学者的研究成果，并在此基础上详细阐述相关本构模型的推导过程，为进一步的研究提供帮助。

2 FRP约束混凝土应力-应变关系研究现状

早期关于FRP约束混凝土柱的本构模型是基于钢管约束混凝土的应力-应变本构模型，并将其直接运用到FRP约束混凝土中。但随研究的不断深入，许多学者发现这种直接采用钢管约束混凝土的模型是不合理的，因为钢管/钢筋约束混凝土时，在达到钢材的屈服强度后，对混凝土的横向侧向约束力是恒定的，而FRP约束混凝土，其侧向约束力随混凝土的侧向变形的增加而增加，最终破坏状态是FRP被拉断。同时，从应力-应变关系分析可知，如图1所示，与无约束混凝土比较可以看出钢管约束混凝土峰值应力和应变提高明显，坡峰平缓且曲线下降很缓慢；箍筋约束混凝土峰值应力和应变虽然提高不多，但对构件的延性仍有提升；对FRP约束的混凝土（强约束），初始阶段其应力-应变关系曲线类似于无约束混凝土，但当应力接近无约束混凝土强度时，由于微裂缝的快速发展，使得混凝土侧向开始膨胀，FRP约束开始发挥作用，其侧向约束应力随之增加，应力应变也不断提高，直至FRP断裂破坏。因此FRP对混凝土约束的本构模型需要从其本身的受力性能，约束效果，破坏机理出发。

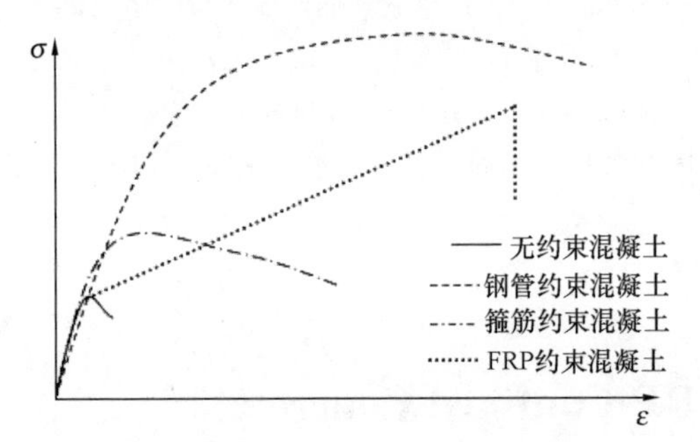

图1 约束混凝土圆柱应力-应变关系

近几年，国内外研究学者根据FRP约束混凝土的特点利用分析模型和设计模型建立了许多应力-应变模型，由于各本构模型都是根据各自的试验得到的，其应用范围很窄，大多只适用于与自己试验相近的情况，不能广泛应用，并且不同本构模型得到的计算结果差异较大。至今还没有一个完善、统一的模型能够满足各种情况，因此需要对FRP约束混凝土的本构模型进一步研究，为FRP的工程应用提供更为完整、可靠的理论基础。

2.1 分析模型

分析模型一般是指通过加载全过程每一时刻核心混凝土和约束材料各自的受力变形性能，建立平衡和变形协调方程，求解出应力应变状态，从而得到轴向应力应变曲线[15]。其中主动约束模型是基于FRP约束混凝土的轴向应力和应变与主动约束混凝土的应力和应变相等的假设，FRP约束混凝土的应力-应变关系可采用主动约束混凝土模型确定，计算时考虑混凝土和FRP间的受力平衡和变形协调，采用增量计算方法得到。

Mander等[2,3]在20世纪80年代提出了箍筋约束混凝土的应力-应变关系，可适用于圆形及方形截面构件。在此基础上，很多研究者进行了FRP约束混凝土的应力-应变模型。

Rousakis等[4]采用塑性理论研究了FRP约束混凝土的轴压性能，发展了具有应变硬化特征的 Drucker-Prager 塑性模型，模型涵盖了材料的硬化和软化特征。

Becque 等[5]采用了八面体正应力σ_0和八面体剪应力τ_0来描述多轴受压状态下混凝土的受力行为。采用 Gerstle 应力应变关系及 Samaan 的强度破坏准则，使用增量法得到 FRP 管约束混凝土的应力-应变关系。

陶忠等[6]根据试验数据的对比研究，通过引入约束效应系数提出了类似于 Samaan 等的 FRP 约束混凝土的应力-应变模型。

2.2 设计模型

为满足实际工程和设计的需要，如今已发展了许多 FRP 约束混凝土的应力-应变设计模型，各模型在满足实际要求的情况下，也具备一定的可靠性。在简洁易用方面，远超过分析模型。

在 FRP 约束混凝土的应力-应变关系设计模型中，双线型的数学表达最简单，Teng 等[7]的模型已具备了较高的预测精度。双线型模型中最常见的是抛物线加直线的应力-应变关系，但这类模型两端线交接处的连接问题还需要进一步的研究。

Xiao 和 Wu[1]通过 FRP 的环向约束刚度和混凝土强度，给出了 FRP 约束混凝土构件双线性本构模型，它是根据试验结果通过弹性理论和经验公式得到的。其主要优点是应力应变关系简单，能方便的应用在工程设计的计算。

吴刚等[8,9]在对 FRP 约束混凝土柱应力-应变关系的研究中发现了在约束量的不同下，FRP 约束存在强弱之分，并给出了强弱约束临界点的判断公式，同时在 FRP 约束混凝土柱无软化段情况下提出了的三折线型应力-应变模型。

3 现有 FRP 约束混凝土本构模型

3.1 采用分析模型的推导方法

3.1.1 吴宇飞等提出的分析模型推导方法

吴宇飞等[10]根据 Drucker-Prager（D-P）塑性模型模拟了约束混凝土应力-应变关系。吴宇飞团队采用 ABAQUS 数值模拟方法研究在 DP 模型理论框架下 FRP 约束混凝土圆柱的塑性膨胀性能，根据试验结果，他们发现塑性膨胀角是轴向塑性应变和侧向刚度比的函数，随后得到塑性膨胀角模型，根据数值模拟结果，不管是混凝土在强约束还是弱约束下，都能很好地和试验得到的应力-应变曲线相符合。与主动约束的混凝土不同的是，塑性膨胀角会随着轴向塑性应变和侧向刚度比变化，所得到的结果也更为精确、有效。

根据典型的塑性角膨胀曲线，可以得到如下公式：

$$\beta=\frac{\beta_0+a\,\varepsilon_c^p+b\,(\varepsilon^p{}_c)^2}{1+c\,\varepsilon_c^p+d\,(\varepsilon_c^p)^2} \tag{1}$$

其中，β是塑性膨胀角，ε_c^p是塑性压应变，试验对比得出以上各值比较接近侧向刚度比。

$$\rho=\frac{2E_f t_f}{D f'_{co}} \tag{2}$$

式中ρ为相对侧向刚度比。

第一段：$\beta_m = -1.0664\rho + 64.514$；$\beta_u = -2.8\rho + 60$

第二段：$\beta_m = -0.3792\rho + 39.85$；$\beta_u = -38.17$

β的初始值与ρ无关，可用常数表示：$\beta_0 = 37°$，$\frac{d\beta(\varepsilon_c^p)}{d\varepsilon_c^p}|\varepsilon_c^p = 0 = M_0 = 157000$

之前的大多数学者在研究 FRP 约束混凝土的应力-应变关系时，塑性膨胀角β采用的是恒定值，但这种情况并不符合的 FRP 这种线弹性材料约束混凝土时的实际情况，吴宇飞等通过找出参数β_0，β_m，β_u推导出应力-应变曲线关系。

3.1.2 王震宇等提出的分析模型推导方法

王震宇等[11]采用八面体强度准则计算 FRP 约束混凝土圆柱极限抗压强度，通过对极限压应变和侧向约束力的回归分析，建立了 FRP 约束混凝土圆柱极限压应变的计算公式；对试验曲线的轴向压应变与横向应变进行回归分析，得到轴向-横向应变关系的计算公式，最后以 Mander 本构模型为主动约束关系，采用增量方法计算了 FRP 约束混凝土圆柱的应力-应变曲线。利用 Mander 提出的箍筋约束混凝土本构方程作为给定侧向约束力下 FRP 约束混凝土圆柱的主动约束模型，这是因为箍筋屈服后，其侧向约束应力将保持不变，符合主动约束状态，其表达式为：

$$\sigma_c = \frac{f_{cc}xr}{r - 1 + x^r} \tag{3}$$

式中，$x = \frac{\varepsilon_c}{\varepsilon_{cc}}, r = \frac{E_c}{E_c - E_{sec}}, E_c = 4730\sqrt{f'_c}(\text{MPa}), E_{sec} = \frac{f_{cc}}{\varepsilon_{cc}}$，$f_{cc}$、$\varepsilon_{cc}$为 FRP 约束混凝土极限强度和极限应变，$E_c$为混凝土弹性模量，$E_{sec}$为混凝土达到极限强度$f_{cc}$时的割线模量。

3.1.3 Teng 等提出的分析模型推导方法

Teng 等[16]对 FRP 约束混凝土圆柱的应力-应变分析模型进行了研究，其分析模型具体步骤如下：

（1）给定一个轴向应变，根据轴向应变与横向应变之间的关系，得到该轴向应变对应的横向应变；

（2）根据力的平衡和 FRP 约束混凝土柱的横向应变与 FRP 极限应变相等的假设，计算相应的侧向约束强度f_l；

（3）通过f_l计算当前侧向约束强度对应的极限抗压强度f_{cc}和极限压应变ε_{cc}；

（4）再将f_{cc}和ε_{cc}带入相应的主动约束方程，计算当前轴向应变对应的轴向应力；

（5）给定轴向应变的增量，重复上述步骤，得到完整的 FRP 约束混凝土应力-应变关系曲线。

Teng 等[16]建议了线性函数来确定轴向峰值应力、应变：

$$f'^{*}_{cc} = f'_{c0} + 3.5f_l \tag{4}$$

$$\frac{\varepsilon^{*}_{cc}}{\varepsilon_{c0}} = 1 + 17.5\left(\frac{f_l}{f'_{c0}}\right) \tag{5}$$

其应力-应变模型采用的 Mander 所提出的用于箍筋约束混凝土的应力应变模型，如下式：

$$\frac{\sigma_c}{f'^{*}_{cc}} = \frac{(\varepsilon_c/\varepsilon^{*}_{cc})r}{r - 1 + (\varepsilon_c/\varepsilon^{*}_{cc})^r} \tag{6}$$

$$r = \frac{E_c}{E_c - \frac{f'^*_{cc}}{\varepsilon^*_{cc}}} \tag{7}$$

式中，E_c是混凝土的弹性模量，f'^*_{cc}、ε^*_{cc}是FRP约束混凝土的轴向峰值应力、峰值应变，f_l是FRP侧向约束刚度，f'_{c0}是未约束混凝土的极限强度。

3.2 采用设计模型的推导方法

3.2.1 Xiao和Wu提出的设计模型推导方法

Xiao和Wu[1]指出影响FRP约束混凝土的两个重要参数是侧向约束刚度和侧向约束强度。

$$C_j = -\frac{\Delta f_r}{\Delta \varepsilon_r} \tag{8}$$

式中，C_j是侧向约束刚度，Δf_r是约束应力的增量，$\Delta \varepsilon_r$是横向应变的增量。

利用平衡条件和变形相容条件得到：

$$C_j = \frac{2t_j}{D}\frac{\Delta f_{j\theta}}{\Delta \varepsilon_{j\theta}} \tag{9}$$

式中，t_j是FRP的厚度，D为混凝土圆柱的直径，$\Delta f_{j\theta}$、$\Delta \varepsilon_{j\theta}$是FRP的环向应力和应变。

假设$\Delta f_{j\theta}/\Delta \varepsilon_{j\theta}$等于FRP的弹性模量$E_j$，即：

$$C_j = \frac{2t_j}{D}E_j \tag{10}$$

侧向约束强度可用下式表达：

$$f_{ru} = -\frac{2t_j}{D}f_{ju} \tag{11}$$

$$f_{ru} = -C_j\varepsilon_{ju} \tag{12}$$

式中，f_{ru}是侧向约束强度极限值，f_{ju}是FRP的极限强度，ε_{ju}是FRP的极限应变。

根据试验结果，应力应变关系可由双线性表示，即：

第一阶段，基于弹性理论得到的公式如下：

$$f_{cz} = E_c\varepsilon_{cz} + 2\nu_c f_r \tag{13}$$

$$\varepsilon_r = \frac{\nu_c}{1 + (C_j/E_c)(1 - \nu_c - 2\nu_c^2)}\varepsilon_z \tag{14}$$

$$f_r = -C_j\varepsilon_r \tag{15}$$

第二阶段：

$$f_{cz} = \alpha f'_c + k f_r \tag{16}$$

$$\varepsilon_r = \varepsilon'_{ro} - \nu'_c\varepsilon_{cz} \tag{17}$$

$$\nu'_c = 0.7(f'_c/C_j)0.8 \tag{18}$$

$$f_r = -C_j\varepsilon_r$$

$$k = 4.1 - 0.75(f'^2_c/C_j) \tag{19}$$

式中，f_{cz}、ε_{cz}是约束混凝土的轴向应力、应变，E_c是未约束混凝土的弹性模量，$E_c = 4733\sqrt{f'_c}$，ε_r是横向应变，ν_c是初始泊松比，f'_c是未约束混凝土的强度，k是线性相关系数。

3.2.2 吴刚等提出的设计模型推导方法

吴刚等[8,9]对 FRP 约束混凝土圆柱无软化段和有软化段分别进行了应力-应变关系的研究。利用试验数据回归进行适当的数学简化，根据之前研究学者得到应力应变关系的函数形式并通过混凝土强度及 FRP 约束材料力学性能等属性，确定函数中的参数，从而直接得到应力应变关系的表达式。

无软化段时，主要针对 FRP 约束混凝土圆柱后没有软化段时的极限强度、极限应变及应力-应变关系进行研究。FRP 约束混凝土圆柱的极限强度主要与 FRP 侧向约束强度、未约束混凝土强度及 FRP 形式等有关。给出了采用多项式回归公式，同时也进行了简化，以方便工程应用。

吴刚又提出确定 FRP 约束混凝土圆柱无软化段时应力-应变关系的三折线模型。

阶段 1：类似于无约束混凝土初始阶段应力应变关系曲线；

阶段 2：无约束混凝土强度附近的软化和过渡区域；

阶段 3：FRP 充分发挥作用阶段。

各阶段对应的关键点模型公式：

$$\begin{cases} \sigma_{c1} = 0.7 f'_{co} & (20) \\ \varepsilon_{c1} = \sigma_{c1} / E_c & (21) \end{cases}$$

$$\begin{cases} \sigma_{c2} = (1 + 0.0002 E_l) f'_{co} & (22) \\ \varepsilon_{c2} = (1 + 0.0004 E_l) \varepsilon_{co} & (23) \end{cases}$$

$$\begin{cases} f'_{cc} = f'_{c0} + 2.0 f_l & (24) \\ \varepsilon_{cc} = \dfrac{\varepsilon_{fu}}{\upsilon_u} & (25) \\ \upsilon_u = 0.56 \left(\dfrac{f_l}{f'_{c0}}\right)^{-0.66} & (26) \end{cases}$$

式中，f'_{c0}、f'_{cc}分别为约束前后混凝土圆柱体抗压强度，f_l是 FRP 侧向约束刚度，ε_{cc}为 FRP 约束后混凝土的峰值应变，ε_{fu}为 FRP 极限应变，υ_u是 FRP 约束混凝土极限阶段的泊松比。

在对 FRP 约束混凝土圆柱有软化段时的应力-应变关系研究时，提出了判断 FRP 约束混凝土圆柱有无软化段的侧向约束强度与混凝土强度比界限值，主要与 FRP 侧向约束强度和未约束混凝土强度比值f_l/f'_{c0}有关，公式如下：

普通弹模 FRP 布（$E_f \leqslant 250$GPa）约束混凝土圆柱：

$$\frac{f_l}{f'_{co}} = 0.13 \tag{27}$$

高弹模 FRP 布（$E_f > 250$GPa）约束混凝土圆柱：

$$\frac{f_l}{f'_{co}} = 0.13\sqrt{250/E_f} \tag{28}$$

吴刚给出了两种模型确定 FRP 约束混凝土有软化段时的应力-应变曲线。

模型一：利用 Saadatmanesh 建议的全曲线方程提出 FRP 约束混凝土有软化段时的应力-应变曲线，如下式：

$$\sigma = \frac{f_{cp} x n}{n - 1 + x^n} \tag{29}$$

式中：$x = \varepsilon_c / \varepsilon_{cp}, n = E_c / (E_c - E_{sec}), E_{sec} = f_{cp} / \varepsilon_{cp}$。

模型二：采用两阶段式，以峰值点为分界点，第一阶段为抛物线，第二阶段为直线。

$$\sigma_c = f_{cp}[2(\varepsilon_c / \varepsilon_{cp}) - (\varepsilon_c / \varepsilon_{cp})^2] \quad \varepsilon_c \leqslant \varepsilon_{cp} \tag{30}$$

$$\sigma_c = f_{cp} + \frac{(f_u - f_{cp})(\varepsilon_c - \varepsilon_{cp})}{\varepsilon_{cu} - \varepsilon_{cp}} \quad \varepsilon_c \leqslant \varepsilon_{cp} \tag{31}$$

式中，f_{cp}是峰值应力，ε_{cp}是峰值应变，f_u是极限应力，ε_{cu}是极限应变。

4 已有模型应力应变关系的比较

为进一步验证上述几位学者所提出的本构模型的适用性，本文通过收集文献［6］、文献［17］、文献［18］和文献［16］中的试验数据，代入这几种本构模型中进行对比分析，结果如图 2 所示。

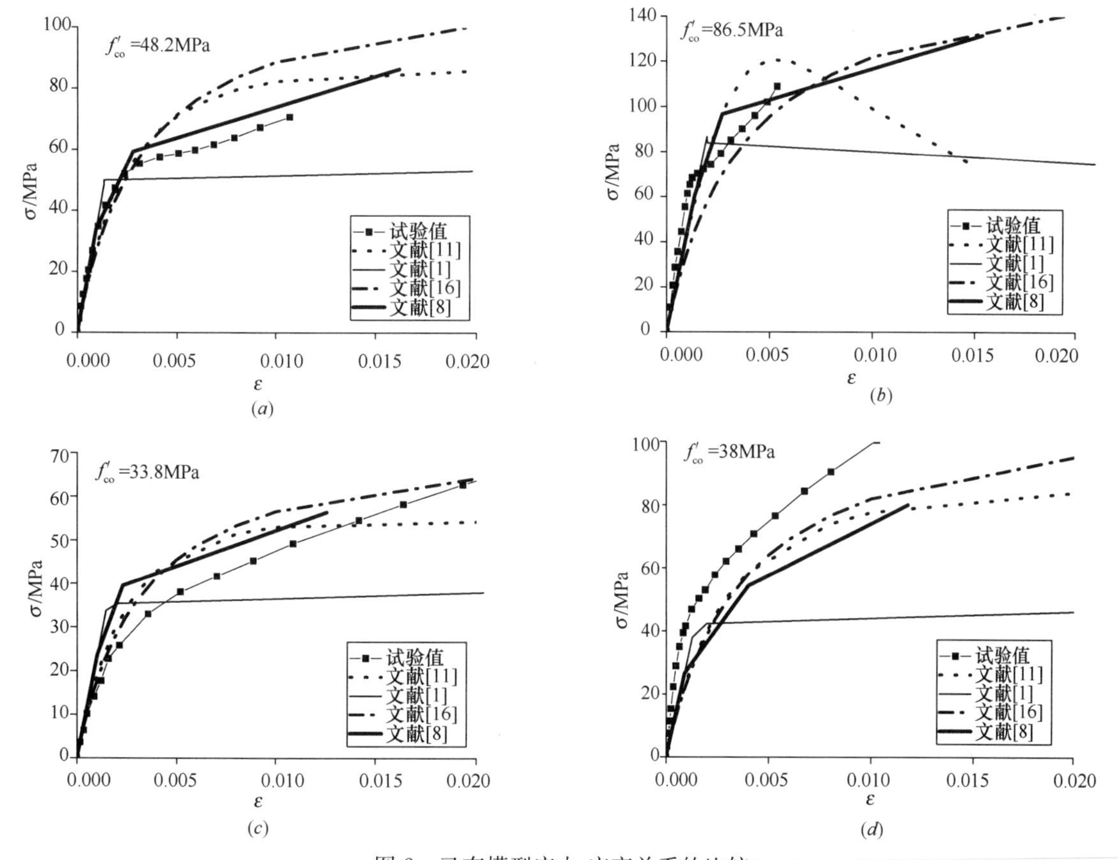

图 2 已有模型应力-应变关系的比较

从图 2 中可以看出各个模型得到的结果差异较大，文献［1］的计算值与其他结果相比偏小；图（a)、(c)、(d）中文献［11]、文献［16]、文献［8］的计算值与试验值较为接近；图（b）中各文献的计算值差异很大，文献［11］存在明显的软化段，其原因可能是本构模型在 FRP 约束高强混凝土时并不适用。

5 结论

FRP 材料因其优异的性能，被广泛地在建筑领域所采用，但目前 FRP 约束混凝土的力学性能，尤其是 FRP 约束混凝土的本构模型还有待研究，现有的本构模型普遍来源于特定的实验数据，因此其适用性还有待检验。本文详细地回顾了目前较为广泛接受的若干 FRP 约束混凝土的本构关系模型，仔细分析了设计模型和分析模型的推导过程及其力学原理，并进行总结，通过和试验数据的对比，明确了现有模型的适用范围。这将为之后研究其他 FRP 材料（如 FRP 网）约束混凝土提供参考。

参考文献

[1] XIAO Y，WU H. Compressive behavior of concrete confined fiber composite[J]. Journal of Material in Civil Engineering，ASCE，2000，12(2)：139-146.

[2] MANDER J B，PRIESTLEY M J N，PARK R. Theoretical stress-strian model for confined concrete [J]. Journal of Structural Engineering，1988，114(8)：1804-1826.

[3] MANDER J B，PRIESTLEY M J N，PARK R. Observed stress-strian behavior of confined concrete [J]. Journal of Structural Engineering，1988，114(8)：1827-1849.

[4] Rousakis T C，Karabinis A I，Kiousis P D. FRP-confined concrete members：Axial compression experiments and plasticity modeling[J]. Engineering Structure，2007，29(7)：1343-1353.

[5] Becque J，Patnaik A K，Rizkalla S H. Analytical models for concrete confined with FRP tubes[J]. Journal of Composites for Construction，ASCE，2003，7(1)，32-38.

[6] 陶忠，高献 . FRP 约束混凝土的应力-应变关系[J]. 工程力学，2005，22(4)：187-195.

[7] Lam L，Teng J G. Design-oriented stress-strain model for FRP-confined concrete[J]. Construction and Building Materials，2003，17(6-7)：471-489.

[8] 吴刚，吕志涛 . FRP 约束混凝土圆柱无软化段时的应力-应变关系[J]. 建筑结构学报，2003，24 (5)：1-9.

[9] 吴刚，吕志涛 . FRP 约束混凝土圆柱有软化段时的应力-应变关系[J]. 土木工程学报，2006，39 (11)：7-14.

[10] Jiafei Jiang，Yufei Wu. Application of Drucker-Prager Plasticity Model for Stress-Strain Modeling of FRP Confined Concrete Columns[J]. Procedia Engineering，2011，14(2011)：687-694

[11] 王震宇，王代玉，吕大刚 . FRP 约束混凝土圆柱应力-应变分析模型［J]. 哈尔滨工业大学学报，2010，42(2)：200-206.

[12] 吴刚，吴智深，罗云标 . FRP 网格约束混凝土圆柱的抗震性能［J]. 建筑科学与工程学报，2007，24(4)：39-44.

[13] 王振华 . 纤维增强复合材料(FRP)加固混凝土柱的研究综述［J]. 南京工程学院学报，2012，10 (2)：19-24.

[14] 周明杰，任兴旺，陈培 . 纤维增强复合材料加固混凝土柱研究综述［J]. 混凝土，2009，(11)：

68-77.
[15] 黄羽立 . FRP 约束混凝土的分析与本构模型[D]. 北京：清华大学，2005.
[16] Jiang T，Teng J G. Analysis-oriented stress-strain models for FRP-confined concrete[J]. Engineering Structure，2007，19(11)：2968-2986.
[17] 邓宗才，刘少新 . 四种 FRP 管约束 UHPC 轴压特性的试验研究 [J]. 北京工业大学学报，2015，41(5)：728-734.
[18] 梁猛 . CFRP 约束混凝土圆柱强度及变形特性研究 [D]. 辽宁：大连理工大学，2012.

基于极限平衡理论的内置FRP圆管的方钢管混凝土轴压短柱承载力计算

沈　宇，陶　毅，张海镇
（西安建筑科技大学，陕西　西安　710055）

摘　要：由内置FRP圆管的方钢管高强混凝土短柱轴压受力机理，考虑钢管服从Von-Mises屈服条件，并引入套箍指标，运用极限平衡理论得到轴压极限承载力公式，通过和已有的文献数据对比，所得出的承载力公式与实验结果吻合良好。分析含钢率、FRP管与钢管相对配置率和混凝土强度等级对承载力提高系数的影响，表明含钢率、FRP管与钢管相对配置率增加，轴压承载力提高系数随之增加，增加FRP管厚度能够紧箍内层混凝土，缓解方钢管角部应力集中现象，混凝土强度等级越高越有利于发挥FRP材料性能。

关键词：FRP管；钢管混凝土；极限平衡理论；承载力

Axial compression bearing capacity of FRP confined concrete core filled square steel tube based on limit equilibrium theory

Y. Shen，Y. Tao，H. Z. Zhang
（Xi′an University Of Architecture and Technology，Xi′an，China）

Abstract：A model considering the mechanism of FRP confined concrete core filled square steel tube together with utilizing the Von-Mises yield criteria for steel tube and a hoop index was proposed in the paper in order to calculate the axial compression bear capacity of this composites column. The prediction results from the proposed model shows a good agreement with the test data. Furthermore，the effects of steel ratio，ratio of FRP tube to steel tube，and concrete strength on the bear capacity were investigated as well. The results showed that increases of steel ratio and increases of ratio of FRP tube to steel tube leads to the increases of bear capacity. The stress concentration at the core of steel tube can be remitted by increasing the thickness of FRP tube due to a higher confinement. The higher concrete strength is of benefit to developing the strength of FRP.

Keywords：FRP confined concrete core，steel tube，limit equilibrium method，bearing capacity.

基金项目：国家自然科学基金资助项目（51408478）；中国博士后基金资助项目（2015M572529）．
通讯作者：陶毅（1982—），男，博士，副教授，主要从事高性能建筑材料应用研究，E-mail：xataoyi@foxmail.com

1 引言

纤维增强复合材料（FRP）具有耐久性好，高比强度，弹性变形能力强和良好的抗疲劳性的优异性能，被广泛应用于混凝土结构中。当外包 FRP 混凝土柱承受轴向荷载时，侧向约束作用能够提高混凝土柱的承载力和延性，且混凝土强度等级越高效果越显著。FRP 也有其自身缺陷，如耐火性差，抗剪性能较差。

钢管混凝土是在钢管中填充混凝土形成的一种构件，在外荷载作用下，钢管和混凝土相互作用，钢管对混凝土起侧向约束作用，使混凝土处于三向应力状态，提高了混凝土的承载能力和抗震性能，受钢管约束的核心混凝土避免钢管发生局部屈曲。方钢管混凝上施工简单，在节点处连接简单，同时具备钢管混凝土承载力高，塑性韧性好的力学性能，广泛应用于高层建筑、单层和多层工业厂房等结构中承受轴压力大的柱。但方钢管对混凝土侧向约束作用分布不均匀，易在角部出现应力集中。

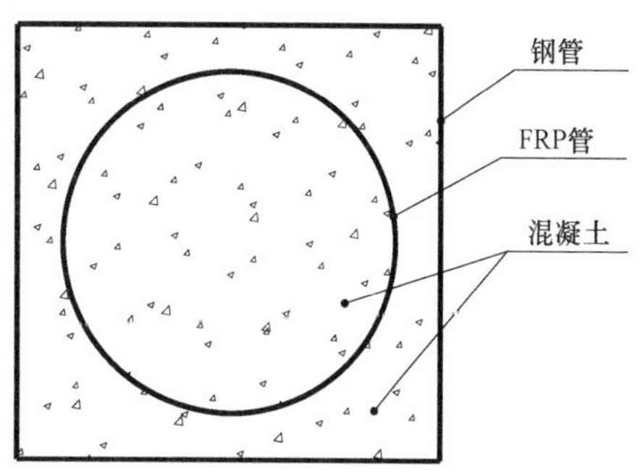

图 1　内置 FRP 管的方钢管混凝土截面

结合 FRP 约束混凝土柱与方钢管混凝土柱各自的优点，将 FRP 管放置在方钢管混凝土中能够改善方钢管角部应力集中，减轻结构的自重，降低钢材消耗。现有的内置 FRP 管的钢管混凝土（图 1）承载力公式大多基于统一强度理论，李帼昌等[1]、李天华等[2]从统一强度理论推导出内置 FRP 管的方钢管混凝土轴压短柱承载力公式。本文运用极限平衡法推导得到内置 FRP 管的方钢管高强混凝土轴压短柱承载力公式，并与现有文献实验结果对比，理论预测值与实验值吻合良好。

2 承载力公式推导

2.1 基本假定

根据文献［4］、［8］，内置 FRP 管的方钢管高强混凝土短柱达到极限承载力时，纤维断裂退出工作，之后钢管进入塑流阶段，承载力变化不大。因此构件极限状态以 FRP 管断裂为标志，同时外钢管屈服。为方便研究问题，采用如下假定条件：

（1）平截面假定；

（2）构件看成是由外钢管、FRP 管约束内层混凝土、外层混凝土三种构件组成的结构体系，极限承载力为三者叠加之和；

（3）外钢管、FRP 管和混凝土三者协调工作，相互之间无相对滑移；

（4）FRP 管断裂前环向始终为线弹性，且 FRP 管的环向应力均沿管壁均匀分布。

2.2 外钢管应力和承载力分析

外钢管处于轴压、径向受压、环向受拉的三向应力状态。考虑到实际应用的外钢管径

厚比 $B/t \geqslant 20$，可视为薄壁管。当构件达到极限状态时 FRP 管断裂而退出工作，内外层混凝土均由外钢管提供侧向约束，此时钢管纵向压应力减小，环向拉应力增大。钢管径向压应力 σ_{rs} 绝对值远小于轴压压应力 σ_s 绝对值和环向拉应力 $\sigma_{\theta s}$ 绝对值，可以忽略径向应力的影响，钢管视为处在轴压应力 σ_s 和环向应力 $\sigma_{\theta s}$ 作用下的二向应力状态（图 2）。

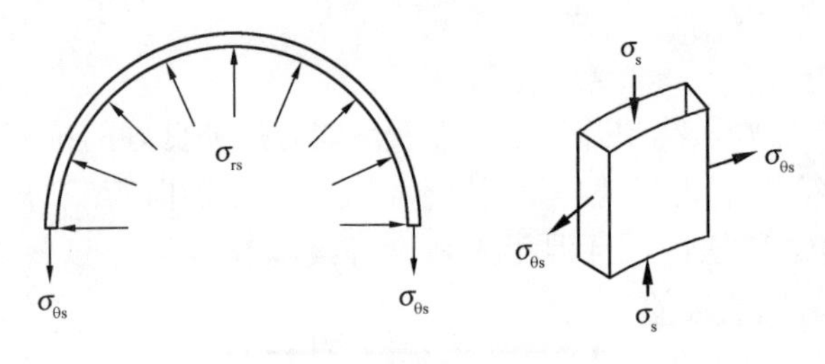

图 2　等效圆钢管应力分析

钢管采用 Von-Mises 屈服条件：

$$\sigma_1^2 + \sigma_1\sigma_2 + \sigma_2^2 = f_s^2 \tag{1}$$

$$\sigma_2 = \sigma_{\theta s} = \frac{D'P}{2t'} \tag{2}$$

式中，f_s 为钢管的屈服应力；$\sigma_{\theta s}$ 为钢管环向应力；σ_s 为钢管轴压应力；D' 为方钢管等效为圆钢管后的直径，$D'=2r'$；P 为等效圆钢管对外层混凝土的实际约束力，r' 和 t' 采用下式计算：

$$r' = \frac{B}{\sqrt{\pi}} \tag{3}$$

$$t' = \frac{2t}{\sqrt{\pi}} \tag{4}$$

将式（2）代入式（1）解得：

$$\sigma_1 = \sigma_s = \sqrt{f_s^2 - \frac{3D'^2P^2}{16t'^2}} - \frac{PD'}{4t'} \tag{5}$$

由于钢管壁较薄，可精确取 $\frac{A_s}{A_c} = \frac{(d+2t)t}{D'^2/4} \approx \frac{4t}{D'}$，并引入套箍指标：

$$\theta = \frac{A_s f_s}{A_s f_c} \tag{6}$$

式中，A_s 为钢管管壁的横截面积；f_s 为钢管的屈服应力；A_c 为内外层混凝土面积之和；f_c 为混凝土单轴抗压强度，这里采用圆柱体抗压强度，式（5）可化为：

$$\sigma_s = f_s\left[\sqrt{1 - \frac{3}{\theta^2}\left(\frac{P}{f_c}\right)^2} - \frac{P}{\theta f_c}\right] \tag{7}$$

所以外圆钢管的轴向承载力为：

$$N_s = A_s\sigma_s \tag{8}$$

2.3　FRP 管应力分析

加载初期，混凝土的径向变形小于钢管和 FRP 管的径向变形，因此这一阶段 FRP 管对内层混凝土没有侧向约束力，随着轴向荷载不断增大，混凝土内部产生微裂缝使得混凝土径向应变增加大于 FRP 管和钢管径向应变增加。FRP 圆管处于轴压和环向受拉的二向应力状态直至断裂，且环向应力 $\sigma_{\theta f}$ 沿管壁厚度均匀分布（图3），由材料力学知：

$$\sigma_{rf}=\frac{\sigma_{\theta f}t_f}{r_f} \tag{9}$$

式中，σ_{rf} 为 FRP 圆管对内层混凝土的约束力；$\sigma_{\theta f}$ 为 FRP 圆管的环向拉应力；t_f 为 FRP 圆管管壁的厚度；r_f 为 FRP 圆管的半径。

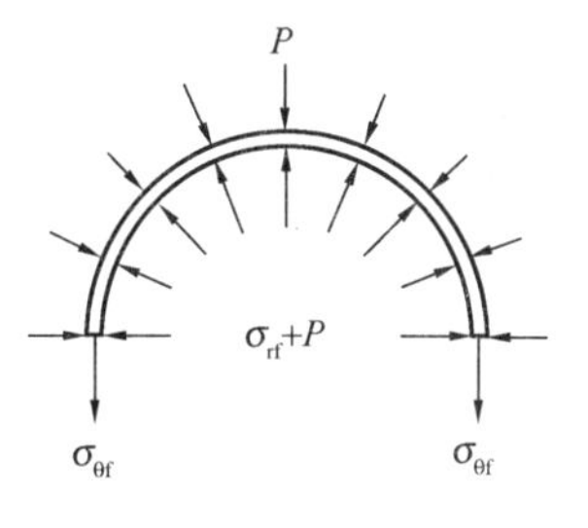

图 3　FRP 管应力分析

当 FRP 管达到极限状态时局部出现断裂，此时取 $\sigma_{\theta f}=f_f$，f_f 为 FRP 管抗拉强度。式（9）形式变为：

$$\sigma_{rf}=\frac{f_f t_f}{r_f} \tag{10}$$

CFRP 管不计轴向承载力，而 GFRP 管轴向压应力采用文献［3］中的计算公式：

$$\sigma_{f2}=\left(\frac{\sigma_{f1}\mu_{f21}}{E_{f1}}+\varepsilon_{f2}\right)E_{f2} \tag{11}$$

GFRP 管轴向承载力为：

$$N_{frp}=\sigma_{f2}A_{tf} \tag{12}$$

式中，σ_{f1}，σ_{f2} 为 GFRP 管的环向和轴向应力；E_{f1}，E_{f2} 为 GFRP 管的环向和轴向弹性模量；ε_{f2} 为 GFRP 管的轴向应变；μ_{f21} 为 GFRP 管的轴向泊松比；A_{tf} 为 GFRP 管管壁的截面面积。

2.4　混凝土应力和承载力分析

2.4.1　内层混凝土

极限状态时，内层混凝土同时受 FRP 管直接和外钢管间接的约束作用，处于三向受压的应力状态。因此分别计算 FRP 管约束核心混凝土和外钢管通过外层混凝土传递到内层混凝土的约束力产生的承载力。FRP 约束内层混凝土的承载力计算采用 Lam and Teng[4]提出的公式：

$$\frac{f'_{cc}}{f'_c}=1+2\,\frac{\sigma_r}{f'_c} \tag{13}$$

式中，σ_r 为 FRP 管对内层混凝土侧向约束力；f'_c 为未约束圆柱体混凝土抗压强度：

根据文献［5］，外钢管通过外层混凝土传递到内层混凝土的约束力产生的附加承载力可以采用式（13）计算，即：

$$\frac{f'_{cc}}{f'_c}=1+2\,\frac{P}{f'_c} \tag{14}$$

所以将二者对内层混凝土约束后提高的承载力叠加，内层混凝土轴向应力为：

内管为 CFRP
$$\sigma_{ic}=f_c+2\,\frac{f_f t_f}{r_f}+2P \tag{15}$$

内管为 GFRP
$$\sigma_{ic}=\alpha\left(f_c+2\,\frac{f_f t_f}{r_f}\right)+2P \tag{16}$$

由于式（13）未考虑 GFRP 管泊松效应，忽略 GFRP 管泊松效应核心混凝土预测强度比实测值大 18%～27%[6]，即核心混凝土实际强度为计算值的 73%～82%，本文取平

均值 $\alpha=0.775$。式中，f_c为未约束圆柱体混凝土抗压强度，α 为考虑 GFRP 管泊松效应的折减系数。

内层混凝土承受的轴向压力为：

$$N_{ic}=\sigma_{ic}A_{ic} \tag{17}$$

2.4.2 外层混凝土

外层混凝土承载力可采用钢管混凝土相关理论计算，由于方钢管不能均匀约束混凝土导致外层混凝土同时存在强约束区和弱约束区，弱约束区承载力忽略不计，而强约束区面积不便计算，现有的文献中外钢管尺寸也存在差别，因此考虑对外层混凝土强度进行折减及钢管尺寸效应的影响，取文献［9］中 $\gamma=1.67D'^{-0.112}$。结合文献［7］，外层钢管混凝土的纵向应力可以用下式计算：

$$\sigma_{oc}=\gamma f_c\left(1+1.5\sqrt{\frac{P}{f_c}}+2\frac{P}{f_c}\right) \tag{18}$$

式中，γ 为外层混凝土不均匀约束的强度折减系数。

因此，外层混凝土的轴向承载力为：

$$N_{oc}=\sigma_{oc}A_{oc} \tag{19}$$

所以内置 FRP 管的方钢管高强混凝土短柱的轴压极限承载力为：

内管为 CFRP
$$N=A_s\sigma_s+A_{ic}\sigma_{ic}+A_{oc}\sigma_{oc} \tag{20}$$

内管为 GFRP
$$N=A_s\sigma_s+A_{ic}\sigma_{ic}+A_{oc}\sigma_{oc}+N_{frp} \tag{21}$$

将式（8）、式（17）、式（19）代入式（20），得内置 CFRP 圆管的方钢管高强混凝土轴压短柱极限承载力：

$$N=A_sf_s\left[\sqrt{1-\frac{3}{\theta^2}\left(\frac{P}{f_c}\right)^2}-\frac{P}{\theta f_c}\right]+A_{ic}f_c\left[1+2\frac{f_ft_f}{r_ff_c}+2\frac{P}{f_c}\right]+A_{oc}\gamma f_c\left[1+1.5\sqrt{\frac{P}{f_c}}+2\frac{P}{f_c}\right] \tag{22}$$

将式（8）、式（12）、式（17）、式（19）代入式（21），得内置 GFRP 圆管的方钢管高强混凝土轴压短柱极限承载力：

$$\begin{aligned}N=&A_sf_s\left[\sqrt{1-\frac{3}{\theta^2}\left(\frac{P}{f_c}\right)^2}-\frac{P}{\theta f_c}\right]+A_{ic}f_c\left[\alpha\left(1+2\frac{f_ft_f}{r_ff_c}\right)+2\frac{P}{f_c}\right]\\&+A_{oc}\gamma f_c\left[1+1.5\sqrt{\frac{P}{f_c}}+2\frac{P}{f_c}\right]+A_{tf}\left(\frac{\sigma_{f1}\mu_{f21}}{E_{f2}}+\varepsilon_{f2}\right)E_{f2}\end{aligned} \tag{23}$$

令 $x=\dfrac{P}{f_c}$，则 N 是以 x 为变量的函数，由极值条件$\dfrac{dN}{dx}=0$ 得

$$\frac{-3x}{\sqrt{\theta^2-3x^2}}-1+2\frac{A_{ic}+A_{oc}\gamma}{A_c}+\frac{3}{4}\frac{A_{oc}\gamma}{A_c\sqrt{x}}=0 \tag{24}$$

通过将数据代入式（24）即可解得 x（见表 1、表 2），然后将 x 代入式（22）、式（23）得到轴压极限承载力 N。

构件达到极限承载力时，FRP 管局部开裂，混凝土达到抗压强度，产生裂纹破坏，而此时根据 Von Mises 屈服条件可确定最大荷载下的钢管纵向应力和环向应力：

$$\frac{\sigma_s}{f_s}=\sqrt{1-\frac{3}{\theta^2}\left(\frac{P}{f_c}\right)^2}-\frac{P}{\theta f_c}\geqslant 0\text{（不为拉力）}$$

$$和\frac{\sigma_1}{f_s}=\sqrt{1-\frac{3}{4}\left(\frac{\sigma_s}{f_c}\right)^2}-\frac{1}{2}\frac{\sigma_s}{f_s}\leqslant 1\text{（不超过屈服条件）}$$

通过对表 1 和表 2 中 θ 和 x 回归得，$\frac{P}{f_c}=0.3011\theta+0.0676$（$R^2=0.9865$），代入以上两式解得 $\theta\geqslant 0.340$，表 1 和表 2 均满足。σ/f_s 和 θ 的关系如图 4 所示。

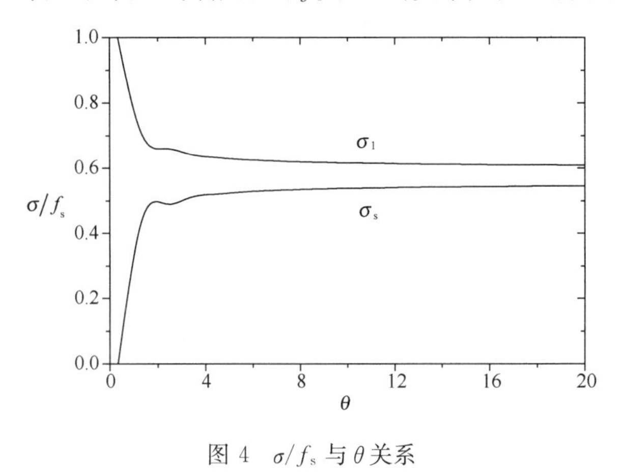

图 4　σ/f_s 与 θ 关系

当 $\theta<0.340$ 时，不能满足上述条件，此时取 $\sigma_s/f_s=0$ 和 $\sigma_1/f_s=1$。

3　承载力公式验证及影响因素分析

3.1　承载力公式验证

取文献 [1]、[4]、[8] 的实验数据对式 (22)、式 (23) 进行验证，实验值与计算值对比见表 1 和表 2。

文献 [1]、[8] 极限承载力实验值与计算值对比　　　表 1

试件编号	t (mm)	t_f (mm)	f_y (MPa)	f_c (MPa)	θ	x	N_{exp} (kN)	N (kN)	N/N_{exp}
SC41	4	0.167	295	50	0.704	0.264	2220	2320.75	1.045
SC41′	4	0.167	295	50	0.704	0.264	2210	2320.75	1.050
SC42	4	0.334	295	50	0.706	0.264	2280	2387.10	1.047
SC42′	4	0.334	295	50	0.706	0.264	2270	2387.10	1.052
SC51	5	0.167	315	50	0.967	0.349	2500	2615.05	1.046
SC51′	5	0.167	315	50	0.967	0.349	2470	2615.05	1.059
SC52	5	0.334	315	50	0.969	0.350	2580	2680.96	1.039
SC52′	5	0.334	315	50	0.969	0.350	2590	2680.96	1.035
SC61	6	0.167	335	50	1.270	0.445	2700	2930.34	1.085
SC61′	6	0.167	335	50	1.270	0.445	2720	2930.34	1.077
SC62	6	0.334	335	50	1.273	0.447	2780	2995.76	1.078

续表

试件编号	t (mm)	t_f (mm)	f_y (MPa)	f_c (MPa)	θ	x	N_{exp} (kN)	N (kN)	N/N_{exp}
SC62′	6	0.334	335	50	1.273	0.447	2770	2995.76	1.082
ZY4-1	4	0.167	313	65.1	0.418	0.160	4218	4295.42	1.018
ZY4-2	4	0.334	313	65.1	0.419	0.160	4424	4391.02	0.993
								平均值	1.050
								标准差	0.026
								变异系数	0.024

文献［4］计算值与实验值与计算值对比 **表 2**

试件编号	t (mm)	t_f (mm)	f_y (MPa)	f_c (MPa)	θ	x	N_{exp} (kN)	N (kN)	N/N_{exp}
CC30-1.5-4	4	1.53	388	24	1.722	0.541	2737	2640.64	0.965
CC30-2.5-4	4	2.55	388	24	1.755	0.551	3086	3178.13	1.030
CC30-3.5-4	4	3.54	388	24	1.786	0.561	3591	3693.53	1.029
CC30-1.5-6	6	1.52	388	24	2.719	0.830	3180	3213.26	1.010
CC30-2.5-6	6	2.53	388	24	2.772	0.846	3208	3738.67	1.165
CC30-3.5-6	6	3.54	388	24	2.827	0.863	4144	4255.98	1.027
CC50-1.5-4	4	1.51	388	41	1.008	0.327	2834	3056.22	1.078
CC50-2.5-4	4	2.53	388	41	1.027	0.333	3660	3586.57	0.980
CC50-3.5-4	4	3.5	388	41	1.045	0.339	4399	4086.04	0.929
CC50-2.5-6	6	2.54	388	41	1.623	0.508	4241	4143.52	0.977
CC50-3.5-6	6	3.55	388	41	1.655	0.518	5040	4653.93	0.923
CC80-1.5-4	4	1.51	388	70	0.590	0.199	3217	3756.26	1.168
CC80-2.5-4	4	2.56	388	70	0.602	0.203	3829	4288.95	1.120
CC80-3.5-4	4	3.51	388	70	0.612	0.206	5098	4768.67	0.935
CC80-1.5-6	6	1.55	388	70	0.933	0.301	3549	4302.15	1.212
CC80-2.5-6	6	2.54	388	70	0.951	0.306	4627	4800.90	1.038
								平均值	1.037
								标准差	0.090
								变异系数	0.087

3.2 承载力影响因素分析

设内置 FRP 圆管的方钢高强混凝土轴压短柱极限承载力为 N_{scfc}，方钢管高强混凝土轴压短柱的极限承载力为 N_{cfst}，定义 $(N_{scfc}-N_{cfst})/N_{cfst}\times100\%$ 为承载力提高率，含钢率

$\alpha=A_s/A_c$，定义 FRP 圆管横截面积与方钢管横截面积之比为 FRP 圆管与方钢管的相对配置率 $\beta=A_f/A_s$。

3.2.1 含钢率

利用文献［8］实验数据作图 5，当钢管外边长尺寸、CFRP 管尺寸和混凝土强度一定时，内置 CFRP 管的钢管混凝土承载力提高率随含钢率增大而增加，从图 6 可以看出 P/f_c 和 θ 呈直线关系，即当混凝土强度等级和钢管屈服强度一定时，P/f_c 随含钢率呈直线增长。因此增大含钢率实际上提高了外钢管对混凝土的侧向约束力，进而提高极限承载力。

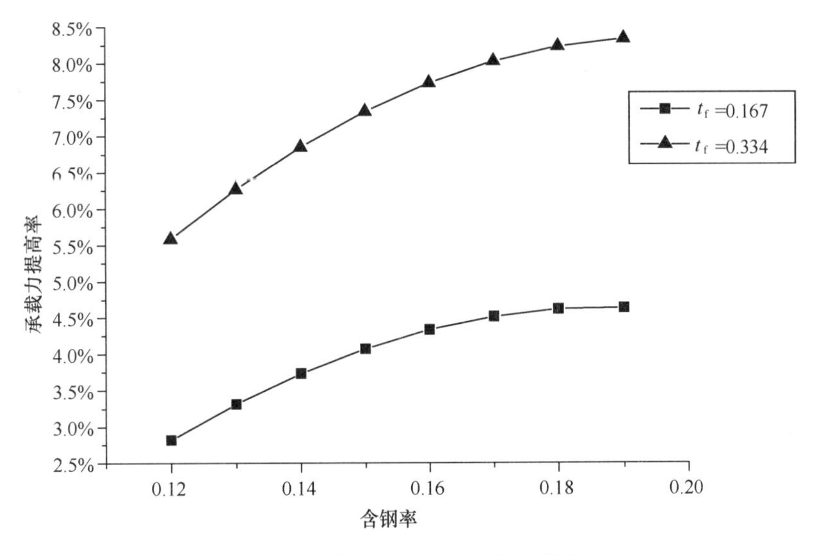

图 5　承载力提高率—含钢率关系

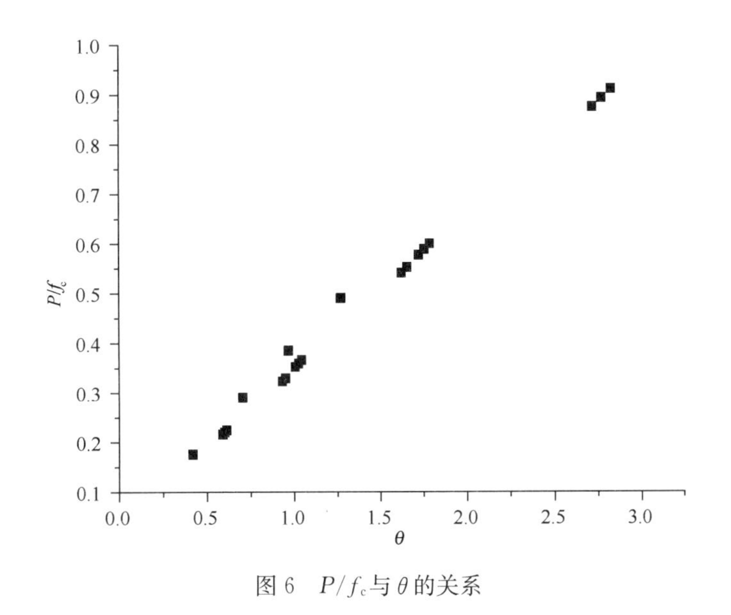

图 6　P/f_c 与 θ 的关系

3.2.2 FRP 管与钢管的相对配置率

在外钢管尺寸相同的情况下，承载力提高率随 CFRP 管与钢管的相对配置率变化如图 7 所示，含钢率一定时，增大相对配置率使 CFRP 管对内层混凝土的环向约束增强，承载力提高率增大。这是因为 CFRP 管层数增加使得内层混凝土横向变形受到限制，内层混凝土的脆性得到改善。在相同 CFRP 管厚度下，SC41 承载力提高率为 2.78％，SC51 承载力提高率为 4.17％，而在相同钢管厚度下与 SC41 相比 SC42 承载力提高率为 5.56％，这表明增加 CFRP 管厚度对承载力提升更有利，分析其他试件亦可得出同样结论。

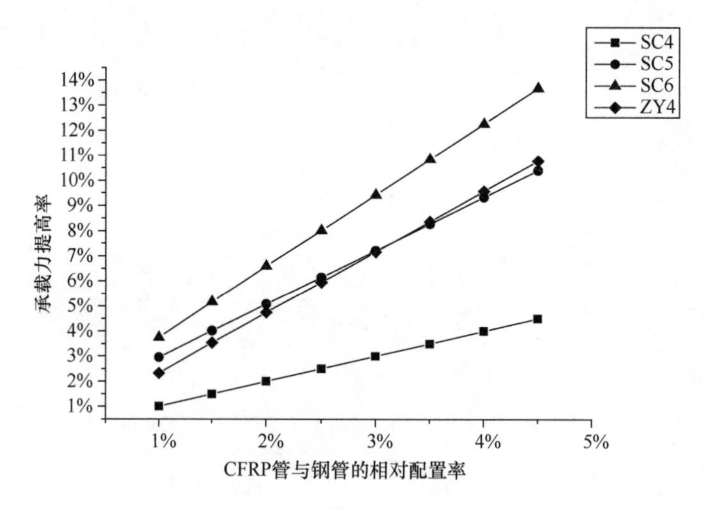

图 7　承载力提高率—CFRP 管与钢管相对配置率关系

3.2.3 混凝土强度等级

混凝土强度等级是钢管混凝土承载力的主要影响因素，通过分析文献［8］实验结果发现混凝土强度等级对内置 CFRP 管的方钢管混凝土承载力有明显影响。当钢管厚度、CFRP 管厚度相同时，试件 SC41、ZY4-1 承载力提高系数分别为 2.78％、5.06％，试件 SC42 、ZY4-2 承载力提高系数分别为 5.56％、10.19％ ，这表明增大混凝土强度等级可以明显提高承载力。从表 2 可直观看出其他影响因素相同时混凝土强度等级越大，P/f_c 越小。这表明混凝土强度等级越大，FRP 对内层混凝土的约束作用越强，内层混凝土对极限承载力的贡献越大，外钢管的角部应力集中现象得到缓解。

4　结论

（1）本文通过极限平衡理论得到的内置 FRP 管的方钢管高强混凝土短柱的轴压极限承载力公式，理论计算值与实验值吻合良好，对于这种构件的轴压极限承载力计算具有参考价值。

（2）增加含钢率、FRP 管与钢管相对配置率均能增大承载力提高率，综合对比二者对承载力提高的幅度，应优先考虑增加 FRP 层数。

（3）在不改变其他影响因素情况下，增大混凝土强度等级可以提高承载力，混凝土强度等级越大，FRP管约束核心混凝土作用越强，同时也可缓解外钢管的角部应力集中现象。

参考文献

[1] 李帼昌，麻丽，杨景利，等．内置CFRP圆管的方钢管高强混凝土轴压短柱承载力计算初探[J]．沈阳建筑大学学报：自然科学版，2008，24(1)：62-66.

[2] 李天华，魏雪英，赵均海，等．内置CFRP圆管的方钢管混凝土短柱力学性能研究[J]．建筑结构学报，2009(S2)：249-254.

[3] 王连广，秦国鹏，周乐．GFRP管钢骨高强混凝土组合柱轴心受压试验研究[J]．工程力学，2009，26(9)：170-175.

[4] Lam L，Teng J G. Strength Models for Fiber-Reinforced Plastic-Confined Concrete[J]. Journal of Structural Engineering，2002，128(5)：612-623.

[5] Cheng S，Feng P，Bai Y，et al. Load-Strain Model for Steel-Concrete-FRP-Concrete Columns in Axial Compression[J]. Journal of Composites for Construction，2016.

[6] 黄龙男，张东兴，王荣国，等．玻璃钢管混凝土柱轴心压缩本构关系研究[J]．武汉理工大学学报，2002，24(7)：31-34.

[7] 蔡绍怀，焦占拴．钢管混凝土短柱的基本性能和强度计算[J]．建筑结构学报，1984(6)：13-29.

[8] 李帼昌，邢娜，邢忠华．内置CFRP圆管的方钢管高强混凝土轴压短柱试验[J]．沈阳建筑大学学报：自然科学版，2009，25(2)：244-249.

[9] Sakino K，Nakahara H，Morino S，et al. Behavior of Centrally Loaded Concrete-Filled Steel-Tube Short Columns[J]. Journal of Structural Engineering，2004，130(2)：180-188.

FRP 加固砌体墙体承载力模型研究现状

古今本[1]，侯海斌[2]，张海镇[1]，陶　毅[1]
（1. 西安建筑科技大学土木工程学院　陕西　西安　710055；
2. 西北综合勘察设计研究院，陕西　西安　710063）

摘　要：纤维增强复合材料（FRP）是一种轻质、高强、耐久性好的复合材料。近年来，国内外土木工程领域兴起了采用 FRP 加固砌体结构的应用与研究。此前的试验研究表明不论是 FRP 布，FRP 网，FRP 片材加固砌体结构，都能有效提高砌体墙体的抗剪承载力，加固后墙体的开裂荷载、极限荷载均得到不同程度的提高，墙体的延性明显改善，变形能力显著提高。抗震性能显著改善，刚度退化较未加固砌体明显减缓，抗震耗能能力增强。本文分析总结了现有文献成果，归纳总结了 FRP 加固砌体墙体承载力实用设计计算公式，为之后的研究提供参考。
关键词：纤维增强复合材料；砌体墙体；抗剪承载力；设计公式

The loading capacity of FRP strengthened masonry wall: State-of-the-Art Review

J. B. Gu[1], H. B. Hou[2], H. Z. Zhang[1], Y. Tao[1]
(1. Xi′an University of Architecture and Technology, Xi′an, China
2. Northwest research institute of engineering investigations and design, Xi′an, China)

Abstract: Reinforcement fiber polymer (FRP) as a high performance composite material has been widely used to improve and rehabilitate the structural performance of masonry structures. The existing researches have approved that the FRP strengthening can promote the shear strength of the masonry walls and the ductility of walls. The seismic resistance of walls can also be improved by utilizing the FRP strengthening technique. The paper reviewed the existing researches on the shear strength of FRP strengthened masonry walls. The accuracy and feasibility of selected models were investigated through comparing with test data.
Keywords: Reinforcement fiber polymer (FRP), masonry walls, shear capacity, Strengthening

1　引言

FRP 材料因其轻质、高强、耐腐蚀的优点，已经被广泛地应用于既有结构的加固和

基金项目：国家自然科学基金资助项目（51408478）；中国博士后基金资助项目（2015M572529）．
通讯作者：陶毅，副教授，主要从事高性能建筑材料的研究，Email：xataoyi@foxmail.com.

性能提升。相比FRP加固混凝土结构而言，目前FRP加固砌体墙体的抗剪承载力计算仍没有成熟的理论与计算方法，而对砌体结构的加固需求却对此问题提出了急切的要求。当前FRP加固砌体墙体抗剪理论主要是：(1) 砌体与FRP独立工作理论；(2) 砌体与FRP协调工作理论。目前砌体与FRP独立工作理论较为普遍采用，这一理论认为FRP加固砌体墙体抗剪承载力为砌体墙体自身抗剪承载力与FRP提供的抗剪承载力之和。另外，FRP对砌体的抗剪能力的贡献通过拉、压杆的机制得以发挥，它一方面通过拉、压杆机制提高砌体的抗剪承载力，一方面又能通过限制砌体裂缝的发生和开展来提高墙体的抗震性能。但由于FRP的拉伸模量比树脂胶的压缩模量大很多，因此尽管FRP在受力过程中可能产生较大的压应变，但它对剪力的贡献却很小，可以忽略压杆效应对墙体受剪承载力的贡献。本文主要归纳总结现有文献关于FRP加固砌体墙的抗剪承载力设计公式，通过本文的分析整理，为提供能够普遍适用的抗剪承载力实用设计公式奠定基础。

2 FRP加固砌体墙体抗剪承载力设计公式

2.1 砌体与FRP独立工作理论

砌体与FRP独立工作理论认为FRP加固砌体墙体抗剪承载力为砌体自身抗剪承载力与FRP提供的抗剪承载力之和，该理论目前具有较高的认同度，现总结具有代表性的基于独立工作理论的抗剪承载力设计公式如下。

2.1.1 模型1

文献[1]认为碳纤维布加固墙体的抗剪承载力等于相同条件下的未加固墙体的抗剪承载力与碳纤维布拉杆机制所承担的抗剪承载力之和，其承载力计算公式为（简称模型1）：

$$P_{wf} = P_{uw} + P_{uf} \tag{1}$$

即

$$P_{wf} = (0.45 f_{v0} + 0.63 \sigma_y)A + n\alpha E_f \varepsilon_{fu} t_f b_f \cos\theta \tag{2}$$

式中，P_{wf}为FRP加固砌体抗剪承载力；P_{uw}为砌体抗剪承载力；P_{uf}为FRP提供的抗剪承载力；n为水平荷载下FRP形成的拉杆数量；α为FRP的应变发挥系数[2]，$\alpha=-0.3325\sigma_y+0.298$；$E_f$为FRP的弹性模量；$\varepsilon_{fu}$为FRP极限拉应变；$\theta$为FRP与水平方向的夹角；$\sigma_y$为砌体竖向压应力；$t_f$为FRP的厚度；$b_f$为FRP的粘贴宽度；$A$为砌体水平截面横截面面积；$f_{v0}$为无正应力作用时砌体的齿缝剪切强度。

此理论模型假设砌体墙体发生剪压破坏，斜裂缝完全跨过FRP且相交区域FRP应变相同，不考虑垂直于纤维方向的作用。但是应变发挥系数α依然没有统一的确定公式。该模型所利用的FRP的应变发挥系数α（文献[2]）只考虑竖向压应力对极限应变的折减，未考虑砌体材料性能、砌体墙高宽比对其的影响。

2.1.2 模型2

文献[3]以剪摩理论为基础计算未加固墙体的抗剪承载力。当采用FRP布加固开裂墙体时，f_v取为0或根据开裂情况进行适当的折减，因此，纤维布加固墙体的抗剪承载力计算公式为（简称模型2）：

$$P_u = (f_v + 0.4\sigma_0)A + \alpha_{cfs}\gamma \cdot nE_{frp}tb\varepsilon\cos\theta \tag{3}$$

式中，n 为 FRP 的条数；A 为砌体水平截面横截面面积；α_{cfs} 为 FRP 布抗剪承载力影响系数；t 为 FRP 的厚度；b 为 FRP 的宽度；θ 为 FRP 与水平方向的夹角；E_{frp} 为 FRP 的弹性模量；ε 为 FRP 的纤维应变；γ 为与加固方式有关的参数；σ_0 为砌体竖向压应力；f_v 为砌体水平通缝抗剪强度。

可以发现，公式（3）引入参数 γ 反映不同加固方式下不同位置 FRP 布拉力对总 FRP 布拉力的贡献。当采用 X 型 FRP 布加固时 $\gamma=2$；当采用三条 FRP 布均匀分布时，$\gamma=14/3$；当采用五条 FRP 布加固时，$\gamma=8$。γ 的取值适用于高宽比在 0.5～1.0 之间的墙体。FRP 布抗剪承载力影响系数 α_{cfs} 与许多因素有关，文献［3］分析了砌体强度及纤维布粘贴质量对 α_{cfs} 的影响，取 $\alpha_{cfs}=0.95$。模型 1 提出的公式不适用于满贴加固形式。

2.1.3 模型 3

文献［4］认为 FRP 在加固砌体墙中的贡献可分为直接贡献和间接贡献，其中直接贡献是指 FRP 穿越破坏截面所提供的直接水平拉力贡献；间接贡献是指在砌体墙片表面按一定的方式粘贴 FRP 布加固墙片后，由于转移剪切破坏面位置、使破坏面剪应力分布更加均匀而间接提高墙片承载力的贡献。在此基础上提出了受剪承载力公式为（简称模型 3）：

$$V_u = V_m + V_f \tag{4}$$

式中，V_m 为加固后的砌体受剪承载力，包括 FRP 的间接贡献；V_f 为 FRP 的直接贡献，即 FRP 直接参与受力而发挥的承载力。

在剪摩理论的基础上，考虑 FRP 的间接贡献，得到 FRP 布加固后墙体发生剪摩破坏时砌体部分提供的受剪承载力：

$$V_m = (\alpha_1 f_{v0} + \mu_1\sigma_0)A \tag{5}$$

式中，α_1 为截面抗剪发挥系数，取为 1.0；μ_1 为剪摩系数，取 $\mu_1 = 0.4 + (0.43 - 0.7\sigma_0/f)\rho$，$\rho = A_{FRP}/A_m$，$A_{FRP}$ 为两个墙面上 FRP 扣除重叠部分的净加固面积，A_m 为两个墙面的面积；A 为墙体水平截面积。

在用 FRP 加固砖砌体时，45°斜向加固墙体 FRP 的作用相当于桁架模型的拉、压杆，但 FRP 的压杆作用不明显，主要是由 FRP 布条提供的拉力来提高试件整体的抗剪承载力。根据力矩平衡和简化得到，45°斜向单面粘贴条 FRP 布条加固后沿对角线发生剪摩破坏时墙片的极限抗剪承载力为：

$$V_u = (\alpha_2 f_{v0} + \mu_2\sigma_0)A + 4n\alpha E_f tb\frac{s}{h}\varepsilon_f \tag{6}$$

45°斜向双面粘贴条 FRP 布条加固后沿对角线发生剪摩破坏时墙片的极限抗剪承载力为：

$$V_u = (\alpha_2 f_{v0} + \mu_2\sigma_0)A + 8n\alpha E_f tb\frac{s}{h}\varepsilon_f \tag{7}$$

式中，n 为 FRP 的层数，FRP 抗剪承载力影响系数 $\alpha=1$，s 为定值，ε_f 为与 V_u 试验值对应的中间 FRP 布条距离剪切破坏面最近的应变片测点实测值；t 为 FRP 的厚度；b 为 FRP 的宽度；θ 为 FRP 与水平方向的夹角；E_f 为 FRP 的弹性模量；h 为墙体的高度。

从试验结果来看，不同位置的 FRP 布在到达极限荷载时，其平均应变是不同的，墙体中部最大，其他 FRP 布条有效极限应变相对于墙体进行简化，取墙体中部应变值的 1/2 等。

2.1.4 模型 4

文献［5］认为 FRP 加固后砌体砂浆抗剪能力会更加均匀，故将《砌体结构设计规范》[6]中未加固的无筋砌体的抗剪强度 $V_M=(\alpha f_{V_{0,M}}+\mu\sigma_{y0})A$ 中系数设为 $\mu=0.4$，$\alpha=1.0$，即 $V_M=(f_{V_{0,M}}+0.4\sigma_{y0})A$。又因该试验为带壁柱砌体墙，壁柱部分也能参与抗剪，所以实际的V_M为：

$$V_M=(\alpha f_{v0,m}+0.4\sigma_{y0})A_W \tag{8}$$

式中，A_W为带壁柱墙体 T 型截面总面积；$f_{v0,m}$为无压应力时砌体抗剪强度平均值；σ_{y0}为砌体竖向压应力；α 为截面抗剪发挥系数，取 1.0。

加固后 FRP 布的拉力由界面粘结力提供，FRP 所产生的拉力P_f为：

$$P_f=P_u \tag{9}$$

$$P_u=\frac{\tau_f b_f}{\lambda}\tanh(\lambda L_f) \tag{10}$$

$$\tau_f=3.9039f_m^{0.5913}\left(\frac{E_a}{1000}\right)1.2411\cdot(E_f t_f)-0.2697\left(\frac{b_f}{b_m}\right)-0.0717 \tag{11}$$

$$\lambda^2=\frac{\tau_f}{\delta_f E_f t_f} \tag{12}$$

式中：P_u为粘结界面的剥离承载力；τ_f为最大粘结剪应力；δ_f为对应τ_f处的滑移，取 $\delta_f=0.1$；f_m为砖抗压强度；b_m为砖沿纤维布宽方向长度；E_a为胶层弹性模量；E_f、t_f、b_f分别为 FRP 布的弹性模量、厚度、宽度。

FRP 对墙体承载作用分为直接作用与间接作用，其中直接作用由 FRP 拉力水平分力P_h直接提供，间接作用由 FRP 竖直分力P_V产生的摩擦力提供，对于摩擦因数的选取，该文献建议取值为 0.4，由此得到的单条 FRP 提供的承载力为：

$$V_f=P_h+0.4P_v=P_f\cos\theta+0.4P_f\sin\theta=P_u(\cos\theta+\sin\theta) \tag{13}$$

将加固后墙体提供的承载力与 FRP 提供的承载力相叠加，得到加固后总的承载力 V 为（简称模型 4）：

$$V=(\alpha f_{v0,m}+0.4\sigma_{y0})A_W+P_u\sum_1^n(\cos\theta_i+\sin\theta_i) \tag{14}$$

为了尽可能地减少数据离散的因素，提高该计算公式的计算精度，该文中对抗剪试件的数据进行了 10%的折减。理论计算中将砌体部分提供的抗剪承载力直接用试验中对比墙体的抗剪承载力代替。

2.2 砌体与 FRP 协调工作理论

FRP 与砌体协调工作理论由于是主拉应力强度理论的发展[7,8]，针对粘贴竖向和斜向 FRP 加固砌体抗剪计算。该理论的砌体抗剪承载力计算公式为[9]（简称模型 5）：

$$P_{wf,cr}=\sqrt{1+\frac{\sigma_0 A+\sigma_{cy}A_{cf}}{P_{V_0}}}P_{V_O}+\sigma_{cx}A_{cf} \tag{15}$$

式中，P_{V_O}为砌体无正应力条件下沿齿缝破坏抗剪承载力；A 为砌体水平截面横截面面积；σ_0为砌体竖向压应力；σ_{cy}为σ_{cv}在 y 方向的分量，$\sigma_{cx}=\sigma_{cv}\cos\alpha$；$\sigma_{cx}$为$\sigma_{cv}$在 x 方向的分量，$\sigma_{cx}=\sigma_{cv}\cos\alpha$；$\alpha$ 为 FRP 布与水平方向夹角。

对于竖向粘贴 FRP 而言$\sigma_{cv}=0.5E_f\theta^2$；对于斜向粘贴 FRP 而言$\sigma_{cv}=E_f\varepsilon_f$；$\theta$ 为竖向粘贴时的水平剪切角；E_f为 FRP 弹性模量；ε_f为 FRP 应变。

FRP 与砌体协调工作理论由于是主拉应力强度理论的发展，所以只适用于加载至砌体开裂阶段。该理论假设 FRP 应力均匀分布，但试验结果证明 FRP 应变分布不均匀，此假设并不成立。另一方面，竖向 FRP 应力计算中忽略水平荷载引起的弯矩作用，认为墙体两端 FRP 都为拉杆且应力相等，此假设与试验结论不同，一旦考虑弯矩作用，则拉杆应力分布不均匀。

此外，文献［9］通过研究 FRP 与砌体独立工作理论与 FRP 与砌体协同工作理论的不足，提出下式计算 CFRP 加固砖砌体墙抗剪承载力计算公式（简称模型 6）：

$$P_{wf}=(f_{v0,m}+0.63\sigma_y)A+\sum_{i=1}^{n}\sigma_{cf,xi}t_{f,i}b_{f,i} \tag{16}$$

$$\alpha=0.577-0.32\lambda \tag{17}$$

$$\sigma_f=\alpha f_f \tag{18}$$

$$\sigma_{f,x}=\alpha f_f\cos\beta \tag{19}$$

式中，f_f为 FRP 抗拉强度设计值；λ 为砖砌体墙高宽比；β 为 FRP 与水平方向的夹角；$f_{v0,m}$为无压应力时砌体抗剪强度平均值；σ_y为砌体竖向压应力；A 为砌体水平截面横截面面积；α 为 FRP 应变发挥系数；$t_{f,i}$为第 i 条 FRP 的厚度；$b_{f,i}$为第 i 条 FRP 的宽度；$\sigma_{cf,xi}$为第 i 条 FRP 在水平方向上的分力；n 为 FRP 形成的拉杆数量。

公式（16）建立基于以下假设：1）砌体发生剪压破坏，斜裂缝以墙面对角线连线方向贯穿墙体。2）砌体墙达到极限承载力时，水平 FRP 应变发挥系数 α 取 0.2，斜向 FRP 应变发挥系数按上式确定。

3　模型对比

将两组试验数据代入四个模型中，对比结果如图 1、图 2 所示。

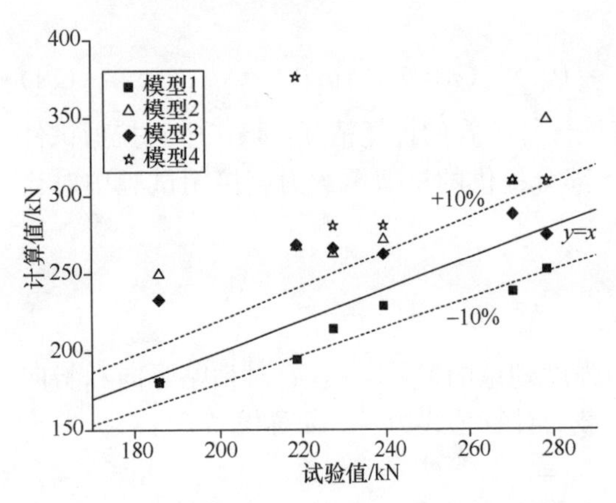

图 1　文献［2］计算值与试验值对比

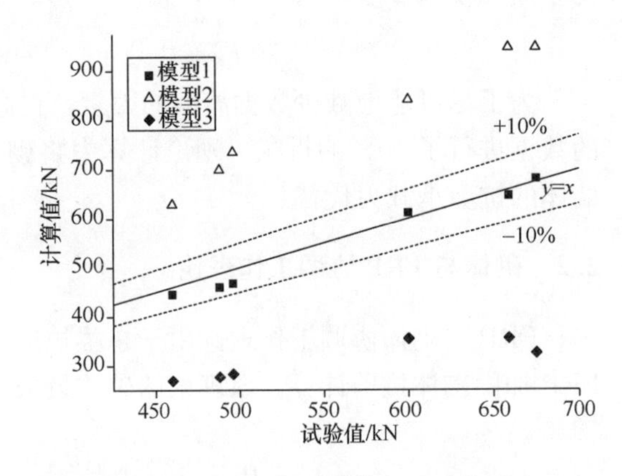

图 2　文献［16］计算值与试验值对比

经对试验值与计算值的比较，发现模型 1 理论计算与试验结果吻合较好，误差基本控制在10%以内，可满足实际工程应用要求，供设计人员参考。

4 结论

纤维布对砌体的抗剪能力的贡献通过桁架结构的拉、压杆的机制得以发挥，它一方面通过桁架结构的拉、压杆机制提高砌体的抗剪承载力，一方面又能通过限制砌体裂缝的发生和开展来提高墙体的抗震性能，忽略压杆的作用。在FRP加固砌体墙所提出的抗剪承载力公式中，根据破坏形态的不同提出各个破坏形态下的抗剪承载力，例如剪摩破坏（对角缝破坏、一般破坏、水平缝破坏），剪压破坏，斜压破坏等等。另外，FRP加固砌体墙较未加固墙体的贡献一般可认为由直接贡献和间接贡献组成，直接破坏采用的模型大多数都是简化为桁架结构的拉、压杆模型，但一般忽略压杆的作用，还有比较认可的就是砌体和砖分离作用理论，即FRP加固砌体墙的抗剪承载力由砌体本身的抗剪承载力和FRP提供的抗剪承载力之和。而对于这些设计公式，有许多需要进行改进的，因为影响抗剪承载力的因素非常多且较复杂，包括：设置构造柱与否、墙体高宽比、FRP种类、加固形式、锚固形式、轴压比、砖强度、砂浆强度、FRP的宽度、粘结长度（本文中缺乏对FRP有效粘结强度的论述）、加固量、FRP的层数、FRP与砌体之间的粘贴质量，不可能考虑的非常全面，所以就是重点考虑某些因素的影响，并且通过一定的简化和线性回归等等，结合试验数据，和有限元分析为提供更有利于工程实际应用的抗剪承载力设计公式。经对试验值与计算值的比较，发现模型1理论计算与试验结果吻合较好，误差基本控制在10%以内，可满足实际工程应用要求，供设计人员参考。

参考文献

[1] 赵彤，张晨军，谢剑，等．碳纤维布用于砖砌体抗震加固的试验研究[J]．地震工程与工程振动，2001，21(2)：89-95.

[2] 顾祥林，叶芳菲，张伟平，等．CFRP板加固砖墙的抗剪承载力[J]．结构工程师，2005，21(6)：64-67.

[3] 柳学花．纤维增强复合材料加固砖砌体抗震性能研究[D]．长安大学，2005.

[4] 由世岐，刘新强，刘斌，等．斜向粘贴FRP加固砖砌体墙受剪试验[J]．沈阳建筑大学学报：自然科学版，2008，24(5)：803-808.

[5] 黄奕辉，王全凤．FRP加固砖砌体的抗剪承载力研究[J]．建筑科学与工程学报，2009，26(1)：12-18.

[6] GB 50003—2001 砌体结构设计规范[S]．中国建筑工业出版社，2002.

[7] 徐春一，刘明，张吉松．蒸压粉煤灰砖砌体抗剪性能试验[J]．沈阳建筑大学学报：自然科学版，2011，27(2)：221-226.

[8] 蔡勇．基于最小耗能原理的砌体抗剪强度统一模式[J]．中南大学学报：自然科学版，2007，38(5)：993-999.

[9] 樊越．粘贴CFRP砖砌体墙在低周反复荷载作用下的试验研究[D]．东北林业大学，2012.

EXPERIMENTAL STUDY OF MECHANISM OF THE WOOD-DOWEL WELDING WITH HIGH-SPEED ROTATION

Y. Gao, X. D. Zhu, J. R. Zhang , Y. Q. Qiu, X. Y. Luo
(College of Wood Science and Technology,
Beijing Forestry University, China. Email: gaoying@bjfu. edu. cn)

ABSTRACT: This study focus on the difference pullout resistance and stiffness between wood-dowel welding and hammering. Test results showed that pullout resistance of welded joints were much higher than that of hammered joints. The typical pullout resistance curve of wood-dowel welding is composed of three stages: the elastic stage, the yield stage and the extending stage. While the typical curve of hammered specimen presents different characters: the slow-rising stage, the sawtooth waveform stage and the failure stage. Test results also indicated that Larch specimens showed higher pullout resistance than the Spruce specimens. Moreover, Larch specimens with the holes/dowels diameters of 9. 5mm/12mm and Spruce specimens with 8. 5mm/12mm showed their highest pullout resistance and stiffness, respectively.
KEYWORDS: Wood-dowel welding, Larch, Spruce, Pullout resistance

1 INTRODUCTION

Welding technology is applied extensively in the field of metal and plastic. This environmentally friendly way of connection creates a new welding interface layer by the effect of friction heating. During the process of friction, thermoplastic materials are softened and fused and can be solidified once the friction stopped (Stamm 2005; Zhou 2014).

The main components of wood are cellulose, hemicellulose and lignin as a kind of natural polymer materials. In general, when wood gets heated, cellulose is stable, while hemicellulose generates thermal pyrolysis and lignin turns softened. As well in this study, wood welding with lignin softening and degradation is caused by the temperature increment because of the friction generated from the insertion by high-speed rotation between the wood dowel and substrate hole. The highest temperature values can be reached at the range of 250～320℃ during the process of wood dowel welding, while the most significant thermal modification of wood components happened between 300 and 400℃. So just the amorphous components of wood are affected by the temperature increase, such as lignin and hemicellulose, and a little amorphous cellulose. Wood-dowel welding induced by high-speed rotation has been shown to have the wood jointing with considerable strength immediately.

This research presents the mechanism of wood welding by high-speed rotation experiment. The wood cells are bonded with each other due to temperature-induced softening and the flowing of lignin and some other kinds of amorphous polymer materials. The flowing of these materials induces high densification of the bonded interface. Wood-dowel welding can obtain certain bond strength quickly and easily to function without any adhesives. This welding technology will have a broad application in the future with a green low-carbon and environmental-friendly background.

Wood species, relative diameter difference between wood-dowels and the substrate holes were shown to be the most important parameters(Belleville et al. 2013). This study aimed to define optimal parameters of wood-dowel welding for two wood species, Larch (Larix gmelinii) and Spruce (Picea abies), which are widely used in the field of timber structure. The parameters cover wood species, relative diameter difference between wood-dowel and the substrate hole, and the dowel inserting methods including welding and hammering. The chemical changes are determined by using of attenuated total reflection fourier transform infrared spectroscopy (ATR-FTIR) and X-ray photoelectron spectroscopy (XPS). These analytical techniques have been shown to be well-suited to characterize changes in functional groups and structure of wood components (Sun et al. 2010; Segovia and Pizzi 2009; Belleville et al. 2013; Delmotte et al. 2008).

2 MATERIAL ANDMETHOD

2.1 Material

Wood-dowels were made by Birch (Betula spp.), which were 10mm and 12mm respectively in diameter and 100mm in length. Larch and Spruce slats with a dimension of 40mm (T) * 60mm(R) * 1000mm (L) were used as substrate.

2.2 Method

Moisture content conditioned

Dowels and slats were disposed in a temperature of 20℃ and a relative humidity (RH) of 60% until they reach the equilibrium moisture content.

10mm *diameter wood-dowel welding*

Wood substrates were pre-drilled with a diameter of 7.5mm and a length of 30mm by a drilling machine (Jinding Z4113). The holes were cleaned by an air pump machine. Then, wood-dowels were welded into the pre-drilled holes to create bonded joint with a high-speed rotation at 980 rpm and a feed rate at 15mm/s as a welded group 7.5/10W (Leban et al. 2008; Ganne-Chedeville et al. 2008; Kanazawa et al. 2005; Bocquet et al. 2007).

12mm *diameter wood-dowel welding*

Wood substrates were pre-drilled with diameters of 8. 5mm, 9. 5mm and a length of 30mm by a drilling machine respectively. The holes were cleaned by an air pump machine. Then, wood-dowels were welded into the pre-drilled holes to create bonded joint with a high-speed rotation at 980 rpm and a feed rate at 15mm/s as welded groups 8. 5/12W and 9. 5/12W.

The insert part of the dowel was changed to the shape of conical due to densification during the insertion progress (Figure 1). The rotation of wood-dowel stopped once the fusion and bonding achieved in 2~3s.

Wood-dowel hammered

Wood substrates were pre-drilled with a diameter of 7. 5mm and a length of 30mm. Wood-dowels with a diameter of 10mm were hammered into pre-drilled holes as a hammered group 7. 5/10H.

Pullout resistance test

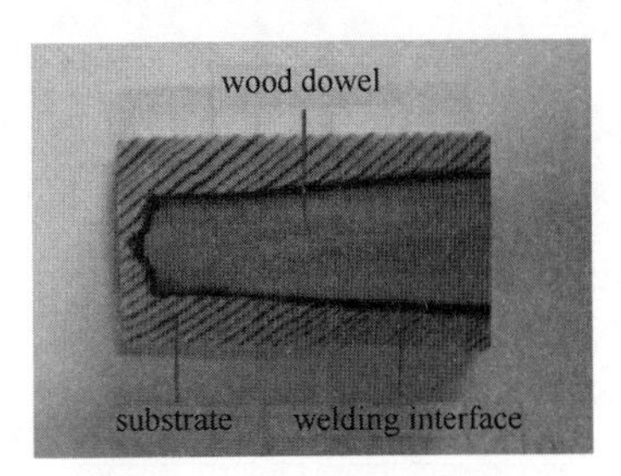

Figure 1 The conical shape of wood dowel after welding

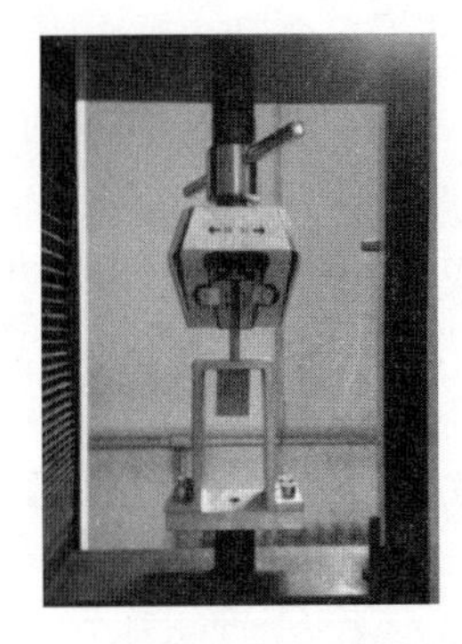

Figure 2 Universal testing equipment WDW-300E

After welding, wood slats were cut into 10 parts evenly in the length direction that every welded dowel had a size of 40mm (T) * 0mm(R) * 00mm (L). The specimens were disposed in 20℃ and 60% RH for 24hours before test. The pullout resistance of specimens were tested by universal testing equipment (WDW-300E, Figure 2), which pulled welding wood-dowels out of the substrates with a speed of 5mm/min (Pizzi et al. 2006; Mougel et al. 2011; Omrani et al. 2007).

3 RESULTS AND DISCUSSIONS

The mean values of pullout resistance and stiffness of different kinds of specimens are summarized in Table 1. For the welded Larch specimens, the mean values of pullout resistance were 2. 345kN, 2. 354kN, 2. 355kN, and the stiffness were 1. 273kN/mm, 1. 487kN/mm, 1. 54kN/mm, with respond to the pre-drilled holes/dowels' diameters of 7. 5/10mm, 8. 5/12mm and 9. 5/12mm, respectively. For the welded Spruce specimens, the mean values of pullout resistance were 0. 96kN, 1. 857kN, 1. 548kN and the stiffness were 0. 954kN/mm, 1. 217kN/mm and 1. 126kN/mm, respectively. For the hammered Larch specimens, the mean value of pullout resistance was 0. 454kN, and for hammered Spruce, the figure is 0. 36kN.

Mean values of pullout resistance and stiffness in terms of dowels inserted to 30mm depth in single substrate **Table 1**

Substrate Species	Group	Pullout Resistance (kN)	Stiffness (kN/mm)
Larch	7. 5/10W	2. 345	1. 273
Spruce		0. 96	0. 954
Larch	8. 5/12W	2. 354	1. 487
Spruce		1. 857	1. 217
Larch	9. 5/12W	2. 355	1. 540
Spruce		1. 548	1. 126
Larch	7. 5/10H	0. 454	/
Spruce		0. 36	/

Typical pullout resistance curve

Figure 3 showed the pullout resistance of different insert methods. For hammered method, Larch specimens present 26. 1% better pullout resistance than Spruce specimens. But the pullout resistance of welded specimens are much higher.

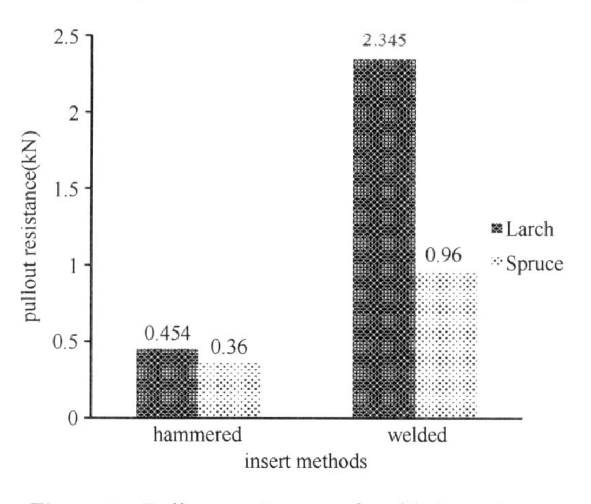

Figure 3 Pullout resistance of welded specimens and hammered specimens

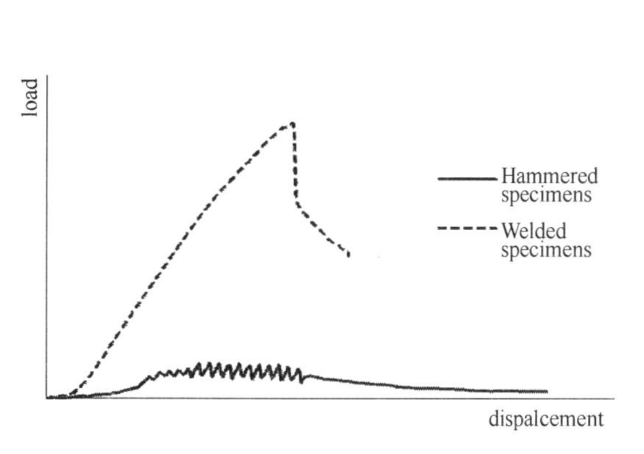

Figure 4 Load-displacement curves of welded specimens and hammered specimens

As can be seen from Figure 4 the typical pullout resistance curve of wood-dowel welding is composed of three stages: the elastic stage, the yield stage and the extending stage. While the typical curve of hammered specimen presents different characters: the slow-rising stage, the sawtooth waveform stage and the failure stage. For the curve of wood-dowel welding, the rapid rising at the elastic stage mainly caused by the new fusion layer forming between the wood-dowel and substrate hole. When the fused interface layer reached the maximum fracture load, the curve begins to decline. At the extending stage, the curve still presents a slowly load falling process because the friction force still exists between the wood-dowel and the substrate hole. For the curve of hammered, lateral pressure between dowels and holes happened in joints as well as welded, but the fusion and melting of the amorphous polymer caused by heat diffusion only happened in the rotation welding process.

Effect of species on wood-dowel welding

As can be seen from Figure5 (*a*, *b*), test results indicated that the Larch specimens showed higher pullout resistance and stiffness compared with the Spruce specimens. For group 7.5/10W, 8.5/12W, and 9.5/12W, the pullout resistance of Larch specimens were 144%, 26.8% and 52.1% higher respectively than that of Spruce specimens. The stiffness of Larch specimens were 33.4%, 22.2% and 36.8% higher than that of Spruce specimens respectively. The main reason of this phenomenon is that Larch is denser than Spruce. When wood dowels welded into pre-drilled substrate holes by high-speed rotation, Larch substrates can provide greater lateral pressure and unit quantity of wood materials to promote the friction and fusion between wood-dowels and substrate holes than Spruce ones.

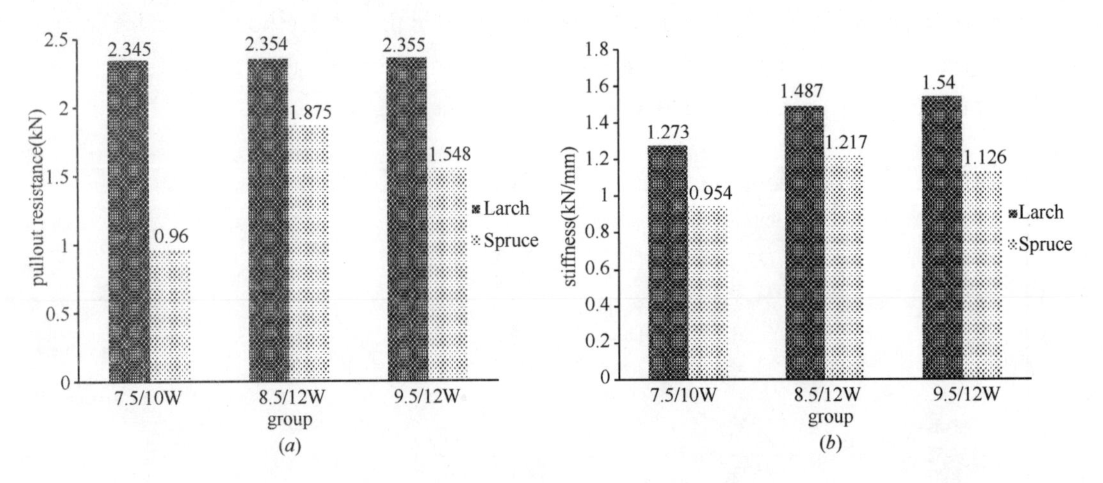

Figure 5 Effect of species on pullout resistance (*a*) and stiffness (*b*) of wood-dowel welding

Fracture occurred between interfacial layer and wood cell for most of the specimens. In the case of Larch substrates, the end region of wood dowels were not well welded mainly (Figure 6 (*a*)) because of the excessive friction generated between the wood dowels and the substrate holes. While in some Spruce substrates showed fracture phenomenon in a particular way. The surfaces of wood dowels pulled out from some Spruce substrates were smooth and transparent scarcely with any black welded materials (Figure 6 (*b*)). Due to the soft property of Spruce, internal face could not provide enough lateral pressure be-

(*a*)

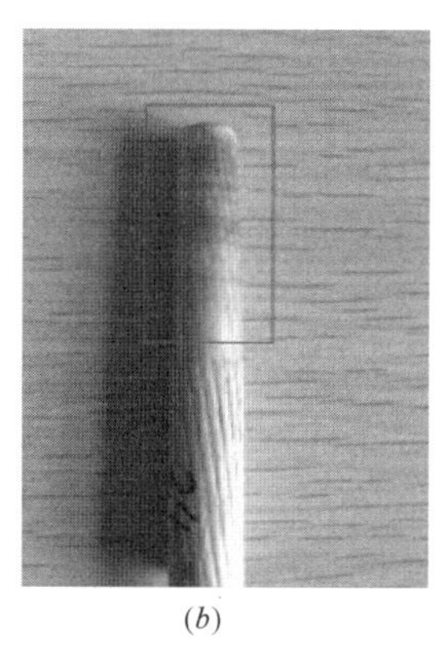

(*b*)

Figure 6

(*a*) the end region of wood dowels not well welded for Larch substrates

(*b*) smooth and transparent scarcely with any black welded material for Spruce substrates

tween wood dowel and substrate hole, leading to the insufficient or nearly no friction.

From the above, considering any experimental conditions tested in this paper, Larch substrates were better welded than Spruce ones.

Effect of relative diameters difference between wood-dowels and the substrate holes on wood-dowel welding

As can be seen fromFigure 7(*a*) and (*b*), Larch as welding substrates, three different pre-drilled substrate holes plays hardly any impact on the pullout resistance, but has a big effect on the stiffness of the elastic stage. The stiffness of Larch with 9.5/12W group is just 3.6% higher than 8.5/12W group, but 21.0% higher than 7.5/10W group. The stiffness of the elastic stage is mainly used to measure the displacement variation of welding position under the same load conditions. According to this study, on account of the densification Larch, under the condition of the same load requirement, 7.5/10W group can be selected for the design joint with displacement buffer to support the deformation to

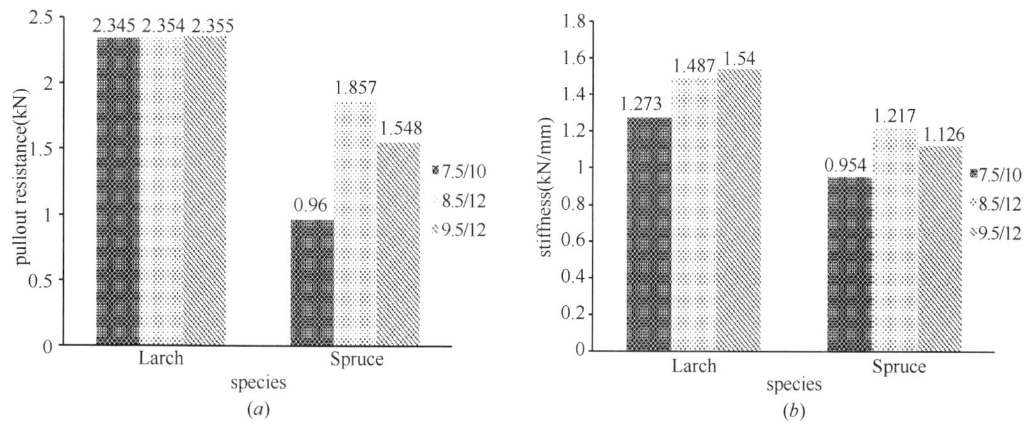

Figure 7　Effect of relative diameters difference between wood dowel and the substrate holes on pullout resistance

(*a*) and stiffness; (*b*) of wood-dowel welding

maintain the integrity of the component. While 9.5/12W group can provide rigidity of the joint to maintain the integrity with small deformation.

Spruce as welding substrates, three different pre-drilled substrate holes plays a big influence on the pullout resistance and stiffness of the elastic stage. The maximum values of pullout resistance and stiffness are from 8.5/12W group, which are 93.4% and 27.6% higher than 7.5/10W group, 20.0% and 8.1% higher than 9.5/12W group respectively. As discussed above, 8.5/12W and 9.5/12W groups are not well welded at the end region of wood dowels within 5mm length. But for the 7.5/10W group, the phenomenon in Figure 10 is happened frequently.

4 CONCLUSIONS

Wood-dowel welding by high-speed rotation enable the jointing of dowel and substrate with considerable pullout resistance. The joining mechanism of wood-dowel welding is different from that of wood-dowel hammering. The Larch substrates can get more excellent welding properties than Spruce substrates. Relative diameter difference between wood-dowel and the substrates holes has greater effect on pullout resistance and stiffness of Spruce substrates, while almost no effect on pullout resistance of Larch substrates. The highest pullout resistance and stiffness were showed in Larch specimens with the holes/dowels diameters of 9.5mm/12mm and in Spruce specimens with the holes/dowels diameters of 8.5mm/12mm.

ACKNOWLEDGMENTS

This research work was supported by the Outdoor Wooden Landscape Architecture Materials Properties and Application Research (2015GJ-01).

REFERENCES

Belleville, B., Stevanoic, T. and Cloutier, A. (2013) "An investigation of thermochemical changes in Canadian hardwood species during wood welding", *Eur. J. Wood Prod.*, 71, 245-257.

Belleville, B., Stevanovic, T. and Pizzi, A. (2013) "Determination of optimal wood-dowel welding parameters for two North American hardwood species", *Journal of Adhesion Science and Technology*, 27(5-6), 566-576.

Bocquet, J. - F., Pizzi, A. and Resch, L. (2007) "Full-scale industrial wood floor assembly and structures by welded-through dowels", *Holz Roh Werkst*, 65, 149-155.

Delmotte, L., Ganne-Chedeville, C. and Leban, J. M. (2008) "CP-MAS 13C NMR and FT-IR investigation of the degradation reactions of polymer constituents in wood welding", *Polymer Degradation and Stability*, 93, 406-412.

Ganne-Chedeville, C., Properzi, M. and Leban, J. - M. (2008) "Wood welding chemical and physical changes according to the welding time", *Journal of Adhesion Science and Technology*, 22, 761-773.

Kanazawa, F., Pizzi, A. and Properzi, M. (2005) "Parameters influencing wood-dowel welding by high-speed rotation", *J. Adhesion Sci. Techol.*, 19(12), 1025-1038.

Leban, J. -M., Mansouri, H. R. and Omrani, P. (2008) "Dependence of dowel welding on rotation rate", *Holz Roh Werkst*, 66, 241-242.

Mougel, E., Segovia, C. and Pizzi, A. (2011) "Shrink-fitting and dowel welding in mortise and tenon structural wood joints", *Journal of Adhesion Science and Technology*, 25, 213-221.

Omrani, P., Bocquet, J. - F. and Pizzi, A. (2007) "Zig-zag rotational dowel welding for exterior wood joints", *J. Adhesion Sci. Technol.*, 21(10), 923-933.

Pizzi, A., Despres, A. and Mansouri, H. R. (2006) "Wood joints by through-dowel rotation welding: microstructure, 13C NMR and water resistance", *J. Adhesion Sci. Technol.*, 20(5), 427-436.

Segovia, C. and Pizzi, A. (2009) "Performance of dowel-welded wood furniture linear joints", *Journal of Adhesion Science and Technology*, 23, 1293-1301.

Stamm, B. (2005). "Development of friction welding of wood: physical, mechanical and chemical studies", Lausanne, Switzerland.

Sun, Y., Royer, M. and Diouf, P. N. (2010) "Chemical changes induced by high-speed rotation welding of wood-application to two Canadian hardwood species", *Journal of Adhesion Science and Technology*, 24, 1383-1400.

Zhou, X. J., Pizzi, A. and Du, G. B. (2014). "Research progress of wood welding technology (bonding without adhesive) ", *China Adhesives*, 23(6), 47-53.

蓝色金谷南区办公楼钢结构设计

石柏林，陈鹏，徐韶锋
（杭萧钢构股份有限公司，浙江　杭州）

摘　要：蓝色金谷（南区）项目主要由两栋办公楼及裙房组成，总建筑面积 75340.06m²，建筑高度 94.2m，共 22 层，13 层以下为 L 形，13 层以上为一字形，采用钢结构，结构形式为钢管混凝土柱＋H 形钢梁＋钢管混凝土束墙核心筒＋箱形钢支撑，为超限高层。本文主要介绍结构选型、弹性分析、性能化设计以及弹塑性分析。

关键词：超限高层；性能化设计；弹塑性分析

1　工程概况

蓝色金谷（南区）项目位于海滨城市烟台，拟建工程规划总用地面积为 33840.44m²，总建筑面积 75340.06m²。该项目主楼 22 层（A 楼、B 楼），局部 13 层，裙房为 3 层（2 栋）。地下 1 层（含夹层）为车库及设备用房，层高 6.15m（含夹层）；1 层为物业用房及休闲架空层，层高 5.4m；2～3 层为物业用房层，层高 4.4m；4～22 层为办公层，层高 4.2m。呈夹角对称布局，裙房采用混凝土结构，主楼与裙房设双柱脱开，如图 1 所示。由于 A 楼与 B 楼建筑外形及结构布置类似，本文仅针对其中一栋（A 楼）进行介绍。

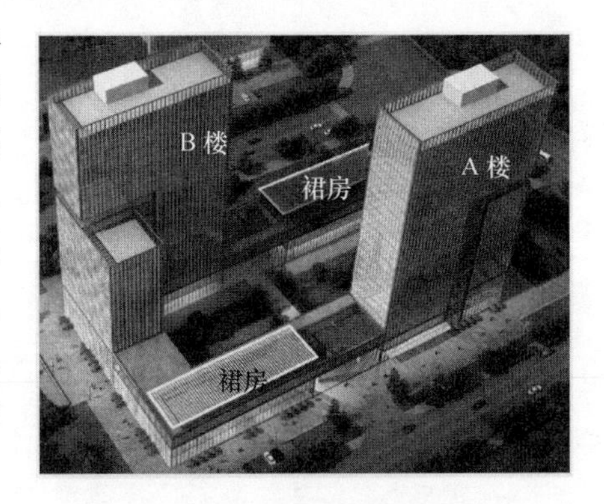

图 1　建筑效果图

2　主要计算参数

工程设计使用年限 50 年，抗震设防烈度为 7 度（0.1g），设计地震分组为第一组，抗震设防类别为标准设防类，建筑场地类别为Ⅱ类，特征周期 0.35s，阻尼比 0.035，地面粗糙度 A 类，基本风压 0.55kN/m²，体形系数去 1.4，群楼干扰系数 1.1，承载力计算时，风荷载按基本风压 1.1 倍采用。

3　结构体系及结构布置

本工程采用框架-核心筒结构，框架为钢管混凝土柱＋H 形钢梁框架，核心筒采用钢管混凝土束墙结构。另外，由于核心筒的偏置以及平面布置的不对称性，为了有效控制位移比，在楼层两端布置钢支撑，支撑采用跨层巨型支撑，由此一共布置了三道抗侧力体系：钢管混凝土束墙、支撑、钢管混凝土柱。详见图 2～图 4。

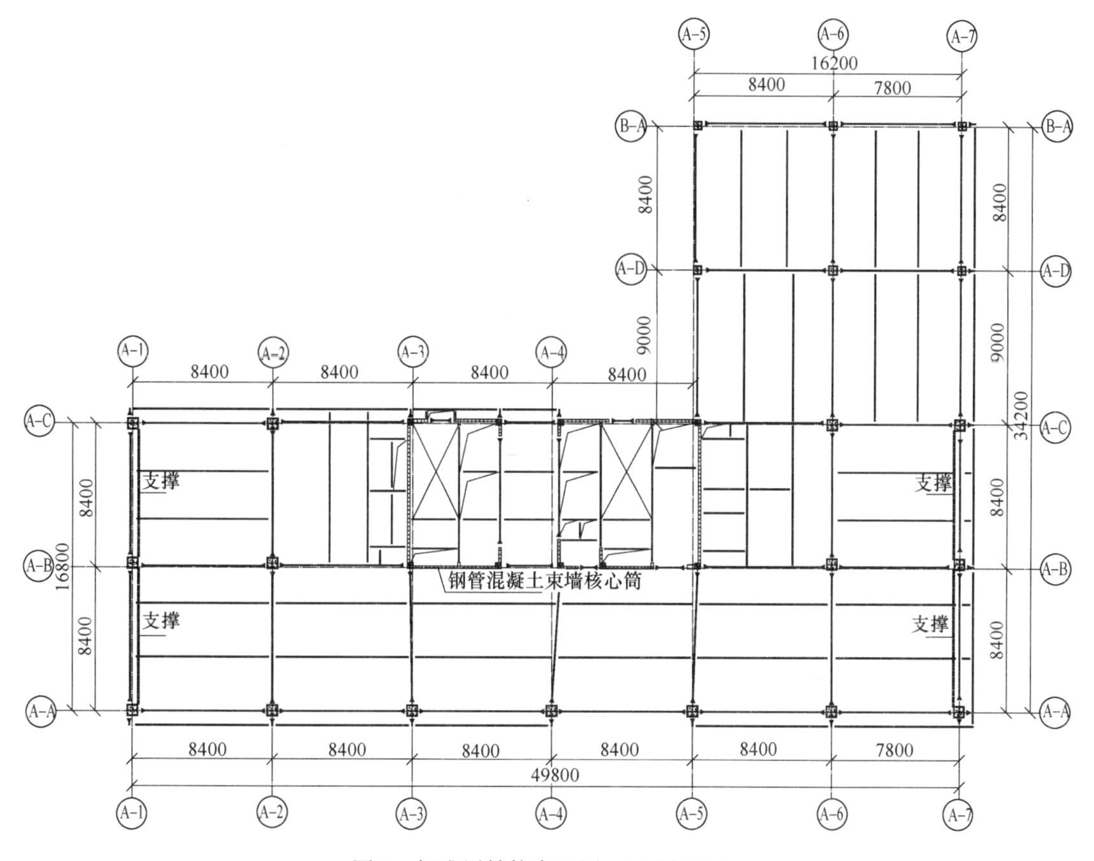

图 2　标准层结构布置图（13 层以下）

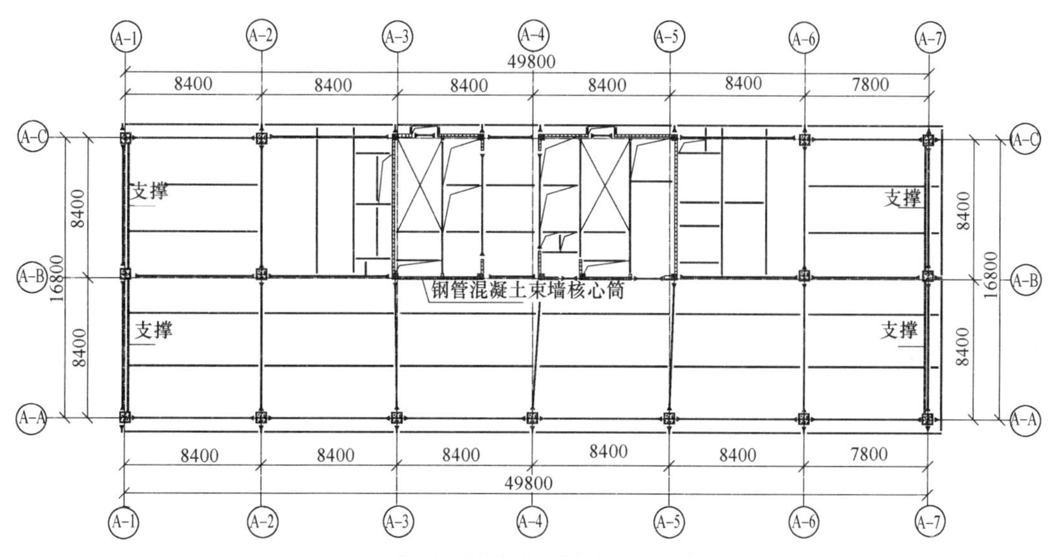

图 3　标准层结构布置图（14 层以上）

为了获得较好的抗侧刚度，楼面框架梁与核心筒按刚接进行设计，鉴于与核心筒相连的框架梁截面较大，故而在核心筒角部设置钢管混凝土端柱，方便节点连接。

楼面体系采用钢梁＋钢筋桁架组合楼盖，次梁按组合梁进行设计，标准层楼板厚度120mm（含核心筒内）。

主要结构构件截面如表 1 和表 2。

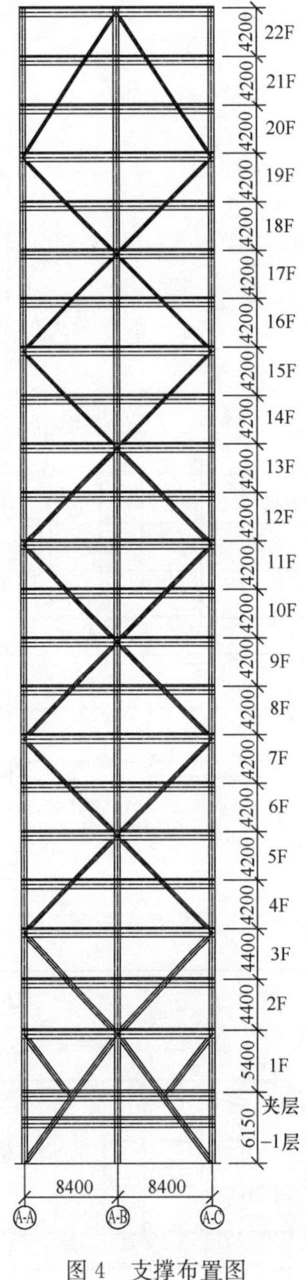

图 4　支撑布置图

主要梁、柱截面 **表 1**

<table>
<tr><th>楼层</th><th>外框柱</th><th>核心筒端柱</th><th>外框框梁/核心筒框梁</th><th>柱内混凝土等级</th><th>材　质</th></tr>
<tr><td>−1～3 层</td><td>□600×25、□600×20</td><td>□350×16</td><td>H700/H700</td><td>C50</td><td rowspan="5">Q345B</td></tr>
<tr><td>4～8 层</td><td>□600×20、□550×20</td><td rowspan="4">□350×10</td><td rowspan="4">H700/H600</td><td rowspan="2">C45</td></tr>
<tr><td>9～14 层</td><td>□500×16</td></tr>
<tr><td>15～18 层</td><td>□450×14</td><td rowspan="2">C40</td></tr>
<tr><td>19～顶层</td><td>□400×12</td></tr>
</table>

钢管混凝土束墙及支撑截面 **表 2**

<table>
<tr><th>楼层</th><th>钢管束墙规格
（墙厚×壁厚）</th><th>支撑</th><th>钢管束墙混凝土等级</th><th>材质</th></tr>
<tr><td>−1～1 层</td><td>200×8</td><td>⊔300×400×20</td><td rowspan="2">C50</td><td rowspan="5">Q345B</td></tr>
<tr><td>2～3 层</td><td>150×8</td><td>□300×400×20</td></tr>
<tr><td>4～13 层</td><td>150×5</td><td>□280×280×16</td><td rowspan="2">C45</td></tr>
<tr><td>14 层</td><td>150×5</td><td rowspan="2">□220×220×12</td></tr>
<tr><td>15～顶层</td><td>150×5</td><td>C40</td></tr>
</table>

4 结构超限情况及相应加强措施

4.1 结构超限情况

根据《超限高层建筑工程抗震设防专项审查技术要点》有关规定，本工程主要有以下 4 项超限：

（1）凹凸不规则：1～13 层，Y 向凹进尺寸约 50%；X 向凹进尺寸约 65%。

（2）尺寸突变：13 层，Y 向缩进尺寸约 50%。

（3）特殊类型高层建筑：采用规范暂未列入的其他高层建筑结构形式（钢管混凝土束墙）。

（4）穿层柱：二层大堂处穿层柱两根。

4.2 针对超限的结构加强措施

根据本工程的超限情况，采用相应的措施如下：

（1）由于平面结构的不对称性以及核心筒偏置，扭转较为严重，位移比超出规范允许范围，因此，在楼层平面两端设置跨层巨型支撑，有效控制结构的扭转及位移比，使之控制在 1.2 以内。

（2）立面收进处，楼板加厚，竖向构件加强，抗震等级提高 1 级。

（3）钢管混凝土束墙端部设置端柱，保证底部加强区中震弹性，大震不屈服，并严格控制层间位移角限值：多遇地震 1/400、设防地震 1/200、罕遇地震 1/100。

（4）穿层柱保证中震弹性，大震不屈服。

5 结构分析

5.1 小震

结构计算采用 SATWE 及 MIDAS/Building 两种软件进行计算，计算结果比较接近，相关参数均满足要求

5.1.1 周期

从表 3 及图 5 可以看出，第一振型是 X 方向平动，第二振型是 Y 方向平动，第三振型是扭转振型。按照规范要求，结构扭转为主的第一自振周期 T_t 与平动为主的第一自振周期 T_1 之比，不应大于 0.90。根据表 3 结果，符合规范的要求。

周期相关计算结果　　表 3

振型	SATWE			MIDAS/Building		
	周期	平动系数（X+Y）	扭转系数	周期	平动系数（X+Y）	扭转系数
T_1	3.3151	0.96+0.04	0.01	3.3393	0.96+0.04	0.01
T_2	2.7929	0.04+0.96	0.00	2.7957	0.03+0.96	0.00
T_3	2.2235	0.02+0.01	0.97	2.2333	0.02+0.01	0.97
T_3/T_1	0.67<0.90			0.67<0.90		

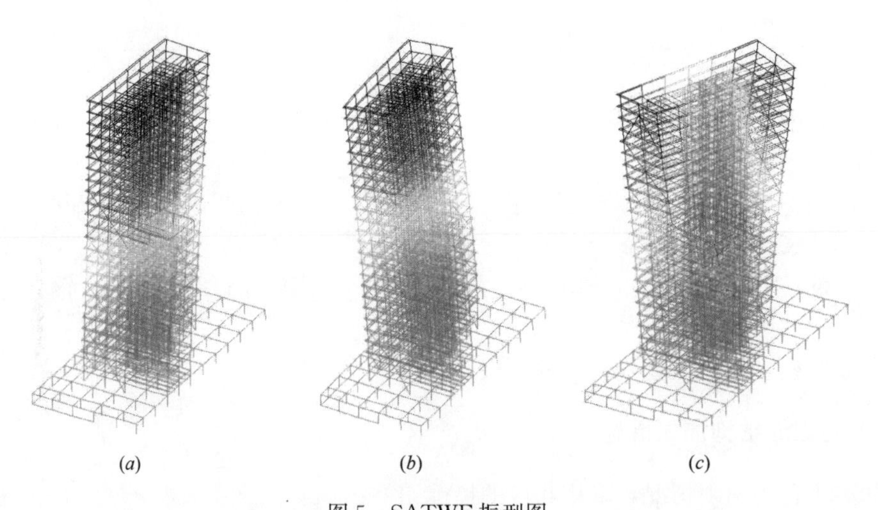

图 5　SATWE 振型图

(*a*) 第一振型；(*b*) 第二振型；(*c*) 第三振型

5.1.2 层间位移角

从表 4 可以看出，两种软件计算结果非常接近。风荷载作用下，最大层间位移角为 1/485，小于《高层民用建筑钢结构技术规程》中规定的 1/250 以及《矩形钢管混凝土结构技术规程》中的 1/400，具有较大的安全储备。地震作用下最大层间位移角为 1/1016，远小于《高层民用建筑钢结构技术规程》中规定的 1/250 以及《矩形钢管混凝土结构技术

规程》中的1/300，满足本工程超限加强措施限制的1/400。

风荷载及地震作用下层间位移角　　表4

		SATWE		MIDAS/Building	
方向		X	Y	X	Y
风荷载作用	最大层间位移角	1/926	1/485	1/886	1/473
	所在楼层	7	17	8	17
	层间位移角限值	1/400			
地震作用	最大层间位移角	1/1016	1/1227	1/996	1/1217
	所在楼层	11	20	11	20
	层间位移角限值	1/400			

5.1.3　扭转位移比

在考虑偶然偏心影响的地震作用下，楼层竖向构件的最大弹性层间位移与该楼层相应平均层间位移的比值如表5。由于在楼层两端设置有巨型跨层支撑，此类支撑能够提供非常大的抗侧刚度，有效改善了结构严重的扭转现象，使得结构在考虑偶然偏心的地震作用下，扭转位移比可以有效地控制在1.2以下，使之很好地满足《建筑抗震设计规范》的要求。

最大层间位移比　　表5

方向	项目	SATWE	MIDAS/Building
X	最大位移比	1.11	1.10
	所在楼层	12	12
Y	最大位移比	1.20	1.19
	所在楼层	1	1

5.2　性能化设计

5.2.1　性能化目标

鉴于本工程的超限情况，对关键构件进行了性能化设计。拟定本工程抗震性能目标为：在多遇地震（小震）作用下保证建筑结构完好无损坏，功能完整，不需修理即可继续使用，即完全可使用的性能目标；在设防烈度地震（中震）作用下保证建筑结构轻微受损，主要竖向和抗侧力结构体系基本保持震前的承载能力和特性，建筑功能受扰但稍作修整即可继续使用，即基本可使用的性能目标；在预估的罕遇地震（大震）作用下，结构薄弱部位或构件有较重破坏但不影响结构承重，建筑功能受到较大影响，但人员安全，即保证生命安全的性能目标。

相关关键构件性能化目标详见表6。

关键构件性能化目标　表6

<table>
<tr><th colspan="2">抗震烈度</th><th>多遇地震
（小震）</th><th>设防烈度地震
（中震）</th><th>罕遇地震
（大震）</th></tr>
<tr><td colspan="2">性能水平定性描述</td><td>完好，结构保持弹性</td><td>轻微损坏，简单修复后可继续使用</td><td>有明显塑性变形，修复或加固后可继续使用</td></tr>
<tr><td colspan="2">层间位移角限值</td><td>1/400</td><td>1/200</td><td>1/100</td></tr>
<tr><td rowspan="6">构件性能化目标</td><td>钢管混凝土束墙</td><td>弹性</td><td>弹性</td><td>底部加强区不屈服；
其他剪切不屈服，少量正截面承载力屈服</td></tr>
<tr><td>钢管混凝土柱</td><td>弹性</td><td>弹性</td><td>抗剪不屈服，少量钢管混凝土柱进入塑性状态；穿层柱不屈服</td></tr>
<tr><td>连梁</td><td>弹性</td><td>剪切不屈服，部分进入弯曲塑性</td><td>大部分可屈服</td></tr>
<tr><td>支撑</td><td>弹性</td><td>弹性</td><td>大部分可屈服</td></tr>
<tr><td>框架梁</td><td>弹性</td><td>弹性</td><td>剪切不屈服，部分进入弯曲塑性</td></tr>
<tr><td>楼板</td><td>弹性</td><td>弹性</td><td>允许开裂</td></tr>
</table>

5.2.2 中震弹性验算

对结构进行中震弹性计算时，地震影响系数最大值取 0.23，为小震的 2.875 倍。取消内力组合（抗震等级调整为 4 级），不考虑风荷载作用。

根据计算结果，部分连梁进入弯曲塑性（底部加强区连梁未屈服），其他构件均为于弹性状态。其中钢管混凝土束墙应力比位于 0.85 以下，层间位移角见表 7，远小于针对超限采取加强措施限值的 1/200。

中震作用下层间位移角　表7

	X 向	Y 向
最大层间位移角	1/359	1/429
所在楼层	11	20

5.2.3 大震不屈服验算

大震不屈服验算时，地震影响系数最大值取 0.5，为小震的 6.25 倍。取消内力组合（抗震等级调整为 4 级），不考虑风荷载作用，荷载分项系数取 1.0，材料强度取标准值，抗震承载力调整系数取 1.0。

根据计算结果，大部分连梁、支撑屈服；小部分钢梁屈服；钢柱均未屈服；钢管混凝土束墙剪切不屈服，底部加强区正截面承载力未屈服，底部加强区以上，局部短墙正截面屈服。层间位移角见表 8，小于针对超限采取加强措施限值的 1/100。

大震作用下层间位移角　表8

	X 向	Y 向
最大层间位移角	1/167	1/198
所在楼层	11	20

5.3 动力弹塑性分析

5.3.1 地震参数及地震波

本项目罕遇地震作用下的地震参数选择如表 9 所示。

罕遇地震下各地震动参数　　表 9

项　　目	内　　容
抗震设防类别	标准设防类（丙类）
抗震设防烈度	7 度（0.10g）
设计地震分组	第一组
建筑场地类别	Ⅱ类
场地特征周期（T_g）	0.40s
水平地震影响系数最大值	0.50
地面运动峰值加速度（cm/s^2）	220
阻尼比	0.05

计算程序采用北京迈达斯技术有限公司的 MIDAS/Building V2014，梁、柱和支撑等构件非线性模型采用程序默认的弹塑性特性模型，钢构件采用标准双折线模型，混凝土构件采用修正武田三折线模型。共选取 3 条地震波，地震波水平主分量的有效峰值加速度按照《抗规》的规定取 220cm/s^2。各条地震波根据有效峰值加速度进行缩放，使之符合规范要求。地震波反应谱与标准反应谱比较见图 6。

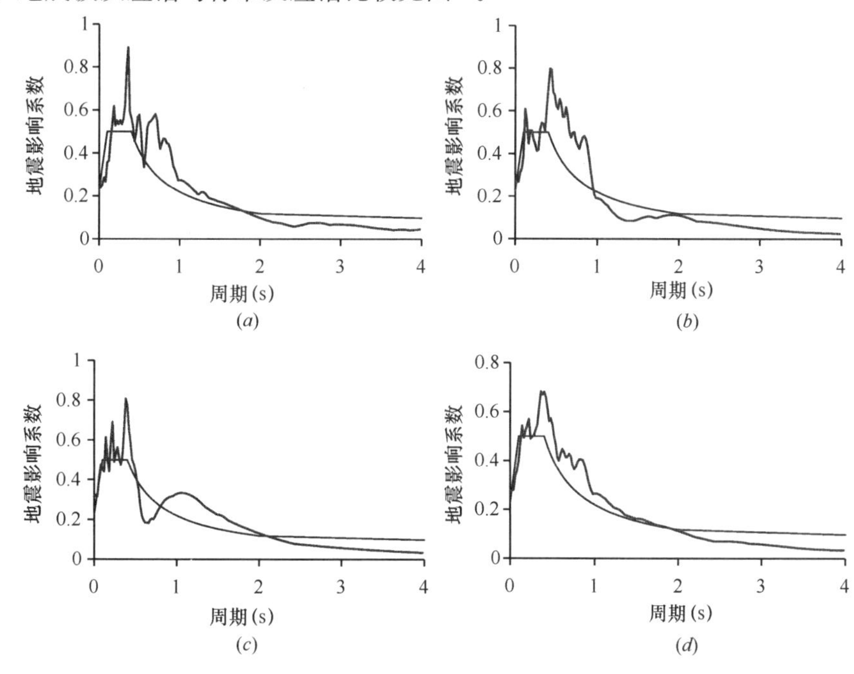

图 6　地震波的反应谱与抗规标准反应谱比较

（a）N1 反应谱与标准反应谱对比；（b）N2 反应谱与标准反应谱对比

（c）N3 反应谱与标准反应谱对比；（d）平均值与标准反应谱对比

5.3.2 梁、柱塑性铰情况

通过对比X、Y方向各地震波的反应，N1波作用下结构反应较大。以N1波作用下的结构作为考察对象。通过计算，梁、柱塑性铰主要产生在连梁上，框架梁、柱基本未出现塑性铰。

图7及图8给出了X、Y两个方向的钢梁塑性铰情况，钢梁塑性铰在13.88s之前基本出现在上部楼层的连梁上，从13.88s以后，开始向下扩散。但仅出现在连梁上，其他框架梁均未出现塑性铰。

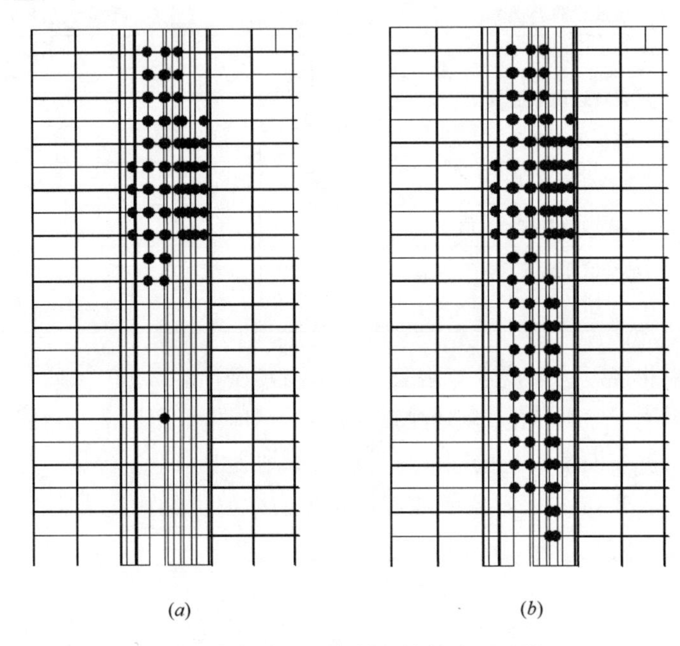

图7　N1波X向钢梁塑性铰出现过程

(*a*) N1波X向13.88s；(*b*) N1波X向14.4s

5.3.3 钢管混凝土束墙破坏情况

由于MIDAS/Building计算软件的弹塑性分析模型中未包含钢板剪力墙类的结构，鉴于钢板剪力墙抗剪承载力一般较少屈服，故而本次对钢管混凝土束墙的弹塑性分析采用混凝土剪力墙，采用等刚度代换原则，主要考察正截面屈服情况。

图9及图10给出了X、Y两个方向的剪力墙应力情况，图中给出的均为最不利的情况，从图中可以看出，剪力墙钢板在整个过程中，均未屈服。剪力墙混凝土应力水平也接近抗压强度标准值，最大应力主要出现在底部加强区范围内。

5.3.4 层间位移角

在选取的3组罕遇地震记录双向弹塑性时程分析下，两个方向的最大层间位移角均远小于1/100，X向最大层间位移角1/394，Y向最大层间位移角1/275；满足之前预定的不大于1/100的目标。

5.3.5 动力弹塑性分析评估

通过对结构的罕遇地震动力弹塑性时程分析，对本项目在7度（0.10*g*）罕遇地震作用下的抗震性能初步评估如下：

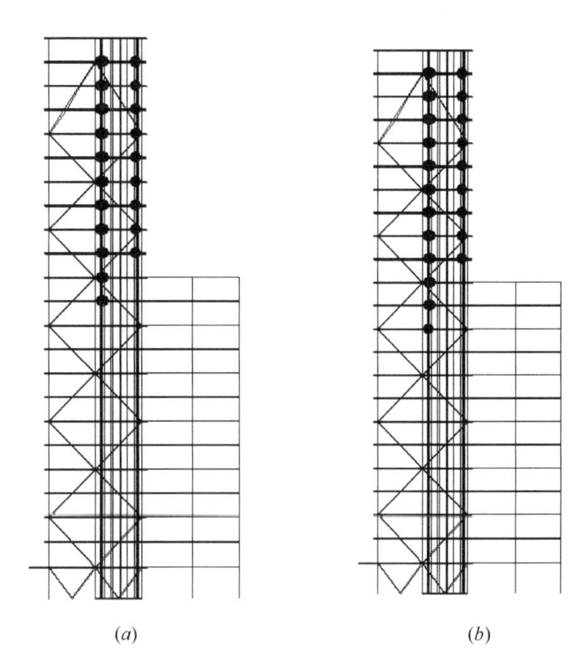

(*a*) (*b*)

图 8　N1 波 Y 向钢梁塑性铰出现过程

(*a*) N1 波 X 向 13.88s；(*b*) N1 波 X 向 14.4s

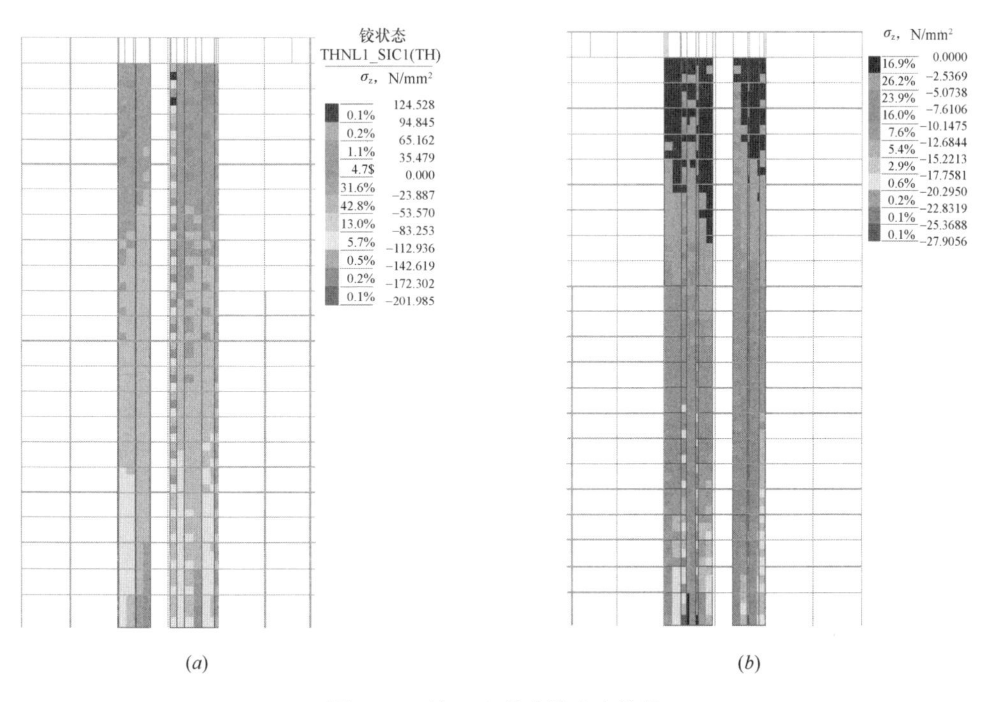

(*a*) (*b*)

图 9　N1 波 X 向剪力墙应力情况

(*a*) N1 波 X 向墙钢材应力情况；(*b*) N1 波 X 向墙混凝土应力情况

（1）两个方向的最大层间位移角均远小于 1/100，能保证规范要求的“大震不倒”的要求。

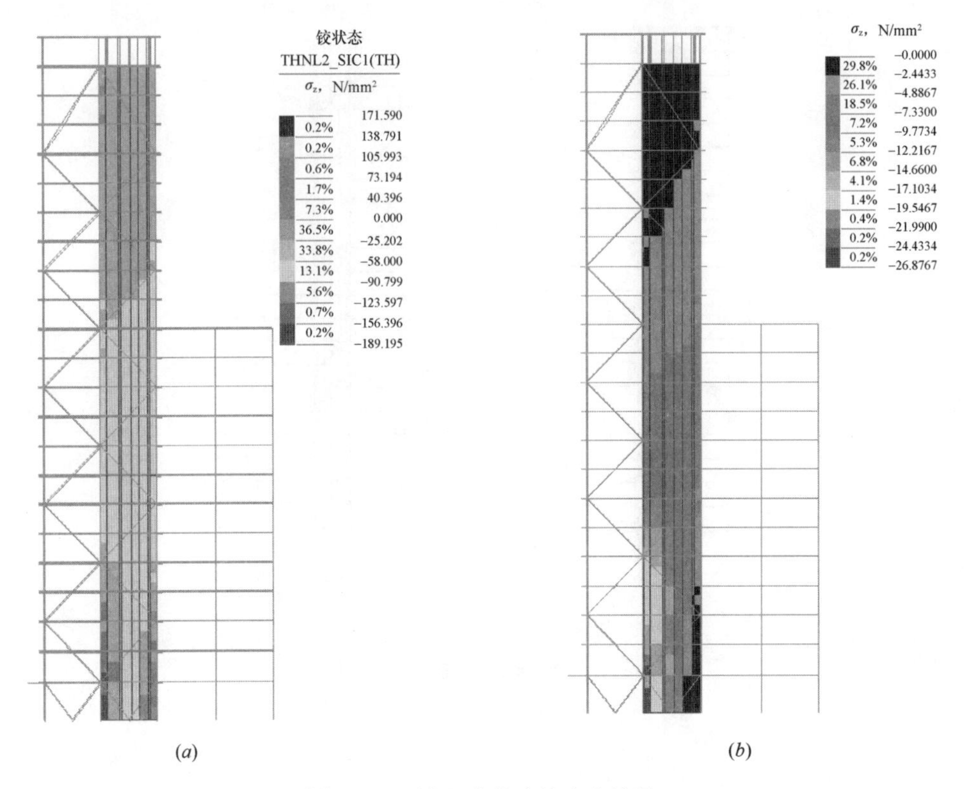

图 10　N1 波 Y 向剪力墙应力情况

(*a*) N1 波 Y 向墙钢材应力情况；(*b*) N1 波 Y 向墙混凝土应力情况

(2) 作为第一道防线的核心筒连梁首先进入屈服状态，形成塑性铰，起到耗能作用，符合性能目标要求。

(3) 框架梁在整个过程中未出现塑性铰，在大震作用下能保证不屈服，有效起到第二道防线的作用。

(4) 剪力墙中的混凝土未出现弯曲破坏，但底部加强区部分墙肢应力水平较高。

(5) 剪力墙中的钢板整体应力水平较低，没有较大的塑性变形，拉应力主要出现在顶部区域，且应力水平很低。

(6) 13 层由于竖向有缩进，此处 Y 向地震作用时，剪力有一定放大，但未超过 20%。

综上所述，通过对结构进行的 7 度（0.10g）罕遇地震动力弹塑性时程分析，本结构能够满足大震下的性能目标要求，符合规范“大震不倒”的要求。

6　结语

本文分别介绍了蓝色金谷南区项目小震计算分析、中震和大震性能化分析以及动力弹塑性分析，针对超限情况，分别给出了加强措施，最终确定了钢管混凝土框架＋钢管混凝土束墙核心筒＋钢支撑的结构形式。通过以上分析，计算结果表明，本工程结构设计达到了预设的抗震性能目标，各项指标满足规范及预设要求，设计合理，结构安全、可靠。

哈尔滨华鸿酒店钢结构设计难点与分析

汤文锋，王健吉，徐韶锋
（杭萧钢构股份有限公司，浙江　杭州）

摘　要：本文介绍了哈尔滨华鸿酒店钢结构设计过程中的难点，包括结构整体分析、柱计算长度的取值、转换节点设计以及楼板应力分析等。通过 MIDAS 软件对结构进行屈曲分析，较好地解决了特殊柱计算长度取值难计算的问题；对于结构体系的转换，提出了较好的过渡转换处理形式；通过对楼板的应力分析，保证了楼板的安全。

关键词：过渡层；计算长度；转换节点；楼板应力分析

1　工程概况

本工程位于黑龙江省哈尔滨市南岗区，其建筑功能为华鸿皇冠酒店、商业、影城等，由 1 栋超高层及 6 层多功能裙房组成，主楼位于裙房的东南侧。中央大堂为通高的钢结构，屋面为空间曲面穹顶；超高层塔楼为地下三层，地上 42 层的超高层建筑，结构屋面高度 168m，建筑外形为椭圆形建筑造型，长轴长约 64m，短轴长约 37m；楼面中庭大面积的开洞，开洞面积未超过 50%；塔楼柱距/梁跨：7m，10.5m；标准层高 3.5m。建筑的三维效果如图 1 所示。平面图如图 2、图 3 所示。

图 1　哈尔滨华鸿酒店外立面三维效果图

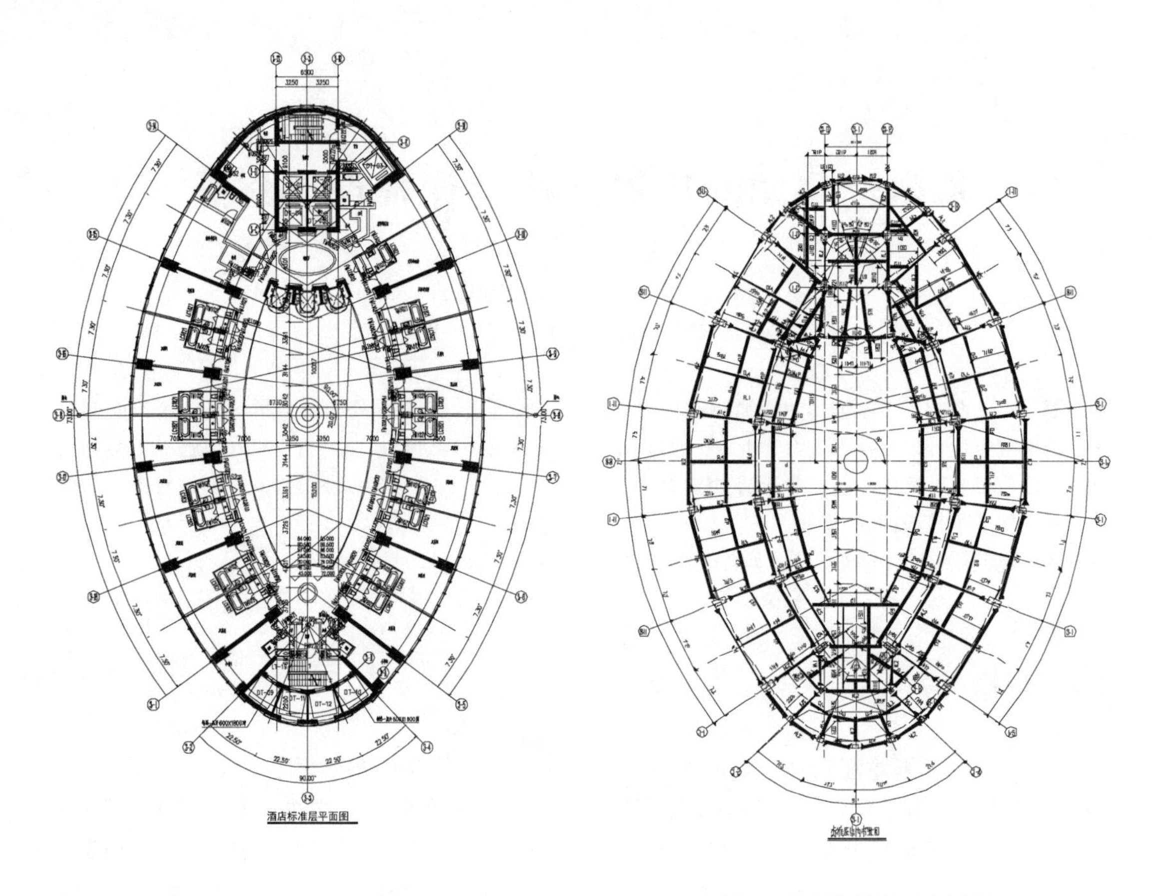

图 2　哈尔滨华鸿酒店建筑平面图　　　　图 3　典型结构平面布置图

2　结构体系

由于原结构采用的混凝土一剪力墙结构体系，现场已经施工到裙房 2 层，结合业主需要，上部改成钢结构。结构体系如下：

（1）下部裙房（一至三层）采用钢骨混凝土框架一剪力墙结构体系。

（2）上下部之间（四至六层）设置过渡层：钢管混凝土柱逐渐过渡至钢骨混凝土柱；钢支撑过渡至混凝土剪力墙。

（3）七层及以上结构体系采用钢管混凝土框架一支撑结构体系。

钢管混凝土框架一支撑结构体系设置支撑时，既要保证支撑能发挥其能效，又要保证建筑的正常使用功能，结合建筑图，支撑布置采用偏心“人字”撑、“米字”跨层撑、单斜杆等形式，能有效提高结构的抗侧刚度，支撑立面布置详见图 4。

3　结构超限情况及抗震性能目标设定

该结构由于建筑平面不规则及结构体系的转换情况，存在结构超限情况，超限判断如表 1 所示。

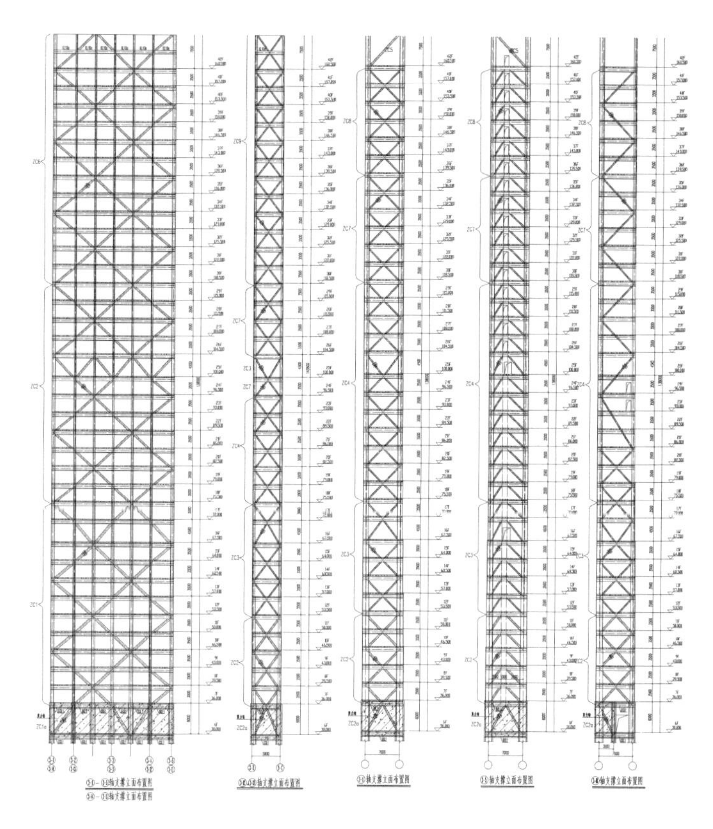

图 4　支撑立面布置图

结构超限情况　　　　**表 1**

序号	不规则类型	涵义	计算值	是否超限
1a	扭转不规则	考虑偶然偏心的扭转位移比大于 1.2	1.4	是
1b	偏心布置	偏心率大于 0.15 或相邻层质心相差大于相应边长 15%	—	否
2a	凹凸不规则	平面凹凸尺寸大于相应边长 30%等	—	否
2b	组合平面	细腰形或角部重叠形	—	否
3	楼板不连续	有效宽度小于 50%，开洞面积大于 30%，错层大于梁高	X：53%，Y：31%	是
4a	刚度突变	相邻层刚度变化大于 70%或连续三层变化大于 80%	0.5611	是
4b	尺寸突变	竖向构件位置缩进大于 25%，或外挑大于 10%和 4m，多塔	—	否
5	构件间断	上下墙、柱、支撑不连续，含加强层、连体类	—	否
6	承载力突变	相邻层受剪承载力变化大于 65%	65%	否
7	其他不规则	如局部的穿层柱、斜柱、夹层、个别构件错层或转换	—	否

特别不规则：无。

结构抗震性能目标设定如表 2 所示。

抗震性能目标 **表 2**

<table>
<tr><td colspan="2">设防水准</td><td>多遇地震小震</td><td>设防烈度地震中震</td><td>罕遇地震大震</td></tr>
<tr><td colspan="2">超越概率</td><td>50 年超越概率 63%</td><td>50 年超越概率 10%</td><td>50 年超越概率 2%～3%</td></tr>
<tr><td colspan="2">水平地震影响系数最大值 αmax</td><td>0.04</td><td>0.12</td><td>0.28</td></tr>
<tr><td colspan="2">性能水准定性描述</td><td>震后结构完好无损坏不需修理可继续使用</td><td>震后结构重要部位或薄弱部位完好无损坏其他部位部分构件出现轻微可修复性损坏</td><td>震后结构重要部位或薄弱部位轻微损坏但不屈服其他部位部分构件出现中等损坏进入屈服</td></tr>
<tr><td colspan="2">允许层间位移角</td><td>1/300</td><td></td><td>1/50</td></tr>
<tr><td rowspan="6">关键部位构件性能目标</td><td>钢管混凝土柱</td><td>弹性</td><td>承载力抗剪抗弯满足弹性设计要求</td><td>不屈服</td></tr>
<tr><td>钢框架梁</td><td>弹性</td><td>承载力抗剪抗弯满足弹性设计要求</td><td>可形成塑性铰破坏程度可修复</td></tr>
<tr><td>连梁耗能梁</td><td>弹性</td><td>允许进入塑性</td><td>最早进入塑性允许弯曲破坏</td></tr>
<tr><td>加强层框架</td><td>弹性</td><td>承载力抗剪抗弯满足弹性设计要求</td><td>不屈服</td></tr>
<tr><td>楼板</td><td>弹性</td><td>允许开裂控制裂缝宽度和刚度退化</td><td>允许开裂控制裂缝宽度和刚度退化</td></tr>
<tr><td>其他部位构件性能</td><td>弹性</td><td>允许进入塑性控制塑性变形</td><td>允许进入塑性控制塑性变形</td></tr>
</table>

4 结构分析与主要计算结果

本工程设计时采用 PKPM-SATWE 进行建模分析，同时用 PMSAP 及 MIDAS/Building 进行计算复核 。结构的整体计算模型如图 5 所示。

图 5 整体结构计算模型

4.1 主要参数

设计参数 表 3

序号	项　　目	相关参数
1	安全等级	二级
2	结构体系	钢框架-支撑
3	地面粗糙度类别	C类
4	修正后的基本风压	0.55kN/m^2
5	风载体型系数	1.3
6	设防烈度	6度（0.05g）
7	场地类别	Ⅲ类
8	设计地震分组	第一组
9	特征周期	0.45s
10	多遇地震影响系数最大值	0.04
11	多遇地震下的阻尼比	0.04
12	振型组合方法	CQC
13	中梁刚度放大系数	1.5
14	周期折减系数	0.85
15	考虑偶然偏心或双向地震扭转效应	双向地震或偶然偏心

4.2 主要计算结果

（1）周期：T_1=5.575s，T_2=4.500s，T_3=2.863s。

（2）位移：X向风：1/411；Y向风：1/510。

X向地震：1/1398；Y向地震：1/1094。

（3）扭转位移比：X向1.38，Y向1.07。

（4）刚重比：X向2.28，Y向1.41。

（5）弹性时程分析结果见表4。

弹性时程分析结果 表 4

地震波	基底剪力（kN）				时程基底剪力/反应谱基底剪力规范限值
	X向	比值	Y向	比值	
TH1	11518	0.68	16888	1.08	≥0.65
TH2	19168	1.13	12914	0.83	≥0.65
TH3	12120	0.71	12870	0.826	≥0.65
TH4	11074	0.65	17181	1.1	≥0.65
TH5	22946	1.35	11519	0.74	≥0.65

续表

地震波	基底剪力（kN）				时程基底剪力/反应谱基底剪力规范限值
	X 向	比值	Y 向	比值	
RH1	13521	0.79	13058	0.84	≥0.65
RH2	15651	0.92	12789	0.82	≥0.65
平均值	15143	0.89	13888	0.89	≥0.80
反应谱	17019	—	15572	—	—

（6）楼板应力分析：

由于该工程楼板大开洞，有必要进行楼板应力分析。选取典型楼层（5 层，8 层及标准层），在小震及中震作用下进行楼板的应力分析，对局部应力较大楼板出进行了加强处理，同时构造上楼板钢筋全部双向拉通。

（7）罕遇地震作用下计算分析：

地震波选择

第 1 条波：TH1 1952，Taft Kern County

第 2 条波：TH2 1940，EI Centro

第 3 条波：RH1 TG045

第 4 条波：TH3 1949，Olympia

第 5 条波：TH4 1979，EI Centro

第 6 条波：TH5 1976，Tianjing

第 7 条波：RH2 TG045

选取以上地震波分别进行 push-over 分析及弹塑性时程分析。计算结果表明，该结构在罕遇地震作用下均满足规范规定的侧移指标。

5 北侧楼梯间柱的计算长度的确定

由于北侧楼梯间柱无直接的侧向支撑，柱子的计算长度如何确定是关键。本工程采用整体屈曲分析进行求解，具体过程为：

（1）对给定的荷载组合采用线性分析方法对结构进行分析，得到所有柱子的轴力。

（2）以这一荷载工况的组合轴力 P_j 作为标准，乘以屈曲因子。

（3）形成有限元分析的刚度矩阵，进行特征值分析，得到临界荷载因子。

（4）求得临界荷载，利用欧拉公式临界力 $N_{cr}=\pi^2 EI/l^2$，反算杆件的计算长度。

采用 MIDAS 软件对结构进行特征值屈曲分析，考虑的工况为 1.35 恒载+0.98 活载。计算结果表明，柱子在第十四阶模态屈曲，如图 6 所示，对应的屈曲模态特征值为 14.240，对应的钢管混凝土柱的屈曲内力为 78200kN。

图 6　结构第 14 阶屈曲模态

根据屈曲分析计算公式可以计算出柱的计算长度 $\mu=2.15$，实

际计算时可取 $\mu=2.5$

构造上在楼梯斜板与钢柱交界处增加侧向连接。

6 上部钢结构与下部混凝土结构的过渡层设计与分析

本工程难点在于上部钢结构与下部混凝土的转换设计，主要包括：

（1）混凝土柱与钢管混凝土柱的转换（图 7）；

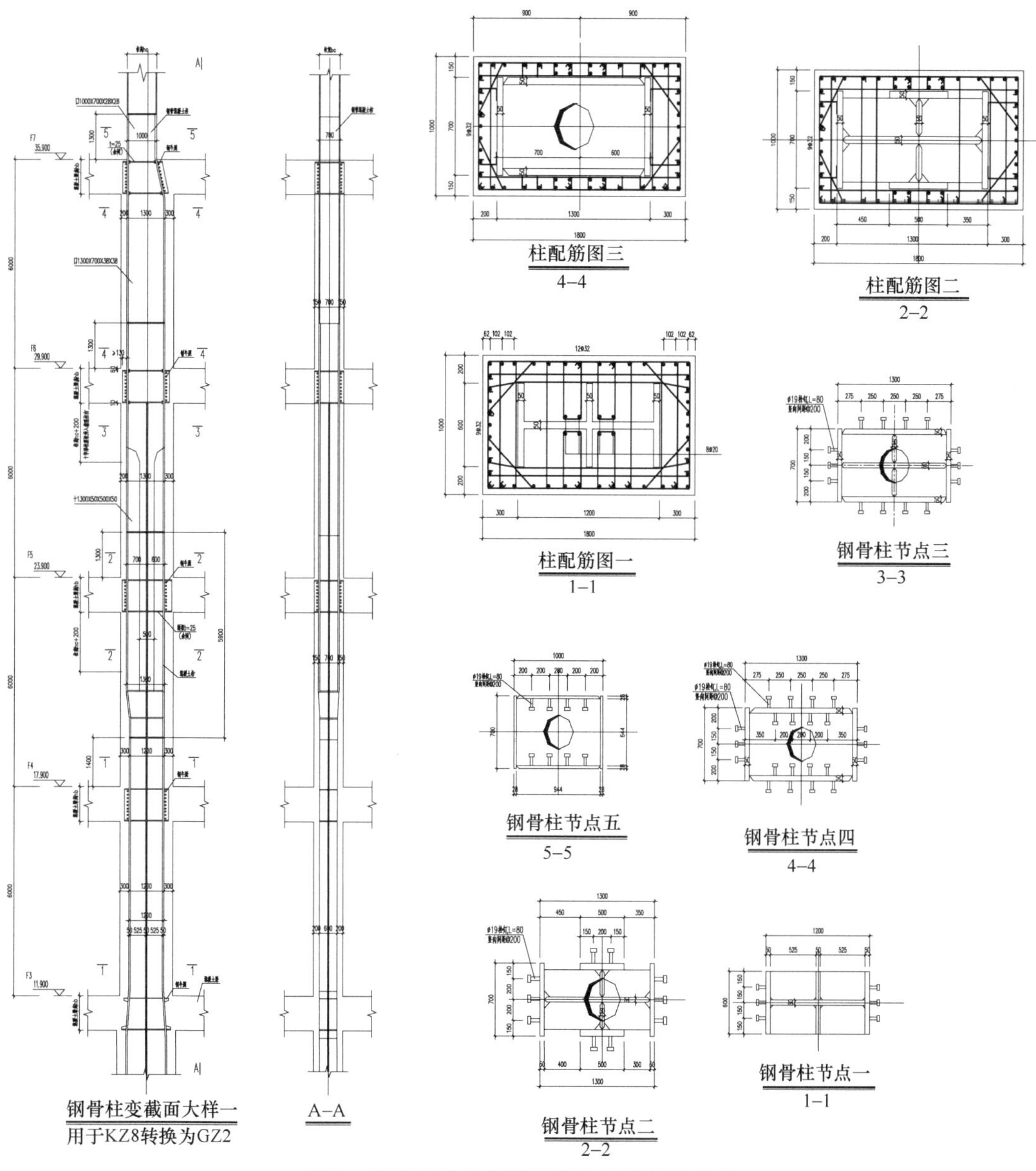

图 7　混凝土柱与钢管混凝土柱的转换节点

（2）剪力墙与钢支撑的转换（图 8）；

（3）钢管混凝土柱与剪力墙的转换（图 9）。

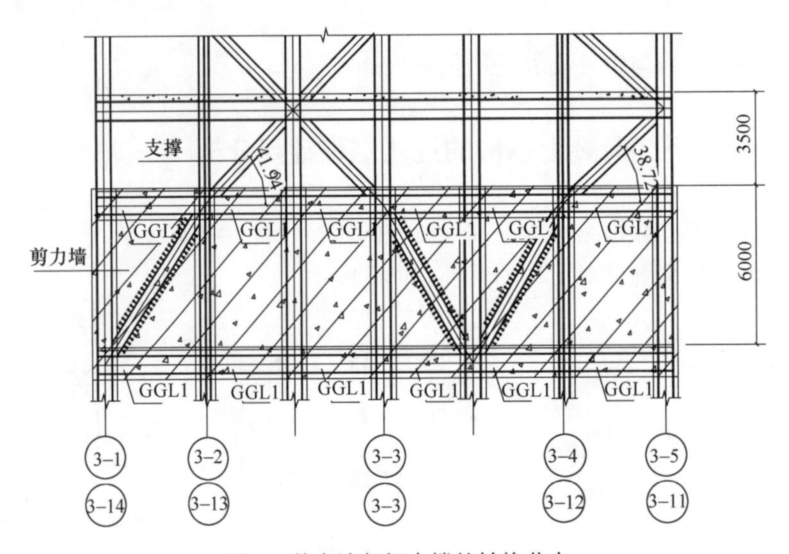

图 8　剪力墙与钢支撑的转换节点

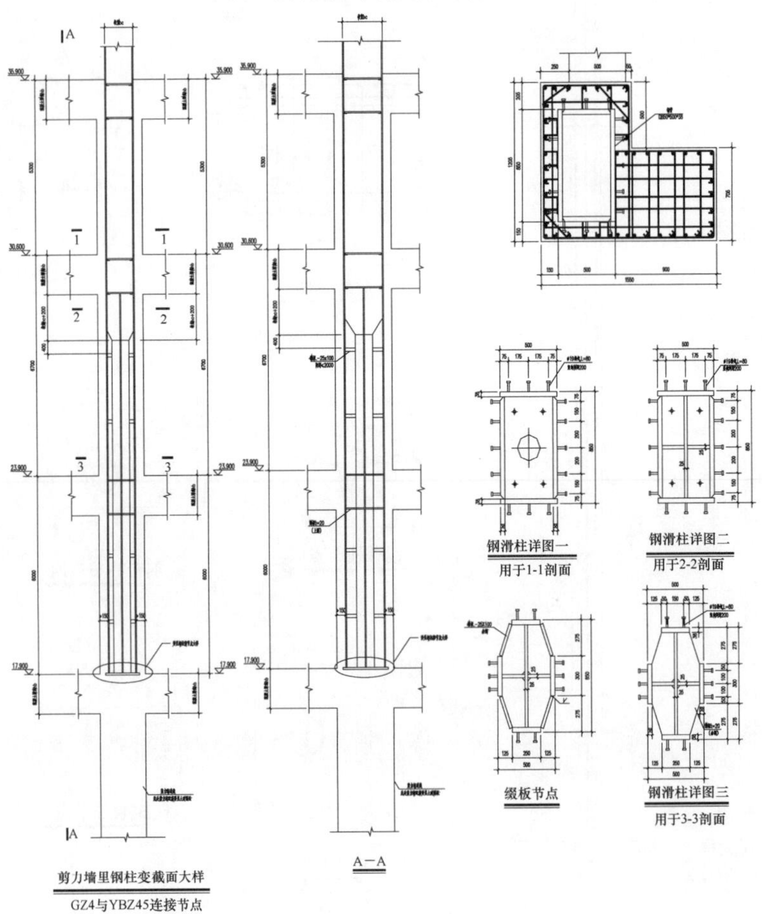

图 9　钢管混凝土柱与剪力墙的转换节点

7 结语

（1）通过以上计算分析可知，裙房以下采用混凝土框架一剪力墙结构体系，裙房以上采用钢框架一支撑结构体系能够满足本工程的受力要求。

（2）裙房以上采用钢框架一支撑结构体系后，有以下优势：

① 结构自重显著降低，能降低基础的造价；

② 相对原混凝土框架一剪力墙结构体系，柱截面大大减小，增加使用面积，梁高降低；

③ 裙房以上改为全钢结构后，工厂化程度高，极大地减少了与混凝土的交叉施工问题，施工速度快，质量容易得到保证。

（3）对于该工程的难点：转换结构的处理，本文提出了可行的结构方案。

（4）该工程能为类似转换结构工程提供参考借鉴。

参考文献

[1] 徐培福. 复杂高层建筑结构设计[M]. 北京：中国建筑工业出版社

[2] 张建军，刘琼祥，郭满良等. 深圳大运中心体育场空间钢结构杆件计算长度研究[J]. 建筑结构学报. 2011，32(5)：39-47

[3] 童根树. 钢结构设计方法[M]. 北京：中国建筑工业出版社，2007

[4] 王勖成. 有限单元法[M]. 北京：清华出版，2003